W0259839

Willi Törnig   Peter Spellucci

Numerische Mathematik für Ingenieure und Physiker

Band 1: Numerische Methoden der Algebra

Zweite, überarbeitete und ergänzte Auflage

Mit 15 Abbildungen

Springer-Verlag Berlin Heidelberg NewYork
London Paris Tokyo 1988

Prof. Dr. rer nat. WILLI TÖRNIG
Prof. Dr. rer. nat. PETER SPELLUCCI

Technische Hochschule Darmstadt
Fachbereich Mathematik
Schloßgartenstraße 7
6100 Darmstadt

ISBN-13: 978-3-540-19192-6 e-ISBN-13: 978-3-642-87671-4
DOI: 10.1007/978-3-642-87671-4

CIP-Kurztitelaufnahme der Deutschen Bibliothek
Törnig, Willi:
Numerische Mathematik für Ingenieure und Physiker / Willi Törnig ; Peter Spellucci.
Berlin ; Heidelberg ; New York ; London ; Paris ; Tokyo : Springer.
1. Aufl. verf. von Willi Törnig. - 1. Aufl. mit d. Erscheingungsorten Berlin, Heidelberg, New York
NE: Spellucci, Peter:
Bd. 1. Numerische Methoden der Algebra. - 2., überarb. u. erg. Aufl. - 1988
ISBN-13: 978-3-540-19192-6

Dieses Werk ist urheberrechtlich geschützt. Die dadurch begründeten Recht, insbesondere die der Übersetzung, des Nachdrucks, des Vortrags, der Entnahme von Abbildungen und Tabellen, der Funksendung, der Mikroverfilmung oder der Vervielfältigung auf anderen Wegen und der Speicherung in Datenverarbeitungsanlagen, bleiben, auch bei nur auszugsweiser Verwertung, vorbehalten. Eine Vervielfältigung dieses Werkes oder von Teilen dieses Werkes ist auch im Einzelfall nur in den Grenzen der gesetzlichen Bestimmungen des Urheberrechtsgesetzes der Bundesrepublik Deutschland vom 9. September 1965 in der Fassung vom 24. Juni 1985 zulässig. Sie ist grundsätzlich vergütungspflichtig. Zuwiderhandlungen unterliegen den Strafbestimmungen des Urheberrechtsgesetzes.

© Springer-Verlag Berlin, Heidelberg 1979 and 1988

Die Wiedergabe von Gebrauchsnamen, Handelsnamen, Warenbezeichnungen usw. in diesem Werk berechtigt auch ohne besondere Kennzeichnung nicht zu der Annahme, daß solche Namen im Sinne der Warenzeichen-und Markenschutz-Gesetzgebung als frei zu betrachten wären und daher von jedermann benutzt werden dürften.

Sollte in diesem Werk direkt oder indirekt auf Gesetze, Vorschriften oder Richtlinien (z.B. DIN, VDI, VDE) Bezug genommen oder aus ihnen zitiert worden sein, so kann der Verlag keine Gewähr für Richtigkeit, Vollständigkeit oder Aktualität übernehmen. Es empfiehlt sich, gegebenenfalls für die eigenen Arbeiten die vollständigen Vorschriften oder Richtlinien in der jeweils gültigen Fassung hinzuzuziehen.

2160/3020-543210

Vorwort zur zweiten Auflage

Seit Erscheinen der ersten Auflage sind neun Jahre vergangen. In dieser Zeit sind zahlreiche numerische Verfahren neu entstanden und viele bewährte Methoden wurden zur Erzielung höherer Effizienz modifiziert.
Eine Neuauflage der beiden Bände des Werkes war daher notwendigerweise mit einer weitgehenden Überarbeitung verbunden. So wurden zahlreiche kürzere Änderungen, Ergänzungen und auch Berichtigungen vorgenommen. Darüber hinaus wurden aber zusätzliche Abschnitte aufgenommen. Auf der anderen Seite wurde darauf verzichtet, Teile der ersten Auflage, die uns nicht mehr aktuell erschienen, wieder aufzunehmen. Auch die FORTRAN-Programme sind entfallen, da es inzwischen zahlreiche leicht zugängliche Programmsysteme gibt, die den unterschiedlichen Bedürfnissen der Benutzer gerecht werden. Dennoch ist der Band 1 erheblich umfangreicher geworden.
In Teil I finden sich eine Reihe von kleineren Ergänzungen; so wurden z.B. in Abschnitt 1.7 einige Hilfsmittel der Analysis im $\mathbb{R}^n$ zusammengestellt und bei der Nullstellenberechnung von Polynomen in Kapitel 3 die Verfahren von Newton-Maehly und von Hirano hinzugenommen. Bei der direkten Lösung linearer Gleichungssysteme in Teil II haben wir der Fehleranalyse mehr Raum gegeben und sind insbesondere auf Verfahren für große Gleichungssysteme mit Bandmatrix eingegangen. Die iterativen Verfahren wurden durch das Block-Relaxationsverfahren und das Verfahren der konjugierten Gradienten ergänzt. Die extrem schnellen Mehrgitterverfahren zur Lösung von diskretisierten Randwertproblemen werden in Band 2 im Anschluß an die Untersuchungen über die numerische Lösung von Randwertproblemen gewöhnlicher und partieller Differentialgleichungen ausführlich behandelt. Der Teil III wurde durch die Beschreibung der Quasi-Newton-Verfahren, des Verfahrens der konjugierten Gradienten und des Schubert-Verfahrens erweitert.
Der Teil IV, der sich mit der Berechnung von Eigenwerten und Eigenvektoren befaßt, wurde bei der zweiten Auflage nicht mehr in Band 2 behandelt, sondern in den Band 1 übernommen. Er wurde weitgehend neu bearbeitet und stark erweitert. Das trifft vor allem auf Kapitel 10 zu. Wie auch in den anderen Teilen des Buches wurden auch hier nur bereits bewährte Methoden beschrieben.

Unser Dank gilt vor allem Frau G. Schumm, die das reproduktionsreife Manuskript geschrieben hat. Herrn Dr. M. Krätzschmar und den Herren Dipl. Math. D. Albrecht, D. Hietel und M. Meister gebührt unser Dank für das Lesen des Manuskripts und für wertvolle Hinweise.
Nicht zuletzt danken wir dem Springer-Verlag für die gute Zusammenarbeit und für das Verständnis dafür, daß sich die Fertigstellung der vorliegenden zweiten Auflage verzögert hat.

Darmstadt, Februar 1988

W. Törnig
P. Spellucci

Vorwort zur ersten Auflage

Dieses Buch ist der erste Teil eines in zwei Bänden erscheinenden Werkes, das Ingenieure und Physiker mit einer Auswahl von solchen numerischen Verfahren vertraut machen soll, die bei der Lösung von technischen und naturwissenschaftlichen Aufgaben von Bedeutung sind. Es will ein Lehr- und Nachschlagewerk sein. Ich hoffe jedoch, daß es auch Wissenschaftlern anderer Fachrichtungen, insbesondere Mathematikern, von Nutzen sein wird. Vorausgesetzt werden mathematische Kenntnisse, wie sie in den Kursvorlesungen der ersten drei oder vier Semester an Technischen Hochschulen oder Universitäten vermittelt werden.

Der erste Band enthält drei Teile. In Teil I werden Hilfsmittel zusammengestellt, wie z.B. Eigenschaften von Matrizen, linearen und nichtlinearen Gleichungssystemen und Iterationsverfahren. Weiter werden einige klassische und neuere Verfahren zur Berechnung von Nullstellen von Polynomen und allgemeineren Funktionen betrachtet. Diese einfachen Algorithmen dienen auch der Erörterung der Eignung und Genauigkeit numerischer Verfahren, wenngleich sie für die Anwendungen teilweise weniger Bedeutung haben.

Die Aufgabe, ein lineares Gleichungssystem zuverlässig zu lösen, tritt bei der Bearbeitung von technischen und naturwissenschaftlichen Fragen sehr häufig auf. Teilweise handelt es sich dabei um große Systeme. Deshalb wird in Teil II der Bedeutung dieser Aufgabe entsprechend ausführlich auf die numerische Lösung von linearen Gleichungssystemen eingegangen. Das Kapitel 4 enthält die Beschreibung des Gaußschen Algorithmus, eine Fehleranalyse, Algorithmen zur Berechnung der inversen Matrix und zur Nachiteration. Bei der Lösung von linearen Randwertaufgaben gewöhnlicher oder partieller Differentialgleichungen durch Differrenzenverfahren oder die Methode der finiten Elemente wird man auf teilweise extrem große Systeme mit schwach besetzter Matrix geführt. Zur Lösung von solchen Systemen mit Tridiagonal- bzw. Block-Tridiagonal- sowie symmetrischen Matrizen werden in Kapitel 5 direkte, in Kapitel 6 iterative Verfahren, insbesondere SOR- und ADI-Verfahren, beschrieben und untersucht. Bei den SOR-Verfahren wird auch die Wahl des optimalen Relaxationsparameters und somit die Möglichkeit der Optimierung der Rechenzeit erörtert.

Die Lösung von nichtlinearen Gleichungssystemen hat für die numerische Praxis in ingenieur- und naturwissenschaftlichen Bereichen wachsende Bedeutung. Der Teil III ist daher in breiterer Form als sonst üblich den Iterationsverfahren zur Lösung nichtlinearer Gleichungssysteme gewidmet. In Kapitel 7 wird das Newtonsche Verfahren beschrieben, das wegen seiner Konvergenzgeschwindigkeit auch bei großen Systemen anderen speziellen Verfahren oft vorzuziehen ist. Mit den in Kapitel 8 untersuchten nichtlinearen SOR- und ADI- Verfahren lassen sich oft solche großen nichtlinearen Systeme zuverlässig lösen, die aus der Anwendung von Differenzenverfahren und der Methode der finiten Elemente auf nichtlineare Randwertprobleme resultieren.

In den Text werden reichlich einfache Beispiele eingestreut, die nur der unmittelbaren Erläuterung dienen sollen. In den Kapiteln 2, 5, 6, 7 und 8 finden sich dagegen größere Beispiele, die auf der Rechenanlage IBM/370-168 der Technischen Hochschule Darmstadt gerechnet wurden. Für einige Verfahren werden FORTRAN-Unterprogramme bereitgestellt. Die Aufgaben sollen insbesondere Studenten dazu anregen, sich durch ihre Lösung ein besseres Verständnis der einzelnen numerischen Verfahren anzueignen. Der Umfang der Literaturhinweise ist absichtlich klein gehalten worden, es wird hauptsächlich nur die im Text zitierte Literatur angegeben. Auf allgemeine Fragen des numerischen Rechnens wird nicht ausführlich eingegangen. Erfahrungsgemäß werden diese dem Ingenieur und Naturwissenschaftler überwiegend schon in den ersten Semestern, etwa bei Programmierkursen, nahegebracht.

Der später erscheinende zweite Band soll die numerische Berechnung von Eigenwerten, Verfahren zur Interpolation, Approximation und numerischen Integration, die numerische Lösung von gewöhnlichen und besonders ausführlich die von partiellen Differentialgleichungsproblemen enthalten.

Teile des Werkes sind aus Vorlesungen entstanden, die ich für Ingenieure und Naturwissenschaftler wie auch für Mathematiker an Technischen Hochschulen gehalten habe. Bei der Auswahl der behandelten Verfahren habe ich mich auch von Erfahrungen leiten lassen, die ich während einer mehrjährigen Tätigkeit bei der Kernforschungsanlage Jülich gewinnen konnte.

Bei der Abfassung des Manuskriptes bin ich von derzeitigen und früheren Mitgliedern der Arbeitsgruppe „Numerische Mathematik“ der Technischen Hochschule Darmstadt tatkräftig unterstützt worden. Frau G. Schumm hat die FORTRAN-Unterprogramme geschrieben und die größeren Beispiele gerechnet. Die Herren Prof. Dr. K. Graf Finck von Finckenstein, Prof. Dr. H.D. Mittelmann, Dr. W. Gentzsch, Dr. W. Höhn und Dr. K. Merten haben mir mit wertvollen Ratschlägen geholfen, das Manuskript kritisch durchgesehen und die Korrekturen mitgelesen. Ihnen allen gilt mein herzlicher Dank, nicht zuletzt auch Frau B. Schulte zur Surlage, die das mühevolle Schreiben des Manuskriptes übernommen hat.

Darmstadt, März 1979 W. Törnig

Inhaltsverzeichnis

I Hilfsmittel, Nullstellenberechnung bei Gleichungen

II Lösung linearer Gleichungssysteme

III Lösung nichtlinearer Gleichungssysteme

Inhaltsübersicht Band 2

Teil I

Hilfsmittel, Nullstellenberechnung bei Gleichungen

1 Hilfsmittel

In diesem Kapitel stellen wir einige Hilfsmittel aus der linearen Algebra und der Analysis bereit, die in den folgenden Kapiteln häufiger benötigt werden. Dabei wird vorausgesetzt, daß der Leser die elementaren Regeln für das Rechnen mit Vektoren und Matrizen beherrscht.

1.1 Punkte und Vektoren

1.1.1 Schreibweise

Bevor wir genauer auf Vektoren eingehen, sollen einige häufig verwendete Symbole erklärt werden.

Es sei M eine beliebige Menge — etwa von Zahlen, Vektoren, Funktionen usw. — und a sei ein Element von M. Dann schreiben wir diesen Sachverhalt kurz: $a \in M$. Eine weitere Menge N mit der Eigenschaft, daß jedes Element von N auch Element von M ist, heißt Teilmenge von M, in Zeichen $N \subset M$. Es ist daher insbesondere $M \subset M$. Gibt es mindestens ein Element von M, das nicht Element von N ist, d.h. gibt es ein $a_0 \in M$ mit $a_0 \notin N$ (a_0 ist kein Element von N), so heißt N echte Teilmenge von M. Sind etwa a, b reelle Zahlen einschließlich der Null, R die Menge der reellen und C die der komplexen Zahlen, so gilt $a \in \mathsf{R}, b \in \mathsf{R}, a + ib \in \mathsf{C}, \mathsf{R} \subset \mathsf{C}$. Und zwar ist R echte Teilmenge von C. Wir benutzen künftig die Symbole $\in, \subset, \notin$ lediglich als kurze Schreibweise für die geschilderten Sachverhalte.

1.1.2 Definitionen

Als reellen n-dimensionalen Punktraum R^n bezeichnen wir die Menge aller n-Tupel von reellen Zahlen

$$a = \begin{bmatrix} a_1 \\ a_2 \\ \vdots \\ a_n \end{bmatrix}, \qquad \text{bzw.} \quad a = [a_1, a_2, \ldots, a_n]^T.$$

Dabei definieren wir diese n-Tupel als Punkte des $\mathbb{R}^n$. Legt man ein Koordinatensystem zugrunde, so können die $a_1, \ldots, a_n$ als Koordinaten eines Punktes $\boldsymbol{a} \in \mathbb{R}^n$ bezüglich dieses Koordinatensystems aufgefaßt werden.

Andererseits kann der $\mathbb{R}^n$ auch als n-dimensionaler Vektorraum angesehen werden, dessen Elemente n-dimensionale Vektoren sind. Führt man etwa ein rechtwinkliges Koordinatensystem ein und bezeichnet die Einheitsvektoren in Richtung der Koordinatenachsen mit $\boldsymbol{e}_1, \ldots, \boldsymbol{e}_n$, so läßt sich jeder Vektor $\boldsymbol{a}$ eindeutig in der Form

$$\boldsymbol{a} = a_1\boldsymbol{e}_1 + \cdots + a_n\boldsymbol{e}_n$$

darstellen, wobei $a_i \in \mathbb{R}, i = 1, \ldots, n$, als Koordinaten des Vektors bezeichnet werden. Eine unmittelbare Veranschaulichung bieten die Räume $\mathbb{R}^2$ und $\mathbb{R}^3$. Wir sprechen daher künftig von Elementen des $\mathbb{R}^n$ und verstehen darunter sowohl Punkte als auch Vektoren.

Entsprechend können wir den *komplexen n-dimensionalen Punktraum* $\mathbb{C}^n$ definieren: Er besteht aus der Menge aller n-tupel

$$\boldsymbol{a} = \begin{bmatrix} a_1 \\ a_2 \\ \vdots \\ a_n \end{bmatrix}, \qquad \text{bzw. } \begin{aligned} \boldsymbol{a} &= [a_1, a_2, \ldots, a_n]^T, \\ a_j &= \alpha_j + \mathrm{i}\beta_j \in \mathbb{C}, \quad j = 1, \ldots, n. \end{aligned}$$

Die Zahl $\bar{a}_j = \alpha_j - \mathrm{i}\beta_j$ heißt die zu $a_j = \alpha_j + \mathrm{i}\beta_j$ konjugiert komplexe Zahl.

Man bezeichnet die Räume $\mathbb{R}^n$ und $\mathbb{C}^n$, wobei offenbar $\mathbb{R}^n \subset \mathbb{C}^n$ gilt, als lineare Räume oder lineare Vektorräume, weil eine Linearkombination von Elementen aus $\mathbb{R}^n$ oder $\mathbb{C}^n$ wieder ein Element dieser Räume ist. Dabei ist die Linearkombination nach den üblichen Regeln der Vektorrechnung zu bilden. Gilt also etwa

$$\boldsymbol{a}^{(k)} = \begin{bmatrix} a_1^{(k)} \\ a_2^{(k)} \\ \vdots \\ a_n^{(k)} \end{bmatrix} \in \mathbb{C}^n,$$

so ist

$$\boldsymbol{a} = \sum_{k=1}^{m} \beta_{(k)} \boldsymbol{a}^{(k)} = \begin{bmatrix} \sum_{k=1}^{m} \beta_{(k)} a_1^{(k)} \\ \sum_{k=1}^{m} \beta_{(k)} a_2^{(k)} \\ \vdots \\ \sum_{k=1}^{m} \beta_{(k)} a_n^{(k)} \end{bmatrix} \in \mathbb{C}^n, \quad \beta_{(k)} \in \mathbb{C}$$

d.h. die Linearkombination $\boldsymbol{a}$ ist wieder ein Element von $\mathbb{C}^n$. Entsprechendes gilt natürlich für den $\mathbb{R}^n$, wobei die $\beta_{(k)}$ reelle Zahlen sind.

1.1.3 Normierung. Skalares Produkt

Bei numerischen Rechnungen benötigt man, wie sich später zeigen wird, häufig Abschätzungen für „Lösungen“ oder „Beträge“ der Elemente des R^n bzw. C^n. Als solche wird man für $\boldsymbol{a} \in \mathsf{R}^n$ in der Regel die natürliche euklidische Länge

$$+\sqrt{\sum_{j=1}^{n} a_j^2}$$

verwenden, die den euklidischen Abstand des Punktes $\boldsymbol{a}$ vom Nullpunkt darstellt. Ist jedoch $\boldsymbol{a} \in \mathsf{C}^n$, d.h. $a_j = \alpha_j + \mathrm{i}\beta_j$, so wird mit $a_j\bar{a}_j = (\alpha_j + \mathrm{i}\beta_j)(\alpha_j - \mathrm{i}\beta_j) = \alpha_j^2 + \beta_j^2 = |a_j|^2$ der euklidische Abstand wie folgt definiert:

$$+\sqrt{\sum_{j=1}^{n} |a_j|^2}.$$

Es gibt jedoch viele wichtige Fälle, wo die Verwendung dieses Abstandes nicht möglich oder nicht zweckmäßig ist, so daß es wünschenswert ist, den Abstand allgemeiner zu definieren.

Definition 1.1. *Jedem $\boldsymbol{a} \in \mathsf{C}^n$ werde eine reelle Zahl $\|\boldsymbol{a}\|$ mit folgenden Eigenschaften zugeordnet*

1. $\|\boldsymbol{a}\| > 0$ *für $\boldsymbol{a} \neq \boldsymbol{0}$ ($\boldsymbol{0}$ ist der Nullvektor),*
2. $\|\boldsymbol{a} + \boldsymbol{b}\| \leq \|\boldsymbol{a}\| + \|\boldsymbol{b}\|$ *für beliebige $\boldsymbol{a}, \boldsymbol{b} \in \mathsf{C}^n$,*
3. $\|\alpha\boldsymbol{a}\| = |\alpha|\, \|\boldsymbol{a}\|$ *für jede Zahl $\alpha \in \mathsf{C}$.*

Dann heißt $\|\boldsymbol{a}\|$ Länge, Abstand oder Norm von $\boldsymbol{a}$. Die entsprechende Definition für den R^n ergibt sich unmittelbar durch Spezialisierung.

□

In der Tat hat $\|\boldsymbol{a} - \boldsymbol{b}\|$ die Eigenschaften eines Abstandes. Zur Unterscheidung kennzeichnet man die Normen häufig durch Indizes wie in folgenden Beispielen von Normen:

$$\begin{aligned} &1. \quad \|\boldsymbol{a}\|_1 &&= \sum_{\nu=1}^{n} |a_\nu| && \text{(Summennorm)},\\ &2. \quad \|\boldsymbol{a}\|_2 &&= \sqrt{\sum_{\nu=1}^{n} |a_\nu|^2} && \text{(euklidische Norm)}, \qquad (1.1)\\ &3. \quad \|\boldsymbol{a}\|_\infty &&= \max_{1\leq\nu\leq n} |a_\nu| && \text{(Maximumnorm)}. \end{aligned}$$

Diese Normen sind Spezialfälle der Norm

$$\|a\|_p = +\sqrt[p]{\sum_{\nu=1}^{n} |a_\nu|^p} \qquad 1 \le p \le \infty, \quad p \text{ ganz}.$$

Je zwei Elementen $a, b \in \mathbb{C}^n$ können wir die (reelle oder komplexe) Zahl

$$(a, b) = \sum_{i=1}^{n} a_i \bar{b}_i \tag{1.2}$$

zuordnen. Wir bezeichnen sie als *skalares Produkt* von a und b. Diese Definition stimmt offenbar mit der Definition des skalaren oder inneren Produkts in der elementaren Vektoralgebra überein. Für $b = a$ erhält man

$$(a, a) = \sum_{i=1}^{n} a_i \bar{a}_i = \sum_{i=1}^{n} |a_i|^2 = \|a\|_2^2,$$

es gilt demnach

$$\|a\|_2 = +\sqrt{(a, a)}.$$

Das skalare Produkt genügt der sog. Cauchyschen Ungleichung:

$$|(a, b)| \le \|a\|_2 \|b\|_2.$$

Wir wollen hier bereits anmerken, daß man das skalare Produkt wesentlich allgemeiner definieren kann als durch (1.2). Darauf kommen wir später zurück.

Die Normen (1.1) von a sind in der Regel natürlich voneinander verschieden. So gilt etwa für $a^T = [-1, 3, -4] : \|a\|_1 = 8$, $\|a\|_2 = \sqrt{26} \approx 5.1$, $\|a\|_\infty = 4$. Andererseits sind die Vektornormen (1.1) und darüber hinaus alle Vektornormen äquivalent; es gilt der

Satz 1.1. *Zu je zwei Normen $\|\cdot\|_*$ und $\|\cdot\|$ auf $\mathbb{C}^n$ gibt es zwei positive Konstanten m und M, so daß für alle $a \in \mathbb{C}^n$ gilt*

$$m\|a\|_* \le \|a\| \le M\|a\|_*.$$

Zum Beweis *dieses Satzes vgl. man etwa [14, Seite 7].* □

Man sieht unmittelbar ein, daß z.B. die Ungleichungen gelten

$$\|a\|_\infty \le \|a\|_1 \le n\|a\|_\infty,$$

$$\|a\|_\infty \le \|a\|_2 \le \sqrt{n}\,\|a\|_\infty.$$

1.1.4 Lineare Abhängigkeit und Unabhängigkeit

Insbesondere bei der Untersuchung numerischer Verfahren zur Lösung linearer Gleichungssysteme benötigt man den Begriff der linearen Unabhängigkeit oder Abhängigkeit von Vektoren. Die Vektoren $\boldsymbol{a}_1, \ldots, \boldsymbol{a}_k, k > 1$, heißen linear abhängig, wenn es k Zahlen $c_1, \ldots, c_k$ gibt, die nicht sämtlich verschwinden, so daß

$$c_1\boldsymbol{a}_1 + c_2\boldsymbol{a}_2 + \cdots + c_k\boldsymbol{a}_k = \boldsymbol{0} \tag{1.3}$$

gilt. Andernfalls heißen die Vektoren $\boldsymbol{a}_1, \ldots, \boldsymbol{a}_k$ linear unabhängig.

Sind die Vektoren linear abhängig, so ist mindestens eine Zahl c_ν, etwa c_1, von Null verschieden. Mit $c_p/c_1 = -\gamma_p$ gilt dann

$$\boldsymbol{a}_1 = \gamma_2\boldsymbol{a}_2 + \cdots + \gamma_k\boldsymbol{a}_k,$$

d.h. $\boldsymbol{a}_1$ läßt sich als Linearkombination der $\boldsymbol{a}_2, \ldots, \boldsymbol{a}_k$ darstellen. Offenbar sind k Vektoren, von denen mindestens einer der Nullvektor ist, stets linear abhängig.

1.2 Matrizen

1.2.1 Definitionen

Wir betrachten zunächst quadratische $n \times n$ Matrizen

$$\boldsymbol{A} = \begin{bmatrix} a_{11} & a_{12} & \ldots & a_{1n} \\ a_{21} & a_{22} & \ldots & a_{2n} \\ \vdots & \vdots & & \vdots \\ a_{n1} & a_{n2} & \ldots & a_{nn} \end{bmatrix} = [a_{kl}],$$

deren Elemente a_{kl} reelle oder komplexe Zahlen sind. Gilt $a_{kl} = b_{kl} + \mathrm{i}c_{kl}$, so ist mit $\boldsymbol{B} = [b_{kl}], \boldsymbol{C} = [c_{kl}]$

$$\boldsymbol{A} = \boldsymbol{B} + \mathrm{i}\boldsymbol{C}.$$

Die zugehörige konjugiert-komplexe Matrix ist

$$\bar{\boldsymbol{A}} = \boldsymbol{B} - \mathrm{i}\boldsymbol{C}.$$

Mit $\boldsymbol{A}^T$ bezeichnen wir die zu $\boldsymbol{A}$ transponierte, mit $\boldsymbol{A}^*$ die zu $\boldsymbol{A}$ konjugiert transponierte Matrix $\bar{\boldsymbol{A}}^T$.

Definition 1.2. *Eine Matrix A heißt*

symmetrisch,	*wenn* $\boldsymbol{A}$	$=$	$\boldsymbol{A}^T$,	
hermitesch,	*wenn* $\boldsymbol{A}$	$=$	$\boldsymbol{A}^*$,	
schiefsymmetrisch,	*wenn* $\boldsymbol{A}$	$=$	$-\boldsymbol{A}^T$,	
schiefhermitesch,	*wenn* $\boldsymbol{A}$	$=$	$-\boldsymbol{A}^*$,	
orthogonal,	*wenn* $\boldsymbol{A}^T$	$=$	$\boldsymbol{A}^{-1}$,	
unitär,	*wenn* $\boldsymbol{A}^*$	$=$	$\boldsymbol{A}^{-1}$,	
normal,	*wenn* $\boldsymbol{A}\boldsymbol{A}^*$	$=$	$\boldsymbol{A}^*\boldsymbol{A}$	*gilt.* □

Für Matrizen mit nur reellen Elementen gilt $C = 0$ und daher $A^* = A^T$. Die (reellen oder komplexen) Wurzeln des *charakteristischen Polynoms*

$$p(\lambda) = \det(A - \lambda I), \tag{1.4}$$

wobei I die $n \times n$-Einheitsmatrix ist, heißen Eigenwerte von A. Eine reell-symmetrische oder hermitesche Matrix besitzt nur reelle Eigenwerte.

1.2.2 Matrixnormen

Wir bezeichnen jetzt die Menge aller $n \times n$-Matrizen mit $M^{n,n}$. Ist $A \in M^{n,n}, x \in \mathrm{C}^n$, so ist $Ax \in \mathrm{C}^n$. Gemäß Definition 1.1 kann diesem Vektor die Norm $\|Ax\|$ zugeordnet werden. In vielen Bereichen der Mathematik, insbesondere der Numerischen Mathematik, ist es wichtig, für diese Norm eine Abschätzung der Form $\|Ax\| \leq Q\|x\|$ mit einer reellen positiven Konstanten Q zu kennen. Das kann, wie wir sehen werden, dadurch erreicht werden, daß $M^{n,n}$ normiert wird, d.h. jeder Matrix $A \in M^{n,n}$ eine Norm zugeordnet wird.

Definition 1.3. *Jeder Matrix $A \in M^{n,n}$ werde eine reelle Zahl $\|A\|$ mit folgenden Eigenschaften zugeordnet:*

1. $\|A\| > 0$ *für $A \neq 0$ (0 ist die $n \times n$-Nullmatrix),*
2. $\|A + B\| \leq \|A\| + \|B\|$ *für alle $A, B \in M^{n,n}$,*
3. $\|\alpha A\| = |\alpha|\,\|A\|$ *für jede Zahl $\alpha \in \mathrm{C}$,*
4. $\|A \cdot B\| \leq \|A\| \cdot \|B\|$ *(Submultiplikativität).*

Dann heißt $\|A\|$ Norm oder Matrixnorm von A. □

Da $0 \cdot A = 0$ gilt, folgt nach 3. $\|0\| = 0$, d.h. mit 1. ist $\|A\| = 0$ gleichbedeutend mit $A = 0$.

Eine Matrixnorm $\|A\|_M$ heißt *verträglich* mit einer Vektornorm $\|a\|_V$, wenn

$$\|Aa\|_V \leq \|A\|_M \|a\|_V, \tag{1.5}$$

für beliebige $A \in M^{n,n}, a \in \mathrm{C}^n$ gilt. Hierbei haben wir zur Unterscheidung im Moment die Matrixnorm mit dem Index M, die Vektornorm mit dem Index V gekennzeichnet. Wir werden künftig jedoch diese Indizes fortlassen, da keine Verwechslung zu befürchten ist.

Setzen wir in (1.5) $\|A\|_M = Q$, so haben wir in der Tat eine Abschätzung $\|Aa\|_V \leq Q\|a\|_V$ in der oben geforderten Form. Es ist daher für die praktische Rechnung wichtig, zu einer vorgegebenen Vektornorm eine verträgliche Matrixnorm zu kennen.

Besonders häufig verwendete Matrixnormen sind die folgenden:

1. $\|A\|_1 = \max\limits_{l} \left(\sum\limits_{k=1}^{n} |a_{kl}| \right)$ (Norm der maximalen Spaltenbetragssumme),

2. $\|A\|_2 = +\sqrt{(\text{größter Eigenwert von } A^*A)}$ (Spektralnorm), (1.6)

3. $\|A\|_\infty = \max\limits_{k} \left(\sum\limits_{l=1}^{n} |a_{kl}| \right)$ (Norm der maximalen Zeilenbetragssumme).

Man kann zeigen (vgl. etwa [6, Seite 132ff.]), daß die Matrixnormen $\|A\|_1$, $\|A\|_2$, $\|A\|_\infty$ mit den Vektornormen $\|a\|_1$, $\|a\|_2$, $\|a\|_\infty$ in dieser Reihenfolge verträglich sind.

Allgemeiner gibt es zu jeder Vektornorm eine verträgliche Matrixnorm, und zwar die *zugeordnete* Matrixnorm

$$\|A\| = \max_{\|x\|=1} \|Ax\| = \max_{x \neq 0} \frac{\|Ax\|}{\|x\|}, \quad x \in \mathbb{C}^n.$$

Hieraus folgt stets $\|I\| = 1$. Wiederum läßt sich zeigen ([6, Seite 139], [30, Seite 98f.]), daß $\|A\|_1, \|A\|_2, \|A\|_\infty$ die zu den Vektornormen $\|a\|_1, \|a\|_2, \|a\|_\infty$ in dieser Reihenfolge gehörigen zugeordneten Matrixnormen sind.

Ähnlich wie bei den Vektornormen kann man zeigen, daß die Matrixnormen (1.6) und darüber hinaus alle Matrixnormen äquivalent sind (vgl. etwa [14, Seite 12]):

Satz 1.2. *Es seien $\|A\|, \|A\|'$ zwei beliebige Matrixnormen. Dann gibt es positive Konstanten m, M, so daß für alle $A \in M^{n,n}$ gilt*

$$m\|A\|' \leq \|A\| \leq M\|A\|'.$$

□

1.2.3 Eigenwerte. Spektralradius

Durch die Nullstellen des Polynoms (1.4) hatten wir die Eigenwerte von $A \in M^{n,n}$ definiert. Jede solche Matrix besitzt n reelle oder komplexe Eigenwerte (mit ihrer Vielfachheit gezählt), denn nach (1.4) sind sie die Wurzeln eines Polynoms n-ten Grades. Wie bereits in Abschnitt 1.2 erwähnt, sind die Eigenwerte von reell-symmetrischen oder hermiteschen Matrizen stets reell.

Das Maximum der Beträge der Eigenwerte von A bezeichnen wir als den Spektralradius $\varrho(A)$ der Matrix: $\varrho(A) = \max\limits_{k=1,\ldots,n} |\lambda_k(A)|$. Ist A eine hermitesche (bzw. reell-symmetrische) Matrix, so gilt $A^* = A$ und nach (1.6) folgt

$$\|A\|_2 = +\sqrt{(\text{ größter Eigenwert von } A^2)} = +\sqrt{[\varrho(A)]^2} = \varrho(A),$$

denn es sind alle Eigenwerte von A reell, ferner $\lambda_k(A^2) = [\lambda_k(A)]^2$. Im Falle einer hermiteschen Matrix ist somit die Spektralnorm gleich dem Spektralradius. Darüber hinaus gilt allgemein der wichtige

Satz 1.3. *Es seien $A \in M^{n,n}$ und $\|A\|$ irgendeine einer Vektornorm zugeordnete Matrixnorm (1.6). Dann ist*

$$\varrho(A) \leq \|A\|. \tag{1.7}$$

Zum Beweis *vgl. man etwa [14, Seite 12].* □

1.2.4 Rang einer Matrix

Wir betrachten jetzt allgemeiner $m \times n$-Matrizen der Form

$$A = \begin{bmatrix} a_{11} & a_{12} & \dots & a_{1n} \\ a_{21} & a_{22} & \dots & a_{2n} \\ \vdots & \vdots & & \vdots \\ a_{m1} & a_{m2} & \dots & a_{mn} \end{bmatrix},$$

deren Elemente wieder reelle oder komplexe Zahlen sind. Die Menge aller $m \times n$-Matrizen der genannten Art bezeichnen wir mit $M^{m,n}$. Definiert man die *Zeilenvektoren*

$$a_i^z = [a_{i1}, a_{i2}, \dots, a_{in}], \quad i = 1, 2, \dots, m,$$

und die *Spaltenvektoren*

$$a_j^s = [a_{1j}, a_{2j}, \dots, a_{mj}]^T, \quad j = 1, 2, \dots, n,$$

so kann A auch dargestellt werden durch

$$A = \begin{bmatrix} a_1^z \\ a_2^z \\ \vdots \\ a_m^z \end{bmatrix}$$

oder

$$A = [a_1^s, a_2^s, \dots, a_n^s]. \tag{1.8}$$

Man kann zeigen, daß die Maximalzahl r der linear unabhängigen Zeilenvektoren einer Matrix mit der Maximalzahl der linear unabhängigen Spaltenvektoren übereinstimmt (vgl. etwa [20, Seite 82ff.]). Die Zahl r heißt Rang der Matrix A : Rg $A = r$.

1.3 Spezielle Matrizen

Bei der numerischen Lösung von linearen Rand- und Eigenwertproblemen gewöhnlicher und partieller Differentialgleichungen durch Differenzenverfahren sind große lineare Gleichungssysteme zu lösen, deren Matrizen jedoch eine spezielle Struktur besitzen. Dies ist bei der direkten oder iterativen Lösung der Gleichungssysteme oft von entscheidender Bedeutung. Darüber hinaus treten die genannten Matrizen auch bei anderen numerischen Methoden auf. Wir wollen daher die wichtigsten unter ihnen hier definieren und einige ihrer Eigenschaften beschreiben. Dabei betrachten wir ausschließlich Matrizen der Menge $\boldsymbol{M}^{n,n}$, deren Elemente reelle oder komplexe Zahlen sind.

1.3.1 Positiv semidefinite und positiv definite Matrizen

Eine *hermitesche Matrix* $\boldsymbol{A}$ *heißt positiv semidefinit* , wenn

$$\boldsymbol{x}^*\boldsymbol{A}\boldsymbol{x} \geq 0 \qquad \text{für alle} \quad \boldsymbol{x} \in \mathrm{C}^n \tag{1.9}$$

gilt. Sie heißt *positiv definit*, wenn für alle $\boldsymbol{x} \in \mathrm{C}^n, \boldsymbol{x} \neq \boldsymbol{0}$, in (1.9) sogar das Zeichen „>" gilt.

Die Definition ist natürlich nur dann sinnvoll, wenn sich für die hermitesche Form $\boldsymbol{x}^*\boldsymbol{A}\boldsymbol{x}$ stets ein reeller Wert ergibt. Das ist aber der Fall. Sei $\boldsymbol{x} = \boldsymbol{u} + \mathrm{i}\boldsymbol{v}$, also $\boldsymbol{x}^* = \bar{\boldsymbol{x}}^T = \boldsymbol{u}^T - \mathrm{i}\boldsymbol{v}^T$, ferner $\boldsymbol{A} = \boldsymbol{B} + \mathrm{i}\boldsymbol{C}$, so errechnet man leicht

$$\boldsymbol{x}^*\boldsymbol{A}\boldsymbol{x} = \boldsymbol{u}^T\boldsymbol{B}\boldsymbol{u} + \boldsymbol{v}^T\boldsymbol{B}\boldsymbol{v} - 2\boldsymbol{u}^T\boldsymbol{C}\boldsymbol{v}.$$

Hieraus überblickt man unmittelbar die Spezialfälle: $\boldsymbol{A}$ reell symmetrisch, d.h. $\boldsymbol{B} = \boldsymbol{A}$, $\boldsymbol{C} = \boldsymbol{0}$, und $\boldsymbol{x}$ reell, d.h. $\boldsymbol{x} = \boldsymbol{u}, \boldsymbol{v} = \boldsymbol{0}$.

Durch (1.4) waren bereits die Eigenwerte einer quadratischen Matrix $\boldsymbol{A}$ definiert worden. Eine vom Nullvektor verschiedene Lösung $\boldsymbol{x}$ von

$$\boldsymbol{A}\boldsymbol{x} = \lambda\boldsymbol{x}$$

heißt ein zum Eigenwert λ gehöriger Eigenvektor von $\boldsymbol{A}$. Hieraus folgt weiter

$$\boldsymbol{x}^*\boldsymbol{A}\boldsymbol{x} = \lambda\boldsymbol{x}^*\boldsymbol{x}.$$

Ist $\boldsymbol{A}$ positiv definit, so gilt wegen $\boldsymbol{x}^*\boldsymbol{x} > 0$, $\boldsymbol{x}^*\boldsymbol{A}\boldsymbol{x} > 0$

$$\lambda = \frac{\boldsymbol{x}^*\boldsymbol{A}\boldsymbol{x}}{\boldsymbol{x}^*\boldsymbol{x}} > 0,$$

d.h. eine positiv definite Matrix besitzt nur positive Eigenwerte. Offenbar besitzt eine positiv semidefinite Matrix nur nichtnegative Eigenwerte.

Weitere Eigenschaften hermitescher, reell-symmetrischer und positiv definiter Matrizen werden wir später an geeigneter Stelle kennenlernen. Neben diesen Matrizen sind eine Reihe von zum Teil sehr speziellen Matrizen, die wir jetzt erklären wollen, für numerische Anwendungen besonders wichtig.

1.3.2 Diagonal-, Tridiagonal- und Block-Tridiagonal-Matrizen

Eine Matrix $A = [a_{k,l}] \in M^{n,n}$ heißt

a) *Diagonalmatrix*, wenn $a_{kl} = 0$, $k \neq l$, gilt. Sie hat daher die Gestalt

$$A = \begin{bmatrix} a_1 & & 0 \\ & \ddots & \\ 0 & & a_n \end{bmatrix}. \tag{1.10}$$

b) *Tridiagonalmatrix*, wenn $a_{kl} = 0$ für $|k - l| > 1$ gilt. Solche Matrizen haben daher die Gestalt

$$A = \begin{bmatrix} a_1 & c_1 & & & 0 \\ b_2 & a_2 & c_2 & & \\ & \ddots & \ddots & \ddots & \\ 0 & & b_{n-1} & a_{n-1} & c_{n-1} \\ & & & b_n & a_n \end{bmatrix}. \tag{1.11}$$

c) *Block-Diagonalmatrix*, wenn sie die Gestalt

$$A = \begin{bmatrix} A_1 & & 0 \\ & \ddots & \\ 0 & & A_s \end{bmatrix} \tag{1.12}$$

hat, wobei die A_j, $j = 1, 2, \ldots, s$, quadratische Matrizen sind, $A_j \in M^{p_j,p_j}$, jedoch die Ordnungen p_j der Matrizen verschieden sein können und nur der Bedingung

$$\sum_{j=1}^{s} p_j = n$$

genügen müssen.

d) *Block-Tridiagonalmatrix*, wenn sie die Form hat

$$A = \begin{bmatrix} A_1 & C_1 & & & 0 \\ B_2 & A_2 & C_2 & & \\ & \ddots & \ddots & \ddots & \\ & & B_{s-1} & A_{s-1} & C_{s-1} \\ 0 & & & B_s & A_s \end{bmatrix}. \tag{1.13}$$

Dabei sind die A_j quadratische Matrizen, $A_j \in M^{q_j,q_j}$, $j = 1, \ldots, s$, während die B_{j+1}, C_j, $j = 1, \ldots, s - 1$, nicht notwendig quadratische Matrizen sind. B_j sind $q_j \times q_{j-1}$ und C_j $q_j \times q_{j+1}$-Matrizen. Die Ordnungen q_j der A_j, $j = 1, \ldots, s$, können verschieden sein und genügen der Bedingung

$$\sum_{j=1}^{s} q_j = n.$$

In vielen praktisch auftretenden Fällen sind die A_j selbst Tridiagonal- oder sogar Diagonalmatrizen.

1.3.3 Weitere, für die Anwendungen wichtige Matrizen

Bei einer Reihe von Anwendungen treten noch andere spezielle Matrizen auf; wir bezeichnen sie als

e) *Reduzible Matrix*, wenn sie sich durch Umnumerierung der Zeilen und gleichlautende Umnumerierung der Spalten in eine Matrix der Form

$$B = \begin{bmatrix} B_{11} & B_{12} \\ 0 & B_{22} \end{bmatrix}$$

mit den quadratischen Matrizen B_{11} und B_{22} umschreiben läßt. Andernfalls heißt A irreduzibel.

f) *Diagonaldominante Matrix*, wenn

$$\sum_{\substack{l=1 \\ l \neq k}}^{n} |a_{kl}| \leq |a_{kk}|, \quad k = 1, \ldots, n, \tag{1.14}$$

gilt. Sie heißt *strikt diagonaldominant*, wenn für $k = 1, \ldots, n$ in (1.14) das Zeichen „$<$" gilt, sie heißt *irreduzibel diagonaldominant*, wenn sie irreduzibel und diagonaldominant ist, wobei jedoch in (1.14) für mindestens ein k das Zeichen „$<$" gilt.

Genauer bezeichnet man A im Falle (1.14) als *diagonaldominant nach Zeilen.* Völlig analog wird dann *diagonaldominant nach Spalten* definiert.

Die irreduzibel diagonaldominanten Matrizen haben für eine Reihe von Anwendungen besondere Bedeutung. Über sie gilt der

Satz 1.4. *Ist A eine irreduzibel diagonaldominante Matrix, so gilt* $\det A \neq 0$ *und* $a_{ii} \neq 0$, $i = 1, \ldots, n$.

Zum *Beweis* dieses Satzes vgl. man etwa [37, Seite 40f]. □

Für eine strikt diagonaldominante Matrix gilt ein entsprechender

Satz 1.5. *Ist A eine strikt diagonaldominante Matrix, so gilt* $\det A \neq 0$ *und* $a_{ii} \neq 0$, $i = 1, \ldots, n$.

Zum *Beweis* dieses Satzes vgl. man ebenfalls [37, Seite 41]. □

Die Eigenschaft $a_{ii} \neq 0$, $i = 1, \ldots, n$, läßt sich bei strikt diagonaldominanten Matrizen unmittelbar aus der Definition schließen. Denn wäre für irgendein $k, 1 \leq k \leq n$, $a_{kk} = 0$, so folgte wegen der strikten Diagonaldominanz notwendig

$$\sum_{\substack{l=1 \\ l \neq k}}^{n} |a_{kl}| < 0,$$

was nicht möglich ist.

g) *L-Matrix*, wenn die Elemente a_{kl} reell sind und

$$a_{kk} > 0,\ a_{kl} \le 0,\ k \ne l; \quad k,l = 1,\ldots,n, \tag{1.15}$$

gilt. Ist A eine strikt oder irreduzibel diagonaldominante L-Matrix, so ist A invertierbar und A^{-1} besitzt nur nichtnegative Elemente.

h) *M-Matrix*, wenn A nichtsingulär und reell ist, sämtliche Elemente von A^{-1} nicht negativ sind und $a_{kl} \le 0, k \ne l; k,l = 1,\ldots,n$, gilt. Daß A^{-1} nur nichtnegative Elemente besitzt, wollen wir künftig durch

$$A^{-1} \ge 0$$

kennzeichnen. Eine symmetrische M-Matrix heißt *Stieltjes-Matrix*, sie ist positiv definit.

Weitere Eigenschaften der hier erklärten Matrizen werden wir später an geeigneter Stelle kennenlernen.

1.4 Lineare Gleichungssysteme

1.4.1 Bezeichnungen. Lösbarkeit

Am Anfang von Abschnitt 1.3 war bereits auf die Bedeutung linearer Gleichungssysteme und ihre numerische Lösung hingewiesen worden. Die numerischen Verfahren werden in Teil II dargestellt und untersucht. Da hierbei die Kenntnis über die Zahl und Art der Lösungen linearer Gleichungssysteme notwendig oder zumindest nützlich ist, sollen hier kurz die wichtigsten theoretischen Grundlagen zusammengetragen werden.

Ein lineares Gleichungssystem hat die Form

$$\begin{array}{ccccccccc}
a_{11}x_1 & + & a_{12}x_2 & + & \cdots & + & a_{1n}x_n & = & b_1 \\
a_{21}x_1 & + & a_{22}x_2 & + & \cdots & + & a_{2n}x_n & = & b_2 \\
\vdots & & \vdots & & & & \vdots & & \vdots \\
a_{m1}x_1 & + & a_{m2}x_2 & + & \cdots & + & a_{mn}x_n & = & b_m,
\end{array} \tag{1.16}$$

wobei die $a_{kl}, b_k, k = 1,\ldots,m, l = 1,\ldots,n$ reelle oder komplexe Zahlen sind. Gesucht sind reelle oder komplexe Zahlen $x_i, i = 1,\ldots,n$, die das System (1.16) erfüllen.

Wir setzen

$$A = \begin{bmatrix} a_{11} & \ldots & a_{1n} \\ \vdots & & \vdots \\ a_{m1} & \ldots & a_{mn} \end{bmatrix}, \quad x = \begin{bmatrix} x_1 \\ \vdots \\ x_n \end{bmatrix}, \quad b = \begin{bmatrix} b_1 \\ \vdots \\ b_m \end{bmatrix},$$

so daß (1.16) sich in der kurzen Form

$$\boldsymbol{A}\boldsymbol{x} = \boldsymbol{b} \tag{1.17}$$

schreiben läßt. Dabei gilt $\boldsymbol{A} \in M^{m,n}, \boldsymbol{b} \in \mathbb{C}^m$, und $\boldsymbol{x} \in \mathbb{C}^n$ ist der gesuchte Lösungsvektor.

Das System (1.17) heißt homogen, wenn $\boldsymbol{b} = \boldsymbol{0}$ ist.

Nicht jedes System (1.17) besitzt eine Lösung, wie etwa das einfache Beispiel

$$\begin{array}{rcrcl} 3x_1 & + & 2x_2 & = & 4 \\ -x_1 & + & 3x_2 & = & 1 \\ 2x_1 & + & 5x_2 & = & 3 \end{array}$$

zeigt, in dem die ersten beiden Gleichungen im Widerspruch zur dritten stehen.

Um die Frage zu beantworten, wann Lösungen von (1.17) existieren, stellen wir $\boldsymbol{A}$ gemäß (1.8) durch ihre Spaltenvektoren dar:

$$\boldsymbol{A} = [\boldsymbol{a}_1^s, \ldots, \boldsymbol{a}_n^s].$$

Weiter definieren wir die zu $\boldsymbol{A}, \boldsymbol{b}$ gehörige erweiterte Matrix

$$\boldsymbol{A}_E = [\boldsymbol{a}_1^s, \ldots, \boldsymbol{a}_n^s, \boldsymbol{b}].$$

Aus der linearen Algebra ist dann folgendes Resultat bekannt (vgl. etwa [39, Seite 99f]).

Satz 1.6. *Das lineare Gleichungssystem (1.17) ist genau dann lösbar, wenn der Rang von $\boldsymbol{A}$ gleich dem Rang von $\boldsymbol{A}_E$ ist:*

$$\text{Rg } \boldsymbol{A} = \text{Rg } \boldsymbol{A}_E.$$

□

1.4.2 Lösung homogener Gleichungssysteme

Wir betrachten zunächst das homogene System

$$\boldsymbol{A}\boldsymbol{x} = \boldsymbol{0}. \tag{1.18}$$

Es besitzt stets die triviale Lösung $\boldsymbol{x} = \boldsymbol{0}$, die natürlich nicht interessiert. Wir fragen vielmehr nach den nichttrivialen Lösungen, bei denen mindestens eine Komponente des Lösungsvektors von Null verschieden ist.

Gibt es solche Lösungen, etwa $\boldsymbol{x}^{(1)}, \ldots, \boldsymbol{x}^{(p)}$, so ist offenbar auch

$$\boldsymbol{x} = c_1\boldsymbol{x}^{(1)} + \cdots + c_p\boldsymbol{x}^{(p)}$$

mit beliebigen Konstanten $c_i \in \mathrm{C}, i = 1, \ldots, p$, eine Lösung. Stellen wir $\boldsymbol{A}$ gemäß (1.8) durch ihre Spaltenvektoren dar, so kann (1.18) auch in der Form

$$x_1 \boldsymbol{a}_1^s + x_2 \boldsymbol{a}_2^s + \cdots + x_n \boldsymbol{a}_n^s = \boldsymbol{0} \tag{1.19}$$

geschrieben werden. Wenn es aber reelle oder komplexe Zahlen $x_1, \ldots, x_n$ gibt, die nicht sämtlich verschwinden, so daß (1.19) gilt, so sind die Vektoren $\boldsymbol{a}_1^s, \ldots, \boldsymbol{a}_n^s$ linear abhängig. Sind umgekehrt die $\boldsymbol{a}_1^s$ linear abhängig, so gibt es Zahlen x_i, die nicht sämtlich verschwinden, so daß (1.19) gilt (vgl.(1.3)). Daher folgt der

Satz 1.7. *Das homogene System (1.18) besitzt genau dann nichttriviale Lösungen, wenn die Spalten der Matrix $\boldsymbol{A}$ linear abhängig sind, ihr Rang r also kleiner als n ist.* □

Man bezeichnet die Zahl $d = n - r$ als den Defekt der Matrix $\boldsymbol{A}$. Sind die Spaltenvektoren der Matrix linear abhängig, so hat $\boldsymbol{A}$ einen positiven Defekt. Sind die Spaltenvektoren linear unabhängig, so heißt $\boldsymbol{A}$ spaltenregulär, ihr Defekt ist Null. Ist die Zahl der Gleichungen kleiner als die Zahl n der Unbekannten, so ist notwendigerweise $r \leq m < n$. Die Spaltenvektoren sind somit linear abhängig. Daher hat ein lineares homogenes Gleichungssystem mit weniger Gleichungen als Unbekannten stets nichttriviale Lösungen. Ist $m = n$, so besitzt (1.18) genau dann nichttriviale Lösungen, wenn $r < n$ gilt; das ist bekanntlich wiederum genau dann der Fall, wenn

$$\det \boldsymbol{A} = 0$$

gilt.

Eine andere Frage ist die nach der Zahl der linear unabhängigen Lösungen von (1.18) und wie man sie praktisch bestimmt. Die letztere Frage wird später in Kapitel 4 beantwortet. Die Frage nach der Zahl der linear unabhängigen Lösungen beantwortet der

Satz 1.8. *Es sei* Rg $\boldsymbol{A} = r$. *Dann besitzt (1.18) ein System von genau $d = n - r$ linear unabhängigen Lösungen $\boldsymbol{x}^{(1)}, \ldots, \boldsymbol{x}^{(d)}$. Jede Lösung von (1.18) läßt sich dann in der Form*

$$\boldsymbol{x} = c_1 \boldsymbol{x}^{(1)} + \cdots + c_d \boldsymbol{x}^{(d)} \tag{1.20}$$

mit Zahlen $c_i \in \mathrm{C}, i = 1, 2, \ldots, d$, darstellen. □

Das System linear unabhängiger Lösungen $\boldsymbol{x}^{(1)}, \ldots, \boldsymbol{x}^{(d)}$ bezeichnet man als Fundamentalsystem, die Form (1.20) einer Lösung als allgemeine Lösung von (1.18).

Eine Lösung von (1.18) ist im Fall $\det \boldsymbol{A} = 0$ höchstens bis auf eine willkürliche Konstante $c \in \mathrm{C}$ eindeutig bestimmt; denn ist $\boldsymbol{x}$ eine Lösung, so ist $c\boldsymbol{x}$ ebenfalls eine Lösung.

Es sei noch einmal daran erinnert, daß der Rang r der Matrix $\boldsymbol{A}$ die Maximalzahl der linear unabhängigen Spaltenvektoren ist. Diese ist gleich der Maximalzahl der linear unabhängigen Zeilenvektoren. Wir fassen noch einmal zusammen:

Zusammenfassung. Das homogene lineare Gleichungssystem $\boldsymbol{Ax} = \boldsymbol{0}$ mit der $m \times n$-Matrix $\boldsymbol{A}$ besitzt stets die triviale Lösung $\boldsymbol{x} = \boldsymbol{0}$. Es besitzt nur diese Lösung, wenn $\boldsymbol{A}$ spaltenregulär ist, d.h. die Spaltenvektoren von $\boldsymbol{A}$ linear unabhängig sind. $\boldsymbol{Ax} = \boldsymbol{0}$ besitzt dagegen stets nichttriviale Lösungen, wenn $d = n - r > 0$ gilt, d.h. die Spaltenvektoren von $\boldsymbol{A}$ linear abhängig sind. Es gibt dann genau d linear unabhängige Lösungen $\boldsymbol{x}^{(1)}, \dots, \boldsymbol{x}^{(d)}$, jede weitere Lösung von $\boldsymbol{Ax} = \boldsymbol{0}$ ist von diesen linear abhängig, läßt sich also in der Form (1.20) darstellen. Ist $m = n$, also $\boldsymbol{A}$ quadratisch, so ist $d > 0$ gleichbedeutend mit $\det \boldsymbol{A} = 0$.

1.4.3 Lösung inhomogener Gleichungssysteme

Wir wenden uns nun inhomogenen Gleichungssystemen zu und betrachten (1.17), d.h.

$$\boldsymbol{Ax} = \boldsymbol{b}, \quad \boldsymbol{b} \neq \boldsymbol{0}. \tag{1.21}$$

Dabei sei $\boldsymbol{A}$ eine $m \times n$-Matrix und es gelte

$$r = \text{Rg } \boldsymbol{A} = \text{Rg}(\boldsymbol{A}, \boldsymbol{b}),$$

das System besitze also Lösungen.

Ist $\boldsymbol{A}$ quadratisch und nichtsingulär, so errechnet man aus (1.21) sofort

$$\boldsymbol{x} = \boldsymbol{A}^{-1}\boldsymbol{b} \tag{1.22}$$

als eindeutige Lösung. Es sei jedoch schon hier darauf hingewiesen, daß die praktisch-numerische Bestimmung der Lösung auf anderem Wege erfolgt.

Ist $\boldsymbol{A}$ eine $m \times n$-Matrix und $\boldsymbol{x}^{(0)}$ eine Lösung von (1.21), so ist offenbar

$$\boldsymbol{x} = \boldsymbol{x}^{(0)} + c_1\boldsymbol{x}^{(1)} + \dots + c_d\boldsymbol{x}^{(d)}$$

ebenfalls eine Lösung, wobei die $\boldsymbol{x}^{(1)}, \dots, \boldsymbol{x}^{(d)}$ ein Fundamentalsystem des zugehörigen homogenen Gleichungssystems bilden. Es gilt sogar der

Satz 1.9. *Es sei $\boldsymbol{x}^{(0)}$ irgendeine Lösung von (1.21) und $\boldsymbol{x}^{(1)}, \dots, \boldsymbol{x}^{(d)}$ ein Fundamentalsystem von Lösungen des zugehörigen homogenen Systems. Dann hat jede Lösung von (1.21) die Gestalt*

$$\boldsymbol{x} = \boldsymbol{x}^{(0)} + c_1\boldsymbol{x}^{(1)} + \dots + c_d\boldsymbol{x}^{(d)}, \quad d > 0. \tag{1.23}$$

Ist $\boldsymbol{A}$ spaltenregulär, gilt also $d = 0$, so ist $\boldsymbol{x}^{(0)}$ die eindeutige Lösung von (1.21). □

Ist nämlich z eine Lösung von (1.21), so gilt $Az = b$ und nach Voraussetzung $Ax^{(0)} = b$, d.h. $A(z - x^{(0)}) = 0$. Daher ist $z - x^{(0)}$ Lösung des zugehörigen homogenen Systems, läßt sich also nach unseren Ausführungen über homogene Systeme in der Form

$$z - x^{(0)} = c_1 x^{(1)} + \cdots + c_d x^{(d)}$$

mit Konstanten $c_i \in \mathbb{C}$ darstellen. Daraus folgt die Behauptung (1.23) des Satzes 1.9. Wenn das homogene System $Ax = 0$ also nur die triviale Lösung besitzt, so ist $x^{(0)}$die eindeutige Lösung von (1.21).

Natürlich ist der Fall eines Systems mit quadratischer nichtsingulärer Matrix als Spezialfall in Satz 1.9 enthalten. Die Lösung ist eindeutig, sie läßt sich darüber hinaus gemäß (1.22) explizit darstellen.

1.5 Nichtlineare Gleichungssysteme

1.5.1 Darstellungsform. Eigenschaften

In der numerischen Analysis treten nichtlineare Gleichungssysteme häufig als sekundäre Probleme auf. Primäre Probleme sind dabei etwa Randwert- und Anfangs-Randwertprobleme nichtlinearer gewöhnlicher oder partieller Differentialgleichungen, Integralgleichungen, Variationsprobleme. Fast alle numerischen Verfahren zur Lösung solcher Probleme führen auf häufig sehr große nichtlineare Gleichungssysteme. Diese hat man zu lösen, wozu praktisch nur Iterationsverfahren (s. Abschnitt 1.6) geeignet sind. Auf die numerische Lösung nichtlinearer Gleichungssysteme wird in Teil III ausführlich eingegangen.

Es sei B ein Teilgebiet (offen oder abgeschlossen) des $\mathbb{R}^n$ oder des $\mathbb{C}^n$, wobei auch zugelassen ist, daß B der ganze $\mathbb{R}^n$ oder $\mathbb{C}^n$ ist. Auf diesem Teilgebiet seien die reell- oder komplexwertigen Funktionen

$$f_j(x_1, \ldots, x_n), \quad j = 1, \ldots, n, \tag{1.24}$$

definiert. Und zwar sollen die f_j reellwertig für $B \subset \mathbb{R}^n$, komplexwertig für $B \subset \mathbb{C}^n$ sein.

Anstelle von (1.24) schreiben wir kürzer $f_j(x)$, wobei $x \in B$ ein Punkt aus der Menge B ist, und setzen schließlich

$$F(x) = \begin{bmatrix} f_1(x) \\ f_2(x) \\ \vdots \\ f_n(x) \end{bmatrix}. \tag{1.25}$$

Sei etwa $B \subset \mathbb{R}^n$, so ist F eine Abbildung oder ein Operator, der jedem Punkt $x \in B$ einen Punkt $F(x) \in \mathbb{R}^n$ zuordnet. Wir schreiben hierfür symbolisch

$$F : B \subset \mathbb{R}^n \to \mathbb{R}^n, \tag{1.26}$$

d.h. $\boldsymbol{F}$ ist ein Operator, der die Punkte von B in Punkte des R^n abbildet, oder kürzer, der B in den R^n abbildet. Entsprechendes gilt für $B \subset \mathrm{C}^n$.

Ein nichtlineares Gleichungssystem hat dann die Form

$$\begin{aligned} f_1(x_1, \ldots, x_n) &= 0 \\ f_2(x_1, \ldots, x_n) &= 0 \\ &\vdots \\ f_n(x_1, \ldots, x_n) &= 0 \end{aligned} \tag{1.27}$$

oder in der Schreibweise (1.25)

$$\boldsymbol{F}(\boldsymbol{x}) = \boldsymbol{0}. \tag{1.28}$$

Betrachten wir etwa den Fall $B \subset \mathrm{R}^n$, so ist jeder Punkt (Vektor) $\boldsymbol{x} \in B$, der (1.28) erfüllt, eine Lösung des Gleichungssystems. Will man (1.28) lösen, so hat man solche Punkte $\boldsymbol{x} \in B$ zu suchen, die durch den Operator $\boldsymbol{F}$ in den Nullpunkt $\boldsymbol{0} \in \mathrm{R}^n$ abgebildet werden.

Anstelle des Punktes $\boldsymbol{0}$ könnte man auf der rechten Seite von (1.28) auch einen konstanten Vektor $\boldsymbol{b}$ schreiben. Mit $g_j(\boldsymbol{x}) = f_j(\boldsymbol{x}) - b_j$, $\boldsymbol{G}(\boldsymbol{x}) = \boldsymbol{F}(\boldsymbol{x}) - \boldsymbol{b}$ folgte daraus aber sogleich wieder ein System $\boldsymbol{G}(\boldsymbol{x}) = \boldsymbol{0}$. Daher kann jedes nichtlineare Gleichungssystem in der Form (1.28) geschrieben werden.

In Abschnitt 1.4 hatten wir bereits festgestellt, daß nicht jedes lineare Gleichungssystem Lösungen besitzt und daß Lösungen nicht notwendig eindeutig sind. Dies gilt natürlich erst recht für nichtlineare Systeme, denn lineare Systeme gehen mit

$$f_j(x_1, \ldots, x_n) = \sum_{k=1}^{n} a_{jk} x_k - b_j$$

aus (1.27) als Spezialfälle hervor. Darüber hinaus aber treten bei nichtlinearen Gleichungssystemen zusätzliche Komplikationen auf. Besonders unübersichtlich wird die Theorie, wenn die Zahl der Unbekannten nicht mit der Zahl der Gleichungen übereinstimmt. Dieser Fall soll hier nicht betrachtet werden.

Um die genannten Schwierigkeiten anzudeuten, untersuchen wir den Fall $n = 2$ und $B \subset \mathrm{R}^2$:

$$\begin{aligned} f_1(x_1, x_2) &= 0 \\ f_2(x_1, x_2) &= 0. \end{aligned} \tag{1.29}$$

Betrachtet man x_1, x_2 als Veränderliche, so beschreibt jede der beiden Gleichungen eine Kurve in der (x_1, x_2)-Ebene. Die gemeinsamen Punkte dieser beiden Kurven sind Lösungen des Systems (1.29). Es ist daher möglich, daß (1.29) keine Lösung, genau eine Lösung, endlich viele oder unendlich viele Lösungen besitzt.

Diese Eigenschaften lassen sich schon an dem einfachen Beispiel

$$\begin{aligned} f_1(x_1, x_2) &= \sin x_1 - x_2 = 0 \\ f_2(x_1, x_2) &= \alpha x_1 - x_2 + \beta = 0 \end{aligned} \tag{1.30}$$

demonstrieren, wobei $B = \mathbb{R}^2$ gewählt werden kann und α, β reelle Parameter bedeuten. Das System (1.30) hat z.B. (s. Abb. 1.1)

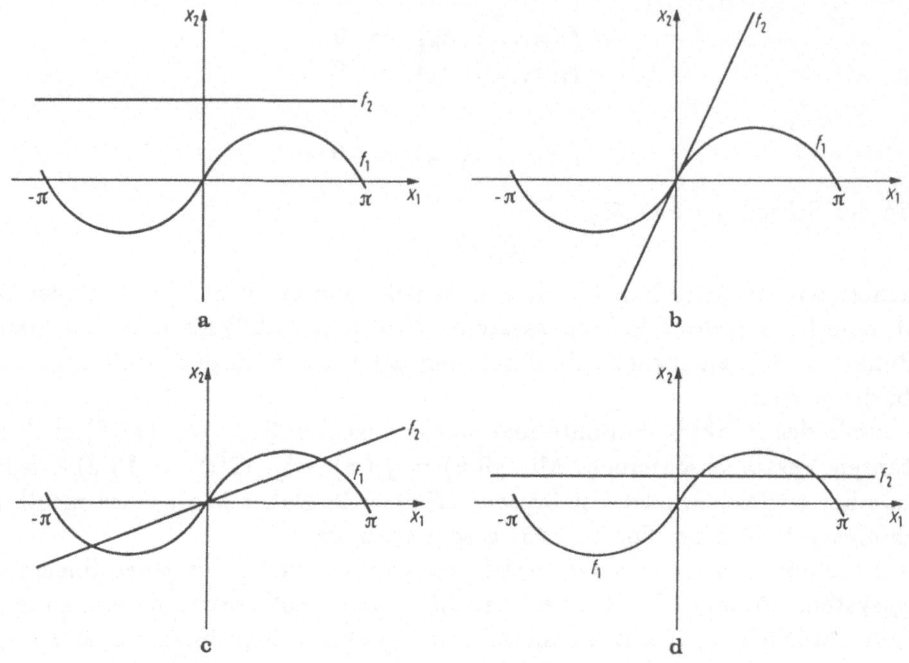

Abbildung 1.1. Eigenschaften nichtlinearer Gleichungssysteme

1. keine Lösung für $\alpha = 0$, $\beta = 2$,
2. genau eine Lösung für $\alpha = 1$, $\beta = 0$,
3. drei Lösungen für $\alpha = \frac{1}{2}$, $\beta = 0$,
4. unendlich viele Lösungen für $\alpha = 0$, $\beta = \frac{1}{2}$.

1.5.2 Funktionalmatrix

Bei der numerischen Lösung und in der Theorie nichtlinearer Gleichungssysteme sind die Eigenschaften der Funktionalmatrix von (1.25) von besonderer Bedeutung.

Definition 1.4. *Die Funktionen $f_j(x)$ seien in dem offenen Gebiet $G \subset B$ nach allen Veränderlichen einmal differenzierbar. Unter der Funktionalmatrix oder Jakobi-*

Matrix $F'(z)$ von F an der Stelle $z \in G$ versteht man dann die Matrix

$$F'(z) = \begin{bmatrix} \left(\frac{\partial f_1}{\partial x_1}\right)_{(z)} & \cdots & \left(\frac{\partial f_1}{\partial x_n}\right)_{(z)} \\ \vdots & & \vdots \\ \left(\frac{\partial f_n}{\partial x_1}\right)_{(z)} & \cdots & \left(\frac{\partial f_n}{\partial x_n}\right)_{(z)} \end{bmatrix} = \left[\left(\frac{\partial f_i}{\partial x_j}\right)_{(z)}\right]. \quad (1.31)$$

□

Dabei soll $(\partial f_i/\partial x_j)_{(z)}$ bedeuten: Man bilde die Funktion $\partial f_i/\partial x_j$ und setze dann als Argumente $z_1, z_2, \ldots, z_n$ ein. So ist z.B. die Funktionalmatrix von dem nach (1.30) gebildeten Operator F an der Stelle z

$$F'(z) = \begin{bmatrix} \cos z_1 & -1 \\ \alpha & -1 \end{bmatrix}.$$

Die Frage der Existenz und Eindeutigkeit der Lösungen nichtlinearer Gleichungssysteme soll hier nicht erörtert werden. Sie läßt sich auch nicht für alle Typen von Gleichungssystemen beantworten. Teilweise werden wir auf die Fragen bei der numerischen Lösung nichtlinearer Gleichungssysteme in Teil III zurückkommen. Eine ausführliche Darstellung der Theorie nichtlinearer Systeme findet sich in [20].

1.6 Iterationsverfahren

1.6.1 Konstruktion

Zu den wichtigsten Verfahren zur numerischen Lösung von Gleichungen, wie etwa Differentialgleichungen, Integralgleichungen, linearen oder nichtlinearen Gleichungssystemen, gehören die Iterationsverfahren. Man versucht hierbei durch wiederholte Anwendung einer Rechenvorschrift die Näherungslösung fortlaufend zu verbessern.

Wir beschränken uns darauf, Iterationsverfahren für Gleichungen im R^n zu erklären und zu untersuchen. Dazu seien im Gebiet $B \subset \mathsf{R}^n$ die Funktionen

$$t_j(x_1, \ldots, x_n) = t_j(x), \quad x \in B; \qquad j = 1, 2, \ldots, n,$$

definiert. Wir betrachten dann

$$\begin{aligned} y_1 &= t_1(x_1, \ldots, x_n) \\ &\vdots \\ y_n &= t_n(x_1, \ldots, x_n), \end{aligned}$$

was wir analog (1.28) in der kürzeren Form

$$\boldsymbol{y} = \boldsymbol{T}(\boldsymbol{x})$$

mit $\boldsymbol{T} : B \subset \mathbb{R}^n \to \mathbb{R}^n$ (vgl. (1.26)) schreiben können. Daher ist $\boldsymbol{T}$ ein Operator, d.h. eine Abbildung, der jeden Punkt $\boldsymbol{x} \in B$ in einen Bildpunkt $\boldsymbol{y} \in \mathbb{R}^n$ eindeutig abbildet.

Ausgangspunkt für fast alle Iterationsverfahren ist dann die Frage nach den Fixpunkten der Abbildung $\boldsymbol{T}$, d.h. nach den Punkten $\boldsymbol{x}^* \in B$, so daß

$$\boldsymbol{x}^* = \boldsymbol{T}(\boldsymbol{x}^*)$$

gilt. $\boldsymbol{T}$ bildet den Punkt $\boldsymbol{x}^*$ in sich ab, $\boldsymbol{x}^*$ bleibt bei der Abbildung also fest.

Um $\boldsymbol{x}^*$ zu bestimmen bzw. näherungsweise zu berechnen, geht man von einer — in der Regel noch sehr groben — Näherung $\boldsymbol{x}^{(0)}$ von $\boldsymbol{x}^*$ aus und ermittelt weitere Näherungen nach der Iterationsvorschrift

$$\boldsymbol{x}^{(k+1)} = \boldsymbol{T}(\boldsymbol{x}^{(k)}), \quad k = 0, 1, \ldots, \tag{1.32}$$

wobei man erwartet, daß die Näherungen mit wachsendem k fortlaufend besser werden und daß schließlich

$$\lim_{k \to \infty} \boldsymbol{x}^{(k)} = \boldsymbol{x}^*$$

gilt. Nun kann es natürlich mehrere Fixpunkte einer Abbildung $\boldsymbol{T}$ geben. In diesem Falle kann man daher nur erwarten, daß die $\boldsymbol{x}^{(k)}$, $k = 0, 1, \ldots$, gegen einen dieser Fixpunkte konvergieren.

Um ein solches Iterationsverfahren etwa zur Lösung des nichtlinearen Gleichungssystems

$$\boldsymbol{F}(\boldsymbol{x}) = \boldsymbol{0} \tag{1.33}$$

verwenden zu können, hat man dieses zunächst in die Fixpunktform

$$\boldsymbol{x} = \boldsymbol{T}(\boldsymbol{x}) \tag{1.34}$$

zu überführen, was in der Regel auf verschiedene Art möglich ist. Dabei ist sicherzustellen, daß jede Lösung von (1.33) auch Lösung von (1.34) ist und umgekehrt, die Gleichungen (1.33) und (1.34) also äquivalent sind.

1.6.2 Konvergenz

Wir wollen nun die Konvergenz des Iterationsverfahrens untersuchen. Da $\boldsymbol{T}(\boldsymbol{x})$ eine Vektorfunktion ist, kann ihr für jeden festen Punkt $\boldsymbol{x} \in B$ die Norm $\|\boldsymbol{T}(\boldsymbol{x})\|$ zugeordnet werden, wobei diese etwa gemäß (1.1) erklärt ist. Für je zwei beliebige aber feste Punkte $\boldsymbol{x}, \boldsymbol{y} \in B$ ist daher auch $\|\boldsymbol{T}(\boldsymbol{x}) - \boldsymbol{T}(\boldsymbol{y})\|$ erklärt.

Die Konvergenz des durch (1.32) gegebenen Iterationsverfahrens hängt offenbar von den Eigenschaften der Abbildung $\boldsymbol{T}$ ab. Eine in dieser Hinsicht wichtige Klasse von Abbildungen ist die der Kontraktionen:

Definition 1.5. *Eine Abbildung $T : B \subset \mathsf{R}^n \to \mathsf{R}^n$ heißt in einem Teilbereich $B^* \subset B$ Kontraktion oder kontrahierende Abbildung, wenn es eine Norm $\|\cdot\|$ und eine reelle positive Zahl $\alpha < 1$ gibt, so daß für alle $x, y \in B^*$ die Ungleichung*

$$\|T(x) - T(y)\| \leq \alpha \|x - y\| \tag{1.35}$$

gilt. □

Ist T eine lineare Abbildung, d.h. $T(x) = Ax$ mit der $n \times n$-Matrix A, so vereinfacht sich das Kriterium (1.35). Sei $\|A\|_M$ eine zur Vektornorm $\|a\|_V$ passende Matrixnorm, so ist die Abbildung sicher kontrahierend, wenn $\|A\|_M \leq \alpha$, $\alpha < 1$, gilt, denn dann folgt

$$\|Ax - Ay\|_V = \|A(x - y)\|_V \leq \|A\|_M \|x - y\|_V \leq \alpha \|x - y\|_V.$$

Nun ist aber die Norm von A stets eine konstante reelle Zahl, so daß eine lineare Abbildung kontrahierend ist, wenn

$$\|A\|_M < 1$$

gilt.

Die Ungleichung (1.35) besagt auch, daß die Norm der Differenz $T(x) - T(y)$, also im wesentlichen der Abstand der beiden Bildpunkte $T(x), T(y)$, bei kontrahierenden Abbildungen kleiner ist als der Abstand der Punkte x, y. Die Abbildung „zieht" also die Punkte zusammen, wodurch die Bezeichnung Kontraktion erklärt werden kann.

1.6.3 Konvergenz bei kontrahierender Abbildung

Wir werden später häufig auf kontrahierende Abbildungen zurückkommmen und ihre Eigenschaften verwenden, insbesondere bei der iterativen Lösung linearer und nichtlinearer Gleichungssysteme. Deshalb wollen wir jetzt bereits die wichtigsten Eigenschaften von Iterationsverfahren bei kontrahierender Abbildung zusammenfassen.

Satz 1.10. *Es sei $T : B \subset \mathsf{R}^n \to \mathsf{R}^n$ eine kontrahierende Abbildung, $B^* \subset B$ sei abgeschlossen und alle Bilder der Punkte von B^* mögen wieder in B^* liegen. Dann besitzt die Abbildung genau einen Fixpunkt $x^* \in B^*$. Dieser ist der eindeutig bestimmte Grenzwert $\lim_{k\to\infty} x^{(k)}$ der Iterationsfolge $x^{(k)} = T(x^{(k-1)})$, $k = 1, 2, \ldots$, mit beliebigem $x^{(0)} \in B^*$.*

Beweis: *Nach Voraussetzung gilt mit $x \in B^*$ auch $T(x) \in B^*$, denn alle Bilder von B^* liegen wieder in B^*. Mit $x^{(0)} \in B^*$ definieren wir die Iterationsfolge*

$$x^{(k+1)} = T(x^{(k)}) \quad k = 0, 1, \ldots, \tag{1.36}$$

so daß $x^{(k)} \in B^*$, $k = 0, 1, \ldots$, *wie soeben festgestellt. Mit der Vektornorm (1.35) gilt dann weiter*

$$\|x^{(k+1)} - x^{(k)}\| = \|T(x^{(k)}) - T(x^{(k-1)})\| \le \alpha \|x^{(k)} - x^{(k-1)}\| \le \alpha^k \|x^{(1)} - x^{(0)}\|.$$

Hieraus folgt für ganzes $p \ge 1$

$$\begin{aligned} \|x^{(k+p)} - x^{(k)}\| &\le \sum_{i=1}^{p} \|x^{(k+i)} - x^{(k+i-1)}\| \\ &\le (1 + \alpha + \cdots + \alpha^{p-1}) \|x^{(k+1)} - x^{(k)}\| \\ &\le \frac{1-\alpha^p}{1-\alpha} \alpha^k \|x^{(1)} - x^{(0)}\| \le \frac{\alpha^k}{1-\alpha} \|x^{(1)} - x^{(0)}\|, \end{aligned} \tag{1.37}$$

denn es ist $0 \le \alpha < 1$. *Weil* $\|x^{(1)} - x^{(0)}\| = \|T(x^{(0)}) - x^{(0)}\|$ *ein fester endlicher Wert ist, ist daher* $x^{(k)}$ *eine Cauchy-Folge und besitzt somit genau einen Häufungspunkt* x^*, *der zugleich Häufungspunkt der Menge* B^* *ist. Da diese abgeschlossen ist, also alle Häufungspunkte enthält, gilt* $x^* \in B^*$. *Man errechnet dann (man beachte die Rechenregeln für die Normen)*

$$\|T(x^*) - x^*\| \le \|T(x^*) - T(x^{(k)})\| + \|T(x^{(k)}) - x^*\| \le \alpha \|x^* - x^{(k)}\| + \|x^{(k+1)} - x^*\|,$$

und da mit $k \to \infty$ *die rechte Seite beliebig klein wird,*

$$\|T(x^*) - x^*\| \le \varepsilon$$

für jedes $\varepsilon > 0$. *Daher folgt* $T(x^*) = x^*$.

Der Punkt $x^* \in B^*$ *ist also Fixpunkt der Abbildung* T. *Er ist aber auch in* B^* *der einzige. Denn gäbe es noch einen weiteren, etwa* y^*, *so folgte wegen der Kontraktionseigenschaft von* T *und* $y^* \in B^*$

$$\|T(x^*) - T(y^*)\| = \|x^* - y^*\| \le \alpha \|x^* - y^*\|,$$

und dies kann wegen $\alpha < 1$ *nur für* $\|x^* - y^*\| = 0$, *d.h.* $x^* = y^*$ *gelten. Damit ist der für einige Anwendungen wichtige Satz bewiesen.* □

1.6.4 Fehlerabschätzungen

Wenn man mit Hilfe eines Iterationsverfahrens der beschriebenen Art einen k-ten Näherungswert $x^{(k)}$ berrechnet hat, so interessiert man sich für den Fehler $x^{(k)} - x^*$ oder $\|x^{(k)} - x^*\|$. Nach (1.37) gilt aber

$$\begin{aligned} \|x^{(k)} - x^*\| &\le \|x^{(k)} - x^{(k+p)}\| + \|x^{(k+p)} - x^*\| \\ &\le \|x^{(k+p)} - x^*\| + \frac{\alpha^k}{1-\alpha} \|x^{(1)} - x^{(0)}\|. \end{aligned}$$

Für $p \to \infty$ verschwindet der erste Summand, so daß wir die *A-priori-Fehlerabschätzung*

$$\|x^{(k)} - x^*\| \le \frac{\alpha^k}{1-\alpha}\|x^{(1)} - x^{(0)}\| \tag{1.38}$$

erhalten.

Hat man daher aus $x^{(0)}$ die erste Näherung $x^{(1)}$ bestimmt, so kann man bereits abschätzen, wie groß der Fehler der k-ten Näherung, $k \ge 2$, höchstens ist. Es liegt auf der Hand, daß eine solche A-priori-Schätzung in der Regel recht grob ist. An (1.38) kann man aber auch die Mindest-Konvergenzgeschwindigkeit ablesen.

Genauer wird im allgemeinen eine *A-posteriori-Fehlerabschätzung* sein. Man kann sie folgendermaßen erhalten: Nach (1.37) gilt

$$\|x^{(k)} - x^{(k+p)}\| \le \frac{1-\alpha^p}{1-\alpha}\|x^{(k+1)} - x^{(k)}\| \le \frac{1-\alpha^p}{1-\alpha}\alpha\|x^{(k)} - x^{(k-1)}\|.$$

Für $p \to \infty$ strebt $x^{(k+p)} \to x^*$, $\alpha^p \to 0$, und man erhält

$$\|x^{(k)} - x^*\| \le \frac{\alpha}{1-\alpha}\|x^{(k)} - x^{(k-1)}\| \tag{1.39}$$

als die gesuchte A-posteriori-Fehlerabschätzung.

1.6.5 Der Satz von Ostrowski

Bisher ist weitgehend offen geblieben, wie man überhaupt feststellen kann, ob eine gegebene Abbildung kontrahierend ist. Dieser Frage wollen wir uns jetzt zuwenden.

Dazu betrachten wir wieder das Fixpunktsystem (1.34), wobei wir $T : B \subset \mathsf{R}^n \to \mathsf{R}^n$ voraussetzen. Außerdem seien die t_i bezüglich aller Veränderlichen in B 1-mal stetig differenzierbar, so daß die Funktionalmatrix (Jakobi-Matrix)

$$T'(z) = \begin{bmatrix} \left(\frac{\partial t_1}{\partial x_1}\right)_{(z)} & \cdots & \left(\frac{\partial t_1}{\partial x_n}\right)_{(z)} \\ \vdots & & \vdots \\ \left(\frac{\partial t_n}{\partial x_1}\right)_{(z)} & \cdots & \left(\frac{\partial t_n}{\partial x_n}\right)_{(z)} \end{bmatrix}, \quad z \in \mathsf{R}^n,$$

gebildet werden kann. Wir nennen T dann „in B stetig differenzierbar".

Es gilt dann der folgende, von A. Ostrowski bewiesene

Satz 1.11. *Es sei $T : B \subset \mathsf{R}^n \to \mathsf{R}^n$ eine in B stetig differenzierbare Abbildung, die einen Fixpunkt $x^* \in B$ besitzt. Gilt dann*

$$\varrho(T'(x^*)) = \delta < 1, \tag{1.40}$$

so gibt es eine Umgebung B_0 von x^*, $B_0 \subset B$, so daß für alle $x^{(0)} \in B_0$ das durch

$$x^{(k+1)} = T(x^{(k)}), \quad k = 0, 1, \ldots,$$

gegebene Iterationsverfahren gegen x^* konvergiert.

Der Beweis *dieses Satzes erfordert längere Vorbereitungen, so daß wir auf eine Wiedergabe verzichten wollen. Man vgl. hierzu etwa [20, Seite 300ff.].* □

Die in Satz 1.11 genannte Bedingung (1.40) für den Spektralradius der Funktionalmatrix an der Stelle x^* ist im allgemeinen nur hinreichend. Die Anwendung dieses Kriteriums ist darüber hinaus schwierig, da man den Fixpunkt x^* ja gerade nicht kennt und B_0 in der Regel nicht berechnen kann. Oft gelingt aber der Nachweis, daß für eine Umgebung B_0 von x^* bezüglich einer der drei Normen (1.6) $\|T'(x)\| < 1$, $x \in B_0$, also auch $\|T'(x^*)\| < 1$, gilt. Dann folgt mit (1.7)

$$\varrho(T'(x^*)) \le \|T'(x^*)\| < 1,$$

d.h. die Bedingung (1.40). Auf weitere Anwendungen des Satzes 1.11 kommen wir später ausführlich zurück.

Im Falle eines linearen Gleichungssystems lautet das Fixpunktsystem

$$x = T(x) = Gx - g$$

mit der $n \times n$-Matrix G und $g \in \mathrm{R}^n$. Mit $G = (g_{ij})$ schreibt sich die i-te Gleichung

$$x_i = t_i(x_1, \ldots, x_n) = \sum_{j=1}^{n} g_{ij} x_j - g_i\,, \quad i = 1, \ldots, n.$$

Daher gilt

$$\frac{\partial t_i}{\partial x_k} = g_{ik}, \qquad \text{d.h.} \qquad T'(x) = G.$$

Die Konvergenzbedingung (1.40) lautet dann einfach

$$\varrho(G) < 1.$$

Man kann zeigen, daß sie sogar notwendig und hinreichend für die Konvergenz des Iterationsverfahrens

$$x^{(k+1)} = Gx^{(k)} - g, \quad k = 0, 1, \ldots\,,$$

ist. Hierauf und auf die Anwendungen gehen wir ausführlich in Kapitel 6, insbesondere in Abschnitt 6.1, ein.

1.6.6 Lokale und globale Konvergenz

Der Satz 1.11 sagt nur aus, daß es eine Umgebung B_0 eines — als existent vorausgesetzten — Fixpunktes $\boldsymbol{x}^*$ gibt, in der die Iteration gegen $\boldsymbol{x}^*$ konvergiert. Er liefert dagegen keine Aussage darüber, wie man B_0 wirklich bestimmen oder zumindest genähert berechnen kann. In der Tat kann B_0 sehr klein ausfallen. Die Ausgangsnäherung $\boldsymbol{x}^{(0)}$ muß dann schon sehr „nahe" bei $\boldsymbol{x}$ liegen, d.h. $\|\boldsymbol{x}^{(0)} - \boldsymbol{x}^*\|$ ist hinreichend klein zu wählen. Die praktische Anwendung des Konvergenzsatzes wird dadurch natürlich erschwert, zumal man ja $\boldsymbol{x}^*$ nicht kennt und auch nicht weiß, unter welcher Schranke $\|\boldsymbol{x}^{(0)} - \boldsymbol{x}^*\|$ liegen muß. Erfreulicherweise sind diese Fragen bei praktischen Rechnungen oft leichter zu beantworten als es nach der Theorie zu erwarten ist.

Ein Iterationsverfahren mit den Konvergenzeigenschaften gemäß Satz 1.11 nennt man *lokal konvergent.*

Etwas günstiger ist die Situation bei einem Konvergenzverhalten gemäß Satz 1.10. Hier wird die Existenz eines Fixpunktes nicht vorausgesetzt und B^* ist außer durch die Forderung $B^* \subset B$ nur dadurch eingeschränkt, daß $\boldsymbol{x} \in B^*$ auch $\boldsymbol{T}(\boldsymbol{x}) \in B^*$ nach sich zieht. Dennoch kann auch B^* auf Grund obiger Forderungen klein werden.

Ein Iterationsverfahren, das gemäß Satz 1.10 konvergiert, heißt *semilokal konvergent.* Von einer solchen Konvergenz spricht man auch immer dann, wenn die Existenz eines Fixpunktes nicht vorausgesetzt werden muß und wenn es einen endlichen (meist kleinen) im Prinzip berechenbaren Bereich B^* gibt, so daß für $\boldsymbol{x}^{(0)} \in B^*$ das Verfahren gegen einen Fixpunkt $\boldsymbol{x}^*$ von $\boldsymbol{x} = \boldsymbol{T}(\boldsymbol{x})$ konvergiert. Wenn ein nichtlineares Gleichungssystem $\boldsymbol{F}(\boldsymbol{x}) = \mathbf{0}$ mehrere Lösungen besitzt, was in der Regel der Fall ist, so kann man im allgemeinen nicht mehr als semilokale Konvergenz erwarten. Denn das Verfahren wird in diesem Fall nur dann gegen eine bestimmte Lösung $\boldsymbol{x}^*$ von $\boldsymbol{F}(\boldsymbol{x}) = \mathbf{0}$, d.h. gegen einen bestimmten Fixpunkt von $\boldsymbol{x} = \boldsymbol{T}(\boldsymbol{x})$, konvergieren, wenn $\boldsymbol{x}^{(0)}$ aus einer geeigneten Umgebung von $\boldsymbol{x}^*$ gewählt wird.

Global konvergent nennt man ein Iterationsverfahren, das für beliebige $\boldsymbol{x}^{(0)} \in \mathbb{R}^n$ gegen $\boldsymbol{x}^*$ konvergiert. Häufig wird in der Literatur auch nur gefordert, daß das Verfahren konvergiert, wenn $\boldsymbol{x}^{(0)} \in B \subset \mathbb{R}^n$, wobei B ein großer und berechenbarer Teilbereich des $\mathbb{R}^n$ ist.

Bei linearen Gleichungssystemen ist ein konvergentes Verfahren (unter selbstverständlichen Voraussetzungen) stets auch global konvergent. Bei nichtlinearen Gleichungssystemen müssen oft Eigenschaften gefordert werden, welche die Eindeutigkeit der Lösung sichern. Diese und andere Voraussetzungen schränken die Anwendung global konvergenter Verfahren ein.

Wenn man eine Wahlmöglichkeit hat, wird man ein global konvergentes Iterationsverfahren bevorzugen, das außerdem möglichst schnell konvergiert. Dies wirft die Frage der Konvergenzgeschwindigkeit und Konvergenzordnung von Iterationsverfahren auf. Bezüglich der Konvergenzordnung begnügen wir uns hier zunächst mit folgender

Definition 1.6. *Es sei $p \geq 1$ eine reelle Zahl und $\boldsymbol{T} : B \subset \mathrm{R}^n \to \mathrm{R}^n$ in $B^* \subset B$ eine kontrahierende Abbildung. Das Iterationsverfahren (1.36) heißt dann in einer Umgebung U eines Fixpunktes $\boldsymbol{x}^*, U \subset B^*$,*

konvergent von mindestens p-ter Ordnung,

wenn es eine nichtnegative reelle Zahl C_p gibt, so daß für alle $\boldsymbol{x} \in U$ die Ungleichung

$$\|\boldsymbol{T}(\boldsymbol{x}) - \boldsymbol{x}^*\| \leq C_p \|\boldsymbol{x} - \boldsymbol{x}^*\|^p \tag{1.41}$$

gilt. Das Iterationsverfahren heißt dann auch Verfahren p-ter Ordnung. □

Für $p = 1$ gilt wegen der Kontraktionseigenschaft von T offenbar $C_1 = \alpha < 1$.

Die Konvergenzordnung ist auch ein Maß für die Konvergenzgeschwindigkeit. Mit $\boldsymbol{x} = \boldsymbol{x}^{(k)}$, also $\boldsymbol{T}(\boldsymbol{x}) = \boldsymbol{x}^{(k+1)}$ folgt nach (1.41)

$$\|\boldsymbol{x}^{(k+1)} - \boldsymbol{x}^*\| \leq C_p \|\boldsymbol{x}^{(k)} - \boldsymbol{x}^*\|^p. \tag{1.42}$$

Nimmt man $\|\boldsymbol{x}^{(k)} - \boldsymbol{x}^*\| < 1$ an, so wird, wenn die Konstanten C_p sich nicht allzusehr unterscheiden, ein Iterationsverfahren desto schneller konvergieren, je größer die Ordnung p ist. Jedes Verfahren mit kontrahierender Abbildung $\boldsymbol{T}$ konvergiert mindestens von der Ordnung 1, oder, wie man auch sagt, es konvergiert mindestens *linear.*

Für $p = 2$ bzw. $p = 3$ nennt man die *Konvergenz quadratisch* bzw.*kubisch.* Von *superlinearer Konvergenz* spricht man, wenn

$$\lim_{k \to \infty} \frac{\|\boldsymbol{x}^{(k+1)} - \boldsymbol{x}^*\|}{\|\boldsymbol{x}^{(k)} - \boldsymbol{x}^*\|} = 0$$

gilt, d.h. C_1 wird beliebig klein, wenn U immer kleiner wird. Dies ist insbesondere für $p > 1$ und $C_p < \infty$ in (1.42) der Fall.

Bei der Untersuchung der Konvergenzordnung eines Iterationsverfahrens hat man sich auf hinreichend kleine Umgebungen U von $\boldsymbol{x}^*$ zu beschränken, etwa auf die „Kugel“

$$U(\delta) = \{\boldsymbol{x} \mid \|\boldsymbol{x} - \boldsymbol{x}^*\| \leq \delta,\ \delta < 1\}.$$

Weiter kann man die *asymptotische Fehlerkonstante* $\tilde{C}_p$ einführen. Dies ist die kleinste obere Schranke für

$$\frac{\|\boldsymbol{x}^{(k+1)} - \boldsymbol{x}^*\|}{\|\boldsymbol{x}^{(k)} - \boldsymbol{x}^*\|^p}, \quad k \geq 0, \quad p \geq 1, \quad \text{reell}, \tag{1.43}$$

wenn $x^{(0)}$ in einer beliebig kleinen Umgebung von x^*, aber in beliebiger Richtung liegt.

Wir haben uns bisher auf Iterationsverfahren mit Abbildungen beschränkt, die eine Teilmenge des $\mathbb{R}^n$ in den $\mathbb{R}^n$ abbilden. Man erkennt nachträglich, daß alle Betrachtungen wörtlich auch für Gleichungen im $\mathbb{C}^n$ gelten. Insbesondere gilt der Konvergenzsatz 1.10, und die Definitionen 1.5 und 1.6 lauten entsprechend.

In der Numerischen Mathematik haben Iterationsverfahren große Bedeutung. Richtig angewendet bieten sie gegenüber anderen Verfahren den Vorteil, daß Rundungen und andere Fehler bei den weiteren Iterationen wieder abgebaut werden. Nachteilig ist, daß Iterationsverfahren bei der Anwendung auf komplizierte Gleichungen oft einen hohen Rechenaufwand erfordern. Bei wichtigen Problemen ist man jedoch auf Iterationsverfahren als einzige Lösungsmethode angewiesen.

1.7 Hilfsmittel aus der Analysis im $\mathbb{R}^n$

Wie bereits in Abschnitt 1.5 und 1.6 werden wir in den folgenden Kapiteln — des ersten wie des zweiten Bandes — häufig Hilfsmittel aus der mehrdimensionalen Analysis benötigen. Die wichtigsten wollen wir hier kurz zusammenstellen.

1.7.1 Vektorfunktionen

In einem offenen oder abgeschlossenen Gebiet $B \subset \mathbb{R}^n$ sei die Funktion

$$u = f(x_1, \ldots, x_n)$$

definiert. Durch f wird dann jedem Punkt $(x_1, \ldots, x_n)^T \in B$ ein Bild $u = f(x_1, \ldots, x_n) \in \mathbb{R}^1$, also eine (reelle) Zahl, zugeordnet. Wir schreiben dies kurz in der Form

$$f : B \subset \mathbb{R}^n \to \mathbb{R}^1, \tag{1.44}$$

d.h. f bildet B in den $\mathbb{R}^1$ ab.

Allgemeiner können wir ein System von Funktionen

$$\begin{aligned} u_1 &= f_1(x_1, \ldots, x_n) \\ &\vdots \\ u_m &= f_m(x_1, \ldots, x_n) \end{aligned}$$

betrachten, das ebenfalls in $B \subset \mathbb{R}^n$ definiert ist. Die $f_1, \ldots, f_m$ können dann als Komponenten einer Vektorfunktion $\boldsymbol{F}$ angesehen werden:

$$\boldsymbol{F}(x_1, \ldots, x_n) = \begin{bmatrix} f_1(x_1, \ldots, x_n) \\ \vdots \\ f_m(x_1, \ldots, x_n) \end{bmatrix}. \tag{1.45}$$

Jedem Punkt $[x_1, \ldots, x_n]^T \in B$ wird jetzt aber ein Punkt $\boldsymbol{F}(x_1, \ldots, x_n) \in \mathrm{R}^m$ zugeordnet, d.h. $\boldsymbol{F}$ bildet B in den R^m ab. Analog (1.44) schreiben wir dies kurz

$$\boldsymbol{F} : B \subset \mathrm{R}^n \to \mathrm{R}^m.$$

Wie in (1.24) schreiben wir anstelle von $f_j(x_1, \ldots, x_n)$ kürzer $f_j(\boldsymbol{x})$, anstelle von $\boldsymbol{F}(x_1, \ldots, x_n)$ kürzer $\boldsymbol{F}(\boldsymbol{x})$. Es ist dann

$$\boldsymbol{F}(\boldsymbol{x}) = \begin{bmatrix} f_1(\boldsymbol{x}) \\ \vdots \\ f_m(\boldsymbol{x}) \end{bmatrix}. \tag{1.46}$$

Für $m = n$ erhält man (1.25).

1.7.2 Ableitungen und Funktionalmatrix

Wir kehren zurück zur Funktion $u = f(x_1, \ldots, x_n) = f(\boldsymbol{x})$, $f : B \subset \mathrm{R}^n \to \mathrm{R}^1$, und nehmen an, daß sie in B bezüglich aller Veränderlichen p-mal stetig differenzierbar ist. Es sollen also die Funktionen

$$\frac{\partial^p u}{\partial x_1^{p_1} \partial x_2^{p_2} \ldots \partial x_n^{p_n}}, \quad \sum_{i=1}^{n} p_i = p, \tag{1.47}$$

in B stetig sein. Dies bedeutet natürlich, daß auch alle Ableitungen der Ordnung $0, 1, \ldots, p-1$ stetige Funktionen sind. In (1.47) sind die $p_1, \ldots, p_n$ ganze Zahlen mit $0 \le p_i \le p$, die der genannten Summenbedingung genügen. Wir sagen dann, daß $u = f(\boldsymbol{x})$ der Klasse der in B p-mal stetig differenzierbaren Funktionen angehört und beschreiben diesen Tatbestand kurz durch

$$f \in C^p(B).$$

$f \in C^0(B)$ besagt, daß f in B stetig ist.

Im Falle $n = 2$ bzw. $n = 3$ wird durch

$$\begin{aligned} x_1 &= \varphi_1(t) \\ x_2 &= \varphi_2(t) \end{aligned} \qquad \text{bzw.} \qquad \begin{aligned} x_1 &= \varphi_1(t) \\ x_2 &= \varphi_2(t) \\ x_3 &= \varphi_3(t) \end{aligned}$$

ein ebenes bzw. räumliches Kurvenstück beschrieben, wenn der Parameter t ein bestimmtes Intervall durchläuft. Allgemeiner erhält man durch

$$x_i = \varphi_i(t), \quad i = 1, \ldots, n, \quad t_0 \le t \le t_1,$$

ein *Kurvenstück im* R^n. Setzt man dann

$$F(t) = f(\varphi_1(t), \ldots, \varphi_n(t))$$

und sind f und φ_i differenzierbar, so gilt

$$F'(t) = \sum_{i=1}^{n} f_{x_i}(\varphi_1(t), \dots, \varphi_n(t))\varphi_i'(t).$$

In Verallgemeinerung dieses Resultats betrachten wir weiter den Fall, daß die x_i Funktionen der k Veränderlichen $t_1, \dots, t_k$ sind:

$$x_i = \varphi_i(t_1, \dots, t_k) = \varphi_i(\boldsymbol{t}).$$

Dabei haben wir der Kürze halber $(t_1, \dots, t_k)^T = \boldsymbol{t}$ gesetzt. Sei

$$F(\boldsymbol{t}) = f(\varphi_1(\boldsymbol{t}), \dots, \varphi_n(\boldsymbol{t})),$$

so gilt

$$F_{t_j}(t) = \frac{\partial F}{\partial t_j} = \sum_{l=1}^{n} \frac{\partial f(\varphi_1(\boldsymbol{t}), \dots, \varphi_n(\boldsymbol{t}))}{\partial x_l} \, \frac{\partial \varphi_l(\boldsymbol{t})}{\partial t_j} \, .$$

Dabei bedeutet $\partial f(\varphi_1(\boldsymbol{t}), \dots, \varphi_n(\boldsymbol{t}))/\partial x_l$ folgendes:
Man berechne die Funktion $\partial f(x_1, \dots, x_n)/\partial x_l$ und setze dann $x_i = \varphi_i(\boldsymbol{t})$, $i = 1, \dots, n$, ein.

Die aus den partiellen Ableitungen $\dfrac{\partial \varphi_l}{\partial t_j}$ gebildete $n \times k$-Matrix

$$\begin{bmatrix} \dfrac{\partial \varphi_1}{\partial t_1} & \cdots & \dfrac{\partial \varphi_1}{\partial t_k} \\ \vdots & & \vdots \\ \dfrac{\partial \varphi_n}{\partial t_1} & \cdots & \dfrac{\partial \varphi_n}{\partial t_k} \end{bmatrix} \tag{1.48}$$

ist die ***Funktionalmatrix*** der Funktionen $\varphi_1, \dots, \varphi_n$ bezüglich der Veränderlichen $t_1, \dots, t_k$. Für $k = n$ und mit

$$\boldsymbol{\Phi}(\boldsymbol{t}) = [\varphi_1(\boldsymbol{t}), \dots, \varphi_n(\boldsymbol{t})]^T$$

hat (1.48) die (1.31) entsprechende Gestalt

$$\boldsymbol{\Phi}'(\boldsymbol{t}) = \left[\left(\frac{\partial \varphi_i}{\partial t_j} \right)_{(\boldsymbol{t})} \right] .$$

Wir betrachten jetzt die Vektorfunktion (1.45) bzw. (1.46). Gilt $f_i \in C^p(B)$, $i = 1, \dots, m$, so kennzeichnen wir dies durch

$$\boldsymbol{F} \in C^p(B).$$

Für $p \geq 1$ können wir die Funktionalmatrix

$$F'(x) = \begin{bmatrix} \frac{\partial f_1(x)}{\partial x_1} & \dots & \frac{\partial f_1(x)}{\partial x_n} \\ \vdots & & \vdots \\ \frac{\partial f_m(x)}{\partial x_1} & \dots & \frac{\partial f_m(x)}{\partial x_n} \end{bmatrix}$$

bilden, die für $m = n$ mit (1.31) übereinstimmt.

1.7.3 Mittelwertsatz und Taylorscher Satz

Der Mittelwertsatz und der Taylorsche Satz lassen sich auf Vektorfunktionen ausdehnen, wir beschränken uns hier auf den Mittelwertsatz.

Es sei $F \in C^1(B)$, $x, y \in B$, und wir setzen abkürzend

$$\frac{\partial f_i}{\partial x_k} = \partial_k f_i. \tag{1.49}$$

Dann gilt für jedes $i = 1, \dots, m$

$$f_i(x) - f_i(y) = \sum_{j=1}^{n} \partial_j f_i(y + \vartheta_i(x-y))(x_j - y_j), \quad 0 < \vartheta_i < 1, \tag{1.50}$$

wobei

$$\partial_j f_i(y - \vartheta_i(x-y)) = \partial_j f_i(y_1 + \vartheta_i(x_1 - y_1), \dots, y_n + \vartheta_i(x_n - y_n))$$

zu setzen ist. Das System (1.50) kann dann in der Vektor-Matrix-Form

$$F(x) - F(y) = H(x, y)(x - y)$$

mit

$$H(x,y) = \begin{bmatrix} \partial_1 f_1(y + \vartheta_1(x-y)) & \dots & \partial_n f_1(y + \vartheta_1(x-y)) \\ & & \vdots \\ \partial_1 f_m(y + \vartheta_m(x-y)) & \dots & \partial_n f_m(y + \vartheta_m(x-y)) \end{bmatrix}$$

geschrieben werden. Dies ist die gewünschte Form des Mittelwertsatzes. Man beachte, daß die ϑ_i in der Regel vom Index i abhängende unterschiedliche Werte annehmen.

Für die Erweiterung des Taylorschen Satzes beschränken wir uns auf eine skalare Funktion $u = f(x)$, $f : B \subset \mathrm{R}^n \to \mathrm{R}^1$, $f \in C^{p+1}(B)$, $p \geq 0$. In Verallgemeinerung von (1.49) definieren wir weiter

$$\frac{\partial^l f}{\partial x_1^{l_1} \partial x_2^{l_2} \dots \partial x_n^{l_n}} = \partial_1^{l_1} \partial_2^{l_2} \dots \partial_n^{l_n} f, \quad l_1 + l_2 + \dots + l_n = l.$$

Dann gilt für $x, y \in B$ der Taylorsche Satz

$$f(x) - f(y) = \sum_{l=1}^{p} \frac{1}{l!} \left(\sum_{j=1}^{n} (x_j - y_j)\partial_j \right)^l f(y) + R_{p+1}$$

mit dem Restglied

$$R_{p+1} = \frac{1}{(p+1)!} \left(\sum_{j=1}^{n} (x_j - y_j)\partial_j \right)^{p+1} f(y + \vartheta(x-y)), \quad 0 < \vartheta < 1.$$

Den symbolischen Ausdruck

$$\left(\sum_{j=1}^{n} (x_j - y_j)\partial_j \right)^l f(y) = l! \sum_{l_1+\cdots+l_n=l} \frac{(x_1-y_1)^{l_1} \cdots (x_n-y_n)^{l_n} \partial_1^{l_1} \cdots \partial_n^{l_n} f(y)}{l_1! \ldots l_n!}$$

berechnet man dabei formal nach der Polynomialformel für n Summanden. So erhält man z.B. für $n = 3$, $l = 2$

$$\begin{aligned} &\left(\sum_{j=1}^{3} (x_j - y_j)\partial_j \right)^2 f(y) = \\ &\sum_{j=1}^{3} (x_j - y_j)^2 \partial_j^2 f(y) + 2(x_1 - y_1)(x_2 - y_2)\partial_1\partial_2 f(y) \\ &+ 2(x_1 - y_1)(x_3 - y_3)\partial_1\partial_3 f(y) + 2(x_2 - y_2)(x_3 - y_3)\partial_2\partial_3 f(y). \end{aligned}$$

Schließlich sei noch daran erinnert, daß eine Funktion $f \in C^1(B), B \subset \mathbb{R}^n$ nur dann an einer Stelle $x^0 = [x_1^0, \ldots, x_n^0]^T \in B$ ein relatives Maximum oder Minimum besitzt, wenn $\partial_k f(x^0) = 0$, $k = 1, \ldots, n$, gilt.

1.8 Aufgaben

A 1-1 Man gebe die drei Normen (1.1) an für

$$a^T = [2 - 3\mathrm{i}, 1, -4\mathrm{i}].$$

A 1-2 Man zeige, daß für jede Vektornorm die Ungleichung

$$|\, \|a\| - \|b\| \,| \leq \|a - b\|$$

gilt.

A 1-3 Man konstruiere für $n = 3$ je ein Beispiel einer hermiteschen, unitären und normalen Matrix.

A 1-4 Man gebe die drei Normen (1.6) für die Matrix

$$A = \begin{bmatrix} 1+\mathrm{i} & -3 & 1-\mathrm{i} \\ 0 & 2 & 2+\mathrm{i} \\ 3-4\mathrm{i} & 3+4\mathrm{i} & 3 \end{bmatrix}$$

an.

A 1-5 Man zeige durch eine einfache Überlegung, daß eine Tridiagonalmatrix (1.11) mit Elementen b_i, c_i, von denen keines verschwindet, stets irreduzibel ist.

A 1-6 Man bestimme den Rang der Matrix

$$A = \begin{bmatrix} 1 & -1 & 4 & 2 \\ 1 & -4 & 5 & -1 \\ 0 & 3 & -1 & 3 \\ 2 & 1 & 7 & 7 \end{bmatrix}$$

und gebe dann ein Fundamentalsystem von $Ax = 0$ an.

A 1-7 Man berechne die Funktionalmatrix von

$$F(x) = \begin{bmatrix} x_1^2 & + & x_2^2 \\ x_1^2 & - & x_2^2 \end{bmatrix}.$$

A 1-8 Man bestimme mit dem Iterationsverfahren (1.36) näherungsweise einen Fixpunkt der Abbildung

$$T(x) = \begin{pmatrix} t_1(x_1, x_2) \\ t_2(x_1, x_2) \end{pmatrix} = \begin{pmatrix} \frac{1}{6}\exp(-(x_1^2 + x_2^2)) \\ \frac{1}{6}(x_1^2 - x_2^2) \end{pmatrix}$$

in

$$B : |x_1|, |x_2| \leq 1.$$

Dabei beginne man mit der Ausgangsnäherung $x_1^{(0)} = \frac{1}{6}$, $x_2^{(0)} = \left(\frac{1}{6}\right)^3$.

2 Berechnung der Nullstellen von Funktionen

In diesem Abschnitt werden Verfahren zur Bestimmung der Nullstellen einer reell- oder komplexwertigen Funktion in einer Variablen erörtert. Dabei werden Polynome nicht ausgeklammert, jedoch werden in Kapitel 3 noch spezielle Verfahren zur Bestimmung ihrer Wurzeln angegeben. Es gibt eine große Zahl von Methoden zur Berechnung von Nullstellen, unten denen wir hier nur die gebräuchlichsten auswählen. Mit diesen kommt man jedoch erfahrungsgemäß in der Praxis fast immer aus.

2.1 Intervallschachtelungsverfahren

2.1.1 Verfahrensvorschriften

Die Funktion $f(x)$ sei reellwertig, stetig und auf dem abgeschlossenen Intervall $I = [a, b]$ definiert. Gesucht ist eine Nullstelle dieser Funktion, also eine Zahl $x^* \in I$ mit

$$f(x^*) = 0.$$

Die hier zunächst zu erörternden *Intervallschachtelungsverfahren* sind sehr einfach anzuwenden und - das ist der besondere Vorteil - stets konvergent. In der hier beschriebenen einfachen Form sind sie allerdings auf eine Veränderliche beschränkt. Man versucht bei Intervallschachtelungsverfahren zunächst ein Teilintervall $I_0 \subset I$ zu finden, in dem $f(x)$ eine Nullstelle besitzt, und bestimmt mit Hilfe eines „Testpunktes" t ein neues Teilintervall $I_1 \subset I_0$. Setzen wir $f(a) \neq 0$, $f(b) \neq 0$ voraus, so kann ein Intervall $I_0 = [a^{(0)}, b^{(0)}]$ mit den genannten Eigenschaften wie folgt gefunden werden: Man sucht zwei Zahlen $a^{(0)}, b^{(0)}$ mit $a \leq a^{(0)} < b^{(0)}, \leq b$, so daß

$$f(a^{(0)})f(b^{(0)}) < 0$$

gilt. Dann wechselt $f(x)$ in I_0 mindestens einmal das Vorzeichen, besitzt dort also mindestens eine Nullstelle. Sei x^* eine Nullstelle von f. Alle Intervallschachtelungsverfahren nähern x^* als mindestens einen Endpunkt $a^{(k)}$ oder $b^{(k)}$ von $I_k = [a^{(k)}, b^{(k)}]$ mit $f(a^{(k)})f(b^{(k)}) < 0$ an. Das geschieht nach folgender Vorschrift:

Für $k = 0, 1, 2, ...$

1. Man wähle $t^{(k)}$ mit $a^{(k)} < t^{(k)} < b^{(k)}$.

2. Falls $f(t^{(k)}) = 0$, dann ist $t^{(k)} = x^*$,
andernfalls setze man

$$\begin{aligned} a^{(k+1)} &= \begin{cases} a^{(k)} & \text{falls} \quad f(a^{(k)})f(t^{(k)}) < 0 \\ t^{(k)} & \text{sonst} \end{cases} \\ b^{(k+1)} &= \begin{cases} t^{(k)} & \text{falls} \quad f(a^{(k)})f(t^{(k)}) < 0 \\ b^{(k)} & \text{sonst} . \end{cases} \end{aligned} \tag{2.1}$$

Ersichtlich wird $b^{(k+1)} - a^{(k+1)} < b^{(k)} - a^{(k)}$ und $f(b^{(k+1)})f(a^{(k+1)}) < 0$. Die verschiedenen Verfahren unterscheiden sich in der Konstruktion des Testpunktes $t^{(k)}$.

Beim *Intervallhalbierungsverfahren* wird

$$t^{(k)} = (a^{(k)} + b^{(k)})/2.$$

Bei der *Regula falsi* wird $t^{(k)}$ als Nullstelle der Sekante durch die Punkte $(a^{(k)}, f(a^{(k)}))$, $(b^{(k)}, f(b^{(k)}))$ gewählt:

$$t(k) = a^{(k)} - f(a^{(k)})(b^{(k)} - a^{(k)})/(f(b^{(k)}) - f(a^{(k)}))$$

oder

$$t^{(k)} = b^{(k)} - f(b^{(k)})(b^{(k)} - a^{(k)})/(f(b^{(k)}) - f(a^{(k)})).$$

Das *Illinois-Verfahren* ist eine Modifikation der Regula falsi, die für eine schnelle Konvergenz sorgt. Hier wird die Konstruktion von $t^{(k)}$ abhängig gemacht von der Vorzeichenfolge von $f(t^{(j)})$ für $j < k$:

$$t^{(k)} = \begin{cases} t^{(k-1)} - f(t^{(k-1)})\dfrac{t^{(k-1)} - t^{(k-2)}}{f(t^{(k-1)}) - f(t^{(k-2)})} & \text{falls} \quad f(t^{(k-1)})f(t^{(k-2)}) < 0 \\ t^{(k-1)} - f(t^{(k-1)})\dfrac{t^{(k-1)} - t^{(k-3)}}{f(t^{(k-1)}) - f(t^{(k-3)})/2} & \text{falls} \quad f(t^{(k-1)})f(t^{(k-2)}) > 0 \\ & \text{und} \quad f(t^{(k-1)})f(t^{(k-3)}) < 0 \\ (a^{(k)} + b^{(k)})/2 & \qquad\quad \text{sonst} . \end{cases} \tag{2.2}$$

Man beachte, daß bei (2.2) im Fall der ersten Alternative $\{a^{(k)}, b^{(k)}\} = \{t^{(k-1)}, t^{(k-2)}\}$ und im Falle der zweiten $\{a^{(k)}, b^{(k)}\} = \{t^{(k-1)}, t^{(k-3)}\}$ zu setzen ist.

Beispiel 2.1. $f(x) = 1 - x^x$, $[a,b] = [0.1, 2]$, $x^* = 1$.

Illinois-Verfahren

$a^{(k)}$	$b^{(k)}$	$t^{(k)}$	$f(t^{(k)})$
0.1	2	0.221901549	0.284001743
0.221901549	2	0.375672192	0.307742637
0.375672192	2	0.652191047	0.243277011
0.652191047	2	1.32609552	−0.453938061
0.652191047	1.32609552	0.887334367	0.1006348
0.887334367	1.32609552	0.966953555	0.319720272
0.966953555	1.32609552	1.01129761	−0.0114259739
0.966953555	1.01129761	0.999622557	3.77300503$E-04$
0.999622557	1.01129761	0.999995759	4.24118844$E-06$
0.999995759	1.01129761	1.00000414	−4.14263923$E-06$
0.999995759	1.00000414	1	0

Die Intervallhalbierung erfordert 33 und reine Regula falsi 57 Schritte für eine Genauigkeit von 9 Stellen. □

2.1.2 Konvergenz

Wie bereits erwähnt, entsteht bei diesen Verfahren, wenn sie nicht nach einer endlichen Schrittzahl abbrechen, eine unendliche Folge von Intervallen I_k mit $I_{k+1} \subset I_k$, von denen jedes eine Nullstelle x^* von f enthält.

Beim Intervallhalbierungsverfahren gilt ersichtlich

$$b^{(k)} - a^{(k)} = \frac{1}{2^k}(b^{(0)} - a^{(0)}), \quad k = 0, 1, \ldots$$

d.h. $b^{(k)} \to x^*$, $a^{(k)} \to x^*$ und damit auch $t^{(k)} \to x^*$. Ist f bei x^* unstetig, dann findet das Verfahren dennoch diese Sprungstelle x^*. Natürlich kann man dann nicht $f(x^*) = 0$ schreiben. Wegen der Konstruktion des Testpunktes $t^{(k)}$ gilt

$$|t^{(k)} - x^*| \leq \frac{1}{2^{k+1}}(b^{(0)} - a^{(0)}),$$

man gewinnt also, grob gesprochen, eine binäre Ziffer an Genauigkeit pro f-Auswertung.

Bei der Regula falsi bleibt in der Regel für genügend großes k ein Intervallende $a^{(k)}$ oder $b^{(k)}$ fest, d.h. man hat nicht $b^{(k)} - a^{(k)} \to 0$. Im folgenden sei angenommen, daß $f \in C^2[a^{(0)}, b^{(0)}]$ und $f'(x) \geq m > 0$ auf $[a^{(0)}, b^{(0)}]$.

Ferner sei $f''(x) < 0$ auf $[a^{(0)}, b^{(0)}]$. Ist das Intervall hinreichend klein, dann gilt eine solche geeignete Vorzeichenkombination stets, es sei denn, es ist auch

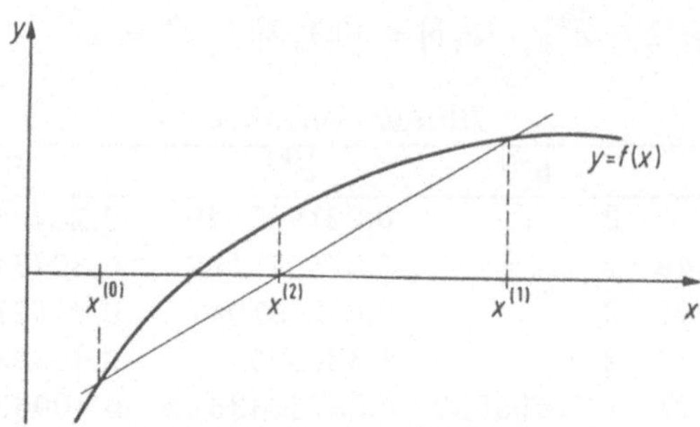

Abbildung 2.1. Regula falsi

$f'(x^*) = 0$ oder $f''(x^*) = 0$. Im angenommenen Fall, der der Abb. 2.1 entspricht, bleibt $a^{(k)} = a^{(0)}$ für alle k und daher

$$t^{(k)} = t^{(k-1)} - f(t^{(k-1)})\frac{t^{(k-1)} - a^{(0)}}{f(t^{(k-1)}) - f(a^{(0)})}.$$

Durch mehrfache Anwendung des Taylorschen Satzes zeigt man dann, daß

$$a^{(0)} < x^* < t^{(k)} < t^{(k-1)}$$

für alle k und daß

$$\left|\frac{t^{(k)} - x^*}{t^{(k-1)} - x^*}\right| \to \left|1 - \frac{f'(x^*)}{f(x^*) - f(a^{(0)})}(x^* - a^{(0)})\right| < 1,$$

d.h. die Konvergenz der t-Werte gegen x^* ist linear, aber u.U. recht langsam, wenn nämlich die Steigung der Sekante durch $(a^{(0)}, f(a^{(0)})), (x^*, f(x^*))$ viel größer ist als $f'(x^*)$. Wenn man dreimalige stetige Differenzierbarkeit von f voraussetzt, kann man zeigen, daß für das Illinois-Verfahren gilt:

$$|t^{(k+3)} - x^*| \leq C|t^{(k)} - x^*|^3$$

mit einer geeigneten Konstanten $C > 0$, d.h. über jeweils drei Schritte hinweg ist die Konvergenz kubisch. Im „Normalfall" ist für hinreichend großes k die zweite Verfahrensalternative in jedem dritten Schritt maßgebend und sonst die erste. Die zugehörigen Beweise sind so schwierig, daß sie hier nicht dargestellt werden können.

Bemerkung 2.1. *Man kennt inzwischen auch brauchbare Verallgemeinerungen der Intervallhalbierungsmethode auf den mehrdimensionalen Fall, vgl. u.a. [18, S. 1051-1065]* □

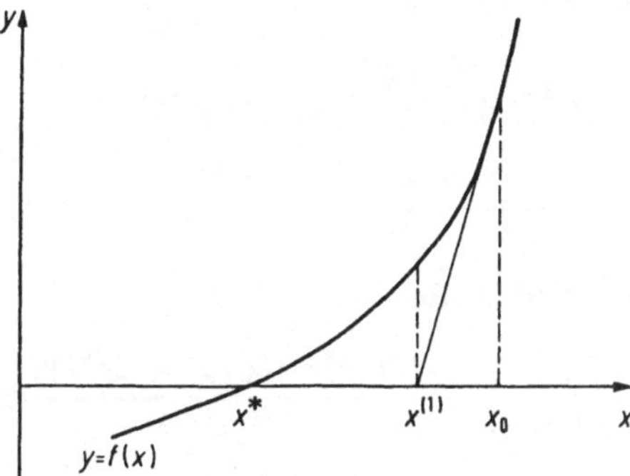

Abbildung 2.2. Newton - Verfahren

2.2 Newtonsches Verfahren

2.2.1 Konstruktion des Verfahrens

Ist $y = f(x)$ eine im Intervall $I = [a, b]$ stetig differenzierbare reellwertige Funktion, die an der Stelle $x = x^*$ eine Nullstelle besitzt, so gilt mit $f'(x^{(0)}) \neq 0$ (Abb. 2.2) für die Nullstelle $x^{(1)}$ der Tangente an $(x, f(x))$ in $x^{(0)}$

$$\frac{f(x^{(0)})}{x^{(0)} - x^{(1)}} = f'(x^{(0)}),$$

und somit

$$x^{(1)} = x^{(0)} - \frac{f(x^{(0)})}{f'(x^{(0)})}.$$

Faßt man $x^{(0)}$ als eine Näherung der gesuchten Nullstelle auf, so ist $x^{(1)}$ in der Regel eine bessere Näherung. Wir versuchen nun, von $x^{(0)}$ ausgehend, die Nullstelle x^* durch das Iterationsverfahren

$$x^{(k+1)} = x^{(k)} - \frac{f(x^{(k)})}{f'(x^{(k)})}, \quad f'(x^{(k)}) \neq 0, \qquad k = 0, 1, ..., \tag{2.3}$$

zu finden. Das durch (2.3) gegebene Verfahren wird als *Newtonsches Verfahren* bezeichnet.

Setzen wir $f \in C^2([a, b])$ [1] voraus, so kann man zu (2.3) noch auf andere Art

[1]Dies bedeutet: $f(x)$ gehört zur Klasse der auf dem abgeschlossenen Intervall $[a, b]$ zweimal stetig differenzierbaren Funktionen.

gelangen. Nach der Taylor-Formel gilt

$$\begin{aligned} f(x^*) = 0 \;&=\; f(x^{(k)}) + \frac{f'(x^{(k)})}{1!}(x^* - x^{(k)}) \\ &\quad + \frac{f''(x^{(k)} + \vartheta(x^* - x^{(k)}))}{2!}(x^* - x^{(k)})^2, \quad 0 \le \vartheta \le 1. \end{aligned}$$

Hieraus errechnet man die Nullstelle

$$x^* = x^{(k)} - \frac{f(x^{(k)})}{f'(x^{(k)})} - \frac{f''(x^{(k)} + \vartheta(x^* - x^{(k)}))}{2f'(x^{(k)})}(x^* - x^{(k)})^2.$$

Ist $x^* - x^{(k)}$ so klein, daß das Restglied auf der rechten Seite vernachlässigt werden kann, so folgt (2.3), wobei natürlich auf der linken Seite nicht mehr die Nullstelle x^*, sondern die Näherung $x^{(k+1)}$ steht.

Das Newtonsche Verfahren ist mit $n = 1$ ein Spezialfall des in Abschnitt 1.6 beschriebenen allgemeineren Iterationsverfahrens. Setzen wir

$$\varphi(x) = x - \frac{f(x)}{f'(x)}, \tag{2.4}$$

so ist die Gleichung $f(x) = 0$ in Analogie zu (1.34) äquivalent mit der Fixpunktgleichung

$$x = \varphi(x),$$

zu dessen Lösung das Iterationsverfahren

$$x^{(k+1)} = \varphi(x^{(k)}), \qquad k = 0, 1, \ldots \quad ,$$

verwendet wird. Diese Vorschrift ist aber identisch mit (2.3). Das Newtonsche Verfahren ist jedoch nicht auf die Berechnung von Wurzeln reellwertiger Funktionen beschränkt, wenngleich es für diese in der Regel leichter zu handhaben ist. Für komplexwertige Funktionen sind die Iterationsvorschriften formal die gleichen. Wir wollen darauf hier jedoch nicht eingehen. Eine andere und häufig übersichtlichere Methode erfordert zunächst, daß $f(x)$ explizit in Real- und Imaginärteil aufgespalten wird: Mit $x = u + iv$ gelte

$$f(x) = f(u + iv) = p(u, v) + iq(u, v).$$

Es gilt genau dann $f(x) = 0$, wenn Real- und Imaginärteil verschwinden, d.h. wenn

$$p(u, v) = 0, \qquad q(u, v) = 0$$

gilt. Dies stellt ein System von zwei im allgemeinen nichtlinearen Gleichungen in zwei Unbekannten u, v dar, das ebenfalls iterativ gelöst werden kann. Wir werden hierauf allgemeiner in Teil III eingehen.

2.2.2 Konvergenz

Die Konvergenz des Newtonschen Verfahrens kann mit Hilfe der Ergebnisse aus Abschnitt 1.6 untersucht werden. Der Satz 1.10 und die Resultate (1.38) und (1.39) lassen sich in unserem Falle sofort wie folgt formulieren:

Satz 2.1. *Es sei B^* ein abgeschossenes Intervall und $\varphi(x)$ eine auf B^* definierte Funktion. Für $x \in B^*$ gelte $\varphi(x) \in B^*$, ferner*

$$|\varphi(x) - \varphi(y)| \leq \alpha|x - y|, \quad x, y \in B^*; \quad \alpha < 1. \tag{2.5}$$

Dann gibt es genau ein $x^* \in B^*$ mit $x^* = \varphi(x^*)$, und für jedes $x^{(0)} \in B^*$ konvergiert die Folge

$$x^{(k+1)} = \varphi(x^{(k)}), \qquad k = 0, 1, \ldots \quad ,$$

gegen x^*. Dabei gilt die A-priori-Fehlerabschätzung

$$|x^{(k)} - x^*| \leq \frac{\alpha^k}{1-\alpha}|x^{(1)} - x^{(0)}|, \qquad k = 1, 2, \ldots \quad , \tag{2.6}$$

und die A-posteriori-Fehlerabschätzung

$$|x^{(k)} - x^*| \leq \frac{\alpha}{1-\alpha}|x^{(k)} - x^{(k-1)}|, \qquad k = 1, 2, \ldots \quad . \tag{2.7}$$

□

Nach diesem Satz muß im wesentlichen $\varphi(x) \in B^*$ für $x \in B^*$ und (2.5) sichergestellt werden, damit das Newtonsche Verfahren konvergiert. Sei etwa $\varphi \in C^1(B^*)$, d.h. wegen (2.4) $f \in C^2(B^*)$, so gilt nach dem Mittelwertsatz

$$\varphi(x) - \varphi(y) = \varphi'(y + \vartheta(x - y))(x - y), \qquad 0 \leq \vartheta \leq 1, \tag{2.8}$$

woraus im Falle

$$\alpha = \max_{x \in B^*} |\varphi'(x)| < 1 \tag{2.9}$$

unmittelbar die Ungleichung (2.5) folgt.

Wegen (2.4) ist $\varphi'(x) = f(x)f''(x)/(f'(x))^2$, d.h. (2.9) lautet

$$\alpha = \max_{x \in B^*} \left| \frac{f(x)f''(x)}{(f'(x))^2} \right| < 1.$$

Die Bedingung ist häufig nur sehr schwer nachprüfbar. Sie ist sicher erfüllt, wenn

$$\left| \frac{f(x)f''(x)}{(f'(x))^2} \right| < 1 \quad \text{für} \quad x \in B^*, \tag{2.10}$$

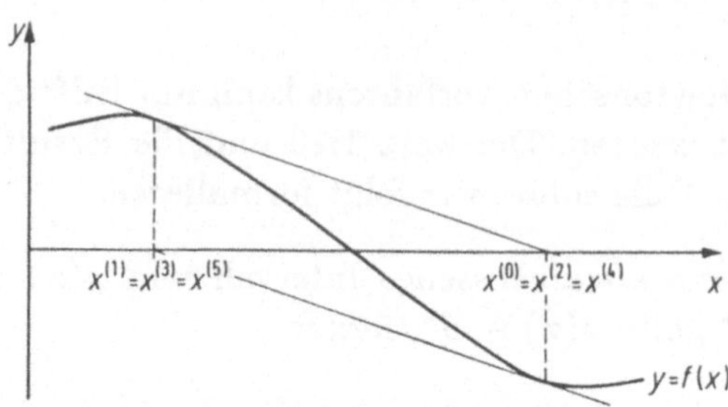

Abbildung 2.3. Beispiel eines nicht konvergenten Newtonschen Verfahrens

gilt. Denn im abgeschlossenen Intervall B^* nimmt die stetige Funktion $|\varphi'(x)|$ ihr Maximum α an, und wegen (2.10) gilt $\alpha < 1$. Man erkennt unmittelbar, daß diese Bedingung jedenfalls für genügend kleines B^* erfüllt ist wegen $f(x^*) = 0$ und der vorausgesetzten Stetigkeit von f''. Daß das Newtonsche Verfahren nicht immer „im Großen" konvergieren muß, kann man etwa in Abb. 2.3 erkennen.

Hat man (2.10) nachgeprüft, so ist noch gemäß den Voraussetzungen des Satzes 2.1 zu untersuchen, ob $\varphi(x) \in B^*$ für $x \in B^*$. Auch dies kann sehr mühevoll sein. Es erhebt sich daher die Frage, ob man nicht unter Umständen auf die letztere Prüfung verzichten kann. Dies ist möglich, wie wir gleich zeigen werden, wenn $x^{(0)}$ schon eine hinreichend genaue Näherung für den Fixpunkt x^* ist. Mit dieser Aussage ist aber auch nicht viel gewonnen, denn die Entscheidung, ob $x^{(0)}$ eine hinreichend genaue Ausgangsnäherung ist, ist ebenfalls schwierig.

2.2.3 Weitere Konvergenzkriterien

Satz 2.2. *Es sei D ein offenes Intervall, $\varphi \in C^2(D)$, und es gebe einen Fixpunkt $x^* \in D$ der Abbildung $\varphi(x)$, d.h. einen Punkt x^* mit der Eigenschaft $x^* = \varphi(x^*)$. Gilt dann $|\varphi'(x^*)| < 1$, so gibt es eine abgeschlossene Umgebung $B^* : |x - x^*| \leq \delta$ von x^*, so daß für jedes $x^{(0)} \in B^*$ die Folge $x^{(k+1)} = \varphi(x^{(k)}), \quad k = 0, 1, \ldots$, gegen x^* konvergiert.*

Beweis: Man beachte, daß hier die Existenz eines Fixpunktes, d.h. die Existenz einer Nullstelle von $f(x)$ vorausgesetzt wird, was in Satz 2.1 nicht notwendig war. Außerdem muß man nur wissen, daß $|\varphi'(x^*)| < 1$ und daß φ'' stetig ist.

Die Taylor-Formel liefert nun für $x \in B^*$

$$\varphi(x) - \varphi(x^*) = \varphi'(x^*)(x - x^*) + \frac{\varphi''(x^* + \vartheta(x - x^*))}{2}(x - x^*)^2. \tag{2.11}$$

Sei $K = \max\{|\varphi''(z)| : z \in B^*\}$. Dann folgt

$$|\varphi(x) - \varphi(x^*) - \varphi'(x^*)(x - x^*)| \leq \tfrac{K}{2}|x - x^*|^2.$$

Wie oft bei Abschätzungen in der Analysis geben wir uns nun eine beliebige Zahl $\varepsilon > 0$ vor und wollen durch die Wahl von δ, d.h. auch durch Wahl der Umgebung B^*, erreichen, daß $K/2|x - x^*|^2 \leq \varepsilon|x - x^*|$ gilt für $|x - x^*| \leq \delta$. Wählen wir $\delta = 2\varepsilon/K$, so folgt $K/2|x - x^*|^2 \leq K/2|x - x^*|\delta = \varepsilon|x - x^*|$. Wegen $\varphi(x^*) = x^*$ haben wir dann nach (2.11)

$$\begin{aligned}
|\varphi(x) - \varphi(x^*)| &= |\varphi(x) - x^*| \\
&\leq |\varphi(x) - \varphi(x^*) - \varphi'(x^*)(x - x^*)| + |\varphi'(x^*)||(x - x^*)| \qquad (2.12) \\
&\leq \tfrac{K}{2}|x - x^*|^2 + |\varphi'(x^*)||(x - x^*)| \leq (\varepsilon + |\varphi'(x^*)|)|x - x^*|.
\end{aligned}$$

Nun ist x^* ein fester Punkt, $|\varphi'(x^*)| = \sigma < 1$ also eine feste Zahl. Wir wählen dann

$$\varepsilon = \frac{1 - \sigma}{2} > 0$$

und erhalten

$$\alpha = \varepsilon + \sigma = \frac{1 - \sigma}{2} + \sigma = \frac{1 - \sigma}{2} < 1.$$

Daher gilt nach (2.12) mit $\alpha < 1$

$$|\varphi(x) - \varphi(x^*)| \leq \alpha|x - x^*|.$$

Mit $x^{(0)} \in B^*$ folgt somit

$$|\varphi(x^{(0)}) - \varphi(x^*)| = |x^{(1)} - x^*| \leq \alpha|x^{(0)} - x^*| \leq \delta$$

d.h. $x^{(1)} \in B^*$ und somit $x^{(k)} \in B^*$ für alle k. Schließlich wird

$$|x^{(k+1)} - x^*| = |\varphi(x^{(k)}) - \varphi(x^*)| \leq \alpha|x^{(k)} - x^*| \leq \alpha^k|x^{(0)} - x^*| \leq \alpha^k\delta,$$

d.h. $x^{(k)} \to x^*$. □

Wie oben erwähnt, ist auch dieses Ergebnis unbefriedigend, denn man benötigt die Kenntnis von $\varphi'(x^*)$ und die Schranke K für (φ''). Beide Sätze 2.1 und 2.2 liefern zudem nur Aussagen über die lokale Konvergenz.

Wünschenswert wäre dagegen eine Aussage, wann das Newton-Verfahren global konvergiert, d.h. wann bei beliebigem Ausgangswert $x^{(0)}$ die Folge der Iterierten gegen eine Nullstelle von $f(x)$ konvergiert. Insbesondere interessiert ein Kriterium dafür, daß $f(x)$ in $\mathbb{R}$ genau eine Nullstelle besitzt und das Verfahren global konvergiert. Beachtet man, daß $\mathbb{R}$ sowohl offen als auch geschlossen ist, so folgt aus Satz 2.1 mit $B^* = \mathbb{R}$ ein solches Kriterium:

Satz 2.3. *Es sei $\varphi(x)$ auf $\mathbb{R}$ definiert und es gelte*

$$|\varphi(x) - \varphi(y)| \leq \alpha |x - y| \quad \text{für} \quad x, y \in \mathbb{R}, \quad \alpha < 1.$$

Dann gibt es genau ein $x^* \in \mathbb{R}$ mit $x^* = \varphi(x^*)$, und für jedes $x^{(0)} \in \mathbb{R}$ konvergiert die Folge $x^{(k+1)} = \varphi(x^{(k)})$, $k = 0, 1, \ldots$ gegen x^*. Dabei gelten die Fehlerabschätzungen (2.6) und (2.7).

Der Beweis dieses Satzes folgt nach den Vorbemerkungen unmittelbar aus Satz 2.1. □

Man kann noch weitere *Newton-Verfahren höherer Ordnung* konstruieren, etwa mit der Iterationsvorschrift (vgl. etwa [33])

$$x^{(k+1)} = x^{(k)} - \frac{f(x^{(k)})}{f'(x^{(k)})}\left(1 + \frac{f(x^{(k)})f''(x^{(k)})}{2(f'(x^{(k)}))^2}\right). \tag{2.13}$$

Die Konvergenzkriterien für dieses Verfahren sind jedoch schon so kompliziert, daß ihre Anwendung vielfach Schwierigkeiten bereitet. In Abschnitt 2.4 werden wir die Konvergenzordnung des Newton-Verfahren untersuchen.

2.2.4 Monotone Konvergenz

In bestimmten Fällen ist das Newtonsche Verfahren „monoton konvergent“, d.h. es liefert Näherungen $x^{(k)}$, $k = 0, 1, \ldots$, die entweder „von oben“ oder „von unten“ gegen x^* konvergieren. Im ersten Fall ist dann $x^{(0)} \geq x^{(1)} \geq \cdots \geq x^{(k)} \geq \cdots \geq x^*$, im zweiten Fall entsprechend $x^{(0)} \leq x^{(1)} \leq \cdots \leq x^{(k)} \leq \cdots \leq x^*$. Wir kennzeichnen dies kürzer in der symbolischen Schreibweise $x^{(k)} \downarrow x^*$ bzw. $x^{(k)} \uparrow x^*$.

Wir stellen zunächst einen Satz über das Newton-Verfahren auf, der $x^{(k)} \downarrow x^*$ sichert. Hierbei setzen wir voraus, daß $f(x)$ im Intervall $B = [a, b]$ strikt konvex ist, daß also dort $f''(x) > 0$ gilt, (s. Abb. 2.4). Der Satz kann allgemeiner formuliert werden, worauf wir hier verzichten wollen

Satz 2.4. *Es gelte $f \in C^2(B)$, $f'(a) = \alpha \geq 0$, $f(a) \leq 0$, $f(b) > 0$, $f''(x) > 0$ in B. Wird $x^{(0)} \leq b$ so gewählt, daß $f(x^{(0)}) > 0$, so gilt für das Newton-Verfahren $x^{(k)} \downarrow x^*$.*

Beweis: Auf Grund der Annahmen besitzt $f(x)$ in $[a, b]$ genau eine Nullstelle. Sei $x_2 \neq x_1$, $x_1, x_2 \in B$, so ist

$$f(x_2) - f(x_1) = f'(x_1)(x_2 - x_1) + \tfrac{1}{2} f''(x_1 + \vartheta(x_2 - x_1))(x_2 - x_1)^2, \quad 0 < \vartheta < 1.$$

Wegen $f'' > 0$ folgt hieraus

$$f(x_2) - f(x_1) > f'(x_1)(x_2 - x_1).$$

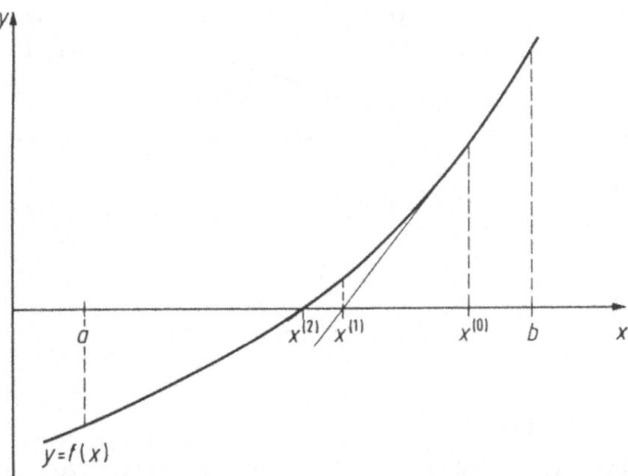

Abbildung 2.4. Monotone Konvergenz des Newtonschen Verfahrens

Mit $x_1 = x^{(k)}$, $k = 0, 1, \ldots$ $, x_2 = x^*$ *liefert diese Ungleichung dann wegen* $f(x^*) = 0$

$$x^* - x^{(k)} < -\frac{f(x^{(k)})}{f'(x^{(k)})}, \qquad k = 0, 1, \ldots \quad ,$$

also

$$x^* < x^{(k+1)} = x^{(k)} - \frac{f(x^{(k)})}{f'(x^{(k)})}, \qquad k = 0, 1, \ldots \quad . \tag{2.14}$$

Wegen

$$f(x^{(0)}) > 0, \quad f'(x^{(0)}) > f'(a) \geq 0 \quad \text{und} \quad x^{(1)} = x^{(0)} - \frac{f(x^{(0)})}{f'(x^{(0)})},$$

folgt $x^{(1)} < x^{(0)}$. *Allgemein gilt* $x^{(k+1)} < x^{(k)}$ *und*

$$\lim_{k\to\infty} x^{(k)} = z^* \geq x^*.$$

Mit (2.14) folgt $\lim_{k\to\infty} f(x^{(k)}) = 0$, *d.h.* $z^* = x^*$, $k = 0, 1, \ldots$. *Damit ist der Satz bewiesen.* □

Man kann nun sofort entsprechende Aussagen über ähnliche Fälle erhalten (Abb. 2.5 a,b,c):

a) $f''(x) > 0$ in $[a, b]$, $f(a) > 0$, $f(b) \leq 0$,
b) $f''(x) < 0$ in $[a, b]$, $f(a) < 0$, $f(b) \geq 0$,
c) $f''(x) < 0$ in $[a, b]$, $f(a) \geq 0$, $f(b) < 0$.

Ganz ähnlich wie Satz 2.4 beweist man den

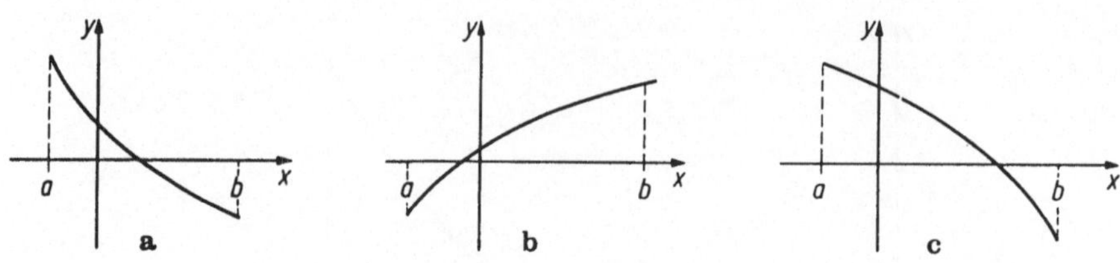

Abbildung 2.5. Zum Satz 2.5

Satz 2.5. *Es gelte $f \in C^2(B)$ und*

im Falle a)	$f'(b) \leq 0,$	$x^{(0)} \geq a,$	*so daß*	$f(x^{(0)}) > 0,$
im Falle b)	$f'(b) \geq 0,$	$x^{(0)} \geq a,$	*so daß*	$f(x^{(0)}) < 0,$
im Falle c)	$f'(a) \leq 0,$	$x^{(0)} \leq b,$	*so daß*	$f(x^{(0)}) < 0$

gilt. Dann liefert das Newton-Verfahren jeweils eine monoton konvergierende Iterationsfolge $\{x^{(k)}\}$ mit $x^{(k)} \uparrow x^*$ bei (a), (b) und $x^{(k)} \downarrow x^*$ bei (c). □

Man kann somit monotone Konvergenz erhalten, wenn in einem Intervall $[a, b]$, in dem $f(x)$ eine Nullstelle besitzt, stets $f''(x) > 0$ oder stets $f''(x) < 0$ gilt.

2.3 Sekantenverfahren

2.3.1 Verfahrensvorschrift

Es sei $f \in C^1([a, b])$ und $x^{(0)}, x^{(1)} \in [a, b]$, dann gilt

$$\lim_{x^{(0)} \to x^{(1)}} \frac{f(x^{(1)}) - f(x^{(0)})}{x^{(1)} - x^{(0)}} = f'(x^{(1)}).$$

Liegt $x^{(0)}$ nahe bei $x^{(1)}$, so wird man den Differenzenquotienten

$$\frac{f(x^{(1)}) - f(x^{(0)})}{x^{(1)} - x^{(0)}} \tag{2.15}$$

als Näherung von $f'(x^{(1)})$ ansehen. Setzt man (2.15) in

$$x^{(2)} = x^{(1)} - \frac{f(x^{(1)})}{f'(x^{(1)})}$$

ein, so ergibt sich

$$x^{(2)} = x^{(1)} - f(x^{(1)}) \frac{x^{(1)} - x^{(0)}}{f(x^{(1)}) - f(x^{(0)})}.$$

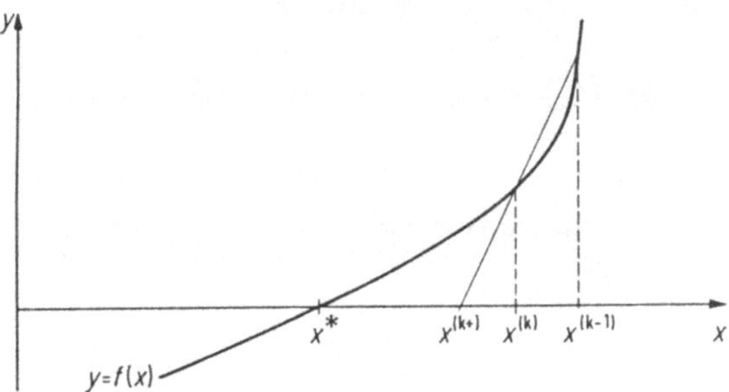

Abbildung 2.6. Zum Sekantenverfahren

Ersetzt man allgemeiner in der Iterationsvorschrift des Newtonschen Verfahren, nämlich in

$$x^{(k+1)} = x^{(k)} - \frac{f(x^{(k)})}{f'(x^{(k)})}, \qquad k = 1, 2, \dots \quad ,$$

die Ableitung $f'(x^{(k)})$ durch den Differenzenquotienten

$$\frac{f(x^{(k)}) - f(x^{(k-1)})}{x^{(k)} - x^{(k-1)}},$$

so erhält man die Iterationsvorschrift des *Sekantenverfahrens*

$$x^{(k+1)} = x^{(k)} - f(x^{(k)}) \frac{x^{(k)} - x^{(k-1)}}{f(x^{(k)}) - f(x^{(k-1)})}, \qquad k = 1, 2, \dots \quad , \tag{2.16}$$

wobei wir $f(x^{(k)}) \neq f(x^{(k-1)})$ voraussetzen.

Die Methode kann geometrisch so gedeutet werden, daß wir zu zwei vorgegebenen Punkten $x^{(0)}, x^{(1)}$ die Sekante der durch $y = f(x)$ gegebenen Kurve durch diese Punkte konstruieren und ihren Schnittpunkt $x^{(2)}$ mit der x-Achse berechnen. Entsprechend bestimmt man die Schnittpunkte $x^{(3)}, \dots, x^{(k+1)}, \dots$ wobei sich $x^{(k+1)}$ aus $x^{(k)}, x^{(k-1)}$ nach (2.16) berechnet (s. Abb. 2.6).

Die Gleichung der Sekante lautet nämlich

$$y = \frac{f(x^{(k)}) - f(x^{(k-1)})}{x^{(k)} - x^{(k-1)}} (x - x^{(k)}) + f(x^{(k)}).$$

Für $x = x^{(k+1)}$ ist $y = 0$ und es folgt die Iterationsvorschrift (2.16) zur Bestimmung von $x^{(k+1)}$.

Bemerkung 2.2. *Neben dem Sekantenverfahren, dessen Hauptvorteil der Verzicht auf die Auswertung von f' ist, wird auch gerne die inverse quadratische Interpolation verwendet. Hierzu werden je drei Punktepaare (y_i, x_i) mit*

$$y_i = f(x_i), \qquad i = k-2, k-1, k,$$

durch ein Polynom zweiten Grades in y interpoliert:

$$p_{2,k}(y_i) = x_i, \qquad i = k-2, k-1, k,$$

und $x_{k+1} = p_{2,k}(0)$ gesetzt.

Ein FORTRAN-Programm, das diese Methode benutzt, findet man in [8]. □

2.3.2 Konvergenz

Wir wollen jetzt die Konvergenz des Sekantenverfahrens untersuchen. Dazu definieren wir für beliebige x_0, x_1, x_2, die paarweise verschieden sind,

$$\begin{aligned} f[x_0, x_1] &= \frac{f(x_1) - f(x_0)}{x_1 - x_0} = f[x_1, x_0], \\ f[x_1, x_2] &= \frac{f(x_2) - f(x_1)}{x_2 - x_1} = f[x_2, x_1], \\ f[x_0, x_1, x_2] &= \frac{f[x_1, x_2] - f[x_0, x_1]}{x_2 - x_0}. \end{aligned} \tag{2.17}$$

Dann gilt nach dem Mittelwertsatz der Differentialrechnung für $f \in C^2$

$$\begin{aligned} f[x_0, x_1] &= f'(\xi_1), \quad \xi_1 \in [x_0, x_1], \\ f[x_1, x_2] &= f'(\xi_2), \quad \xi_2 \in [x_1, x_2], \end{aligned} \tag{2.18}$$

und weiter, wie man zeigen kann,

$$f[x_0, x_1, x_2] = \tfrac{1}{2} f''(\xi), \qquad \xi \in [\min\{x_i\}, \max\{x_i\}]. \tag{2.19}$$

Über die Konvergenz des Sekantenverfahrens gilt dann folgender

Satz 2.6. *Die Funktion $f \in C^2((a,b))$ genüge den Abschätzungen*

$$|f'(x)| \geq \alpha > 0, \quad |f''(x)| \leq \beta, \quad x \in (a,b); \quad \alpha, \beta > 0 \text{ reell.} \tag{2.20}$$

Ferner sei $f(a)f(b) < 0$. Dann existiert zur eindeutig bestimmten Nullstelle x^* von f auf $[a,b]$ eine Umgebung $U_\delta(x^*)$, so daß für $x^{(0)}, x^{(1)} \in U_\delta(x^*)$ die Iterierten $x^{(2)}, \dots, x^{(k)}, \dots$ in $U_\delta(x^*)$ liegen und gegen x^* konvergieren, sofern das Verfahren nicht nach endlicher Schrittzahl abbricht. Dabei gilt die A-priori-Fehlerabschätzung

$$\begin{aligned} \frac{\beta}{2\alpha}|x^{(i)} - x^*| &\leq q < 1, \qquad i = 0, 1, \\ |x^{(k)} - x^*| &\leq \frac{2\alpha}{\beta} q^{R_k}, \qquad k = 0, 1, \dots\ , \end{aligned} \tag{2.21}$$

wobei R_k die Fibonacci-Zahlen bedeuten, und die A-posteriori-Fehlerabschätzung

$$|x^{(k)} - x^*| \le \frac{1}{\alpha}|f(x^{(k)})| \le \frac{\beta}{2\alpha}|x^{(k)} - x^{(k-1)}||x^{(k)} - x^{(k-2)}|.$$

Beweis: Der Beweis dieses Satzes, der ja sehr genaue Angaben über Konvergenz und Konvergenzgeschwindigkeit des Sekantenverfahrens liefert, ist schon recht schwierig und umfangreich. Wir führen ihn hier aus, weil er sich nicht auf den Beweis von Satz 1.10 reduzieren läßt.

Es sei $x^* \in (a,b)$ die Nullstelle von $f(x)$. Wir wählen mit $\delta < 2\alpha/\beta$ die Umgebung $U_\delta(x^*)$. Dann gilt für $x, y \in U_\delta(x^*)$ nach dem Mittelwertsatz der Differentialrechnung

$$\left|\frac{f(x) - f(y)}{x - y}\right| = |f'(\xi)| \ge \alpha > 0, \qquad \xi \in [x,y]. \tag{2.22}$$

Wir zeigen weiter, daß für $x^{(0)}, x^{(1)} \in U_\delta(x^*)$ die Iterierten $x^{(2)}, x^{(3)}, \ldots$ in $U_\delta(x^*)$ liegen. Wegen $f(x^*) = 0$ rechnet man mit (2.16) und (2.17) nacheinander aus:

$$\begin{aligned} x^{(k+1)} - x^* &= x^{(k)} - x^* - \frac{f(x^{(k)})}{f[x^{(k-1)}, x^{(k)}]} \\ &= \frac{(x^{(k)} - x^*)\left(f[x^{(k-1)}, x^{(k)}] - \frac{f(x^{(k)}) - f(x^*)}{x^{(k)} - x^*}\right)}{f[x^{(k-1)}, x^{(k)}]} \\ &= (x^{(k)} - x^*)\frac{f[x^{(k-1)}, x^{(k)}] - f[x^{(k)}, x^*]}{f[x^{(k-1)}, x^{(k)}]} \\ &= (x^{(k)} - x^*)(x^{(k-1)} - x^*)\frac{f[x^{(k-1)}, x^{(k)}, x^*]}{f[x^{(k-1)}, x^{(k)}]}. \end{aligned} \tag{2.23}$$

Wegen (2.18), (2.19) und den Voraussetzungen (2.20) gilt dann

$$|f[x^{(k-1)}, x^{(k)}]| \ge \alpha, \qquad |f[x^{(k-1)}, x^{(k)}, x^*]| \le \tfrac{1}{2}\beta,$$

und wir erhalten hiermit aus (2.23) die Ungleichung

$$|x^{(k+1)} - x^*| \le \frac{\beta}{2\alpha}|x^{(k)} - x^*||x^{(k-1)} - x^*|, \qquad k = 1, 2, \ldots \;. \tag{2.24}$$

Liegen $x^{(k-1)}, x^{(k)}$ in $U_\delta(x^*)$, d.h. gilt $|x^{(k-1)} - x^*| \le \delta$, $|x^{(k)} - x^*| \le \delta$, so folgt wegen $\delta < 2\alpha/\beta$ nach (2.24)

$$|x^{(k+1)} - x^*| \le \frac{\beta}{2\alpha}\delta^2 < \frac{\beta}{2\alpha} \cdot \frac{2\alpha}{\beta}\delta = \delta,$$

d.h. $x^{(k+1)}$ liegt in $U_\delta(x^*)$. Wegen $x^{(0)}, x^{(1)} \in U_\delta(x^*)$ gilt somit auch $x^{(k)} \in U_\delta(x^*)$, $k = 2, 3, \ldots$.

Wir wollen nun die Konvergenz des Verfahrens zeigen und setzen $\delta_k = \beta/2\alpha|x^{(k)} - x^*|$, wobei $\delta_i \le q < 1$, $i = 0, 1$, gelten möge. Dies bedeutet, daß die Ausgangsnäherungen $x^{(0)}, x^{(1)}$ schon hinreichend nahe bei x^* liegen müssen. (2.24) kann dann in der Form

$$\delta_{k+1} \le \delta_k \delta_{k-1} \tag{2.25}$$

geschrieben werden, und es folgt nacheinander wegen $\delta_0, \delta_1 \le q$

$$\delta_2 \le \delta_0 \delta_1 \le q^2, \quad \delta_3 \le \delta_2 \delta_1 \le q^3, \quad \delta_4 \le \delta_3 \delta_2 \le q^5. \tag{2.26}$$

Nun sind die Fibonacci-Zahlen rekursiv definiert durch

$$R_0 = R_1 = 1, \quad R_k = R_{k-1} + R_{k-2}, \qquad k = 2, 3, \dots \quad .$$

Daher folgt aus (2.26) wegen (2.25) allgemein

$$\delta_k \le q^{R_k}, \qquad k = 2, 3, \dots \quad ,$$

und dies ist wegen $\delta_k = \beta/2\alpha|x^{(k)} - x^*|$ gleichbedeutend mit der A-priori-Fehlerabschätzung (2.21), nämlich

$$|x^{(k)} - x^*| \le \frac{2\alpha}{\beta} q^{R_k}.$$

Hieraus folgt natürlich die Konvergenz für $k \to \infty$.

Setzt man schließlich in (2.22) $x = x^{(k)}$, $y = x^*$, so erhält man die erste Abschätzung (2.21):

$$|x^{(k)} - x^*| \le \frac{1}{\alpha}|f(x^{(k)})|. \tag{2.27}$$

Um die zweite Abschätzung zu gewinnen, benötigt man eine Interpolationsformel für $f(x)$. Wie bereits erwähnt, werden solche Interpolationsformeln in Band 2 betrachtet, hier benutzen wir nur eine spezielle Formel, die wir kurz herleiten wollen.

Es gilt zunächst

$$f(x) = f(x_0) + (x - x_0)\frac{f(x) - f(x_0)}{x - x_0} = f(x_0) + (x - x_0)f[x, x_0], \tag{2.28}$$

ferner

$$\frac{f(x) - f(x_0)}{x - x_0} = \frac{f(x_0) - f(x_1)}{x_0 - x_1} + (x - x_1)\frac{\frac{f(x)-f(x_0)}{x-x_0} - \frac{f(x_0)-f(x_1)}{x_0-x_1}}{x - x_1},$$

also

$$f[x, x_0] = f[x_0, x_1] + (x - x_1)f[x_0, x_1, x].$$

Setzt man diese in (2.28) ein, so erhält man bereits die gesuchte Interpolationsformel

$$f(x) = f(x_0) + (x - x_0)f[x_0, x_1] + (x - x_0)(x - x_1)f[x_0, x_1, x].$$

Setzt man hier $x_0 = x^{(k-1)}, \quad x_1 = x^{(k-2)}, \quad x = x^{(k)}$, *so folgt*

$$\begin{aligned} f(x^{(k)}) &= f(x^{(k-1)}) + (x^{(k)} - x^{(k-1)})f[x^{(k-1)}, x^{(k-2)}] \\ &\quad + (x^{(k)} - x^{(k-1)})(x^{(k)} - x^{(k-2)})f[x^{(k-1)}, x^{(k-2)}, x^{(k)}]. \end{aligned} \tag{2.29}$$

Nach (2.16) gilt aber $f(x^{(k-1)}) + (x^{(k)} - x^{(k-1)})f[x^{(k-1)}, x^{(k-2)}] = 0$, *so daß aus (2.29) folgt*

$$f(x^{(k)}) = (x^{(k)} - x^{(k-1)})(x^{(k)} - x^{(k-2)})f[x^{(k-1)}, x^{(k-2)}, x^{(k)}]. \tag{2.30}$$

Wegen $|f[x^{(k-1)}, x^{(k-2)}, x^{(k)}]| \le \frac{1}{2}\beta$ *ergibt sich aus (2.27) und (2.30) dann auch die zweite Fehlerabschätzung (2.21). Damit ist der Satz 2.6 bewiesen.* □

2.4 Konvergenzordnung der Verfahren. Ergänzungen

2.4.1 Vorbereitungen

In Abschnitt 1.6 hatten wir durch Definition 1.6 erklärt, was wir unter der Konvergenzordnung eines Iterationsverfahrens verstehen wollen. Wir wollen jetzt untersuchen, von welcher Ordnung die bisher betrachteten Verfahren konvergent sind und schreiben dazu die Definition 1.6 für unseren Fall einer Funktion einer Veränderlichen zunächst noch einmal auf:

Die reellwertige Funktion $\varphi(x)$ sei auf dem abgeschlossenen Intervall $B^* = [a, b]$ definiert, es gelte $\varphi(x) \in B^*$ für $x \in B^*$ und

$$|\varphi(x) - \varphi(y)| \le \alpha|x - y| \quad \text{für} \quad x, y \in B^*, \quad \alpha < 1.$$

Ein durch

$$x^{(k+1)} = \varphi(x^{(k)}), \qquad k = 0, 1, \dots \;,$$

gegebenes Iterationsverfahren heißt in einer Umgebung $U_\delta : |x - x^*| \le \delta$ von x^*, $U_\delta \subset B^*$, konvergent von mindestens p-ter Ordnung, wenn es eine nichtnegative reelle Zahl C_p gibt, so daß

$$|\varphi(x) - x^*| \le C_p|x - x^*|^p \quad \text{für} \quad x \in U_\delta, \quad p \ge 1, \quad \text{reell}, \tag{2.31}$$

gilt, mit $C_1 = \alpha < 1$.

Jedes Verfahren, auf das Satz 1.10 anwendbar ist, hat also die Mindestordnung eins.

2.4.2 Konvergenzordnung des Newtonschen Verfahrens

Ein Kriterium für die Konvergenzordnung, das in einigen Fällen, so etwa beim Newtonschen Verfahren, einfach nachprüfbar ist, liefert der

Satz 2.7. *Es sei* $\varphi \in C^p(B^*)$, $x^* = \varphi(x^*)$ *und* $\varphi'(x^*) = \cdots = \varphi^{(p-1)}(x^*) = 0$. *Dann hat das Iterationsverfahren* $x^{(k+1)} = \varphi(x^{(k)})$ *mindestens die Konvergenzordnung* p.

Beweis: Nach der Taylorformel gilt für alle $x \in U_\delta$, *d.h.* $|x - x^*| \le \delta$:

$$\begin{aligned}\varphi(x) &= \varphi(x^*) + \frac{\varphi'(x^*)}{1!}(x - x^*) + \cdots + \frac{\varphi^{(p-1)}(x^*)}{(p-1)!}(x - x^*)^{p-1} \\ &\quad + \frac{\varphi^{(p)}(\xi)}{p!}(x - x^*)^p, \qquad \xi \in U_\delta.\end{aligned}$$

Wegen $\varphi(x^*) = x^*$ *und* $\varphi'(x^*) = \cdots = \varphi^{(p-1)}(x^*) = 0$ *folgt daraus*

$$\varphi(x) = x^* + \frac{\varphi^{(p)}(\xi)}{p!}(x - x^*)^p. \tag{2.32}$$

Da $\varphi^{(p)}(x)$ *im abgeschlossenen Intervall* U_δ *stetig, also dort auch beschränkt ist, gilt etwa* $|\varphi^{(p)}(\xi)| \le p!\, C_p$, $C_p > 0$, *und aus (2.32) folgt*

$$|\varphi(x) - x^*| \le C_p |x - x^*|^p \quad \text{für} \quad x \in U_\delta,$$

d.h. (2.31) und somit die Behauptung. □

Beim Newtonschen Verfahren (2.3) gilt $\varphi(x) = x - \dfrac{f(x)}{f'(x)}$, daher

$$\begin{aligned}\varphi'(x) &= \frac{f(x)f''(x)}{(f'(x))^2}, \\ \varphi''(x) &= \frac{(f'(x))^2 f''(x) + f(x)f'(x)f'''(x) - 2f(x)(f''(x))^2}{(f'(x))^3}\end{aligned}$$

und

$$\varphi'(x^*) = 0, \qquad \varphi''(x^*) = \frac{f''(x^*)}{f'(x^*)} \quad \text{für} \quad f'(x^*) \neq 0.$$

Somit ist das Newtonsche Verfahren mindestens von zweiter Ordnung konvergent, und im Falle $f \in C^4[a, b]$ und $f''(x^*) = 0$ von mindestens dritter Ordnung (Bsp.: $f(x) = \arctan x$, $x^* = 0$).

Bei dem verbesserten Newtonschen Verfahren (2.13) errechnet man unter der Voraussetzung $f'(x^*) \neq 0$

$$\varphi'(x^*) = \varphi''(x^*) = 0,$$

so daß dieses Verfahren mindestens von dritter Ordnung konvergent ist.

Da das Sekantenverfahren nicht in der Form $x^{(k+1)} = \varphi(x^{(k)})$ mit lipschitzstetigem φ darstellbar ist, läßt sich seine Konvergenzordnung nach der bisherigen Methode nicht feststellen. Man beachte auch, daß mit dieser nur ganzzahlige Konvergenzordnungen berechnet werden können. Ist 2.9 etwa die echte Konvergenzordnung, so liefert die obige Methode nur $p = 2$, wenn sie überhaupt anwendbar ist.

2.4.3 Konvergenzordnung des Sekantenverfahrens

Die Bestimmung der Konvergenzordnung des Sekantenverfahrens gelingt jedoch auf andere Weise. Hier geben wir nur eine heuristische Herleitung, die Details kann man z.B. in [20] nachlesen. Dazu betrachten wir mit

$$\delta_k = \frac{\beta}{2\alpha}|x^{(k)} - x^*|$$

die Ungleichung (2.25), d.h.

$$\delta_{k+1} \leq \delta_k \delta_{k-1}, \qquad k = 1, 2, ...,$$

welche für das Sekantenverfahren gilt. Wir setzen nun $\varepsilon_0 = \delta_0$ und $\varepsilon_1 = \delta_1$, sowie

$$\varepsilon_{k+1} = \varepsilon_k \varepsilon_{k-1}. \tag{2.33}$$

Wegen (2.33) und (2.25) ist dann $\varepsilon_k \geq \delta_k$. Mit dem Ansatz

$$\varepsilon_{i+1} = \varrho \varepsilon_i^p, \qquad i = 0, 1, ..., \tag{2.34}$$

versuchen wir (2.33) zu lösen, wobei ϱ, p positive reelle Zahlen sind. Insbesondere gilt also $\varepsilon_{k+1} = \varrho \varepsilon_k^p, \quad \varepsilon_k = \varrho \varepsilon_{k-1}^p$. Setzt man diese Größen in (2.33) ein, so folgt

$$\varrho^{p+1} \varepsilon_{k-1}^{p^2} = \varrho \varepsilon_{k-1}^{p+1},$$

und dies kann (als Gleichung) nur gelten, wenn $\varrho = 1$ und $p^2 - p - 1 = 0$, also wegen $p > 0$

$$p = \tfrac{1}{2}(1 + \sqrt{5}) = 1.618...$$

ist. Die Konvergenzordnung des Sekantenverfahrens ist also unter den hier zugrunde gelegten Annahmen mindestens von der Ordnung $p = \frac{1}{2}(1 + \sqrt{5})$.

2.4.4 Verbesserung der Konvergenzordnung

Für Iterationsverfahren gibt es die Möglichkeit einer Konvergenzverbesserung: Aus

$$x^{(k+1)} = \varphi(x^{(k)}), \qquad k = 0, 1, ..., \tag{2.35}$$

entwickelt man ein neues Iterationsverfahren mit der Vorschrift

$$x^{(k+1)} = \Phi(x^{(k)}), \tag{2.36}$$

wobei die Funktion $\Phi(x)$ so bestimmt wird, daß $x^* = \Phi(x^*)$ gilt und das zweite Verfahren von höherer Ordnung konvergiert als das erste.

Als *Steffensen-Verfahren* [2] wird in der Literatur das Vorgehen (2.36) mit der Iterationsfunktion

$$\Phi(x) = \frac{x\varphi(\varphi(x)) - (\varphi(x))^2}{\varphi(\varphi(x)) - 2\varphi(x) + x} \tag{2.37}$$

bezeichnet. Für $x = x^*$ erhält man zunächst den unbestimmten Ausdruck $\Phi(x) = \frac{0}{0}$. Mit Hilfe der L'Hospitalschen Regel bestätigt man jedoch leicht, daß $x^* = \Phi(x^*)$ gilt.

Bezeichnen wir das durch (2.35) gegebene Verfahren mit A, das durch (2.36) mit der Iterationsfunktion (2.37) gegebene mit B, so gilt der

Satz 2.8. *Ist das Verfahren A von der Ordnung $p \geq 2$, so ist das Verfahren B von der Ordnung $2p - 1$. Ist dagegen A von der Ordnung 1, so ist B von der Ordnung 2. Gilt für das Verfahren A $|\varphi'(x^*)| > 1$, so ist dennoch B von zweiter Ordnung konvergent.*

Zum Beweis vergleiche man etwa [2, S. 110ff.] oder [28, S. 238ff.]. □

2.4.5 Berechnung mehrfacher Nullstellen

Schließlich wollen wir noch den Fall betrachten, daß x^* eine m-fache Nullstelle von $f(x)$ ist mit $m \geq 2$. Dann hat $f(x)$ bekanntlich die Gestalt

$$f(x) = (x - x^*)^m g(x) \tag{2.38}$$

mit $g(x^*) \neq 0$. Sei $g(x)$ stetig differenzierbar im Definitionsbereich von f, so gilt

$$f'(x) = (x - x^*)^{m-1}(mg(x) + (x - x^*)g'(x)), \tag{2.39}$$

also

$$f'(x^*) = 0,$$

was wir bei allen Betrachtungen bisher ausgeschlossen hatten und hier gesondert behandeln müssen.

Die Iterationsfunktion für das Newton-Verfahren lautet in diesem Fall wegen (2.38),(2.39)

$$\varphi(x) = x - \frac{f(x)}{f'(x)} = x - \frac{(x - x^*)g(x)}{mg(x) + (x - x^*)g'(x)} = x - \frac{x - x^*}{m}\Psi(x) \tag{2.40}$$

[2] Die Bezeichnungsweise ist hier nicht ganz einheitlich; ist die Funktion $\varphi(x)$ ein Polynom, so spricht man vom *Aitken-Verfahren*.

mit

$$\Psi(x) = \frac{mg(x)}{mg(x) + (x - x^*)g'(x)}, \qquad \Psi(x^*) = 1. \tag{2.41}$$

Es gilt $\varphi(x^*) = x^*$ und

$$\varphi'(x) = 1 - \tfrac{1}{m}(\Psi(x) + (x - x^*)\Psi'(x))$$

d.h. wegen $\Psi(x^*) = 1$ außerdem $\varphi'(x^*) = 1 - \frac{1}{m}$. Für $m = 1$ d.h. für eine einfache Nullstelle, ist das Verfahren von der Ordnung 2, wie wir bereits wissen. Für $m > 1$ kann dies nicht mehr mit Hilfe des Satzes 2.7 geschlossen weden. Man kann dann jedoch das Newtonsche Vefahren so modifizieren, daß die Konvergenzordnung 2 erhalten bleibt: Wir iterieren nach der Vorschrift

$$x^{(k+1)} = x^{(k)} - m\frac{f(x^{(k)})}{f'(x^{(k)})}, \qquad k = 0, 1, \dots \quad .$$

Dann gilt in Analogie zu (2.40)

$$\varphi(x) = x - m\frac{f(x)}{f'(x)} = x - (x - x^*)\Psi(x)$$

mit $\Psi(x)$ nach (2.41). Weiter ist $\varphi'(x) = 1 - (\Psi(x) + (x - x^*)\Psi'(x))$, also $\varphi'(x) = 1 - 1 = 0$. Man beachte jedoch, daß im allgemeinen nicht von vornherein bekannt ist, ob eine Nullstelle von $f(x)$ einfach oder mehrfach ist. Es gibt jedoch Methoden, um im Laufe der Durchführung des (gewöhnlichen) Newton-Verfahrens auch m mitzubestimmen.

2.4.6 Rundungsfehlereinflüsse

Bisher sind wir davon ausgegangen, daß das Iterationsverfahren

$$x^{(k+1)} = \varphi(x^{(k)})$$

exakt ausgeführt wird. In der Praxis ist dies natürlich unmöglich. Hier hat man es nicht nur mit den unvermeidlichen Rundungsfehlern beim Rechnen mit endlicher fester Stellenzahl zu tun, sondern oft erfolgt die Bestimmung der Funktionswerte von φ selbst durch einen komplizierten Approximationsprozeß, der nur mit beschränkter Genauigkeit ausführbar ist. So ergibt sich z.B. beim „Schießverfahren" zur Lösung von Randwertaufgaben gewöhnlicher Differentialgleichungen ein Nullstellenproblem, bei dem die Berechnung eines Funktionswertes die Lösung eines Anfangswertproblems für diese Differentialgleichung erfordert, die selbst wieder nur mit numerischen Methoden möglich ist. Beim praktischen Rechnen erhält man also letztlich eine Näherungsfolge $\{\tilde{x}^{(k)}\}$ für $\{x^{(k)}\}$ nach einer Vorschrift, die wir formal als

$$\tilde{x}^{(k+1)} = \tilde{\varphi}_k(\tilde{x}^{(k)})$$

beschreiben. Dabei ist $\tilde{\varphi}_k$ die im k-ten Schritt tatsächlich benutzte Näherung für φ. Ohne wesentliche Einschränkung der Allgemeinheit kann man annehmen, daß

$$\tilde{x}^{(0)} = x^{(0)}.$$

Während nun $x^{(k)} \to x^*$, wird dies für $\tilde{x}^{(k)}$ nicht gelten, stattdessen wird $\tilde{x}^{(k)}$ sich zwar x^* annähern, aber für alle hinreichend großen k in einer „kleinen" Umgebung von x^* bleiben. Der folgende Satz, dessen Voraussetzungen noch etwas abgeschwächt werden können, gibt über die Größe dieser Umgebung Auskunft.

Satz 2.9. *Sei φ auf $[a,b]$ definiert. Ferner gelte mit einer Zahl $r_0 > 0$ $a \le y_0 - 3r_0 < y_0 < y_0 + 3r_0 \le b$ und*

1. $|\varphi(x) - \varphi(z)| \le \alpha|x - z|$ *mit* $0 \le \alpha < 1$ *für alle* $x, z \in [y_0 - 3r_0, y_0 + 3r_0]$,
2. $|\tilde{\varphi}_k(x) - \varphi(x)| \le \delta$ *für alle* $k \ge 1$, *und* $x \in [y_0 - 3r_0, y_0 + 3r_0]$,
3. $|\varphi(y_0) - y_0| \le r_0(1-\alpha)$,
4. $\delta \le 2(1-\alpha)r_0$.

Dann gilt für die durch

$$\tilde{x}^{(k+1)} = \tilde{\varphi}_k(\tilde{x}^{(k)}) \qquad \text{mit} \quad |\tilde{x}^{(0)} - y^0| \le r_0$$

definierte Folge $\tilde{x}^{(k)}$: Für beliebiges $\varepsilon > 0$ gibt es ein k_0, so daß für $k \ge k_0$

$$|\tilde{x}^{(k)} - x^*| \le \delta/(1-\alpha) + \varepsilon,$$

wobei x^* der eindeutig bestimmte Fixpunkt von φ auf $[y_0 - 3r_0, y_0 + 3r_0]$ ist. Für alle $k \ge 1$ gilt ferner

$$|\tilde{x}^{(k)} - x^*| \le (\delta + |\tilde{x}^{(k)} - \tilde{x}^{(k-1)}|)/(1-\alpha). \tag{2.42}$$

Der Beweis dieses Satzes soll hier nicht geführt werden, man vergleiche dazu etwa entsprechende Sätze in [6] und [20]. □

Die wesentliche Aussage dieses Satzes ist die folgende: Ein kontrahierendes Iterationsverfahren ist „stabil" gegen Störungen, d.h. Fehler in φ ergeben vergleichbare Fehler in $\tilde{x}^{(k)}$ für alle k, die erreichbare Genauigkeit des verfälschten Verfahrens ist aber um so schlechter, je schlechter die Kontraktion des exakten Verfahrens ist. Schnell konvergente Verfahren, insbesondere superlinear konvergente Verfahren, bei denen α lokal beliebig nahe an 0 kommt, sind also da, wo sie einsetzbar sind, stets zu bevorzugen, vorausgesetzt natürlich, daß auch δ „klein" ist.

Das folgende einfache Beispiel zeigt, daß die Aussage von Satz 2.9 realistisch ist:

Beispiel 2.2. $\varphi(x) = (1-a)x + b,$ *mit* $a = 1.9919,$ $b = 1.7777.$
$\tilde{\varphi}$ bedeute die Berechnung von φ in 5-stelliger dezimaler gerundeter Gleitpunktarithmetik.

Dann wird für $y_0 = \tilde{x}^{(0)} = 0.89198$
$\tilde{x}^{(1)} = \tilde{x}^{(3)} = \tilde{x}^{(5)} = \cdots = 0.89295,$ $\tilde{x}^{(0)} = \tilde{x}^{(2)} = \tilde{x}^{(4)} = \cdots = 0.89198,$
während $x^* = 0.89246448...$*, d.h.*

$$\limsup |\tilde{x}^{(k)} - x^*| = 4.8552 \cdot 10^{-4}.$$

Im betrachteten Bereich für x gilt

$$\begin{aligned} |\tilde{\varphi}(x) - \varphi(x)| &\leq 5.0723 \cdot 10^{-6} = \delta, \\ \delta/(1-\alpha) &= 6.2621 \cdot 10^{-4}. \end{aligned}$$

□

In der Praxis sind sowohl δ als auch α unbekannt, und dies konfrontiert den Benutzer solcher Methoden mit dem schwierigen Problem, sich für ein „geeignetes" Abbruchkriterium zu entscheiden. Der Sinn eines guten Abbruchkriteriums muß es sein, einerseits möglichst gute Genauigkeit in den Näherungswerten $\tilde{x}^{(k)}$ zu garantieren, andererseits soll kein unnützer Aufwand getrieben werden, d.h. man will so früh wie möglich „merken", daß $\tilde{x}^{(k)}$ schon „genügend genau" ist.

Bei monoton konvergenten Iterationsverfahren ist ein nie versagendes und wirksames Kriterium die Verletzung der Monotonieeigenschaft. Im allgemeinen ist die Konstruktion solcher nie versagenden Abbruchkriterien noch nicht gelungen. Übliche Abbruchkriterien bei Nullstellenproblemen sind etwa

$$|\tilde{x}^{(k+1)} - \tilde{x}^{(k)}| \leq \varepsilon_1(|\tilde{x}^{(k)}| + \varepsilon_1)$$

und

$$|F(\tilde{x}^{(k+1)})| \leq \varepsilon_2(\max_{i \leq k+1} |F(x^{(i)})| + \varepsilon_2) \tag{2.43}$$

wobei ε_1 die gewünschte relative Genauigkeit in x^* und ε_2 die (geschätzte) relative Auswertungsgenauigkeit in F ist, also

$$\varepsilon_j = 10^{-t_j} \quad \text{bei } t_j \text{ Dezimalstellen Genauigkeit.}$$

Aufgrund von (2.42) erkennt man unmittelbar, daß hieraus keineswegs $|\tilde{x}^{(k+1)} - x^*| \leq \varepsilon_1 |x^*|$ geschlossen werden kann. Man bedenke auch, daß man beim Test (2.43) ja die wahren F-Werte nicht zur Verfügung hat.

Bei manchen nicht allzu komplizierten Problemstellungen kann man garantierte A-posteriori-Fehlerschranken mit den Methoden der Intervallrechnung erhalten. [1]

2.5 Tabellarische Zusammenstellung der Verfahren

In der folgenden Tabelle werden die in Kapitel 2 beschriebenen Verfahren zusammengestellt und ihre wichtigsten Konvergenzeigenschaften angegeben. Dabei bedeutet, wie in Abschnitt 1.6 definiert, „lokal konvergent", daß im allgemeinen die Ausgangsnäherung $x^{(0)}$ schon hinreichend nahe bei der Nullstelle x^* liegen muß. Man vergleiche hierzu die Aussage über die einzelnen Verfahren in Abschnitt 2.1 bis 2.4. „Globale Konvergenz" bedeutet, daß $x^{(0)}$ beliebig gewählt werden darf. Natürlich wird man auch in diesem Fall stets eine Ausgangsnäherung suchen, die nicht zu weit von x^* entfernt liegt, allein schon, um die Rechnung nicht unnötig auszudehnen. Unter „Ordnung" wird in der Tabelle die durch Definition 1.6-2 erklärte Mindest-Konvergenzordnung verstanden.

Ausnahmen bilden die Intervallschachtelungsverfahren, die nicht in der üblichen Form eines Iterationsverfahrens geschrieben werden können.

Die Voraussetzungen über die Funktion $f(x)$ und die Intervalle, die jeweils betrachtet werden, sind nicht explizit angegeben. Der Leser möge sich hierüber an Hand des vorangegangenen Textes informieren. In jedem Fall wird $f(x)$ als hinreichend oft stetig differenzierbar in einer passenden Umgebung der Nullstelle x^* vorausgsetzt.

Tabelle 2-1: Verfahren zur Bestimmung einer Nullstelle x^* von $y = f(x)$

Verfahren	Intervallhalbierungsverfahren
Verfahrensvorschrift	$f(a^{(k)})f(b^{(k)}) < 0 \quad x^{(k)} = \frac{1}{2}(a^{(k)} + b^{(k)})$ $f(a^{(k)})f(x^{(k)}) < 0 \quad a^{(k+1)} = a^{(k)}, \quad b^{(k+1)} = x^{(k)}$ $f(x^{(k)})f(b^{(k)}) < 0 \quad a^{(k+1)} = x^{(k)}, \quad b^{(k+1)} = b^{(k)} \quad k = 0, 1, \ldots$
Fehlerabschätzung	A-priori-Fehlerabschätzung: $\lvert x^{(k)} - x^*\rvert \leq \frac{1}{2^{k+1}}(b^{(0)} - a^{(0)})$.
Konvergenzeigenschaften	stets konvergent
Ordnung	nicht definiert im Sinne von Def. 1.6

Tabelle 2-1 (Fortsetzung)

Verfahren	Regula falsi
Verfahrens-vorschrift	$x^{(k+1)} = x^{(k)} - f(x^{(k)}) \cdot \dfrac{x^{(k)} - x^{(l)}}{f(x^{(k)}) - f(x^{(l)})}$, $k = 1, 2, ...,\quad 0 \le l \le k-1$. Dabei ist l die größte Zahl unterhalb k, für die $f(x^{(l)})f(x^{(k)}) < 0$.
Konvergenz-eigenschaften	stets konvergent
Ordnung	1

Verfahren	Newtonsches Verfahren
Verfahrens-vorschrift	$x^{(k+1)} = x^{(k)} - \dfrac{f(x^{(k)})}{f'(x^{(k)})}$ bei einfacher Nullstelle x^* $x^{(k+1)} = x^{(k)} - m\dfrac{f(x^{(k)})}{f'(x^{(k)})}$ bei m-facher Nullstelle, $m > 1$, $k = 0, 1, \ldots$.
Fehler-abschätzungen	A-priori-Fehlerabschätzung: $\lvert x^{(k)} - x^*\rvert \le \dfrac{\alpha^k}{1-\alpha}\lvert x^{(1)} - x^{(0)}\rvert$. A-posteriori-Fehlerabschätzung $\lvert x^{(k)} - x^*\rvert \le \dfrac{\alpha}{1-\alpha}\lvert x^{(k)} - x^{(k-1)}\rvert$. Dabei ist $\alpha < 1$ und $\alpha = \max\limits_{x \in B} \lvert \dfrac{f(x)f''(x)}{(f'(x))^2} \rvert$.
Konvergenz-eigenschaften	lokal konvergent, wenn $\alpha = \max\limits_{x \in B} \lvert \dfrac{f(x)f''(x)}{(f'(x))^2} \rvert < 1$, global konvergent, wenn dies mit $B = \mathbb{R}$ gilt, ferner (lokal oder global) konvergent, wenn in B eine Nullstelle liegt und dort stets $f''(x) > 0$ oder $f''(x) < 0$ und $f'(x) \neq 0$ gilt. (Sätze 2.1, 2.5)
Ordnung	2

Tabelle 2-1 (Fortsetzung)

Verfahren	Sekantenverfahren
Verfahrens-vorschrift	$x^{(k+1)} = x^{(k)} - f(x^{(k)}) \cdot \dfrac{x^{(k)} - x^{(k-1)}}{f(x^{(k)}) - f(x^{(k-1)})}, \quad k = 0, 1, 2, \ldots$.
Fehler-abschätzung	Sei $\|f'(x)\| \geq \alpha > 0$, $\|f''(x)\| \leq \beta$, $\quad x \in (a, b)$, $\dfrac{\beta}{2\alpha}\|x^{(i)} - x^*\| \leq q < 1, \quad i = 0, 1.$ Dann gilt die A-priori-Fehlerabschätzung: $\|x^{(k)} - x^*\| \leq \dfrac{2\alpha}{\beta} q^{R_k}$ und die A-posteriori-Fehlerabschätzung: $\|x^{(k)} - x^*\| \leq \dfrac{1}{\alpha}\|f(x^{(k)})\| \leq \dfrac{\beta}{2\alpha}\|x^{(k)} - x^{(k-1)}\|\|x^{(k)} - x^{(k-2)}\|$, $k = 2, 3, \ldots$, R_k sind die Fibonacci-Zahlen mit $R_0 = R_1 = 1$, $R_k = R_{k-1} + R_{k-2}, \quad k = 2, 3, \ldots$
Konvergenz-eigenschaften	lokal konvergent, wenn $\|f'(x)\| \geq \alpha > 0, \quad \|f''(x)\| \leq \beta$, $x \in (a, b)$ und $x^{(0)}, x^{(1)} \in U_\delta(x^*)$ mit $U_\delta(x^*) : \|x - x^*\| \leq \delta$ bei hinreichend kleinem δ, $\quad \delta < \dfrac{2\alpha}{\beta}$.
Ordnung	$\frac{1}{2}(1 + \sqrt{5}) = 1{,}618\ldots$

Verfahren	Steffensen-Verfahren
Verfahrens-vorschrift	Ein Grundverfahren p-ter Ordnung sei gegeben durch $x^{(k+1)} = \varphi(x^{(k)})$. Verfahrensvorschrift dann $x^{(k+1)} = \Phi(x^{(k)})$, $k = 0, 1, 2, \ldots$, mit $\Phi(x) = \dfrac{x\varphi(\varphi(x)) - (\varphi(x))^2}{\varphi(\varphi(x)) - 2\varphi(x) + x}$
Konvergenz-eigenschaften	lokal konvergent, wenn Grundverfahren lokal konvergent.
Ordnung	$2p - 1$ für $p > 1$, $\quad p$ Ordnung des Grundverfahrens 2 für $p = 1$.

2.6 Beispiele

Wir betrachten vier durchgerechnete Beispiele, indem wir eine positive Nullstelle der Funktion

$$y = f(x) = e^{2x} - \sin x - 2 \tag{2.44}$$

nacheinander mit dem Intervallhalbierungsverfahren, Newtonschen Verfahren, Sekantenverfahren und der Regula falsi berechnen und, soweit möglich, die zugehörigen Fehler abschätzen.

Man erhält aus (2.44)

$$\begin{aligned} f'(x) &= 2\,e^{2x} - \cos x, \\ f''(x) &= 4\,e^{2x} + \sin x, \end{aligned}$$

ferner $f(0) = -1$, $4.5 < f(1) < 4.6$. Daher gibt es eine positive Nullstelle der Funktion. Wegen $f'(x) > 0$ für $x \geq 0$ ist sie offenbar sogar die einzige positive Nullstelle. Wegen $f''(x) > 0$ für $x \geq 0$, ist schließlich $f(x)$ für $x \geq 0$ strikt konvex.

Einige Zahlen in der folgenden Tabelle können den Verlauf von $f(x)$ für $x \geq 0$ verdeutlichen:

x	$f(x)$	$f'(x)$	$f''(x)$
0	−1.000000	1.000000	4.000000
0.25	−0.598683	2.328530	6.842289
0.50	0.238856	4.558981	11.352553
0.75	1.800050	8.231689	18.608395
1.00	4.547585	14.237810	30.397695

A. Intervallhalbierungsverfahren

Es wird ausgegangen von

$$a^{(0)} = 0, \qquad b^{(0)} = 1.5.$$

Eine A-priori-Fehlerschranke für $|t^{(k)} - x^*|$ wird durch

$$e^{(k)} = \frac{1}{2^{k+1}}(b^{(0)} - a^{(0)}) = \frac{1.5}{2^{k+1}}$$

gegeben.

k	$a^{(k)}$	$b^{(k)}$	$b^{(k)} - a^{(k)}$	$e^{(k)}$
0	0.000000	1.500000	1.500000	0.750000
1	0.000000	0.750000	0.750000	0.375000
2	0.375000	0.750000	0.375000	0.187500
3	0.375000	0.562500	0.187500	0.093750
4	0.375000	0.468750	0.093750	0.046875
5	0.421875	0.468750	0.046875	0.023438
6	0.421875	0.445313	0.023438	0.011719
7	0.433594	0.445313	0.011719	0.005859
8	0.439453	0.445313	0.005859	0.002930
9	0.442383	0.445313	0.002930	0.001465
10	0.442383	0.443848	0.001465	0.000732
11	0.443115	0.443848	0.000732	0.000366
12	0.443481	0.443848	0.000366	0.000183
13	0.443665	0.443848	0.000183	0.000092
14	0.443756	0.443848	0.000092	0.000046
15	0.443802	0.443848	0.000046	0.000023
16	0.443802	0.443825	0.000023	0.000011
17	0.443813	0.443825	0.000011	0.000006
18	0.443819	0.443825	0.000006	0.000003
19	0.443819	0.443822	0.000003	0.000001
20	0.443821	0.443822	0.000001	0.000001

B. Newton-Verfahren

Mit $\varphi(x) = x - f(x)/f'(x)$ gilt

x	$\|\varphi'(x)\|$
0	4.000000
0.25	0.755500
0.50	0.130465
0.75	0.494328
1.00	0.681923

Es ist somit $\alpha = \max\limits_{0.25 \le x \le 1} |\varphi'(x)| < 0.8 < 1$. Wir können daher $x^{(0)}$ beliebig aus $[0.25, 1]$ wählen. Die Rechnung führen wir einmal mit $x^{(0)} = 0.25$, ein andermal mit $x^{(0)} = 1$ durch. Die Größe $e^{(k)}$-a-priori und $e^{(k)}$-a-posteriori sind die durch Tabelle 2-1 gegebenen. A-priori- bzw. A-posteriori-Schranken $\frac{\alpha^k}{1-\alpha}|x^{(1)} - x^{(0)}|$ bzw. $\frac{\alpha}{1-\alpha}|x^{(k)} - x^{(k-1)}|$ für den Fehler $|x^{(k)} - x^*|$.

$$\text{I} : x^{(0)} = 0.25$$

k	$x^{(k)}$	$e^{(k)}$-a-priori	$e^{(k)}$-a-posteriori	$x^{(k)} - x^{(k-1)}$
1	0.507108	1.028430	1.028430	0.257108
2	0.448587	0.822744	0.234080	−0.058521
3	0.443850	0.658195	0.018951	−0.004737
4	0.443821	0.526556	0.000116	−0.000029

$$\text{II} : x^{(0)} = 1$$

k	$x^{(k)}$	$e^{(k)}$ $-a$-priori	$e^{(k)}$-a-posteriori	$x^{(k)} - x^{(k-1)}$
1	0.680598	1.277608	1.277608	−0.319402
2	0.499575	1.022086	0.724092	−0.181023
3	0.447552	0.817669	0.208091	−0.052023
4	0.443839	0.654135	0.014855	−0.003713
5	0.443821	0.523308	0.000071	−0.000018

Man erkennt in Übereinstimmung mit der Theorie in II die monotone Konvergenz. Auch in I erfolgt monotone Konvergenz, nachdem $x^{(1)} > x^*$ gilt.

C. Sekantenverfahren

Wir wählen $(a,b) = (0.25,\ \ 0.75)$. Dann ist dort

$$|f'(x)| > 2.3 = \alpha, \qquad |f''(x)| \leq 18.7 = \beta$$

und man erhält

$$\frac{2\alpha}{\beta} \approx 0.246 \quad .$$

Nun muß einerseits $\delta < 2\alpha/\beta$, andererseits $[x^* - \delta, x^* + \delta] \subset (a,b)$ gelten. Die Nullstelle x^* liegt aber sehr nahe bei 0.5, so daß wir etwa $\delta = 0.2$ vorgeben können.

Die Rechnung führen wir mit $x^{(0)} = 0.35, \quad x^{(1)} = 0.40$ durch und erhalten mit $q = 0.6$ folgende Näherungen und Fehlerabschätzungen:

k	$x^{(k)}$	$e^{(k)}$-a-priori	$e^{(k)}$-a-posteriori	$x^{(k)} - x^{(k-1)}$
2	0.449579	0.088556	0.020070	0.049579
3	0.443490	0.031880	0.001077	−0.006089
4	0.443818	0.004132	0.000008	0.000328
5	0.443821	0.000069	0.000000	0.0000003
6	0.443821	0.000000	0.000000	0.0000000

Mit $e^{(k)}$-a-priori und $e^{(k)}$-a-posteriori sind wieder die aus Tabelle 2-1 ersichtlichen Schranken für den Fehler $|x^{(k)} - x^*|$ bezeichnet. Weil man nur die acht f-Werte benötigt hat, ist dies wesentlich weniger aufwendig als das Newton-Verfahren.

D. Regula-falsi

Wegen $f''(x) > 0$ in $[0,1]$ ist $f(x)$ dort konvex. Wir wählen $x^{(1)} = 0, \quad x^{(0)} = 1$, dann gilt $f(x^{(0)})f(x^{(1)}) < 0$, und wegen der Konvexität lautet die Vorschrift der Regula falsi hier einfach

$$x^{(k+1)} = x^{(k)} - f(x^{(k)})\frac{x^{(k)} - x^{(0)}}{f(x^{(k)}) - f(x^{(0)})} = x^{(k)} - f(x^{(k)})\frac{x^{(k)} - 1}{f(x^{(k)}) - f(1)}.$$

Man errechnet die folgenden Näherungen:

k	$x^{(k)}$	$x^{(k)} - x^{(k-1)}$
2	0.180259	0.180259
3	0.295676	0.115418
4	0.363548	0.067872
5	0.401272	0.037724
5	0.421545	0.020273
7	0.432237	0.010691
8	0.437818	0.005581
9	0.440716	0.002898
10	0.442216	0.001500
11	0.442992	0.000776
12	0.443393	0.000401
13	0.443600	0.000207
14	0.444707	0.000107
15	0.443762	0.000055
16	0.443790	0.000028
17	0.443805	0.000015
18	0.443813	0.000008
19	0.443817	0.000004
20	0.443819	0.000002
21	0.443822	0.000001
22	0.443820	0.000001
23	0.443820	0.000000

2.7 Aufgaben

A 2-1 Mit dem Intervallhalbierungsverfahren berechne man die drei reellen Nullstellen des Polynoms

$$f(x) = x^3 - 1.5x^2 + 0.68x - 0.084$$

so, daß der Fehler jeweils kleiner als 10^{-7} ist.

A 2-2 Man berechne eine Nullstelle der Funktion $y = x^2 - \sin x - 1$ mit dem Newtonschen Verfahren und gebe bei jedem Iterationsschritt eine A-posteriori- Fehlerabschätzung. Man vergleiche diese nach dem letzten Iterationsschritt mit der A-priori-Fehlerabschätzung.

A 2-3 Mit welcher Ausgangsnäherung $x^{(0)}$ können die Wurzeln des unter A 2-1 genannten Polynoms durch das Newtonsche Verfahren bestimmt werden? Man überlege sich, welche Schwierigkeiten dabei auftreten können, wenn zwei Wurzeln nahe beieinander liegen.

A 2-4 Man bestimme die drei Nullstellen des unter A 2-1 genannten Polynoms mit der Regula falsi und gebe jeweils die Ordnung des Verfahrens an.

A 2-5 Die Funktion $y = f(x)$ besitze in einem Intervall eine reelle Nullstelle und sei dort dreimal stetig differenzierbar. Man gebe eine Bedingung dafür an, daß das Newtonsche Verfahren zur Bestimmung dieser Nullstelle mindestens von der Ordnung drei ist und konstruiere hierfür ein Beispiel.

A 2-6 Es gelte für zwei Zahlen $x^{(0)}, x^{(1)}$ die Ungleichung $f(x^{(0)})f(x^{(1)}) < 0$. Man zeige: Ist $f''(x) < 0$ in $[x^{(0)}, x^{(1)}]$, $x^{(0)} < x^{(1)}$, so lautet die Iterationsvorschrift der Regula falsi

$$x^{(k+1)} = x^{(k)} - f(x^{(k)})\frac{x^{(k)} - x^{(0)}}{f(x^{(k)}) - f(x^{(0)})}, \quad k = 1, 2, \ldots \quad .$$

Die gleiche Vorschrift erhält man im Falle $f''(x) > 0$, wenn man $x^{(0)}$ und $x^{(1)}$ vertauscht, d.h. $x^{(1)} < x^{(0)}$ wählt.

3 Berechnung der Funktionswerte und Nullstellen von Polynomen

Um die Nullstellen von Polynomen, ihre Wurzeln, zu berechnen, kann man natürlich die Verfahren aus Kapitel 2 benutzen, insbesondere, wenn man sich für die reellen Nullstellen interessiert. In der Regel sind jedoch andere, speziell für Polynome entwickelte Verfahren geeigneter; mit ihnen wollen wir uns hier befassen. Unter der großen Zahl der möglichen Methoden wollen wir dabei, ähnlich wie in Kapitel 2, nur wenige praktisch bewährte auswählen und untersuchen. Dies umso mehr, als die Berechnung der Nullstellen von Polynomen praktisch nicht oft notwendig ist. Will man etwa die Eigenwerte einer Matrix bestimmen, so wird man im allgemeinen nicht die Wurzeln des zugehörigen charakteristischen Polynoms berechnen, sondern spezielle numerische Verfahren verwenden, wie sie etwa in Teil IV untersucht werden.

3.1 Das Horner-Schema

3.1.1 Eigenschaften von Polynomen

Ein Polynom n-ten Grades

$$f(x) = P_n(x) = \sum_{i=0}^{n} a_i x^i, \qquad a_i \in \mathbb{C}, \qquad a_n \neq 0,$$

besitzt nach dem sog. Fundamentalsatz der Algebra genau n Nullstellen, die reell, komplex und natürlich auch mehrfach sein können. Sind $x_1, x_2, ..., x_r$, $r \leq n$, die voneinander verschiedenen reellen oder komplexen Nullstellen, und hat x_j die Vielfachheit α_j, so kann das Polynom in der Form

$$P_n(x) = a_n \prod_{j=1}^{r} (x - x_j)^{\alpha_j}, \qquad \sum_{j=1}^{r} \alpha_j = n,$$

geschrieben werden. Einige weitere bekannte Eigenschaften von Polynomen seien im folgenden kurz zusammengestellt:

1. Für eine beliebige Zahl $x_0 \in \mathbb{C}$ gilt die Darstellung
$$P_n(x) = \sum_{i=0}^{n} b_i(x - x_0)^i, \qquad b_i \in \mathbb{C}, \quad i = 0, 1, \ldots, n \quad , \tag{3.1}$$
und
$$b_i = \frac{P_n^{(i)}(x_0)}{i!}. \tag{3.2}$$

2. Für $n \geq 1$ und eine beliebige Zahl $b \in \mathbb{C}$ gibt es ein Polynom $Q_{n-1}(x)$, so daß
$$P_n(x) = (x - b)Q_{n-1}(x) + P_n(b)$$
gilt. Ist $b = x^*$ eine Nullstelle von $P_n(x)$, so gilt also
$$P_n(x) = (x - x^*)Q_{n-1}(x).$$

3. Eine Nullstelle x^* von $P_n(x)$ ist genau dann eine α-fache Nullstelle, d.h. von der Vielfachheit α, wenn
$$P^{(j)}(x^*) = 0, \qquad j = 0, 1, \ldots, \alpha - 1; \quad P^{(\alpha)}(x^*) \neq 0$$
gilt.

4. Eine Nullstelle x^* von $P_n(x)$, $\quad n \geq 1$, ist genau dann eine α-fache Nullstelle, wenn es ein Polynom $(n - \alpha)$-ten Grades $R_{n-\alpha}(x)$ gibt mit $R_{n-\alpha}(x^*) \neq 0$, so daß
$$P_n(x) = (x - x^*)^\alpha R_{n-\alpha}(x).$$

5. Vietascher Wurzelsatz: Es seien $x_1, x_2, \ldots, x_n$ die Wurzeln von $P_n(x)$. Dann gilt
$$\begin{array}{llll}
x_1 & +x_2 & +\cdots \; +x_n & = -\dfrac{a_{n-1}}{a_n} \\
x_1x_2 & +x_1x_3 & +\cdots \; +x_{n-1}x_n & = \dfrac{a_{n-2}}{a_n} \\
x_1x_2x_3 & + & +\cdots \; +x_{n-2}x_{n-1}x_n & = -\dfrac{a_{n-3}}{a_n} \\
\multicolumn{4}{c}{\cdots\cdots\cdots\cdots\cdots\cdots\cdots\cdots\cdots\cdots\cdots\cdots} \\
x_1x_2x_3\cdots x_n & & & = (-1)^n\dfrac{a_0}{a_n}.
\end{array}$$
Dies läßt sich auch in der Form schreiben
$$\sum_{\substack{i_1, i_2, \ldots, i_j = 1 \\ i_1 < i_2 < \cdots < i_j}}^{n} x_{i_1}x_{i_2}\cdots x_{i_j} = (-1)^j\frac{a_{n-j}}{a_n}, \quad j = 1, \ldots, n.$$

6. Ist $x^* = u + iv \in C$ eine Nullstelle des reellen Polynoms $P_n(x)$, d.h. $a_j \in R$, $j = 0, 1, ..., n$, so ist auch die zugehörige konjugiert-komplexe Zahl $\bar{x}^* = u - iv$ eine Nullstelle. Für komplexe Polynome, bei denen also mindestens ein Koeffizient einen nicht verschwindenden Imaginärteil besitzt, gilt dies im allgemeinen nicht.

Ein reelles Polynom kann daher reelle und komplexe Nullstellen besitzen. Nach Nr. 6 besitzt ein reelles Polynom ungeraden Grades aber mindestens eine reelle Nullstelle. Würde es nämlich nur komplexe Nullstellen besitzen, so wären auch die zugehörigen konjugiert komplexen Zahlen Nullstellen. Das Polynom hätte somit genau $2p, p \geq 1$, Nullstellen und somit auch den Grad $2p$, im Widerspruch zur Annahme, daß es einen ungeraden Grad besitzt.

Beispiel 3.1. *Das reelle Polynom*

$$P_2(x) = x^2 - 4x + 5$$

hat die Wurzeln $x_1 = 2 + i$, $x_2 = 2 - i$.

Das reelle Polynom

$$P_5(x) = x^5 - 9x^4 + 34x^3 - 66x^2 + 65x - 25$$

läßt sich in der Form schreiben

$$\begin{aligned} P_5(x) &= (x^2 - 4x + 5)^2(x - 1) \\ &= (x - (2 + i))^2(x - (2 - i))^2(x - 1). \end{aligned}$$

Es besitzt daher die 2-fachen Nullstellen $2 + i$, $2 - i$ *und die einfache Nullstelle* 1.

Das komplexe Polynom

$$P_2(x) = x^2 - (5 + 2i)x + (5 + 5i)$$

besitzt die beiden komplexen Nullstellen $3 + i$, $2 + i$.

Das komplexe Polynom

$$P_3(x) = x^3 - (5 + i)x^2 + (8 + 3i)x - (4 + 2i)$$

hat die komplexen Nullstellen $2 + i$ *und die reellen Nullstellen* $1, 2$. □

Man sieht an diesen wenigen Beispielen schon, daß es im allgemeinen schwierig ist, aus der Gestalt des Polynoms auf die Art und die Lage seiner Nullstellen zu schließen.

3.1.2 Entwicklung des Horner-Schemas

Wir wollen nach diesen Vorbereitungen nun zunächst das Horner-Schema aufstellen, mit dem die Werte eines vorgegebenen Polynoms und dessen Ableitungen an einer festen Stelle x_0 berechnet werden können. Damit gelingt es z.B., eine Darstellung von $P_n(x)$ nach (3.1) mit den Koeffizienten (3.2) anzugeben. Wendet man weiter zur Berechnung einer Nullstelle das Newtonsche Verfahren an, so lautet die Iterationsvorschrift hier

$$x^{(k+1)} = x^{(k)} - \frac{P_n(x^{(k)})}{P_n'(x^{(k)})}, \qquad k = 0, 1, \dots \quad .$$

Die jeweils benötigten Werte $P_n(x^{(k)}), P_n'(x^{(k)})$ werden insbesondere bei Polynomen höheren Grades zweckmäßigerweise mit dem Horner-Schema berechnet. Der Darstellung in [30] folgend, gilt zunächst mit (3.1)

$$P_n(x) = \sum_{i=0}^{n} a_i x^i = \sum_{i=0}^{n} b_i (x - x_0)^i$$

mit eindeutig bestimmten Koeffizienten b_i. Hiernach ist

$$P_n(x_0) = b_0, \qquad P_n^{(j)}(x_0) = j! b_j, \quad j = 1, 2, \dots, n.$$

Gelingt es daher, die b_i zu bestimmen, so ist die Aufgabe, P_n und seine Ableitungen an der Stelle x_0 zu berechnen, gelöst. Dazu schreiben wir

$$P_n(x_0) = a_0 + x_0(a_1 + x_0(a_2 + x_0(\cdots + x_0(a_{n-1} + x_0 a_n)\cdots))).$$

Mit den Koeffizienten

$$a_n^{(1)} = a_n, \quad a_k^{(1)} = a_k + x_0 a_{k+1}^{(1)}, \quad k = n-1, n-2, \dots, 0,$$

kann ein Polynom

$$P_{n-1}(x) = \sum_{i=1}^{n} a_i^{(1)} x^{i-1}$$

gebildet werden, wobei man schnell ausrechnet, daß

$$P_n(x) = b_0 + (x - x_0) P_{n-1}(x) \tag{3.3}$$

mit

$$b_0 = a_0^{(1)} = P_n(x_0)$$

gilt. Hieraus folgt

$$\frac{P_n(x) - P_n(x_0)}{x - x_0} = P_{n-1}(x), \qquad x \neq x_0$$

und somit durch Grenzübergang $x \to x_0$

$$P_n'(x_0) = P_{n-1}(x_0).$$

Zur Berechnung von $P_{n-1}(x_0)$ wird das Verfahren wiederholt, d.h. es werden Koeffizienten $a_k^{(2)}$, $k = 1, ..., n$, und das Polynom $P_{n-2}(x)$ bestimmt durch

$$P_{n-1}(x_0) = a_1^{(2)} = b_1, \qquad P_{n-1}(x) = b_1 + (x - x_0)P_{n-2}(x).$$

Nach (3.3) folgt hieraus

$$P_n(x_0) = b_0 + b_1(x - x_0) + (x - x_0)^2 P_{n-2}(x).$$

Das Verfahren wird fortgesetzt, wobei man dann insgesamt die Polynome

$$P_{n-j}(x), \qquad j = 0, 1, ..., n,$$

mit folgenden Eigenschaften erhält:

$$\begin{aligned} P_{n-j}(x) &= b_j + (x - x_0)P_{n-j-1}(x), \qquad j = 0, 1, ..., n-1, \\ P_0(x) &= P_0 = b_n, \\ P_{n-j}(x) &= \sum_{i=j}^{n} a_i^{(j)} x^{i-j}. \end{aligned}$$

Dabei berechnen sich die Koeffizienten nach den Vorschriften

$$a_n^{(j+1)} = a_n^{(j)}, \quad a_k^{(j+1)} = a_k^{(j)} + x_0 a_{k+1}^{(j+1)}, \qquad k = n-1, ..., j; \quad j = 0, 1, ..., n, \quad (3.4)$$

wobei

$$a_j^{(j+1)} = b_j$$

gilt. Weiter ist

$$P_n(x) = b_0 + b_1(x - x_0) + \cdots + b_n(x - x_0)^n.$$

Dies ist aber die Taylorentwicklung von $P_n(x)$ an der Stelle x_0. Wegen der Eindeutigkeit dieser Entwicklung gilt somit endlich

$$b_j = P_{n-j}(x_0) = a_j^{(j+1)} = \frac{1}{j!} P_n^{(j)}(x_0), \qquad j = 0, ..., n.$$

3.1.3 Das Rechenschema

Berechnungen nach dem Horner-Schema sind rechentechnisch sehr einfach. Das eigentliche „Schema" sieht dann etwa folgendermaßen aus:

Wir setzen $a_n = a_n^{(0)}$ und schreiben in die 1. Zeile die Koeffizienten des Polynoms $P_n(x)$. Hieraus können dann nacheinander die Zahlen $a_k^{(j+1)}$ gemäß (3.4) bestimmt werden, wobei $a_j^{(j+1)} = b_j$ gilt:

Horner - Schema

$$
\begin{array}{c|cccccccc}
 & a_n^{(0)} & a_{n-1}^{(0)} & a_{n-2}^{(0)} & \cdots & a_2^{(0)} & a_1^{(0)} & a_0^{(0)} & \\
x_0 & & x_0a_n^{(1)} & x_0a_{n-1}^{(1)} & \cdots & x_0a_3^{(1)} & x_0a_2^{(1)} & x_0a_1^{(1)} & \\
\hline
 & a_n^{(1)} & a_{n-1}^{(1)} & a_{n-2}^{(1)} & \cdots & a_2^{(1)} & a_1^{(1)} & \multicolumn{2}{|l}{a_0^{(1)} = b_0 = P_n(x_0)} \\
x_0 & & x_0a_n^{(2)} & x_0a_{n-1}^{(2)} & \cdots & x_0a_3^{(2)} & x_0a_2^{(2)} & & \\
\hline
 & a_n^{(2)} & a_{n-1}^{(2)} & a_{n-2}^{(2)} & \cdots & a_2^{(2)} & \multicolumn{3}{|l}{a_1^{(2)} = b_1 = P_n'(x_0)} \\
x_0 & & x_0a_n^{(3)} & x_0a_{n-1}^{(3)} & \cdots & x_0a_3^{(3)} & & & \\
\hline
 & a_n^{(3)} & a_{n-1}^{(3)} & a_{n-2}^{(3)} & \cdots & \multicolumn{4}{|l}{a_2^{(3)} = b_2 = \frac{1}{2!}P_n''(x_0)} \\
 & \cdots & \cdots & \cdots & \cdots & \cdots & \cdots & & \\
x_0 & & x_0a_n^{(n)} & & & & & & \\
\hline
 & a_n^{(n)} & \multicolumn{7}{|l}{a_{n-1}^{(n)} = b_{n-1} = \frac{1}{(n-1)!}P_n^{(n-1)}(x_0)} \\
x_0 & & & & & & & & \\
\hline
 & \multicolumn{8}{|l}{a_n^{(n)} = a_n = b_n = \frac{1}{n!}P_n^{(n)}(x_0)}
\end{array}
$$

Es gilt dann

$$P_n(x) = a_0^{(1)} + a_1^{(2)}(x - x_0) + a_2^{(3)}(x - x_0)^2 + \cdots + a_{n-1}^{(n)}(x - x_0)^{n-1} + a_n(x - x_0)^n. \quad (3.5)$$

Ist andererseits ein Polynom in der Form (3.5) gegeben, so erhält man aus diesem mit Hilfe des Horner-Schemas die Darstellung

$$P_n(x) = \sum_{i=0}^{n} a_i x^i,$$

indem die Entwicklung von (3.5) an der Stelle $-x_0$ durchgeführt wird.

Beispiel 3.2. *Das Polynom* $P_5(x) = x^5 - 0.4x^4 - 5x^3 + 2x^2 + 4x - 1.6$ *soll an der Stelle* $x_0 = 0.5$ *entwickelt werden. Das Horner-Schema lautet:*

	1	−0.4	−5.00	2.000	4.0000	−1.60000
0.5		0.5	0.05	−2.475	−0.2375	1.88125
	1	0.1	−4.95	−0.475	3.7625	$0.28125 = a_0^{(1)}$
0.5		0.5	0.3	−2.325	−1.4000	
	1	0.6	−4.65	−2.800	$2.3625 = a_1^{(2)}$	
0.5		0.5	0.55	−2.050		
	1	1.1	−4.10	$-4.850 = a_2^{(3)}$		
0.5		0.5	0.80			
	1	1.6	$-3.30 = a_3^{(4)}$			
0.5		0.5				
	1	$2.1 = a_4^{(5)}$				
	$1 = a_5$					

Die gesuchte Form des Polynoms ist daher

$$P_5(x) = (x-0.5)^5+2.1(x-0.5)^4-3.3(x-0.5)^3-4.85(x-0.5)^2+2.3625(x-0.5)+0.28125.$$

Wegen $P_5(0.5) = 0.28125$ *ist zu vermuten, daß das Polynom in der Nähe von 0.5 eine reelle Nullstelle besitzt. Wir versuchen, diese mit dem Newtonschen Verfahren näherungsweise zu bestimmen:*

Es gilt $P_5'(0.5) = 2.3625$, $\quad P_5''(0.5) = 2!(-4.85) = -9.7$. *Somit ist*

$$\left|\frac{P_5(0.5)P_5''(0.5)}{(P_5'(0.5))^2}\right| = \frac{2.728125}{5.581406} < \frac{1}{2} < 1,$$

und es ist plausibel, daß $x_0 = x^{(0)} = 0.5$ *eine geeignete Ausgangsnäherung ist. Wir erhalten als 1. Näherung für die Wurzel*

$$x^{(1)} = x^{(0)} - \frac{P_5(x^{(0)})}{P_5'(x^{(0)})} = 0.5 - \frac{0.28125}{2.3625} \approx 0.380952.$$

Mit dem Horner-Schema kann man dann $P_5(x^{(1)})$ *und* $P_5'(x^{(1)})$ *berechnen.*

	1	−0.400000	−5.000000	2.000000	4.000000	−1.600000
0.380952		0.380952	−0.007256	−1.907524	0.035229	1.537229
	1	−0.019048	−5.007256	0.092476	4.035229	−0.062771
0.380952		0.380952	0.137868	−1.855003	−0.671438	
	1	0.361904	−4.869388	−1.762527	3.363791	

Es ist also $P_5(x^{(1)}) = -0.062771$, $P_5'(x^{(1)}) = 3.363791$, *mit dem Newtonschen Verfahren erhält man dann*

$$x^{(2)} = 0.380952 - \frac{-0.062771}{3.363791} \approx 0.399613.$$

In der Tat ist $x^* = 0.4$ *eine Nullstelle des Polynoms.* □

3.1.4 Anwendung auf komplexe Polynome

Das Horner-Schema kann auch für komplexe Polynome, d.h. Polynome mit komplexen Koeffizienten, aufgestellt werden.

Beispiel 3.3. *Das Polynom* $P_3(x) = (2+\mathrm{i})x^3 - (1-4\mathrm{i})x + (2+2\mathrm{i})$ *soll an der Stelle* $x_0 = 1+\mathrm{i}$ *entwickelt werden:*

	$2+\mathrm{i}$	0	$1-4\mathrm{i}$	$2+2\mathrm{i}$
$1+\mathrm{i}$		$1+3\mathrm{i}$	$-2+4\mathrm{i}$	$-1-\mathrm{i}$
	$2+\mathrm{i}$	$1+3\mathrm{i}$	-1	$1+\mathrm{i} = a_0^{(1)}$
$1+\mathrm{i}$		$1+3\mathrm{i}$	$-4+8\mathrm{i}$	
	$2+\mathrm{i}$	$2+6\mathrm{i}$	$-5+8\mathrm{i} = a_1^{(2)}$	
$1+\mathrm{i}$		$1+3\mathrm{i}$		
	$2+\mathrm{i}$	$3+9\mathrm{i} = a_2^{(3)}$		
$1+\mathrm{i}$				
	$2+\mathrm{i} = a_3$			

Es ist daher

$$P_3(x) = (2+\mathrm{i})(x-(1+\mathrm{i}))^3 + (3+9\mathrm{i})(x-(1+\mathrm{i}))^2 - (5-8\mathrm{i})(x-(1+\mathrm{i})) + 1 + \mathrm{i}.$$

Insbesondere gilt $P_3(1+\mathrm{i}) = 1 + \mathrm{i}$. □

Die Multiplikation von zwei komplexen Zahlen erfordert im allgemeinen vier reelle Multiplikationen. Allein aus diesem Grunde schon ist die Berechnung des Horner-Schemas bei komplexen Polynomen mühsamer als bei reellen. Man hat daher schon früh versucht, ein Horner-Schema zu entwickeln, das auch bei komplexen Polynomen nur Rechenoperationen mit reellen Zahlen erfordert. Es sind hierfür mehrere Vorschläge in der Literatur zu finden. Sie haben jedoch bei den heutigen instrumentellen Hilfsmitteln nur noch geringe praktische Bedeutung.

3.2 Berechnung der reellen Wurzeln

3.2.1 Lage der Nullstellen

Für die Berechnung einzelner reeller Wurzeln von Polynomen sind die in Kapitel 2 untersuchten Verfahren durchweg geeignet. Die bei den Iterationsverfahren benötigten Ableitungen von $P_n(x)$ an den Stellen $x^{(\nu)}, \nu = 0, 1, \ldots$, berechnet man in der Regel mit dem Horner-Schema, wie es im Beispiel 3.1 geschildert wurde.

Bei den Verfahren aus Kapitel 2 ist es wichtig, die ungefähre Lage der Nullstellen, in diesem Falle der reellen Nullstellen, zu kennen. Diese kann man oft bestimmen, wie wir gleich zeigen werden, wenn das Polynom $P_n(x)$ nur reelle (oder nur imaginäre) Nullstellen besitzt.

Nun sieht man es einem Polynom höheren Grades nicht an, ob es nur reelle Nullstellen besitzt. Es gibt jedoch wichtige Fälle, wo dies von vornherein feststeht. So besitzt z.B. eine reell-symmetrische Matrix bekanntlich nur reelle Eigenwerte, das zugehörige charakteristische Polynom also nur reelle Wurzeln.

Ebenso besitzen Orthogonalpolynome auf ihrem Grundintervall stets n verschiedene reelle Nullstellen.

Satz 3.1. *Das Polynom $P_n(x)$ besitze nur reelle Nullstellen. Ist $\tilde{x}$ eine beliebige reelle Zahl und setzen wir*

$$\xi = n \left| \frac{P_n(\tilde{x})}{P_n'(\tilde{x})} \right|, \qquad P_n'(\tilde{x}) \neq 0,$$

so liegt im Intervall $[\tilde{x} - \xi, \tilde{x} + \xi]$ mindestens eine Nullstelle von $P_n(x)$.

Beweis: Es seien $x_1, x_2, \ldots, x_n$ die in ihrer Vielfachheit gezählten reellen Wurzeln von $P_n(x)$. Dann gilt

$$P_n(x) = a_n(x - x_1) \cdots (x - x_n).$$

Weiter definieren wir die Polynome

$$P^*_{n-\nu}(x) = (x - x_{\nu+1})(x - x_{\nu+2}) \cdots (x - x_n), \quad \nu = 1, 2, ..., n-1, \quad P^*_0(x) = 1,$$

so daß

$$(x - x_1) \cdots (x - x_{\nu-1}) P^*_{n-\nu}(x) = \frac{P_n(x)}{a_n(x - x_\nu)} \tag{3.6}$$

gilt. Durch fortlaufende Anwendung der Regel für die Ableitung eines Produkts von Funktionen erhält man weiter

$$\begin{aligned} P'_n(x) &= a_n[P^*_{n-1}(x) + (x - x_1)P^*_{n-2}(x) + (x - x_1)(x - x_2)P^*_{n-3}(x) + \cdots \\ &\quad + (x - x_1)(x - x_2) \cdots (x - x_{n-1})P^*_0(x)] \\ &= P_n(x)\left(\frac{1}{x - x_1} + \frac{1}{x - x_2} + \cdots + \frac{1}{x - x_n}\right), \end{aligned}$$

und zwar die letzte Darstellung wegen (3.6).

Weiter ist dann

$$\left|\frac{P'_n(\tilde{x})}{P_n(\tilde{x})}\right| = \left|\frac{1}{\tilde{x} - x_1} + \cdots + \frac{1}{\tilde{x} - x_n}\right| \le \frac{n}{\min\limits_{1 \le k \le n} |\tilde{x} - x_k|},$$

also

$$\min_{1 \le k \le n} |\tilde{x} - x_k| \le n \left|\frac{P_n(\tilde{x})}{P'_n(\tilde{x})}\right| = \xi.$$

Werde nun das Minimum auf der linken Seite dieser Ungleichung für die Nullstelle $x_{\tilde{k}}$, $1 \le \tilde{k} \le n$, angenommen, so folgt $|\tilde{x} - x_{\tilde{k}}| \le \xi$ oder $\tilde{x} - \xi \le x_{\tilde{k}} \le \tilde{x} + \xi$. Daraus ergibt sich unmittelbar die Behauptung des Satzes 3.1. □

Beispiel 3.4. *In Beispiel 3.1 war das Polynom mit nur reellen Nullstellen*

$$P_5(x) = x^5 - 0.4x^4 - 5x^3 + 2x^2 4x - 1.6$$

an der Stelle $\tilde{x} = 0.5$ entwickelt worden und wir erhielten $P_5(\tilde{x}) = 0.28125$, $P'_5(\tilde{x}) = 2.3625$. Hieraus folgt

$$\xi = 5 \cdot \frac{0.28125}{2.3625} = 0.595238 \quad .$$

Daher liegt nach Satz 3.1 im Intervall $[-0.1, 1.1]$ mindestens eine Nullstelle. Als eine solche hatten wir $x^* = 0.4$ ermittelt. Eine weitere ist jedoch noch $x^* = 1.0$, wie man sofort nachprüft.

3.2.2 Anwendung des Newtonschen Verfahrens

Man kann das Ergebnis des Satzes 3.1 mit dem Newton-Verfahren koppeln, wobei man ja ohnedies die Zahlen $P_n(x^{(\nu)})/P_n'(x^{(\nu)})$ benötigt.

Wie wir in Abschnitt 2.2 gesehen haben, konvergiert das Newtonsche Verfahren in der Regel nur lokal, d.h. die Ausgangsnäherung $x^{(0)}$ darf nicht zu weit von der gesuchten Nullstelle entfernt sein, was andererseits oft schwer nachprüfbar ist. Für den Fall, daß $P_n(x)$ nur reelle Nullstellen besitzt, kann das Newtonsche Verfahren aber global konvergieren, wie folgender Satz zeigt.

Satz 3.2. *$P_n(x)$ sei ein reelles Polynom mit nur reellen Nullstellen $x_1, ..., x_n$, die entsprechend ihrer Vielfachheit gezählt und der Größe nach geordnet sind:*

$$x_1 \geq x_2 \geq \cdots \geq x_n.$$

Für jedes $x^{(0)} > x_1$ liefert dann das Newton-Verfahren eine gegen x_1 konvergente Folge $x^{(k)}$, $k = 1, 2, ...$, mit $x^{(k)} \downarrow x_1$. Im Falle $n \geq 2$ ist diese Folge streng monoton fallend.

Beweis: Für $n = 1$ gilt mit $P_1(x) = a_1 x + a_0$ nach dem Newtonschen Verfahren

$$x^{(1)} = x^{(0)} - \frac{a_1 x^{(0)} + a_0}{a_1} = -\frac{a_0}{a_1} = x^*,$$

d.h. $x^{(1)}$ ist bereits die (einzige) Nullstelle von $P_1(x)$ bei beliebigem $x^{(0)}$. Natürlich hat zudem für $n = 1$ das Newtonsche Verfahren keine Bedeutung.

Wir setzen daher jetzt $n \geq 2$ voraus. Da $P_n(x)$ für $x > x_1$ keine Nullstelle mehr besitzt, ändert das Polynom dort auch sein Vorzeichen nicht. Es gelte etwa $P_n(x) > 0$, also wegen $x^{(0)} > x_1$ auch $P_n(x^{(0)}) > 0$ (s. Abb. 3.1).

Weiter gibt es genau $n-1$ reelle Punkte $\bar{x}_1 \geq \bar{x}_2 \geq \cdots \geq \bar{x}_{n-1}$ mit

$$x_1 \geq \bar{x}_1 \geq x_2 \geq \bar{x}_2 \geq \cdots \geq x_{n-1} \geq \bar{x}_{n-1} \geq x_n,$$

für die (nach dem bekannten Satz von Rolle) $P_n'(\bar{x}_i) = 0$, $i = 1, ..., n-1$, gilt (s.Abb. 3.1). Diese Stellen sind daher sämtliche Nullstellen von $P_n'(x)$ und es gilt wiederum $P_n'(x) > 0$ für $x > x_1 \geq \bar{x}_1$. Entsprechend schließt man, daß $P_n''(x)$ die reellen Nullstellen $\bar{\bar{x}}_1, ..., \bar{\bar{x}}_{n-2}$ mit

$$\bar{x}_1 \geq \bar{\bar{x}}_1 \geq \bar{x}_2 \geq \cdots \geq \bar{x}_{n-2} \geq \bar{\bar{x}}_{n-2} \geq \bar{x}_{n-1}$$

besitzt. Daher ist auch $P_n''(x) > 0$ für $x > \bar{x}_1$. Wir können dann Satz 2.4 anwenden, wobei wir $\bar{x}_1 = a$ setzen und $b > x_1$ als eine beliebige aber feste Zahl betrachten. In jedem so konstruierten Intervall $[a, b]$ gilt

$$P_n'(a) = P_n'(\bar{x}_1) = 0, \quad P_n(a) = P_n(\bar{x}_1) \leq 0, \quad P_n(b) > 0, \quad P_n''(x) > 0.$$

Dann folgt nach Satz 2.4 für jedes $x^{(0)} \leq b$, $x^{(0)} > x_1$, stets $x^{(k)} \downarrow x^*$. Wie dort gezeigt wurde, ist sogar $x^{(k+1)} < x^{(k)}$, d.h. die Folge $\{x^{(k)}\}$ ist streng monoton fallend. Damit ist der Satz 3.2 bewiesen. □

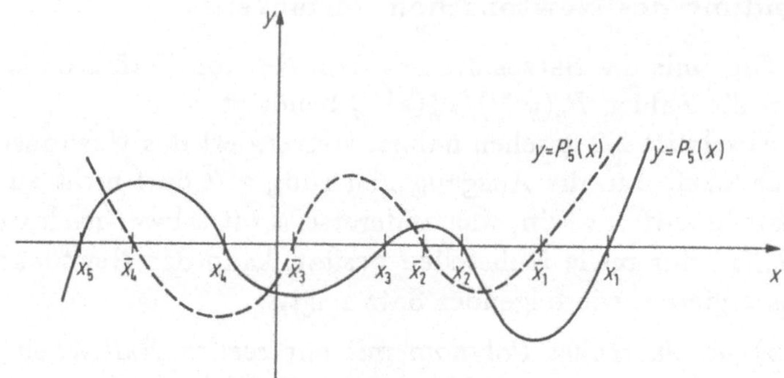

Abbildung 3.1. Zum Satz 3.2

3.2.3 Schranken für die Nullstellen

Obwohl das Newton-Verfahren unter den angegebenen Bedingungen für jedes $x^{(0)} > x_1$ konvergiert, wird man die Ausgangsnäherung nicht zu groß wählen, weil dann die ersten Iterierten oft nur sehr langsam gegen x_1 streben. Daher ist es nützlich, wenn man Abschätzungen für die Nullstellen eines Polynoms, insbesondere für die größte Nullstelle, kennt. Solche Abschätzungen liefert folgender

Satz 3.3. *Für die Nullstellen $x_1, x_2, ..., x_n$ des Polynoms*

$$P_n(x) = a_n x^n + a_{n-1} x^{n-1} + \cdots + a_1 x + a_0, \qquad a_0 a_n \neq 0$$

mit reellen oder komplexen Koeffizienten a_i, $i = 1, ..., n$, gelten folgende Abschätzungen:

$$\begin{aligned}
|x_j| &\leq \max\left(1, \sum_{i=0}^{n-1} \left|\frac{a_i}{a_n}\right|\right), \\
|x_j| &\leq \max\left(\left|\frac{a_0}{a_n}\right|, 1 + \left|\frac{a_1}{a_n}\right|, ..., 1 + \left|\frac{a_{n-1}}{a_n}\right|\right), \\
|x_j| &\leq \max\left(\left|\frac{a_0}{a_n}\right|, 2\left|\frac{a_1}{a_2}\right|, ..., 2\left|\frac{a_{n-1}}{a_n}\right|\right), \\
|x_j| &\leq \sum_{i=0}^{n-1} \left|\frac{a_i}{a_{i+1}}\right|, \\
|x_j| &\leq 2\max\left\{\left|\frac{a_{n-i}}{a_n}\right|^{1/i} : i = 1, ..., n\right\}
\end{aligned} \tag{3.7}$$

jeweils für $j = 1, 2, ..., n$.

Zum Beweis dieses Satzes vergleiche man etwa [2, S. 126]. □

Hat das Polynom $P_n(x)$ reelle Koeffizienten und nur reelle Nullstellen, so liefert der Satz Abschätzungen für die betragsmäßig größte Nullstelle, aber auch eine untere und eine obere Schranke für alle Nullstellen. Schreibt man nämlich die Ungleichungen (3.7) in der Form $|x_j| \leq K$, so gilt $-K \leq x_j \leq K, \;\; j = 1, ..., n$.

Beispiel 3.5. *Das Polynom* $P_5(x) = x^5 - 0.4x^4 - 5x^3 + 2x^2 + 4x - 1.6$ *hat nur reelle Nullstellen. In diesem Fall lauten die Abschätzungen (3.7)*

$$\begin{aligned} |x_j| &\leq \max(1, 13) = 13, \\ |x_j| &\leq \max(1.6, 5, 3, 6, 1.4) = 6, \\ |x_j| &\leq \max(0.4, 4, 0.8, 25, 0.8) = 25, \\ |x_j| &\leq 15.7, \\ |x_j| &\leq \max(0.4, \sqrt{5}, \sqrt[3]{2}, \sqrt[4]{4}, \sqrt[5]{1.6}\;) = 2.23606 \quad . \end{aligned}$$

Für die größte Nullstelle des Polynoms gilt daher

$$x_1 \leq 2.23606 \quad .$$

Nun hat das Polynom aber genau die Nullstellen $-2, -1, 0.4, 1, 2$ *es ist also* $x_1 = 2$. *Die Abschätzungen sind also sehr grob, außer der letzten.* □

3.2.4 Das Newton-Maehly-Verfahren

Mit den in Kapitel 2 beschriebenen Verfahren kann man einzelne reelle Nullstellen eines Polynoms bestimmen. Das Newton-Verfahren kann auch im Komplexen durchgeführt werden. Man beachte jedoch, daß bei einem reellen Polynom von einer reellen Ausgangsnäherung aus das Newton-Verfahren stets im Reellen bleibt, also komplexe Nullstellen eines reellen Polynoms so nicht gefunden werden können. In diesem Abschnitt beschäftigen wir uns nur mit dem Fall, daß P_n nur reelle Nullstellen besitzt. Mit den Resultaten von Abschnitt 3.2.2 kann man leicht eine obere Schranke für die größte Nullstelle finden, von der aus das Newton-Verfahren monoton gegen diese Nullstelle, sagen wir z_1, konvergiert. Einsetzen von z_1 im Horner-Schema liefert dann das Faktorpolynom $P_{n-1}(x)$ mit

$$P_n(x) = (x - z_1)P_{n-1}(x).$$

P_{n-1} hat also die übrigen Nullstellen von P_n zu Nullstellen und man könnte den Vorgang an P_{n-1} wiederholen usf., d.h. nacheinander alle Nullstellen finden. Dieser Prozeß, der als explizite Nullstellendeflation bezeichnet wird, ist aber u.U. sehr anfällig gegen kleinste Rundungsfehlereinflüsse, d.h. die gefundenen Nullstellen werden immer stärker verfälscht. Dies ist abhängig von der Nullstellenverteilung auf der reellen Achse, die man natürlich vorher nicht kennt.

Eine detaillierte Diskussion dieses Problemkreises findet man in [34].

Es empfiehlt sich deshalb, auf die explizite Deflation zu verzichten. Man kann aber die Deflation auch implizit durchführen.

Sei etwa z_1 eine gefundene Nullstelle von P_n. In der folgenden Diskussion sehen wir von Rundungsfehlereffekten ab, d.h. z_1 ist exakt und somit

$$P_{n-1}(x) = P_n(x)/(x - z_1).$$

Das Newton-Verfahren für P_{n-1} lautet

$$x^{(k+1)} = x^{(k)} - P_{n-1}(x^{(k)})/P'_{n-1}(x^{(k)}). \tag{3.8}$$

Aber

$$P'_{n-1}(x) = P'_n(x)/(x - z_1) - P_n(x)/(x - z_1)^2,$$

d.h.

$$\frac{P_{n-1}(x)}{P'_{n-1}(x)} = \frac{P_n(x)}{P'_n(x) - \frac{P_n(x)}{x-z_1}},$$

und somit wird (3.8) zu

$$x^{(k+1)} = x^{(k)} - \frac{P_n(x^{(k)})}{P'_n(x^{(k)}) - \frac{P_n(x^{(k)})}{x^{(k)}-z_1}}.$$

Der Vorteil dieser Verfahrensvorschrift beruht darin, daß die übrigen Nullstellen $z_2, ..., z_n$ von P_n auch noch dann Fixpunkte der Iteration sind, wenn z_1 verfälscht ist: man arbeitet stets mit dem Originalpolynom P_n. Hat man schon j Nullstellen $z_1, ..., z_j$ gefunden, lautet die Iterationsvorschrift für die nächste Nullstelle z_{j+1} entsprechend

$$x^{(k+1)} = x^{(k)} - \frac{P_n(x^{(k)})}{P'_n(x^{(k)}) - P_n(x^{(k)}) \sum_{i=1}^{j} \frac{1}{x^{(k)} - z_i}}.$$

Ein geeigneter Startwert $x^{(0)}$ für die Iteration zur Bestimmung von z_{j+1} ergibt sich im Falle

$$z_{j+1} < z_j < \cdots < z_1$$

aus einem Newtonschritt für $(P_n(x)/((x - z_1)\cdots(x - z_j)))'$ mit Startwert z_j, d.h.

$$x^{(0)} = z_j - \frac{P'_n(z_j)}{P''_n(z_j) - 2P'_n(z_j) \sum_{i=1}^{j-1} \frac{1}{z_j - z_i}}.$$

Wenn mehrfache Nullstellen vorliegen, müßte $x^{(k)}$ eine der bereits gefundenen Nullstellen wieder annähern und man hat dann Schwierigkeiten zu erwarten. (Formal ist die Iteration undefiniert, wenn $x^{(k)}$ mit einem der z_i übereinstimmt.) Dies ist der Grund dafür, daß das Verfahren nur bei einfachen reellen Nullstellen empfohlen wird, wo man darüberhinaus mit der Monotonieverletzung ein sicheres Abbruchkriterium besitzt.

Mit dieser Modifikation des Newton-Verfahrens gelingt es, alle Nullstellen mit der, bei der gegebenen Rechengenauigkeit, bestmöglichen Genauigkeit zu errechnen.

Bemerkung 3.1. *Eine weitere sehr gute Methode zur Bestimmung der Nullstellen eines Polynoms mit nur reellen Nullstellen ist die Methode von Laguerre, die in diesem Fall von jedem Startwert aus konvergiert:*

$$\begin{aligned} x^{(k+1)} &= x^{(k)} - \frac{nP_n(x^{(k)})}{P_n'(x^{(k)}) + \operatorname{sign}(P_n'(x^{(k)}))\sqrt{H(x^{(k)})}}, \\ H(x) &= (n-1)((n-1)(P_n'(x))^2 - nP_n(x)P_n''(x)). \end{aligned}$$

Im Falle einfacher Nullstellen konvergiert dieses Verfahren kubisch. □

3.3 Berechnung von Polynomnullstellen beim Vorliegen komplexer Nullstellen

Zur Lösung des Nullstellenproblems bei allgemeinen Polynomen ist eine Fülle von Verfahren vorgeschlagen worden, die aber fast alle entweder nur lokal konvergieren oder spezielle, gut gewählte Startwerte benötigen bzw. nur in speziellen Fällen nachweisbar konvergent sind. Von den möglichen Vorgehensweisen soll hier nur die Methode von Hirano beschrieben werden. Ein anderes Verfahren, das auf der Behandlung eines zugeordneten Matrizeneigenwertproblems beruht, wird in Abschnitt 10.6 beschrieben.

3.3.1 Die Methode von Hirano

Bei der Methode von Hirano handelt es sich um eine Verallgemeinerung des gedämpften Newtonverfahrens. Das gedämpfte Newtonverfahren wird in Teil III näher beschrieben. Im vorliegenden Fall lautet es

1. $d^{(k)} = -P_n(x^{(k)})/P_n'(x^{(k)})$.

2. Bestimme σ_k als maximale Zahl in der Folge $1, \alpha, \alpha^2, \alpha^3, \ldots$ (mit $0 < \alpha < 1$) so daß
$$|P_n(x^{(k)} + \sigma_k d^{(k)})| \le (1 - (1-\beta)\sigma_k)|P_n(x^{(k)})| \tag{3.9}$$
wo $0 < \beta < 1$ (vorzugsweise $\frac{1}{2} \le \beta < 1$).

3. Setze $x^{(k+1)} = x^{(k)} + \sigma_k d^{(k)}$.

Falls stets $\sigma_k = 1$ wird, ergibt sich das gewöhnliche Newtonverfahren. Man kann zeigen, daß diese Variante des Verfahrens von $x^{(0)}$ aus gegen eine Nullstelle von P_n konvergiert, wenn $x^{(0)}$ in einem z-Bereich liegt, der definiert ist durch

$$B := \{z \in \mathbb{C} : \ |P_n(z)| \leq \delta\}$$

mit einer Konstanten δ und für alle $z \in B$ gilt

$$|P_n'(z)| \geq \gamma > 0,$$

mit irgendeiner Konstanten γ. Falls P_n mehrfache Nullstellen hat, wäre durch diese Verfahrensmodifikation nichts gewonnen. Wenn aber etwa

$$P_n'(x^{(k)}) = 0, \qquad P_n''(x^{(k)}) \neq 0,$$

dann lautet die Taylorentwicklung von P_n bei $x^{(k)}$

$$P_n(x^{(k)} + \Delta z) = P_n(x^{(k)}) + a_2^{(k)}(\Delta z)^2 + a_3^{(k)}(\Delta z)^3 + \cdots,$$

und aus der Forderung

$$P_n(x^{(k)} + \Delta z) \stackrel{!}{=} 0$$

ergibt sich unter Vernachlässigung der Terme in $(\Delta z)^3$ und höher

$$\Delta z = (-P_n(x^{(k)})/a_2^{(k)})^{1/2}.$$

Hier kann man einen der beiden Wurzelzweige beliebig wählen. Ist der Radikant (reell) negativ, so erhält man eine rein imaginäre Korrektur Δz, d.h. man kann nun auch von einem reellen Startwert aus bei einem reellen Polynom komplexe Nullstellen annähern. Entsprechend kann man im Fall

$$P_n'(x^{(k)}) = 0, \quad P_n''(x^{(k)}) = 0, \quad \ldots, \quad P_n^{(j)}(x^{(k)}) = 0, \quad P_n^{(j+1)}(x^{(k)}) \neq 0$$

verfahren. Beim Verfahren von Hirano werden alle so definierbaren Korrekturen Δz gebildet, unabhängig davon, ob P_n' oder eine der höheren Ableitungen Null (bzw. betragsklein) ist oder nicht. Die kleinste der Korrekturen wird als Korrekturrichtung $d^{(k)}$ ausgewählt. Ist die Schrittweite 1 für den Verkleinerungstest (3.9) akzeptabel, wird mit $x^{(k)} + d^{(k)}$ fortgefahren. Andernfalls wird $d^{(k)}$ aus den um die Schrittlängenfaktoren verkleinerten Δz gebildet usf., bis der Verkleinerungstest erfüllt ist:
Für $k = 0, 1, 2, \ldots$

1. Berechne $a_n^{(j)} := P_n^{(j)}(z^{(k)})/j!, \qquad j = 0, \ldots, n$
   (mit dem vollständigen Horner-Schema in komplexer Rechnung).

2. Setze $\mu := 1$.

3. Setze
$$\Delta z^{(k,j)} := \begin{cases} \infty & \text{falls } a_n^{(j)} = 0 \\ (-\mu a_n^{(0)}/a_n^{(j)})^{1/j} & \text{sonst} \end{cases} \qquad j = 1, ..., n.$$
Bei der (komplexen) Wurzel kann man den Hauptzweig wählen.

4. Sei m so bestimmt, daß
$$|\Delta z^{(k,m)}| = \min_j |\Delta z^{(k,j)}|.$$

5. Falls
$$|P_n(z^{(k)} + \Delta z^{(k,m)})| > (1 - (1 - \beta)\mu)|a_n^{(0)}|,$$
dann setze $\mu = \mu/(1 + \delta)$ und wiederhole die Schritte 3.,4.,5., andernfalls setze $z^{(k+1)} = z^{(k)} + \Delta z^{(k,m)}$.

δ und β sind dabei Verfahrensparameter, $\delta > 0, \;\; 0 < \beta < 1$.
Sinnvolle Werte sind $\delta = 1, \;\; \beta = 0.9$.

Man kann für dieses Verfahren zeigen: [19]

a) Die Anzahl der Wiederholungsschritte für 3.,4.,5. in obigem Algorithmus ist beschränkt durch $n + 2n^3 \ln(1 + 1/\beta)/\ln(1 + \delta)$.

b) Der Verfahrensparameter μ ist nach unten beschränkt durch
$$\mu \geq \left(\frac{\beta}{1+\beta}\right)^{2n^3} (1 + \delta)^{-n} > 0.$$

c) Für jeden Startwert $z^{(0)}$ gilt
$$P_n(z^{(k)}) \to 0, \qquad k \to \infty,$$
d.h. das Verfahren konvergiert global.

In Verbindung mit der expliziten Deflation hat man damit die Möglichkeit, alle Nullstellen eines beliebigen komplexen Polynoms zu finden. Bei der expliziten Deflation wird empfohlen, die Nullstellen nach steigendem Betrag abzuspalten. Das Polynom
$$P_n^*(z) = a_0 z^n + \cdots + a_n$$
hat als Nullstellen die Reziprokwerte der Nullstellen von
$$P_n(z) = a_n z^n + \cdots + a_0.$$
Wenn man also die betragsgrößten Nullstellen von $P_n^*(z)$ bestimmt, findet man indirekt die betragskleinste Nullstelle von $P_n(z)$. Durch eine Nullpunktverschiebung kann man dafür sorgen, daß die betragsgrößte Nullstelle eines Polynoms positiven Realteil hat, so daß etwa die letzte Schranke von (3.7) ein aussichtsreicher (wenn auch nicht sicherer) Startwert zum Bestimmen dieser Nullstelle wird.

3.4 Aufgaben

A 3-1 Man bestimme die reellen Wurzeln des Polynoms

$$P_6(x) = x^6 + x^5 - 1.25x^4 + 0.75x^3 - 1.75x^2 - 0.25x^2 - 0.25x + 0.5$$

mit dem Newtonschen Verfahren und benutze dabei das Horner-Schema.

A 3-2 Mit Hilfe des Horner-Schemas gebe man eine Entwicklung des in A 3-1 gegebenen Polynoms an der Stelle $x = \mathrm{i}$.

A 3-3 Mit dem Verfahren von Hirano bestimme man alle Wurzeln des Polynoms

$$P_5(x) = x^5 - 4x^4 + 5.5x^3 - 3.5x^2 + 1.625x - 0.625 \quad .$$

Als Verfahrensparameter wähle man $\beta = 0.9$ und $\delta = 1$.

A 3-4 Mit dem Newton-Maehly-Verfahren bestimme man alle Nullstellen der Polynome

$$P_8(x) = x^8 - 36x^7 + 546x^6 - 4536x^5 + 22449x^4 - 67284x^3 + 118124x^2 - 109584x + 40320$$

(exakte Nullstellen 1,...,8) und

$$\begin{aligned} P_8(x) &= x^8 - 255x^7 + 21590x^6 - 777240x^5 + 12850368x^4 - 99486720x^3 \\ &\quad + 353730560x^2 - 534773760x + 268435456 \end{aligned}$$

(exakte Nullstellen 1,2,4,8,...,128).

Zum Vergleich benutze man das Newton-Verfahren mit expliziter Deflation und jeweils dem Startwert entsprechend (3.7).

Teil II

Lösung linearer Gleichungssysteme

Bereits in den Abschnitten 1.3 und 1.4 war auf die große Bedeutung hingewiesen worden, die der numerischen Lösung linearer Gleichungssysteme zukommt. In vielen naturwissenschaftlichen, wirtschaftswissenschaftlichen und technischen Gebieten tritt oft das Problem auf, die Lösung eines großen linearen Gleichungssystems zuverlässig zu bestimmen.

Die numerischen Verfahren zur Lösung linearer Gleichungssysteme lassen sich grob in direkte Verfahren und iterative Verfahren unterteilen. Allerdings koppelt man auch oft ein direktes Verfahren mit einem iterativen Verfahren. Die direkten Verfahren liefern die exakte Lösung in endlich vielen Rechenschritten, allerdings nur dann, wenn man unrealistisch rundungsfreie Rechnung voraussetzt. Rundungsfehler wirken sich bei den direkten Verfahren immer in Form einer Verfälschung der Lösung aus. Ihre Größe hängt von der speziellen Struktur des Systems ab. Hierdurch kann die numerisch bestimmte Lösung erheblich verfälscht sein, was sich in einigen Fällen durch sog. „Nachiteration" beheben oder mildern läßt. Iterative Verfahren sind geeignet, wenn die Matrix des Gleichungssystems schwach besetzt ist und spezielle Eigenschaften besitzt, die die Konvergenz sicherstellen. Dies ist z.B. der Fall bei großen Gleichungssystemen, die bei der Diskretisierung von linearen Randwertproblemen entstehen. Die Diskretisierung erfolgt dabei durch Differenzenverfahren oder mit der Methode der finiten Elemente.

In den Kapiteln 4 und 5 befassen wir uns mit direkten, in Kapitel 6 mit iterativen Vefahren zur Lösung linearer Gleichungssysteme. Bezüglich der theoretischen Grundlagen über Gleichungssysteme stützen wir uns auf Abschnitt 1.4 und teilweise auf 1.2 und 1.3.

4 Der Gaußsche Algorithmus

4.1 Inhomogene Gleichungssysteme

4.1.1 Das Prinzip des Gaußschen Algorithmus

Wir betrachten das lineare Gleichungssystem

$$\boldsymbol{A}\boldsymbol{x} = \boldsymbol{a} \tag{4.1}$$

mit

$$\boldsymbol{A} = \begin{bmatrix} a_{11} & \cdots & a_{1n} \\ \vdots & & \vdots \\ a_{n1} & \cdots & a_{nn} \end{bmatrix}, \quad \boldsymbol{x} = \begin{bmatrix} x_1 \\ \vdots \\ x_n \end{bmatrix}, \quad \boldsymbol{a} = \begin{bmatrix} a_1 \\ \vdots \\ a_n \end{bmatrix} \tag{4.2}$$

und setzen $a_{ik}, a_i \in \mathbf{R}, \quad i,k = 1,....,n$ voraus. Bei einigen direkten Verfahren kann diese Einschränkung fallen, d.h. es können auch komplexe Matrizen $\boldsymbol{A}$ und Vektoren $\boldsymbol{a}$ zugelassen werden.

Das Prinzip des Gaußschen Algorithmus besteht nun darin, durch Linearkombinationen von Gleichungen und andere elementare Operationen das System (4.1) in ein solches

$$\boldsymbol{B}\boldsymbol{x} = \boldsymbol{b} \tag{4.3}$$

mit der oberen Dreiecksmatrix

$$\boldsymbol{B} = \begin{bmatrix} b_{11} & b_{12} & \cdots & b_{1n} \\ 0 & b_{22} & \cdots & b_{2n} \\ \vdots & \ddots & \ddots & \vdots \\ 0 & \cdots & 0 & b_{nn} \end{bmatrix} \tag{4.4}$$

zu überführen, und zwar so, daß jede Lösung von (4.1) auch Lösung von (4.3) ist und umgekehrt. Die Komponenten des Lösungsvektors bestimmt man dann aus

$$x_i = \frac{1}{b_{ii}} \left(b_i - \sum_{k=i+1}^{n} b_{ik} x_k \right), \qquad i = n, n-1, ..., 1. \tag{4.5}$$

Bei dieser Darstellung ist $b_{ii} \neq 0,\ i = n, n-1, ..., 1$, vorauszusetzen.

Für die praktische Durchführung des Algorithmus nehmen wir zunächst an, daß A nichtsingulär ist:

$$\det A \neq 0.$$

Im ersten Schritt bestimmen wir zunächst entweder

a) $\max\limits_{i=1,...,n} \{|a_{i1}|\}$ *(Spaltenpivotsuche)*

oder

b) $\max\limits_{i,k=1,...,n} \{|a_{ik}|\}$ *(Vollständige Pivotsuche).*

In beiden Fällen gibt es ein solches nichtverschwindendes *Pivotelement.* Sonst bestände im Falle a) die erste Spalte von A nur aus Nullen, im Falle b) wäre A sogar die Nullmatrix. Im Gegensatz zur Voraussetzung wäre A in beiden Fällen singulär.

Wir wollen den Gaußschen Algorithmus für den Fall der Spaltenpivotisierung herleiten. Hieraus wird ohne Schwierigkeiten ersichtlich, wie bei der vollständigen Pivotisierung zu verfahren ist.

Wir setzen formal

$$S = [A, a] = \begin{bmatrix} a_{11} & a_{12} & \cdots & a_{1n} & a_1 \\ a_{21} & a_{22} & \cdots & a_{2n} & a_2 \\ \vdots & \vdots & & \vdots & \vdots \\ a_{n1} & a_{n2} & \cdots & a_{nn} & a_n \end{bmatrix}.$$

Der 1. Schritt des Algorithmus kann dann wie folgt beschrieben werden:

1. Man bestimme s so, daß
$$\max_{i \geq 1} |a_{i1}| = |a_{s1}|.$$
Nach Voraussetzung ist $\max\limits_{i \geq 1} |a_{i1}| > 0$.

2. Man vertausche in S die 1-te mit der s-ten Zeile. Hieraus resultiert
$$\tilde{S} = [\tilde{A}, \tilde{a}] = \begin{bmatrix} \tilde{a}_{11} & \tilde{a}_{12} & \cdots & \tilde{a}_{1n} & \tilde{a}_1 \\ \tilde{a}_{21} & \tilde{a}_{22} & \cdots & \tilde{a}_{2n} & \tilde{a}_2 \\ \vdots & \vdots & & \vdots & \vdots \\ \tilde{a}_{n1} & \tilde{a}_{n2} & \cdots & \tilde{a}_{nn} & \tilde{a}_n \end{bmatrix}.$$

3. Man berechne hieraus
$$S^{(1)} = [A^{(1)}, a^{(1)}] = \begin{bmatrix} \tilde{a}_{11} & \tilde{a}_{12} & \cdots & \tilde{a}_{1n} & \tilde{a}_1 \\ 0 & a_{22}^{(1)} & \cdots & a_{2n}^{(1)} & a_2^{(1)} \\ \vdots & \vdots & & \vdots & \vdots \\ 0 & a_{n2}^{(1)} & \cdots & a_{nn}^{(1)} & a_n^{(1)} \end{bmatrix}$$

wie folgt

$$\begin{aligned} c_{i1} &= \frac{\tilde{a}_{i1}}{\tilde{a}_{11}}, & i &= 2,3,...,n, \\ a_{ij}^{(1)} &= \tilde{a}_{ij} - c_{i1}\tilde{a}_{1j}, \qquad a_i^{(1)} = \tilde{a}_i - c_{i1}\tilde{a}_1, & i,j &= 2,3,...,n. \end{aligned}$$

Diese Formeln sind natürlich auch für $j = 1$ richtig, werden für diesen Index jedoch bei der Rechnung nicht benötigt.

Im 2. Schritt führt man jetzt unter den Koeffizienten $a_{i2}^{(1)}$, $i \geq 2$, die Pivotsuche durch und verfährt analog, usf. Nach k Schritten hat man so folgende Matrix hergestellt:

$$S^{(k)} = [A^{(k)}, a^{(k)}] = \left[\begin{array}{cccccc} \tilde{a}_{11}^{(0)} & \tilde{a}_{12}^{(0)} & \cdots & \tilde{a}_{1,k+1}^{(0)} & \cdots & \tilde{a}_{1n}^{(0)} & \tilde{a}_1^{(0)} \\ 0 & \tilde{a}_{22}^{(1)} & \cdots & \tilde{a}_{2,k+1}^{(1)} & \cdots & \tilde{a}_{2n}^{(1)} & \tilde{a}_2^{(1)} \\ \vdots & \vdots & & \vdots & \vdots & & \\ 0 & 0 & \tilde{a}_{kk}^{(k-1)} & \tilde{a}_{k,k+1}^{(k-1)} & \cdots & \tilde{a}_{kn}^{(k-1)} & \tilde{a}_k^{(k-1)} \\ \hdashline 0 & \cdots & 0 & a_{k+1,k+1}^{(k)} & \cdots & a_{k+1,n}^{(k)} & a_{k+1}^{(k)} \\ \vdots & & \vdots & \vdots & & \vdots & \vdots \\ 0 & \cdots & 0 & a_{n,k+1}^{(k)} & \cdots & a_{nn}^{(k)} & a_n^{(k)} \end{array}\right]$$

$$k = 1,2,...,n-1. \tag{4.6}$$

Dabei haben wir der leichteren Beschreibung wegen

$$\tilde{a}_{ik}^{(0)} = \tilde{a}_{ik}$$

gesetzt. In ähnlicher Weise wollen wir künftig

$$S^{(0)} = S, \quad [A^{(0)}, a^{(0)}] = [A, a], \quad \tilde{S}^{(0)} = \tilde{S}, \quad [\tilde{A}^{(0)}, \tilde{a}^{(0)}] = [\tilde{A}, \tilde{a}]$$

schreiben. Dann gilt die Darstellung (4.6) in der Tat auch für $k = 0$.

Ist $k = 0, 1, \ldots, n-2$, so kann der $(k+1)$-te Schritt des Gaußschen Algorithmus allgemein wie folgt beschrieben werden:

1. Man bestimme s so, daß

$$\max_{i \geq k+1} |a_{i,k+1}^{(k)}| = |a_{s,k+1}^{(k)}|. \tag{4.7}$$

Es ist $|a_{s,k+1}^{(k)}| > 0$, da sonst A singulär wäre, im Gegensatz zur Voraussetzung.

2. Man vertausche in $S^{(k)}$ die $(k+1)$-te mit der s-ten Zeile. Hieraus resultiert

$$\tilde{S}^{(k)} = [\tilde{A}^{(k)}, \tilde{a}^{(k)}]. \tag{4.8}$$

Dabei entsteht formal $\tilde{S}^{(k)}$ aus $S^{(k)}$, indem man in den letzten $(n-k)$ Zeilen $a_{ij}^{(k)}$ durch $\tilde{a}_{ij}^{(k)}$, $a_i^{(k)}$ durch $\tilde{a}_i^{(k)}$ ersetzt, die Elemente in den ersten k Zeilen aber nicht ändert.

3. Man berechne hieraus $S^{(k+1)} = [A^{(k+1)}, a^{(k+1)}]$ wie folgt:

$$\begin{aligned} c_{i,k+1} &= \frac{\tilde{a}_{i,k+1}^{(k)}}{\tilde{a}_{k+1,k+1}^{(k)}}, & i &= k+2,\ldots,n, \\ a_{ij}^{(k+1)} &= \tilde{a}_{ij}^{(k)} - c_{i,k+1}\tilde{a}_{k+1,j}^{(k)}, & i,j &= k+2,\ldots,n, \\ a_i^{(k+1)} &= \tilde{a}_i^{(k)} - c_{i,k+1}\tilde{a}_{k+1}^{(k)}, & i &= k+2,\ldots,n. \end{aligned} \tag{4.9}$$

Natürlich gilt (4.9) auch noch für $j = k+1$, es ist jedoch $c_{k+1,k+1} = 1$ und $a_{i,k+1}^{(k+1)} = 0$, $i = k+2,...,n$, d.h. eine Berechnung dieser Werte ist überflüssig.

Man erhält schließlich

$$[B, b] = S^{(n-1)} = [A^{(n-1)}, a^{(n-1)}].$$

Wenn man keine Pivotsuche durchführt, kann – auch bei nichtsingulärer Matrix – für eine Nummer k, $0 \le k \le n-1$

$$a_{k+1,k+1}^{(k)} = 0$$

gelten. In diesem Fall bricht der Algorithmus ohne Pivotsuche zusammen. Aber auch dann, wenn der Algorithmus formal durchführbar ist, können Rundungsfehler die Lösung extrem verfälschen, wenn man keine Pivotisierung vornimmt. Daher sollte man stets eine Pivotisierung durchführen. Eine Ausnahme bilden lediglich Gleichungssysteme, deren Matrix positiv definit ist (vgl. Abschnitt 5.1).

Ob die Rechnung mit Spaltenpivotsuche oder vollständiger Pivotsuche durchgeführt werden soll, kann in der Regel nur anhand der konkreten Aufgabe entschieden werden. Man beachte jedoch, daß bei der vollständigen Pivotsuche über die Vertauschung der Variablen Buch geführt werden muß, um nach Abschluß der Rechnung die Werte der ursprünglichen Variablen $x_1, ..., x_n$ der Lösung angeben zu können. Die vollständige Pivotisierung führt jedoch oft zu sehr großem Aufwand, weil sie spezielle Matrix-Besetzungsstrukturen zerstört. Daher begnügt man sich im allgemeinen mit der Spaltenpivotisierung.

4.1.2 Der Gaußsche Algorithmus ohne Pivotisierung

Für den Fall, daß keine Pivotisierung erforderlich ist oder erfolgt, bestehen zwischen den $b_{ij}, a_{ij}, c_{ij}, b_i, a_i$ einfache Beziehungen:

Satz 4.1. *Es gilt, wenn der Gaußsche Algorithmus ohne Pivotisierung angewendet wird,*

$$\begin{array}{llll} a) & b_{ij} = a_{ij} - \sum_{k=1}^{i-1} c_{ik} b_{kj}, & i = 1, ..., n; & j \geq i, \\ b) & c_{ij} = \frac{1}{b_{jj}} \left(a_{ij} - \sum_{k=1}^{j-1} c_{ik} b_{kj} \right), & j = 1, ..., n; & i > j, \\ c) & b_i = a_i - \sum_{k=1}^{i-1} c_{ik} b_k, & i = 1, ..., n. & \end{array} \tag{4.10}$$

Der Beweis dieses Satzes kann durch einfaches Ausrechnen mit Hilfe vollständiger Induktion erfolgen. □

Wenn keine Pivotsuche erfolgt, gilt stets

$$\tilde{a}_{ij}^{(k)} = a_{ij}^{(k)}, \qquad \tilde{S}^{(k)} = S^{(k)}.$$

Die Behauptung a) des Satzes 4.1 kann auch in der Form

$$a_{ij} = \sum_{k=1}^{i-1} c_{ik} b_{kj} + 1 \cdot b_{ij}$$

geschrieben werden. Dies führt zu der Vermutung, daß sich die Matrix A als Produkt zweier Dreiecksmatrizen C und B darstellen läßt. Dies ist in der Tat der Fall. Wenn keine Pivotsuche erfolgt, gilt zunächst der

Satz 4.2. *A sei eine nichtsinguläre $n \times n$-Matrix, und beim Gaußschen Algorithmus (ohne Pivotsuche) verschwinde keines der Elemente $a_{ii}^{(i-1)}$, $i = 1, ..., n$. Dann gibt es eine eindeutig bestimmte untere Dreiecksmatrix $C = [c_{ij}]$ mit $c_{ii} = 1$, $i = 1, ..., n$, und eine eindeutig bestimmte obere Dreiecksmatrix $B = [b_{ij}]$, det $B \neq 0$, so daß*

$$A = CB. \tag{4.11}$$

Zum Beweis dieses Satzes vergleiche man etwa [32, S. 117 ff.]. □

Es ist det $C = 1$ und damit C nichtsingulär. Multipliziert man das Gleichungssystem $Ax = a$ auf beiden Seiten mit C^{-1}, so ergibt sich mit $C^{-1}a = b$

$$Bx = C^{-1}Ax = C^{-1}a = b.$$

Mit $\boldsymbol{A}$ ist auch $\boldsymbol{B}$ nichtsingulär, so daß die Systeme $\boldsymbol{Ax} = \boldsymbol{a}$ und $\boldsymbol{Bx} = \boldsymbol{b}$ die gleiche Lösung besitzen.

Da die Matrizen $\boldsymbol{C}$ und $\boldsymbol{B}$ eindeutig bestimmt sind, liefert der Gaußsche Algorithmus in diesem Falle wegen (4.10) gerade die Elemente c_{ij} und b_{ij} der durch Satz 4.2 beschriebenen Matrizen $\boldsymbol{C}$ und $\boldsymbol{B}$. Es ist somit

$$\boldsymbol{C} = \begin{bmatrix} 1 & & & & 0 \\ c_{21} & 1 & & & \\ c_{31} & c_{32} & 1 & & \\ \vdots & & \ddots & & \\ c_{n1} & c_{n2} & \cdots & c_{n,n-1} & 1 \end{bmatrix}, \qquad \boldsymbol{B} = \begin{bmatrix} b_{11} & b_{12} & \cdots & b_{1n} \\ & b_{22} & \cdots & b_{2n} \\ & & \ddots & \vdots \\ 0 & & & b_{nn} \end{bmatrix}. \tag{4.12}$$

Wegen (4.11), (4.12) gilt auch

$$\det \boldsymbol{A} = \det \boldsymbol{C} \cdot \det \boldsymbol{B} = \det \boldsymbol{B} = b_{11} \cdot \ldots \cdot b_{nn}.$$

Bei der Programmierung des Gaußschen Algorithmus ist es üblich, die Ausgangsdaten mit denen der Zerlegung (4.12) zu überschreiben.

$$\begin{array}{|cccccc|c|}
\hline
a_{11} & a_{12} & a_{13} & \cdots & \cdots & a_{1n} & a_1 \\
a_{21} & a_{22} & a_{23} & \cdots & \cdots & a_{2n} & a_2 \\
\vdots & & & \cdots & \cdots & & \\
a_{n1} & a_{n2} & a_{n3} & \cdots & \cdots & a_{nn} & a_n \\
\hline
b_{11} & b_{12} & b_{13} & \cdots & \cdots & b_{1n} & b_1 \\
-c_{21} & b_{22} & b_{23} & \cdots & & b_{2n} & b_2 \\
-c_{31} & -c_{32} & b_{33} & & & \vdots & \vdots \\
\cdots & \cdots & \cdots & \cdots & \cdots & \cdots & \vdots \\
-c_{n1} & -c_{n2} & -c_{n3} & \cdots & -c_{n,n-1} & b_{nn} & b_n \\
\hline
\end{array}$$

Schema 4.1

In das Feld werden zunächst die Elemente a_{ij}, a_i und $b_{1j} = a_{1j}, b_1 = a_1$ eingetragen. Dann können nach (4.10) nacheinander die weiteren Spalten bzw. Zeilen der Matrizen $\boldsymbol{C}$ bzw. $\boldsymbol{B}$ berechnet und auf die Plätze der nicht mehr benötigten Ausgangsdaten geschrieben werden.

4.1.3 Mathematische Formulierung bei Spaltenpivotisierung

Während die praktische Rechnung mit Spaltenpivotisierung bzw. vollständiger Pivotisierung in der Regel keine Schwierigkeiten bereitet, ist die präzise mathematische

Beschreibung bei der allgemeinen Form des Gaußschen Algorithmus in diesem Falle komplizierter. Wir wollen dies im Falle der Spaltenpivotisierung nur kurz andeuten.

Infolge der Spaltenpivotisierung gelangt man von der vorliegenden Matrix $\boldsymbol{A} = \boldsymbol{A}^{(0)}$ durch Permutation der Zeilen zu $\tilde{\boldsymbol{A}}^{(0)}$. Somit gibt es eine eindeutig bestimmte Zeilen-Permutationsmatrix $\boldsymbol{P}_1$, so daß

$$\tilde{\boldsymbol{A}}^{(0)} = \boldsymbol{P}_1 \boldsymbol{A}^{(0)}$$

gilt. Dabei soll unter einer quadratischen $n \times n$-Zeilen-Permutationsmatrix $\boldsymbol{P}$ eine Matrix verstanden werden, deren Zeilenvektoren die n Einheitsvektoren in einer bestimmten Permutation sind. Es gilt stets det $\boldsymbol{P} = \pm 1$. Insbesondere ist bei der natürlichen Zeilen-Permutation

$$\boldsymbol{P} = (e_1, e_2, ..., e_n)^T = \boldsymbol{I}.$$

Das Produkt zweier Permutationsmatrizen ist offenbar wieder eine Permutationsmatrix.

Der Algorithmus liefert dann beim 1. Rechenschritt die Matrix

$$\boldsymbol{A}^{(1)} = \boldsymbol{D}_1 \tilde{\boldsymbol{A}}^{(0)} = \boldsymbol{D}_1 \boldsymbol{P}_1 \boldsymbol{A}$$

mit der eindeutig bestimmten Matrix $\boldsymbol{D}_1$. Entsprechend fährt man fort und erhält beim 2. Schritt mit

$$\tilde{\boldsymbol{A}}^{(1)} = \boldsymbol{P}_2 \boldsymbol{A}^{(1)}$$

durch den Gaußschen Algorithmus die Matrix

$$\boldsymbol{A}^{(2)} = \boldsymbol{D}_2 \tilde{\boldsymbol{A}}^{(1)} = \boldsymbol{D}_2 \boldsymbol{P}_2 \boldsymbol{A}^{(1)}$$

mit der eindeutig bestimmten nichtsingulären Matrix $\boldsymbol{D}_2$ und der Permutationsmatrix $\boldsymbol{P}_2$, die sich aus der Spaltenpivotisierung von $\boldsymbol{A}^{(1)}$, d.h. aus einer Permutation der letzten $n-1$ Zeilen von $\boldsymbol{A}^{(1)}$, ergibt. Allgemein erhält man

$$\boldsymbol{A}^{(j)} = \boldsymbol{D}_j \boldsymbol{P}_j \boldsymbol{A}^{(j-1)}, \qquad j = 1, ..., n-2,$$

und somit

$$\boldsymbol{B} = \boldsymbol{A}^{(n-1)} = \boldsymbol{D}_{n-1} \boldsymbol{P}_{n-1} \boldsymbol{D}_{n-2} \boldsymbol{P}_{n-2} \cdot ... \cdot \boldsymbol{D}_1 \boldsymbol{P}_1 \boldsymbol{A} = \boldsymbol{G}\boldsymbol{A}. \tag{4.13}$$

Für die rechte Seite des Systems $\boldsymbol{B}\boldsymbol{x} = \boldsymbol{b}$ erhält man entsprechend

$$\boldsymbol{b} = \boldsymbol{G}\boldsymbol{a}.$$

Während wir beim Gaußschen Algorithmus ohne Pivotisierung (d.h. $\boldsymbol{P}_i = \boldsymbol{I}$, $i = 1, ..., n-1$) die einfache Zerlegung $\boldsymbol{A} = \boldsymbol{C}\boldsymbol{B}$ erhielten, gelangen wir jetzt zu der komplizierten Zerlegung (4.13). Man kann jedoch vermuten, daß sich das hier beschriebene Vorgehen auch darstellen läßt als Gaußscher Algorithmus ohne Pivotisierung, angewendet jedoch auf ein Gleichungssystem mit permutierter Matrix $\boldsymbol{PA}$ und entsprechender rechter Seite $\boldsymbol{Pa}$. Dies läßt sich in der Tat zeigen (vgl. etwa [32, S. 127ff]). Es gilt dann

$$\boldsymbol{PA} = \boldsymbol{CB}, \tag{4.14}$$

also

$$\boldsymbol{PAx} = \boldsymbol{Pa}, \qquad \boldsymbol{Bx} = \boldsymbol{C}^{-1}\boldsymbol{Pa} = \boldsymbol{b}. \tag{4.15}$$

Die Matrix $\boldsymbol{C}$ dieser Zerlegung erhält man, wenn man bei der Rechnung gemäß (4.12) die gesamten Zeilen im Schema, also auch die bereits berechneten Multiplikatoren, mitvertauscht.

$$\det \boldsymbol{PA} = \pm\det \boldsymbol{A} = \det \boldsymbol{B} = b_{11} \cdot \ldots \cdot b_{nn}.$$

Für $\det \boldsymbol{A} \neq 0$ besitzen daher $\boldsymbol{Ax} = \boldsymbol{a}$ und $\boldsymbol{Bx} = \boldsymbol{b}$ die gleiche eindeutige Lösung. Es sei noch einmal darauf hingewiesen, daß bei der praktischen Rechnung die explizite Bestimmung der Matrizen $\boldsymbol{D}_j$ und $\boldsymbol{P}_j$, $j = 1, \ldots, n-1$ nicht erforderlich ist.

Beispiel 4.1. *Wir betrachten das Gleichungssystem $\boldsymbol{Ax} = \boldsymbol{a}$ mit*

$$\boldsymbol{A} = \begin{bmatrix} 1 & -4 & 3 \\ 0 & 2 & 1 \\ -2 & -5 & 2 \end{bmatrix}, \qquad \boldsymbol{a} = \begin{bmatrix} 1 \\ 0 \\ -1 \end{bmatrix},$$

und schreiben für die Rechnung mit Spaltenpivotisierung

$$[\boldsymbol{A}^{(0)}, \boldsymbol{a}^{(0)}] = [\boldsymbol{A}, \boldsymbol{a}] = \begin{bmatrix} 1 & -4 & 3 & 1 \\ 0 & 2 & 1 & 0 \\ -2 & -5 & 2 & -1 \end{bmatrix}.$$

Dann erhält man

$$[\boldsymbol{A}^{(1)}, \boldsymbol{a}^{(1)}] = \begin{bmatrix} -2 & -5 & 2 & -1 \\ 0 & 2 & 1 & 0 \\ 0 & -13/2 & 4 & 1/2 \end{bmatrix},$$

$$[\boldsymbol{B}, \boldsymbol{b}] = [\boldsymbol{A}^{(2)}, \boldsymbol{a}^{(2)}] = \begin{bmatrix} -2 & -5 & 2 & -1 \\ 0 & -13/2 & 4 & 1/2 \\ 0 & 0 & 29/13 & 2/13 \end{bmatrix}.$$

Hieraus erfolgt in der Reihenfolge der Berechnung: $x_3 = \frac{2}{29}, x_2 = -\frac{1}{29}, x_1 = \frac{19}{29}$. Es ist $[\boldsymbol{A}^{(1)}, \boldsymbol{a}^{(1)}] = \boldsymbol{D}_1\boldsymbol{P}_1[\boldsymbol{A}^{(0)}, \boldsymbol{a}^{(0)}] = \boldsymbol{D}_1\boldsymbol{P}_1[\boldsymbol{A}, \boldsymbol{a}]$ und man errechnet

$$\boldsymbol{P}_1 = \begin{bmatrix} 0 & 0 & 1 \\ 0 & 1 & 0 \\ 1 & 0 & 0 \end{bmatrix}, \qquad \boldsymbol{D}_1 = \begin{bmatrix} 1 & 0 & 0 \\ 0 & 1 & 0 \\ \frac{1}{2} & 0 & 1 \end{bmatrix}.$$

Weiter gilt $[B, b] = [A^{(2)}, a^{(2)}] = D_2 P_2 [A^{(1)}, a^{(1)}]$, *und somit*

$$P_2 = \begin{bmatrix} 1 & 0 & 0 \\ 0 & 0 & 1 \\ 0 & 1 & 0 \end{bmatrix}, \qquad D_2 = \begin{bmatrix} 1 & 0 & 0 \\ 0 & 1 & 0 \\ 0 & \frac{4}{13} & 1 \end{bmatrix}.$$

Schließlich ist $\det P_1 = \det P_2 = -1$. *Für die praktische Rechnung ist die Ermittlung von* P_1, P_2, D_1, D_2 *in der Tat nicht notwendig. Man erhält*

$$C = \begin{bmatrix} 1 & 0 & 0 \\ -\frac{1}{2} & 1 & 0 \\ 0 & -\frac{4}{13} & 1 \end{bmatrix}, \qquad P = \begin{bmatrix} 0 & 0 & 1 \\ 1 & 0 & 0 \\ 0 & 1 & 0 \end{bmatrix}.$$

□

4.1.4 Allgemeine inhomogene Systeme

Wir lösen uns von der Voraussetzung $\det A \neq 0$, setzen aber weiter voraus, daß das Gleichungssystem inhomogen mit quadratischer $n \times n$-Matrix ist. Es stellt sich dann die Frage, ob das System überhaupt Lösungen besitzt. Das ist nach Satz 1.6 genau dann der Fall, wenn der Rang von A gleich dem Rang der erweiterten Matrix $[A, a]$ ist. Im allgemeinen wird es nun schwierig sein, dies anhand des vorliegenden Gleichungssystems nachzuprüfen, insbesondere dann, wenn es sich um ein großes System handelt. Dies ist auch nicht notwendig, denn der Gaußsche Algorithmus liefert, wie sich zeigen wird, automatisch die Antwort auf diese Frage, sofern die gesamte Rechnung rundungsfehlerfrei erfolgt. Es gilt der

Satz 4.3. *Die quadratische* $n \times n$*-Matrix* A *hat genau dann den Rang* r, $0 \leq r \leq n$, *wenn bei vollständiger Pivotisierung die mit dem Gaußschen Algorithmus berechnete Matrix die Gestalt*

$$B = \left[\begin{array}{ccc|ccc} b_{11} & \cdots & b_{1r} & b_{1,r+1} & \cdots & b_{1n} \\ & \ddots & \vdots & \vdots & \ddots & \vdots \\ \mathbf{0} & & b_{rr} & b_{r,r+1} & \cdots & b_{rn} \\ \hline & \mathbf{0} & & & \mathbf{0} & \end{array}\right] \tag{4.16}$$

mit $b_{11} \cdot \ldots \cdot b_{rr} \neq 0$ *besitzt.*

Beweis: *Der Satz gilt nicht notwendig auch bei Spaltenpivotisierung.* B *entsteht aus* A *durch sog. elementare Umformungen (Vertauschen zweier Zeilen oder Spalten, Multiplikation einer Zeile oder Spalte mit einer Konstanten* $c \neq 0$, *Addition einer mit* c *multiplizierten Zeile bzw. Spalte zu einer anderen Zeile bzw. Spalte), durch die der Rang nicht geändert wird (vgl. etwa [39, S. 83ff.]. Daher gilt stets*

$$\operatorname{Rg} B = \operatorname{Rg} A.$$

Es ist also genau dann $\operatorname{Rg} \boldsymbol{A} = r$, *wenn* $\operatorname{Rg} \boldsymbol{B} = r$ *gilt. Wir zeigen nun weiter, daß die Matrix* $\boldsymbol{B}$ *genau dann den Rang* r *hat, wenn sie die Gestalt (4.16) besitzt.*

1. „dann": Wegen $b_{11} \cdot \ldots \cdot b_{rr} \neq 0$ *sind genau die ersten* r *Zeilen von (4.16) linear unabhängig, also hat eine obere Dreiecksmatrix dieser Gestalt den Rang* r.

2. „nur dann": $\boldsymbol{B}$ *habe bei vollständiger Pivotisierung den Rang* r. *Angenommen, es gäbe ein Element* $b_{kl} \neq 0, \quad k, l \geq r+1$. *Wir vertauschen dann die Zeilen mit den Nummern* k *und* $r+1$, *die Spalten mit den Nummern* l *und* $r+1$. *Es entsteht eine Matrix* $\tilde{\boldsymbol{B}}$, *bei der das Element* b_{kl} *an der Stelle* $(r+1, r+1)$ *steht und es gilt* $b_{11} \cdot \ldots \cdot b_{rr} \cdot b_{kl} \neq 0$. *Der Rang von* $\tilde{\boldsymbol{B}}$ *ist daher mindestens* $r+1$, *wegen* $\operatorname{Rg} \tilde{\boldsymbol{B}} = \operatorname{Rg} \boldsymbol{B}$ *im Widerspruch zur Voraussetzung. Daher gibt es unterhalb der* r*-ten Zeile von* $\boldsymbol{B}$ *kein nichtverschwindendes Element. Sei andererseits* $b_{ii} = 0$ *für irgendein* $i, \quad 1 \leq i \leq r$. *Dann würde wegen der Pivotisierung in jedem Falle* $b_{rk} = 0, \quad k = r, \ldots, n$ *und somit* $\operatorname{Rg} \boldsymbol{B} < r$ *im Widerspruch zur Voraussetzung folgen. Damit ist der Satz bewiesen.* □

Nach Satz 1.9 hat jede Lösung von $\boldsymbol{B}\boldsymbol{x} = \boldsymbol{b}$ mit $\operatorname{Rg} \boldsymbol{B} = r$ die Gestalt

$$\boldsymbol{x} = \boldsymbol{x}^{(0)} + c_1 \boldsymbol{x}^{(1)} + \cdots + c_d \boldsymbol{x}^{(d)}, \qquad d = n - r. \tag{4.17}$$

Dabei ist $\boldsymbol{x}^{(0)}$ irgendeine Lösung von $\boldsymbol{B}\boldsymbol{x} = \boldsymbol{b}, \quad \boldsymbol{x}^{(1)}, \ldots, \boldsymbol{x}^{(d)}$ ist ein Fundamentalsystem von Lösungen des homogenen Systems $\boldsymbol{B}\boldsymbol{x} = \boldsymbol{0}$ und $c_1, \ldots, c_d$ sind willkürliche Konstanten. Die Berechnung eines Fundamentalsystems mit dem Gaußschen Algorithmus werden wir im folgenden Abschnitt 4.2 untersuchen. Eine spezielle Lösung von $\boldsymbol{B}\boldsymbol{x} = \boldsymbol{b}$ kann man leicht finden, sofern sie überhaupt existiert.

Dazu ist zunächst festzustellen, ob $\operatorname{Rg} \boldsymbol{B} = \operatorname{Rg}(\boldsymbol{B}, \boldsymbol{b})$ gilt. Ist das nicht der Fall, so gibt es keine Lösungen. Es existieren daher genau dann Lösungen, wenn

$$\boldsymbol{b} = [b_1, \ldots, b_r, 0, \ldots, 0]^T. \tag{4.18}$$

Gilt $\operatorname{Rg} \boldsymbol{B} = \operatorname{Rg}(\boldsymbol{B}, \boldsymbol{b})$, d.h. besitzt die rechte Seite $\boldsymbol{b}$ die Gestalt (4.18), so kann man die Lösungskomponenten $\boldsymbol{x}_{r+1}^{(0)}, \ldots, \boldsymbol{x}_n^{(0)}$ beliebig wählen, insbesondere $\boldsymbol{x}_{r+1}^{(0)} = \cdots = \boldsymbol{x}_n^{(0)} = 0$ setzen, und dann das reduzierte System mit der Matrix

$$\boldsymbol{B}_r = \begin{bmatrix} b_{11} & \cdots & \cdots & b_{1r} \\ 0 & \ddots & & \vdots \\ \vdots & \ddots & \ddots & \vdots \\ 0 & \cdots & 0 & b_{rr} \end{bmatrix}$$

wie üblich auflösen.

Die Rechenvorschriften beim Gaußschen Algorithmus sind im Falle $\det \boldsymbol{A} = 0$ die gleichen wie bei regulären Gleichungssystemen mit $\det \boldsymbol{A} \neq 0$. $\operatorname{Rg} \boldsymbol{A} = \operatorname{Rg} \boldsymbol{B}$ wird dabei automatisch bestimmt.

Beispiel 4.2. *Wir betrachten das Gleichungssystem* $\boldsymbol{Ax} = \boldsymbol{a}$ *mit*

$$[\boldsymbol{A}, \boldsymbol{a}] = \begin{bmatrix} 4 & 1 & -1 & -2 & 1 \\ 3 & -1 & 2 & -1 & 2 \\ 0 & 7 & -11 & -2 & -5 \\ 2 & -3 & 5 & 0 & 3 \end{bmatrix}.$$

Der Gaußsche Algorithmus liefert dann bei Spaltenpivotisierung

$$[\boldsymbol{A}^{(1)}, \boldsymbol{a}^{(1)}] = \begin{bmatrix} 4 & 1 & -1 & -2 & 1 \\ 0 & -\frac{7}{4} & \frac{11}{4} & \frac{2}{4} & \frac{5}{4} \\ 0 & 7 & -11 & -2 & -5 \\ 0 & -\frac{7}{2} & \frac{11}{2} & \frac{2}{2} & \frac{5}{2} \end{bmatrix}$$

$$[\boldsymbol{B}, \boldsymbol{b}] = [\boldsymbol{A}^{(2)}, \boldsymbol{a}^{(2)}] = \begin{bmatrix} 4 & 1 & -1 & -2 & 1 \\ 0 & 7 & -11 & -2 & -5 \\ 0 & 0 & 0 & 0 & 0 \\ 0 & 0 & 0 & 0 & 0 \end{bmatrix}.$$

Es gilt daher $\operatorname{Rg} \boldsymbol{A} = \operatorname{Rg}[\boldsymbol{A}, \boldsymbol{a}] = \operatorname{Rg} \boldsymbol{B} = \operatorname{Rg}[\boldsymbol{B}, \boldsymbol{b}] = 2$. *Eine spezielle Lösung des Systems* $\boldsymbol{Bx} = \boldsymbol{b}$ *findet man leicht: Es ist z.B.*

$$x_1 = \tfrac{3}{7}, \qquad x_2 = -\tfrac{5}{7}, \qquad x_3 = 0, \qquad x_4 = 0$$

eine solche. □

4.1.5 Auswirkung von Rundungsfehlern

Die Pivotisierung stellte sicher, daß der Algorithmus bei Gleichungssystemen mit nichtsingulärer Matrix nicht vorzeitig abbricht. Man kann eine Pivotisierung auch nach anderen Gesichtspunkten vornehmen, etwa so, daß Rundungsfehler möglichst klein gehalten werden, die Gleichungsauflösung also möglichst „gutartig" ist. Dies kann durchaus auch bei der hier bevorzugten Art der Pivotisierung der Fall sein, es ist jedoch nicht die Regel. Auf die hiermit zusammenhängende Frage der Fehlerabschätzung, deren genaue Untersuchung schwierig und aufwendig ist, werden wir teilweise in Abschnitt 4.4 eingehen.

Um den Einfluß der Pivotisierung beim Gaußschen Algorithmus zu demonstrieren, betrachten wir das sehr einfache Gleichungssystem

$$\begin{aligned} 0.001x_1 + 22x_2 &= 40 \\ 442x_1 + 4x_2 &= 120 \ . \end{aligned} \tag{4.19}$$

Seine exakte Lösung ist

$$\begin{aligned} x_1 &= 0.2550392... \ , \\ x_2 &= 1.8181702... \ . \end{aligned}$$

Bei Anwendung des Gaußschen Algorithmus verwenden wir Gleitkommaarithmetik mit einer vierstelligen Mantisse und Rundung (vgl. Abschnitt 4.4.4). Alle Zahlen können dabei in der Form $0.\alpha_1\alpha_2\alpha_3\alpha_4 \cdot 10^p, \quad 0 \leq \alpha_i \leq 9, \quad \alpha_1 \neq 0$ geschrieben werden.

Wählen wir zunächst $a_{11} = 0.1000 \cdot 10^{-2}$ als Pivotelement, so ergibt sich

$$\begin{aligned} 0.1000 \cdot 10^{-2}x_1 + 0.2200 \cdot 10^2 x_2 &= 0.4000 \cdot 10^2 \\ -0.9724 \cdot 10^7 x_2 &= -0.1768 \cdot 10^8. \end{aligned}$$

Der Gaußsche Algorithmus liefert also die Lösung

$$x_1 = 0, \qquad x_2 = 0.1818 \cdot 10^1. \tag{4.20}$$

Während x_2 auf vier Stellen mit der exakten Lösung übereinstimmt, ist x_1 völlig falsch.

Wir wählen daher als Pivotelement $a_{21} = 0.4420 \cdot 10^3$ und erhalten nach einem Schritt des Gaußschen Algorithmus

$$\begin{aligned} 0.4420 \cdot 10^3 x_1 + 0.4000 \cdot 10^1 x_2 &= 0.1200 \cdot 10^3 \\ 0.2200 \cdot 10^2 x_2 &= 0.4000 \cdot 10^2. \end{aligned}$$

Hieraus ergibt sich

$$x_1 = 0.2550 \cdot 10^0, \qquad x_2 = 0.1818 \cdot 10^1.$$

In diesem Fall stimmen x_1 und x_2 jeweils auf vier Stellen mit der exakten Lösung überein, d.h. wir haben eine günstige Pivotisierung durchgeführt.

Diese Ergebnisse könnten zu der Annahme verleiten, daß zumindest bei der Spaltenpivotsuche die Wahl des betragsgrößten Elementes der betreffenden Spalte als Pivotelement stets am günstigsten ist. Das ist jedoch nicht immer der Fall. Multiplizieren wir die erste Gleichung von (4.19) mit 10^6, dividieren die zweite durch 4, so erhalten wir das System

$$\begin{aligned} 1000x_1 \quad +22000000x_2 &= 40000000 \\ 110.5x_1 \quad +x_2 &= 30 \end{aligned}$$

mit derselben exakten Lösung. Wendet man jedoch wieder den Gaußschen Algorithmus mit dem Pivotelement 1000 an, so erhält man abermals (4.20), nämlich

$$x_1 = 0, \qquad x_2 = 0.1818 \cdot 10^1.$$

Der Grund für die katastrophale Auswirkung der Rundungsfehler ist also offenbar ein anderer.

Man kann sich leicht vorstellen, daß bei der Lösung von großen Gleichungssystemen mit dem Gaußschen Algorithmus Rundungsfehler die Genauigkeit der Ergebnisse stark beeinträchtigen oder die Rechnung gar wertlos machen können, auch wenn man mit größerer Stellenzahl rechnet. Leider gibt es dagegen kein in allen Fällen wirksames Mittel. Wie man in vielen Fällen vorgehen kann, werden wir in Abschnitt 4.4.4 beschreiben.

4.2 Homogene Gleichungssysteme

Das homogene Gleichungssystem $\boldsymbol{Ax} = \boldsymbol{0}$ mit $\operatorname{Rg} \boldsymbol{A} = r$ wird, wie wir in Abschnitt 4.1 gezeigt haben, durch den Gaußschen Algorithmus übergeführt in das System

$$\boldsymbol{Bx} = \boldsymbol{0} \tag{4.21}$$

mit der durch (4.16) gegebenen Matrix $\boldsymbol{B}$. Das System (4.21) kann dann in der Form

$$\begin{array}{ccccccc} b_{11}x_1 + & \cdots + & b_{1r}x_r = & -b_{1,r+1}x_{r+1} - & \cdots - & b_{1n}x_n \\ & \ddots & \vdots & \vdots & & \vdots \\ & & b_{rr}x_r = & -b_{r,r+1}x_{r+1} - & \cdots - & b_{rn}x_n \end{array} \tag{4.22}$$

geschrieben werden.

Um das Fundamentalsystem von Lösungen zu finden, ersetzen wir

$$\tilde{\boldsymbol{x}} = [x_{r+1}, ..., x_m]^T$$

nacheinander durch

$$\tilde{\boldsymbol{e}}_1 = \begin{bmatrix} 1 \\ 0 \\ 0 \\ \vdots \\ 0 \end{bmatrix}, \qquad \tilde{\boldsymbol{e}}_2 = \begin{bmatrix} 0 \\ 1 \\ 0 \\ \vdots \\ 0 \end{bmatrix}, \quad \cdots \quad , \tilde{\boldsymbol{e}}_{n-r} = \begin{bmatrix} 0 \\ \vdots \\ 0 \\ 0 \\ 1 \end{bmatrix}, \tag{4.23}$$

und lösen mit den hiermit entstehenden rechten Seiten jeweils das System (4.22). Man erhält $d = n - r$ Lösungen

$$\bar{\boldsymbol{x}}^{(i)} = \begin{bmatrix} x_1^{(i)} \\ \vdots \\ x_r^{(i)} \end{bmatrix}, \qquad i = 1, 2, ..., d \tag{4.24}$$

und kann hieraus die d Vektoren

$$\boldsymbol{x}^{(i)} = \begin{bmatrix} x_1^{(i)} \\ \vdots \\ x_r^{(i)} \\ 0 \\ \vdots \\ 0 \\ 1 \\ 0 \\ \vdots \\ 0 \end{bmatrix}, \qquad i = 1, 2, ..., d \tag{4.25}$$

bilden, wobei die Komponente 1 an der $(r+i)$-ten Stelle steht.

Wir behaupten nun, daß diese d Vektoren ein Fundamentalsystem von Lösungen für $\boldsymbol{A}\boldsymbol{x} = \boldsymbol{0}$ mit $\operatorname{Rg}\boldsymbol{A} = r$ bilden. Um dies einzusehen, denken wir uns $\boldsymbol{A}\boldsymbol{x} = \boldsymbol{0}$ so umgeordnet, daß die ersten r Zeilen und r Spalten jeweils linear unabhängig sind. Sei $\boldsymbol{x} = [x_1, ..., x_n]^T$ eine Lösung der ersten r Gleichungen, so löst dieser Vektor automatisch auch die letzten $d = n - r$ Gleichungen. Da nämlich jede der letzten d Zeilen von $\boldsymbol{A}$ linear abhängig von den ersten r Zeilen ist, gibt es Zahlen $\lambda_1^{(i)}, ..., \lambda_r^{(i)} \neq 0, ..., 0$ so daß für $r+1 \leq i \leq n$ gilt

$$a_{ik} = \sum_{j=1}^{r} \lambda_j^{(i)} a_{jk}.$$

Daher folgt für die i-te Gleichung, $r+1 \leq i \leq n$, des Systems $\boldsymbol{A}\boldsymbol{x} = \boldsymbol{0}$

$$\sum_{k=1}^{n} a_{ik}x_k = \sum_{k=1}^{n}\sum_{j=1}^{r} \lambda_j^{(i)} a_{jk}x_k = \sum_{j=1}^{r} \lambda_j^{(i)} \sum_{k=1}^{n} a_{jk}x_k = 0.$$

Somit ist $\boldsymbol{x}$ auch Lösung der i-ten Gleichung. Wir können daher bei der Lösung von $\boldsymbol{A}\boldsymbol{x} = \boldsymbol{0}$ die letzten $d = n - r$ Gleichungen fortlassen und erhalten nach Umordnung das reduzierte System

$$\begin{array}{ccccccccc} a_{11}x_1 + & \cdots + & a_{1r}x_r & = & -a_{1,r+1}x_{r+1} - & \cdots - & a_{1n}x_n & & \\ \vdots & & \vdots & & \vdots & & \vdots & & \\ a_{r1}x_1 + & \cdots + & a_{rr}x_r & = & -a_{r,r+1}x_{r+1} - & \cdots - & a_{rn}x_n & . & \end{array} \tag{4.26}$$

Die $r \times r$-Matrix ist hier nach Voraussetzung nichtsingulär. Formen wir dieses System mit Hilfe des Gaußschen Algorithmus in das System (4.22) um, so erhalten wir nach Einsetzen von (4.23) die Vektoren (4.24) jeweils als eindeutige Lösungen von (4.22), also wegen $\operatorname{Rg}\boldsymbol{A} = \operatorname{Rg}\boldsymbol{B}$ auch als eindeutige Lösungen von (4.26). Daher sind die d Vektoren (4.25) Lösungen von $\boldsymbol{A}\boldsymbol{x} = \boldsymbol{0}$. Da sie außerdem offenbar linear unabhängig sind und es genau $d = n - r$ linear unabhängige Lösungen gibt, bilden sie ein Fundamentalsystem für $\boldsymbol{A}\boldsymbol{x} = \boldsymbol{0}$.

Beispiel 4.3. *Wir betrachten das Gleichungssystem $\boldsymbol{A}\boldsymbol{x} = \boldsymbol{0}$ mit der in Beispiel 4.2 gegebenen Matrix $\boldsymbol{A}$. Die mit dem Gaußschen Algorithmus berechnete Matrix $\boldsymbol{B}$ lautete dort*

$$\boldsymbol{B} = \begin{bmatrix} 4 & 1 & -1 & 2 \\ 0 & 7 & -11 & -2 \\ 0 & 0 & 0 & 0 \\ 0 & 0 & 0 & 0 \end{bmatrix}.$$

Sie hat den Rang 2. Das System (4.22) ist in diesem Falle

$$\begin{array}{rcrr} 4x_1 \quad +x_2 & = & x_3 & -2x_4 \\ 7x_2 & = & 11x_3 & +2x_4. \end{array}$$

Auf der rechten Seite sind nacheinander entsprechend (4.23)

$$\tilde{e}_1 = \begin{bmatrix} 1 \\ 0 \end{bmatrix}, \qquad \tilde{e}_2 = \begin{bmatrix} 0 \\ 1 \end{bmatrix}$$

einzusetzen, was auf die beiden Gleichungssysteme führt

$$\begin{array}{llrl} 1. & 4x_1 + & x_2 = & 1 \\ & & 7x_2 = & 11 \end{array} \qquad \begin{array}{llrl} 2. & 4x_1 + & x_2 = & -2 \\ & & 7x_2 = & 2 \end{array}.$$

Deren eindeutige Lösungen sind in der Schreibweise (4.24)

$$\bar{x}^{(1)} = \begin{bmatrix} -\frac{1}{7} \\ \frac{11}{7} \end{bmatrix}, \qquad \bar{x}^{(2)} = \begin{bmatrix} -\frac{4}{7} \\ \frac{2}{7} \end{bmatrix}.$$

Als Fundamentalsystem erhält man daher nach (4.25)

$$x^{(1)} = [-\tfrac{1}{7}, \tfrac{11}{7}, 1, 0]^T, \qquad x^{(2)} = [-\tfrac{4}{7}, \tfrac{2}{7}, 0, 1]^T.$$

Ergänzend können wir feststellen: Jede Lösung des in Beispiel 4.2 betrachteten inhomogenen Gleichungssystems läßt sich entsprechend (4.17) in der Form schreiben

$$x_1 = \tfrac{3}{7} - \tfrac{1}{7}c_1 - \tfrac{4}{7}c_2, \qquad x_2 = -\tfrac{5}{7} + \tfrac{11}{7}c_1 + \tfrac{2}{7}c_2, \qquad x_3 = c_1, \qquad x_4 = c_2.$$

□

4.3 Berechnung der inversen Matrix

Die Aufgabe, eine vorgegebene quadratische nichtsinguläre Matrix zu invertieren, kommt in der Praxis selten vor. In den meisten Fällen kann die Inversion durch andere Rechenoperationen ersetzt werden, und lineare Gleichungssysteme löst man ebenfalls nicht durch direkte Matrixinversion. Hierfür stehen andere Verfahren zur Verfügung, die wir zum Teil schon kennen gelernt haben. Die Inversion einer großen Matrix ist zudem ein aufwendiger numerischer Prozeß. Daher wollen wir uns nur relativ kurz – gewissermaßen als Ergänzung zum Gaußschen Algorithmus – mit zwei numerischen Verfahren zur Inversion von Matrizen befassen.

4.3.1 Ein einfaches Verfahren

Das erste ist in der Herleitung besonders einfach und durchsichtig. Sei α_i der i-te Spaltenvektor von A^{-1} und e_i der i-te Einheitsvektor, so gilt offenbar

$$A\alpha_i = e_i, \qquad i = 1, ..., n,$$

d.h. α_i ist die eindeutige Lösung des Gleichungssystems

$$Ax = e_i, \qquad i = 1, ..., n. \tag{4.27}$$

Man kann daher A^{-1} berechnen, indem man die n Gleichungssysteme (4.27) mit dem Gaußschen Algorithmus löst. Hieraus resultieren mit der nur einmal zu berechnenden zu A gehörigen oberen Dreiecksmatrix B die n Systeme

$$Bx = g_i, \qquad i = 1, ..., n,$$

wobei $g_i = [g_{i1}, ..., g_{in}]^T$ gesetzt wurde. Die g_{ij} berechnet man nach (4.10) (c), es ist also

$$g_{ij} = \delta_{ij} - \sum_{k=1}^{j-1} c_{jk} g_{ik}, \qquad i,j = 1, ..., n. \tag{4.28}$$

Nach (4.15) gilt ferner

$$g_i = C^{-1} e_i, \qquad i = 1, ..., n.$$

Dieses einfache Verfahren ist im Vergleich zu anderen keineswegs besonders aufwendig. Die Rechnung kann für kleinere n auch noch leicht mit einem Taschenrechner durchgeführt werden. Hierbei kann man folgendes Rechenschema verwenden:

a_{11}	a_{12}	a_{13}	$\cdots$	a_{1n}	1	0	$\cdots$	0
a_{21}	a_{22}	a_{23}	$\cdots$	a_{2n}	0	1	$\cdots$	0
$\vdots$	$\vdots$	$\vdots$		$\vdots$	$\vdots$	$\vdots$	$\cdots$	$\vdots$
a_{n1}	a_{n2}	a_{n3}	$\cdots$	a_{nn}	0	0	$\cdots$	1
b_{11}	b_{12}	b_{13}	$\cdots$	b_{1n}	g_{11}	g_{21}	$\cdots$	g_{n1}
$-c_{21}$	b_{22}	b_{23}	$\cdots$	b_{2n}	g_{12}	g_{22}	$\cdots$	g_{n2}
$-c_{31}$	$-c_{32}$	b_{33}	$\cdots$	b_{3n}	g_{13}	g_{23}	$\cdots$	g_{n3}
$\vdots$	$\vdots$	$\vdots$		$\vdots$	$\vdots$	$\vdots$	$\cdots$	$\vdots$
$-c_{n1}$	$-c_{n2}$	$-c_{n3}$	$-c_{n,n-1}$	b_{nn}	g_{1n}	g_{2n}	$\cdots$	g_{nn}

Man kann diesen Algorithmus natürlich auch mit Pivotisierung durchführen.

Beispiel 4.4. *Es soll die Matrix aus Beispiel 4.1, nämlich*

$$A = \begin{bmatrix} 1 & -4 & 3 \\ 0 & 2 & 1 \\ -2 & -5 & 2 \end{bmatrix}$$

invertiert werden. Mit Hilfe der Ergebnisse aus Beispiel 4.1 und gemäß (4.28) erhält man nach obigem Rechenschema (ohne Pivotisierung)

<table>
<tr><td>1</td><td>−4</td><td>3</td><td>1</td><td>0</td><td>0</td></tr>
<tr><td>0</td><td>2</td><td>1</td><td>0</td><td>1</td><td>0</td></tr>
<tr><td>−2</td><td>−5</td><td>2</td><td>0</td><td>0</td><td>1</td></tr>
<tr><td>1</td><td>−4</td><td>3</td><td>1</td><td>0</td><td>0</td></tr>
<tr><td>0</td><td>2</td><td>1</td><td>0</td><td>1</td><td>0</td></tr>
<tr><td>2</td><td>$\frac{13}{2}$</td><td>$\frac{29}{2}$</td><td>2</td><td>$\frac{13}{2}$</td><td>1</td></tr>
</table>

Es gilt $\det \boldsymbol{A} = 29$ *und*

$$\alpha_1 = \tfrac{1}{29}\begin{bmatrix} 9 \\ -2 \\ 4 \end{bmatrix}, \qquad \alpha_2 = \tfrac{1}{29}\begin{bmatrix} -7 \\ 8 \\ 13 \end{bmatrix}, \qquad \alpha_3 = \tfrac{1}{29}\begin{bmatrix} -10 \\ -1 \\ 2 \end{bmatrix}.$$

Somit ist

$$[\alpha_1, \alpha_2, \alpha_3] = \boldsymbol{A}^{-1} = \tfrac{1}{29}\begin{bmatrix} 9 & -7 & -10 \\ -2 & 8 & -1 \\ 4 & 13 & 2 \end{bmatrix}.$$

□

4.3.2 Das Gauß-Jordan-Verfahren

Durch $\boldsymbol{y} = \boldsymbol{A}\boldsymbol{x}$ mit der nichtsingulären $n \times n$-Matrix $\boldsymbol{A}$ wird eine eineindeutige Abbildung des $\mathbb{R}^n$ auf sich definiert. Jedem $\boldsymbol{x} \in \mathbb{R}^n$ entspricht ein Bildpunkt $\boldsymbol{y} \in \mathbb{R}^n$. Das jetzt zu erörternde zweite Verfahren, in der Literatur meist als Gauß-Jordan-Verfahren bezeichnet, besteht nun im Prinzip darin, die Abbildung $\boldsymbol{x} = \boldsymbol{A}^{-1}\boldsymbol{y}$ rechnerisch herzustellen. Dabei geht man ähnlich wie beim Gaußschen Algorithmus vor.

Das System $\boldsymbol{A}\boldsymbol{x} = \boldsymbol{y}$ hat zunächst die Gestalt

$$\begin{array}{llll} a_{11}x_1 + & \cdots & +a_{1n}x_n & = y_1 \\ \vdots & & \vdots & \vdots \\ a_{n1}x_1 + & \cdots & +a_{nn}x_n & = y_n \end{array} .$$

Unser Ziel ist es, dieses in ein solches der Form $\boldsymbol{B}\boldsymbol{y} = \boldsymbol{x}$ umzuwandeln. Wegen der Eineindeutigkeit der Abbildung $\boldsymbol{y} = \boldsymbol{A}\boldsymbol{x}$, d.h. wegen $\det \boldsymbol{A} \neq 0$, gilt dann $\boldsymbol{B} = \boldsymbol{A}^{-1}$.

Dazu bestimmen wir zunächst das betragsmäßig größte Element der ersten Spalte von $\boldsymbol{A}$. Sei etwa

$$\max_{i=1,\ldots,n} |a_{i1}| = |a_{s1}|,$$

so vertauschen wir die 1. mit der s-ten Gleichung und erhalten ein System der Form

$$\begin{array}{ccccc} \tilde{a}_{11}x_1 + & \cdots & +\tilde{a}_{1n}x_n & = y_1^{(1)} \\ \vdots & & \vdots & \vdots \\ \tilde{a}_{n1}x_1 + & \cdots & +\tilde{a}_{nn}x_n & = y_n^{(1)}. \end{array} \tag{4.29}$$

Dabei gilt $\tilde{a}_{1k} = a_{sk}$, $\tilde{a}_{sk} = a_{1k}$, $k = 1, \dots, n$, $y_1^{(1)} = y_s$, $y_s^{(1)} = y_1$, ferner sind die $y_1^{(1)}, \dots, y_n^{(1)}$ eine entsprechende Permutation der $y_1, \dots, y_n$. Der erste Schritt besteht dann in der Vertauschung der Variablen x_1 und $y_1^{(1)}$. Dazu lösen wir die 1. Gleichung von (4.29) nach x_1 auf und setzen das Ergebnis in die restlichen $n-1$ Gleichungen ein. Es entsteht so das System

$$\begin{array}{ccccc} a_{11}^{(1)}y_1^{(1)} & +a_{12}^{(1)}x_2 & +\cdots & +a_{1n}^{(1)}x_n & = x_1 \\ a_{21}^{(1)}y_1^{(1)} & +a_{22}^{(1)}x_2 & +\cdots & +a_{2n}^{(1)}x_n & = y_2^{(1)} \\ \vdots & & & \vdots & \vdots \\ a_{n1}^{(1)}y_1^{(1)} & +a_{n2}^{(1)}x_2 & +\cdots & +a_{nn}^{(1)}x_n & = y_n^{(1)} \end{array} \tag{4.30}$$

mit

$$\begin{array}{ll} a_{11}^{(1)} = \dfrac{1}{\tilde{a}_{11}}, & a_{1k}^{(1)} = -\dfrac{\tilde{a}_{1k}}{\tilde{a}_{11}}, \\ a_{i1}^{(1)} = \dfrac{\tilde{a}_{i1}}{\tilde{a}_{11}}, & a_{ik}^{(1)} = \tilde{a}_{ik} - \tilde{a}_{1k}\dfrac{\tilde{a}_{i1}}{\tilde{a}_{11}}. \end{array} \qquad i, k \neq 1.$$

Als nächstes bestimmen wir $s \geq 2$ so, daß

$$\max_{i=2,\dots,n} |a_{i2}^{(1)}| = |a_{s2}^{(1)}|$$

und vertauschen die 2. mit der s-ten Gleichung, woraufhin aus (4.30) ein zu (4.29) analoges System entsteht. Im zweiten Schritt werden dann die Variablen x_2 und $y_2^{(1)}$ ausgetauscht, indem die 2. Gleichung nach x_2 aufgelöst und das Ergebnis wieder in die übrigen Gleichungen eingesetzt wird. So fährt man fort und erhält bei den weiteren Schritten nacheinander Gleichungssysteme mit den Matrizen $A^{(j)} = [a_{ik}^{(j)}]$, $j = 1, \dots, n$.

Mit dem r-ten Schritt erhält man so das System

$$\begin{array}{llllllll}
a_{11}^{(r)}y_1^{(r)} & +\cdots & +a_{1r}^{(r)}y_r^{(r)} & +a_{1,r+1}^{(r)}x_{r+1} & +\cdots & +a_{1n}^{(r)}x_n & =x_1 \\
\vdots & & \vdots & \vdots & & \vdots & \vdots \\
a_{r1}^{(r)}y_1^{(r)} & +\cdots & +a_{rr}^{(r)}y_r^{(r)} & +a_{r,r+1}^{(r)}x_{r+1} & +\cdots & +a_{rn}^{(r)}x_n & =x_r \\
a_{r+1,1}^{(r)}y_1^{(r)} & +\cdots & +a_{r+1,r}^{(r)}y_r^{(r)} & +a_{r+1,r+1}^{(r)}x_{r+1} & +\cdots & +a_{r+1,n}^{(r)}x_n & =y_{r+1}^{(r)} \\
\vdots & & \vdots & \vdots & & \vdots & \vdots \\
a_{n1}^{(r)}y_1^{(r)} & +\cdots & +a_{nr}^{(r)}y_r^{(r)} & +a_{n,r+1}^{(r)}x_{r+1} & +\cdots & +a_{nn}^{(r)}x_n & =y_n^{(r)}.
\end{array} \tag{4.31}$$

Dabei ist wieder $y_1^{(k)},...,y_n^{(k)}$ eine gewisse Permutation der $y_1,...,y_n$.

Die allgemeine Rechenvorschrift für den j-ten Rechenschritt, d.h. nach Berechnung der Matrix $\boldsymbol{A}^{(j-1)}$, $j=1,...,n$ mit $\boldsymbol{A}^{(0)}=\boldsymbol{A}$ lautet

1. Man bestimme s so, daß
$$\max_{i\geq j}|a_{ij}^{(j-1)}|=|a_{sj}^{(j-1)}|. \tag{4.32}$$

2. Man vertausche in $\boldsymbol{A}^{(j-1)}$ die j-te mit der s-ten Zeile. Hieraus resultiert die Matrix $\tilde{\boldsymbol{A}}^{(j-1)}=[\tilde{a}_{ik}^{(j-1)}]$ mit $\tilde{\boldsymbol{A}}^{(0)}=\tilde{\boldsymbol{A}}$.

3. Man berechne $\boldsymbol{A}^{(j)}=[a_{ik}^{(j)}]$ wie folgt:
$$\begin{aligned}
a_{jj}^{(j)} &= \frac{1}{\tilde{a}_{jj}^{(j-1)}}, \\
a_{jk}^{(j)} &= -\frac{\tilde{a}_{jk}^{(j-1)}}{\tilde{a}_{jj}^{(j-1)}}, \quad a_{ij}^{(j)}=\frac{\tilde{a}_{ij}^{(j-1)}}{\tilde{a}_{jj}^{(j-1)}}, \qquad i,k\neq j, \\
a_{ik}^{(j)} &= \tilde{a}_{ik}^{(j-1)}-\tilde{a}_{jk}^{(j-1)}\frac{\tilde{a}_{ij}^{(j-1)}}{\tilde{a}_{jj}^{(j-1)}}, \qquad i,k\neq j.
\end{aligned} \tag{4.33}$$

Aus (4.31) folgt dann für $r=n$ unmittelbar

$$\boldsymbol{A}^{(n)}\boldsymbol{y}^{(n)}=\boldsymbol{x}. \tag{4.34}$$

Ferner gilt mit einer Permutationsmatrix $\boldsymbol{P}$

$$\boldsymbol{y}^{(n)}=\boldsymbol{P}\boldsymbol{y},$$

so daß nach (4.34)

$$A^{(n)}Py = x$$

und somit

$$A^{-1} = A^{(n)}P \tag{4.35}$$

folgt.

Die Permutationsmatrix P ist leicht zu berechnen. Es gilt

$$y^{(j)} = P_j y^{(j-1)}, \qquad j = 1, ..., n; \quad y^{(0)} = y \tag{4.36}$$

und daher

$$P = P_n P_{n-1} \cdots P_1.$$

Die Matrix P_j, $j = 1, ..., n$ entsteht aus der Einheitsmatrix I, wenn in dieser die 1 an der Stelle (j,j) an die Stelle (s,j), die 1 an der Stelle (s,s) an die Stelle (j,s) gerückt wird.

Der Rechenaufwand für beide hier beschriebenen Verfahren ist etwa gleich groß. Die erste Variante ist organisatorisch aufwendiger, bezüglich des Rundungsfehlerverhaltens jedoch günstiger als das Gauß-Jordan-Verfahren.

Beispiel 4.5. *Wir betrachten wieder die Matrix aus Beispiel 4.1 und 4.4, d.h.*

$$A = \begin{bmatrix} 1 & -4 & 3 \\ 0 & 2 & 1 \\ -2 & -5 & 2 \end{bmatrix}.$$

Dann gilt mit (4.32), (4.33) nacheinander

$$\tilde{A}^{(0)} = \begin{bmatrix} -2 & -5 & 2 \\ 0 & 2 & 1 \\ 1 & -4 & 3 \end{bmatrix}, \quad P_1 = \begin{bmatrix} 0 & 0 & 1 \\ 0 & 1 & 0 \\ 1 & 0 & 0 \end{bmatrix}, \quad A^{(1)} = \frac{1}{2}\begin{bmatrix} -1 & -5 & 2 \\ 0 & 4 & 2 \\ -1 & -13 & 8 \end{bmatrix}$$

$$\tilde{A}^{(1)} = \frac{1}{2}\begin{bmatrix} -1 & -5 & 2 \\ -1 & -13 & 8 \\ 0 & 4 & 2 \end{bmatrix}, \quad P_2 = \begin{bmatrix} 1 & 0 & 0 \\ 0 & 0 & 1 \\ 0 & 1 & 0 \end{bmatrix}, \quad A^{(2)} = \frac{1}{13}\begin{bmatrix} -4 & 5 & -7 \\ -1 & -2 & 8 \\ -2 & -4 & 29 \end{bmatrix}$$

$$\tilde{A}^{(2)} = \frac{1}{13}\begin{bmatrix} -4 & 5 & -7 \\ -1 & -2 & 8 \\ -2 & -4 & 29 \end{bmatrix}, \quad P_3 = \begin{bmatrix} 1 & 0 & 0 \\ 0 & 1 & 0 \\ 0 & 0 & 1 \end{bmatrix}, \quad A^{(3)} = \frac{1}{29}\begin{bmatrix} -10 & 9 & -7 \\ -1 & -2 & 8 \\ 2 & 4 & 13 \end{bmatrix}.$$

Es gilt dann nach (4.36)

$$P = P_3 \cdot P_2 \cdot P_1 \cdot = P_2 \cdot P_1 = \begin{bmatrix} 0 & 0 & 1 \\ 1 & 0 & 0 \\ 0 & 1 & 0 \end{bmatrix},$$

und somit mit (4.35)

$$A^{-1} = A^{(3)}P = \frac{1}{29}\begin{bmatrix} 9 & -7 & -10 \\ -2 & 8 & -1 \\ 4 & 13 & 2 \end{bmatrix}.$$

□

4.4 Konditionsanalyse und Rundungsfehlereinfluß

Bei der Beschreibung der direkten Verfahren dieses Kapitels haben wir zunächst einmal angenommen, daß alle Ausgangsdaten exakt vorliegen und die Rechnung nicht durch Rundungen verfälscht wird. Das ist jedoch unrealistisch. Bereits in Abschnitt 4.1.5 haben wir darauf hingewiesen, daß Rundungsfehler die Rechnung erheblich beeinflussen können. Dies gilt besonders für große Systeme. Auf der anderen Seite sind Rundungsfehler unvermeidbar. Es kommt also darauf an, bei vorgegebenem Gleichungssystem diese Fehler möglichst klein zu halten.

Rundungsfehler sind aber nicht die einzigen Fehlerquellen bei der Gleichungsauflösung. Auch die Elemente der Matrix und die Komponenten der rechten Seite können mit Fehlern behaftet sein, und es muß versucht werden, auch diese und ihre Auswirkungen unter Kontrolle zu halten. Mit der Frage der Fehlererfassung und Fehlerabschätzung wollen wir uns hier befassen.

4.4.1 Eine allgemeine Fehlerabschätzung

Zunächst soll eine allgemeine, in der Regel jedoch sehr grobe Fehlerabschätzung, betrachtet werden für den Fall, daß eine Näherung für die Lösung eines linearen Gleichungssystems bekannt ist. Diese braucht nicht notwendig mit dem Gaußschen Algorithmus berechnet worden zu sein.

Wir betrachten dazu das Gleichungssystem $\boldsymbol{Ax} = \boldsymbol{a}$, $\boldsymbol{a} \neq \boldsymbol{0}$, mit der quadratischen nichtsingulären Matrix $\boldsymbol{A}$. Setzt man die Näherungslösung $\tilde{\boldsymbol{x}}$ ein, so ergibt sich

$$\boldsymbol{A}\tilde{\boldsymbol{x}} = \boldsymbol{a} + \delta\boldsymbol{a}, \tag{4.37}$$

d.h. das System wird erfüllt bis auf einen Defekt $\delta\boldsymbol{a}$. Dabei ist $\delta\boldsymbol{a}$ natürlich ein Vektor, dessen Komponenten in der Regel nicht oder nicht sämtlich verschwinden. Würden sie sämtlich verschwinden, so wäre $\tilde{\boldsymbol{x}}$ die Lösung des vorgegebenen Gleichungssystems. Subtrahiert man von (4.37) die Gleichung $\boldsymbol{Ax} = \boldsymbol{a}$, so folgt

$$\boldsymbol{A}(\tilde{\boldsymbol{x}} - \boldsymbol{x}) = \delta\boldsymbol{a}.$$

Für eine beliebige Vektornorm und eine dazu passende Matrixnorm (vgl. Abschnitt 1.1 und 1.2) gilt dann

$$\|\tilde{\boldsymbol{x}} - \boldsymbol{x}\| \leq \|\boldsymbol{A}^{-1}\|\|\delta\boldsymbol{a}\|, \tag{4.38}$$

ferner wegen $\|a\| = \|Ax\| \le \|A\|\|x\|$

$$\frac{1}{\|x\|} \le \frac{\|A\|}{\|a\|}.$$

Aus (4.38) folgt somit die Abschätzung

$$\frac{\|\tilde{x} - x\|}{\|x\|} \le \|A\|\|A^{-1}\|\frac{\|\delta a\|}{\|a\|}, \qquad a \ne 0. \tag{4.39}$$

Der relative Fehler $\|\tilde{x} - x\|/\|x\|$ wird also nicht nur durch $\|\delta a\|/\|a\|$, sondern auch wesentlich durch die Zahl $\|A\|\|A^{-1}\|$ bestimmt.

4.4.2 Die Konditionszahl einer Matrix

Definition 4.1. *Die Zahl $k(A) = \|A\|\|A^{-1}\|$ heißt Konditionszahl von A bezüglich der Norm $\|\cdot\|$.* □

Die Konditionszahl hängt also ab von der gewählten Norm. Aus diesem Grund schreibt man auch

$$k_2(A) = \|A\|_2\|A^{-1}\|_2, \qquad k_\infty(A) = \|A\|_\infty\|A^{-1}\|_\infty, \qquad \text{usw.}$$

Es gilt stets

$$1 = k(I) = k(AA^{-1}) \le \|A\|\|A^{-1}\| = k(A).$$

Die Konditionszahl $k(A)$ ist ein Maß dafür, wie der relative Fehler sich mit $\|\delta a\|/\|a\|$ ändert. Ist $k(A)$ klein, d.h. nur wenig größer als 1, so nennt man A gut konditioniert. Ist dagegen $k(A)$ sehr groß, so spricht man von einer schlecht konditionierten Matrix (bzgl. der Gleichungslösung). Die Abschätzung (4.39) liefert im allgemeinen für schlecht konditionierte Matrizen realistische Schranken für den Fehler, es sei denn, δa bzw. $\tilde{x}$ sei speziell gewählt.

Beispiel 4.6.

$$A = \begin{bmatrix} 2 & 1.5 \\ 1.5 & 1.12 \end{bmatrix}, \qquad A^{-1} = \begin{bmatrix} -112 & 150 \\ 150 & -200 \end{bmatrix}.$$

Damit erhält man zunächst (vgl. Abschnitt 1.2)

$$\|A\|_\infty = 3.5, \qquad \|A^{-1}\|_\infty = 350, \qquad k_\infty(A) = 3.5 \cdot 350 = 1225.$$

Die Eigenwerte von A sind, jeweils auf sieben Stellen nach dem Komma genau berechnet

$$\lambda_1(A) = -0.0032018, \qquad \lambda_2(A) = 3.1232018.$$

Da A *und somit* A^{-1} *symmetrisch sind, gilt*

$$\|A\|_2 = \max\{|\lambda_1(A)|, |\lambda_2(A)|\} = |\lambda_2(A)| = \varrho(A),$$
$$\|A^{-1}\|_2 = \max\{\frac{1}{|\lambda_1(A)|}, \frac{1}{|\lambda_2(A)|}\} = \frac{1}{|\lambda_1(A)|} = \varrho(A^{-1}).$$

Wir berechnen dann

$$\|A\|_2 = 3.1232018, \quad \|A^{-1}\|_2 = \frac{1}{0.0032018} = 312.3202206, \quad k_2(A) = 975.4518708.$$

Eine Näherungslösung des Gleichungssystems $Ax = a$, $a = [4,3]^T$ *ist*

$$\tilde{x} = [1.9,\ 0.1]^T.$$

Man erhält

$$A\tilde{x} - a = \delta a = [-0.05, -0.038]^T$$

und folglich nach (4.39)

$$a) \qquad \frac{\|\tilde{x} - x\|_\infty}{\|x\|_\infty} \le k_\infty(A)\frac{\|\delta a\|_\infty}{\|a\|_\infty} = 1225 \cdot \frac{0.05}{4} = 15.3125\ ,$$

$$b) \qquad \frac{\|\tilde{x} - x\|_2}{\|x\|_2} \le k_2(A)\frac{\|\delta a\|_2}{\|a\|_2} < 976 \cdot \frac{0.0628013}{5} < 12.2589.$$

Die Lösung von $Ax = a$ *ist* $x = [2,\ 0]^T$. *Somit gilt exakt*

$$\frac{\|\tilde{x} - x\|_\infty}{\|x\|_\infty} = \frac{0.1}{2} = 0.05, \qquad \frac{\|\tilde{x} - x\|_2}{\|x\|_2} = \frac{0.1414214}{2} < 0.0708.$$

Der Eigenvektor zu λ_2 *ist* $u_2 = [1,\ 0.7488012]^T$, *d.h. wegen*

$$\delta a = -0.05[1,\ 0.76],$$

bedeutet dies, daß δa *fast parallel zu* u_2 *ist. In diesem Fall ist die Abschätzung unrealistisch ungünstig. Mit*

$$A\tilde{x} - a = \delta a = -0.05[-0.76,\ 1]^T$$

ändert sich $\|\delta a\|/\|a\|$ *nicht. Nun ist* δa *fast parallel zum Eigenvektor zu* λ_1 *und es wird*

$$\tilde{x} = x + A^{-1}\delta a,$$

d.h.

$$\tilde{x} - x = A^{-1}\delta a = [-3.244,\ 4.3]^T,$$

also

$$\|\tilde{x} - x\|_2/\|x\|_2 = 2.693...,$$

diesmal ist also die Abschätzung wesentlich realistischer. □

Für den Fall, daß auch die Matrix $\boldsymbol{A}$ noch fehlerbehaftet ist, gilt folgende Verallgemeinerung von (4.39):

Satz 4.4. *Sei $\boldsymbol{A}$ invertierbar, $\boldsymbol{a} \neq 0$,*

$$\begin{aligned} \boldsymbol{A}\boldsymbol{x} &= \boldsymbol{a} \\ \tilde{\boldsymbol{A}}\tilde{\boldsymbol{x}} &= \tilde{\boldsymbol{a}} \end{aligned}$$

und $\quad k(\boldsymbol{A}) \cdot \|\boldsymbol{A} - \tilde{\boldsymbol{A}}\| / \|\boldsymbol{A}\| < 1$. *Dann ist auch $\tilde{\boldsymbol{A}}$ invertierbar und*

$$\frac{\|\tilde{\boldsymbol{x}} - \boldsymbol{x}\|}{\|\boldsymbol{x}\|} \leq k(\boldsymbol{A}) \left(\frac{\|\boldsymbol{A} - \tilde{\boldsymbol{A}}\|}{\|\boldsymbol{A}\|} + \frac{\|\tilde{\boldsymbol{a}} - \boldsymbol{a}\|}{\|\boldsymbol{a}\|} \right) \frac{1}{1 - k(\boldsymbol{A}) \frac{\|\tilde{\boldsymbol{A}} - \boldsymbol{A}\|}{\|\boldsymbol{A}\|}}$$

□

Die Fehler in Matrix und rechter Seite überlagern sich also im wesentlichen additiv.

4.4.3 Brauchbarkeit einer Näherungslösung bei fehlerhaften Ausgangsdaten

Nicht nur die Näherungslösung $\tilde{\boldsymbol{x}}$ ist mit einem Fehler behaftet, auch die Ausgangsdaten, d.h. die Elemente von $\boldsymbol{A}$ und $\boldsymbol{a}$ sind wegen Rundungs- oder Approximationsfehlern bei ihrer Berechnung oder infolge von Meßfehlern ungenau. Insbesondere im meßfehlerbehafteten Fall kann die Ungenauigkeit sehr groß sein und es macht u.U. wenig Sinn, das System $\boldsymbol{A}\boldsymbol{x} = \boldsymbol{a}$ genau lösen zu wollen.

Wir nehmen an, daß nicht die Matrix $\boldsymbol{A}$ und der Vektor $\boldsymbol{a}$ als Ausgangsdaten vorliegen, sondern

$$\tilde{\boldsymbol{A}} = \boldsymbol{A} + \delta \boldsymbol{A}, \qquad \tilde{\boldsymbol{a}} = \boldsymbol{a} + \delta \boldsymbol{a},$$

wobei man für $\delta \boldsymbol{A}$ und $\delta \boldsymbol{a}$ komponentenweise Schranken kennt. Für eine beliebige Matrix $\boldsymbol{B} = [b_{ij}]$ und einen beliebigen Vektor $\boldsymbol{b} = [b_k]$ definieren wir die zugehörige Matrix $|\boldsymbol{B}| = [|b_{ij}|]$ und entsprechend den Vektor $|\boldsymbol{b}| = [|b_k|]$. Wir nennen dann $\boldsymbol{x}_0$ eine *zulässige Näherung* für die unbekannte Lösung $\boldsymbol{x}$ des unbekannten Systems $\boldsymbol{A}\boldsymbol{x} = \boldsymbol{a}$, wenn sie Lösung eines in gewisser Weise benachbarten Systems $\boldsymbol{A}_0 \boldsymbol{x}_0 = \boldsymbol{a}_0$ ist. Genauer geben wir folgende

Definition 4.2. *Sei $|\boldsymbol{A} - \tilde{\boldsymbol{A}}| \leq \delta \boldsymbol{A}_0$, $|\boldsymbol{a} - \tilde{\boldsymbol{a}}| \leq \delta \boldsymbol{a}_0$. $\boldsymbol{x}_0$ heißt zulässige Lösung zu den Eingangsdatenfehlern $\delta \boldsymbol{A}_0, \delta \boldsymbol{a}_0$ von $\tilde{\boldsymbol{A}}\boldsymbol{x} = \tilde{\boldsymbol{a}}$, wenn es eine Matrix $\boldsymbol{A}_0$ und einen Vektor $\boldsymbol{a}_0$ gibt, so daß zu den vorgegebenen $\delta \boldsymbol{A}_0$ und $\delta \boldsymbol{a}_0$*

$$\begin{aligned} a) \qquad \boldsymbol{A}_0 \boldsymbol{x}_0 &= \boldsymbol{a}_0, \\ b) \qquad |\boldsymbol{A}_0 - \tilde{\boldsymbol{A}}| &\leq \delta \boldsymbol{A}_0, \\ c) \qquad |\boldsymbol{a}_0 - \tilde{\boldsymbol{a}}| &\leq \delta \boldsymbol{a}_0. \end{aligned} \tag{4.40}$$

Dabei ist – entsprechend der Bezeichnung in Abschnitt 1.3.3 – das Zeichen $\leq$ komponentenweise zu verstehen. □

Offenbar ist die Definition der zulässigen Lösung sinnvoll, denn vorgegeben sind ja in der Tat nur die Matrix $\tilde{A}$ und der Vektor $\tilde{a}$.

Nicht schwierig ist die Frage zu beantworten, wann es zu vorgegebenen $\tilde{A}$ und $\tilde{a}$ und einer Näherungslösung x_0 eine Matrix A_0 und einen Vektor a_0 mit den Eigenschaften (4.40) gibt. Es gilt

Satz 4.5. *Es sei M bzw N die Gesamtheit aller Matrizen A_0 bzw. Vektoren a_0 , für die (4.40) (b), (c) gilt mit vorgegebenen $\delta A_0 \geq 0$, $\delta a_0 \geq 0$. Zu einer Näherungslösung x_0 des Systems $\tilde{A}x = \tilde{a}$ gibt es genau dann eine Matrix $A_0 \in M$ und einen Vektor $a_0 \in N$ mit*

$$A_0 x_0 = a_0,$$

wenn

$$|\tilde{a} - \tilde{A}x_0| \leq (\delta A_0)|x_0| + \delta a_0 \tag{4.41}$$

gilt.

Zum Beweis dieses Satzes vergleiche man etwa [33, S. 154f.]. □

Der Beweis von Satz 4.5 liefert zwar eine Vorschrift zur Konstruktion von A_0 und a_0. In diesem Fall interessiert aber die konkrete Form von A_0 und a_0 nicht.

Von dem Satz kann man auf mehrere Arten Gebrauch machen. Wählt man mit einer hinreichend kleinen positiven Zahl ε etwa

$$\delta A_0 = \varepsilon|\tilde{A}|, \qquad \delta a_0 = \varepsilon|\tilde{a}|, \tag{4.42}$$

so kann man nach (4.41) unmittelbar die Frage der Zulässigkeit von x_0 prüfen. Es läßt sich aber auch ε als Parameter so bestimmen, daß eine Näherungslösung x_0 eine zulässige Näherung darstellt, wozu ebenfalls (4.41) dient. Wir wollen beide Fälle an einem sehr einfachen und durchsichtigen Beispiel erläutern.

Beispiel 4.7. *Es sei*

$$\tilde{A} = \begin{bmatrix} 2 & 1.5 \\ 1.5 & 1.12 \end{bmatrix}, \qquad \tilde{a} = \begin{bmatrix} 4 \\ 3 \end{bmatrix}, \qquad x_0 = \begin{bmatrix} 1.8 \\ 0.2 \end{bmatrix}.$$

a) *Wir wählen $\varepsilon = 0.01$ und erhalten aus (4.41), (4.42)*

$$|\tilde{a} - \tilde{A}x_0| = \begin{bmatrix} 4 - 3.6 - 0.3 \\ 3 - 2.7 - 0.224 \end{bmatrix} = \begin{bmatrix} 0.1 \\ 0.076 \end{bmatrix}.$$

$$\varepsilon|\tilde{A}||x_0| + \varepsilon|\tilde{a}| = 0.01(|\tilde{A}||x_0| + |\tilde{a}|) = 0.01 \begin{bmatrix} 7.9 \\ 5.924 \end{bmatrix} = \begin{bmatrix} 0.079 \\ 0.05924 \end{bmatrix}.$$

Es ist aber $|\tilde{a} - \tilde{A}x_0| > \varepsilon(|\tilde{A}||x_0| + |\tilde{a}|)$, d.h. es gibt keine Matrix A_0 und keinen Vektor a_0, so daß (4.40) gilt. Daher ist x_0 für $\varepsilon = 0.01$ keine zulässige Näherung. Man sieht sofort, daß x_0 jedoch etwa für $\varepsilon = 0.02$ eine zulässige Näherung darstellt.

b) Wir wollen ein minimales ε so bestimmen, daß x_0 noch zulässige Näherung ist. Das führt mit (4.41), (4.42) auf die Bedingungen $|\tilde{a} - \tilde{A}x_0| \leq \varepsilon(|\tilde{A}||x_0| + |\tilde{a}|)$, d.h. hier

$$\begin{aligned} 0.1 &\leq 3.9\varepsilon + 4\varepsilon = 7.9\varepsilon, \\ 0.076 &\leq 2.924\varepsilon + 3\varepsilon = 5.924\varepsilon. \end{aligned}$$

Hieraus erhält man für das gesuchte minimale ε etwa

$$0.0129 \leq \varepsilon_{\min}.$$

Man kann daher $\varepsilon = 0.0129$ setzen. □

Nach (4.14) gilt mit einer Permutationsmatrix P und der unteren Dreiecksmatrix C die Darstellung $PA = CB$. Wir nehmen einmal an, A sei bereits so umgeordnet, daß $A = CB$ gilt. Infolge von Rundungen errechnet man mit dem Gaußschen Algorithmus anstatt C, B die verfälschten Matrizen $\hat{C}, \hat{B}$, so daß die Matrix

$$F = \hat{C}\hat{B} - A \tag{4.43}$$

in der Regel nicht die Nullmatrix ist. Die Elemente der Matrix F lassen sich jedoch abschätzen.

Dazu erörtern wir kurz, wie Zahlen bei üblicher Gleitkommaarithmetik im Rechner dargestellt werden. Die Menge M aller in der Maschine (exakt) darstellbaren Zahlen ist naturgemäß endlich. Will man eine Zahl $x \notin M$ durch eine Maschinenzahl approximieren, so erfolgt dies in der Regel durch Rundung. Bezeichnen wir die approximierende Maschinenzahl von x mit $rd(x)$ ($rd(x)$: Rundungszahl von x), so fordern wir, daß unter allen Maschinenzahlen m die Zahl $rd(x)$ die Zahl x am besten approximiert:

$$|x - rd(x)| \leq |x - m| \qquad \text{für alle } m \in M.$$

Die Zahl $rd(x)$ kann dann wie folgt berechnet werden:

Mit der *Mantisse* a und dem *Exponenten* p sei $x = a \cdot 10^p$, $|a| \geq 10^{-1}$, und $|a|$ besitze die Dezimaldarstellung

$$|a| = 0.\alpha_1\alpha_2...\alpha_t\alpha_{t+1}..., \qquad 0 \leq \alpha_i \leq 9, \quad \alpha_1 \neq 0.$$

Wir ersetzen dies durch die gerundete Dezimaldarstellung

$$|\bar{a}| = \begin{cases} 0.\alpha_1\alpha_2...\alpha_t, & 0 \leq \alpha_{t+1} \leq 4 \\ 0.\alpha_1\alpha_2...\alpha_t + 10^{-t}, & 5 \leq \alpha_{t+1} \leq 9. \end{cases}$$

Setzen wir voraus, daß die Anzahl q der für die Exponentendarstellung vorgesehenen Stellen im Rechner hinreichend groß ist oder – idealisiert – $q = \infty$ gilt, so ist

$$rd(x) = \text{sign}\,(x) \cdot |\bar{a}| \cdot 10^p.$$

Für den relativen Fehler gilt wegen $|a| \geq 10^{-1}$ und somit $|a|^{-1} \leq 10^1$

$$\begin{aligned}\left|\frac{rd(x)-x}{x}\right| &= \left|\frac{\text{sign}\,(x)\cdot|\bar{a}|\cdot 10^p - a\cdot 10^p}{a\cdot 10^p}\right| = \frac{|\,\text{sign}\,(x)\cdot|\bar{a}|-a|}{|a|}\\ &\leq 5\cdot 10^{-(t+1)}\cdot 10^1 = 5\cdot 10^{-t}.\end{aligned}$$

Definition 4.3. *Die Zahl*

$$\text{eps} = 5\cdot 10^{-t}$$

heißt Maschinengenauigkeit. □

Setzen wir

$$\frac{rd(x)-x}{x} = \varepsilon,$$

d.h. $rd(x) = x(1+\varepsilon)$, so gilt

$$|\varepsilon| \leq \text{eps}\,.$$

Bezüglich weiterer Eigenschaften von Zahlendarstellungen im Rechner und der damit zusammenhängenden Eigenschaften der Rundungsfehler vgl. man etwa [28],[34].

Wir kehren nun zurück zu der Abschätzung der Elemente von $\boldsymbol{F}$ und setzen $\boldsymbol{F} = (f_{ij}), |\boldsymbol{F}| = (|f_{ij}|)$. Beim Gaußschen Algorithmus errechnet man dann bei Verwendung von Gleitpunktarithmetik anstelle der $\boldsymbol{A}^{(k)}$ die Matrizen $\bar{\boldsymbol{A}}^{(k)} = (\bar{a}_{ij}^{(k)})$. Sei

$$\begin{aligned}\bar{a}_k &= \max_{i,j}|\bar{a}_{ij}^{(k)}|, \qquad k = 0,1,\dots,n-1,\\ \bar{a} &= \max_k \bar{a}_k,\end{aligned}$$

so läßt sich zeigen (vgl. etwa [28, S. 159f]), daß

$$|f_{ij}| \leq \begin{cases} 2(i-1)\bar{a}\dfrac{\text{eps}}{1-\text{eps}}, & j \geq i\\ 2j\bar{a}\dfrac{\text{eps}}{1-\text{eps}}, & j < i\quad. \end{cases} \tag{4.44}$$

Die Elemente von $\boldsymbol{F}$ werden betragsmäßig sehr klein, wenn $\bar{a}$ die Größenordnung von $\bar{a}_0$ besitzt, d.h. $\boldsymbol{A}-\boldsymbol{F}$ und $\boldsymbol{A}$ sich nur wenig unterscheiden. Der Gaußsche Algorithmus ist dann sozusagen „gutartig". Bei Spaltenpivotsuche errechnet man $\bar{a}_j \leq 2^j\bar{a}_0$ und somit $\bar{a} \leq 2^{n-1}\bar{a}_0$, was jedoch für fast alle Matrizen eine bei weitem zu grobe Abschätzung ist. So gilt z.B. für Tridiagonalmatrizen die Ungleichung $\bar{a} \leq 2\bar{a}_0$. Schärfere Abschätzungen kann man auch für andere Matrizen herleiten. Man vgl. auch hierzu [28] und die dort angegebene Literatur.

Bei der Bestimmung der Lösung $\boldsymbol{x}$ muß man nun noch die beiden Systeme mit den Dreiecksmatrizen $\hat{\boldsymbol{C}}$ und $\hat{\boldsymbol{B}}$ lösen. Die dabei auftretenden Fehler kann man ganz ähnlich erfassen wie die bei der Dreieckszerlegung. Im ganzen ergibt sich dann folgender

Satz 4.6. *Es bezeichne $\tilde{x}$ die mit dem Gaußschen Algorithmus, eventuell mit Zeilen- und Spaltenvertauschungen, unter Rundungsfehlereinfluß mit einer Maschinengenauigkeit ε berechnete Lösung.*

Dann gibt es eine Matrix E mit

$$\|E\|_\infty \leq \varepsilon\, g\, c(n),$$

so daß

$$(A + E)\tilde{x} = a,$$

d.h. $\tilde{x}$ ist exakte Lösung eines Gleichungssystems mit leicht abgeänderter Matrix. Dabei ist $c(n)$ eine nur von n abhängige Größe und

$$g = \max_{\substack{i,j \geq k \\ k=1,\ldots,n}} |a_{ij}^{(k)}| \,/\, \max_{i,j \geq 1} |a_{ij}^{(1)}|.$$

□

Die Pivotstrategie hat den Sinn, die Größe g möglichst klein zu halten. Die in der Praxis beobachteten Werte für g bei Spaltenpivotsuche liegen zwischen 1 und 10, obwohl es ein spezielles Beispiel gibt mit $g = 2^{n-1}$. Aus Satz 4.6 folgt, daß die mit dem Gaußschen Algorithmus unter Rundungsfehlereinfluß berechnete Näherung $\tilde{x}$ für die Lösung von $Ax = a$ normalerweise bei der Einsetzprobe ein kleines Residuum ergibt:

$$\begin{aligned} r &= a - A\tilde{x} = E\tilde{x}, \\ \|r\|_\infty &\leq \|E\|_\infty \|\tilde{x}\|_\infty \leq \varepsilon\, g\, c(n) \|\tilde{x}\|_\infty, \end{aligned}$$

obwohl $\tilde{x}$ „völlig falsch" sein kann (wenn nämlich A schlecht konditioniert ist).

Ähnlich gilt bei der Anwendung des Gaußschen Algorithmus auf eine nichtinvertierbare Matrix A mit Restmatrix-Pivotsuche, daß man anstelle von (4.16) eine Matrix

$$B + E$$

erhält, wo alle Elemente von E in gewisser Weise klein sind. Der Übergang von „eigentlichen" Nichtnullelementen auf „kleine" (eigentliche Nullelemente) erfolgt aber insbesondere bei schlecht konditionierten Matrizen derart fließend, daß man dann über den eigentlichen Rang der Matrix keine brauchbaren Aussagen machen kann. Man muß sich dann, gewissermaßen willkürlich, entscheiden, ab wann man eine Größe als „eigentlich null" betrachten will und so einen „numerischen Rang" der Matrix definieren. Die Dreieckszerlegung ist dazu aber ein sehr ungeeignetes Instrument. Wesentlich besser geeignet ist die sogenannte Singulärwertzerlegung, vgl. dazu Abschnitt 10.5.

4.4.4 Skalierungseinfluß beim Gaußschen Algorithmus

Bereits in Abschnitt 4.1.5 haben wir an Hand eines einfachen Beispiels gesehen, daß bei der Anwendung des Gaußschen Algorithmus mit Gleitkommaarithmetik unvermeidbare Rundungsfehler das Ergebnis stark verfälschen oder sogar unbrauchbar machen können. Wir haben weiter festgestellt, daß die Wahl der Pivotelemente bei Spaltenpivotisierung offenbar entscheidenden Einfluß auf die Auswirkung der Rundungfehler hat. Wir wollen daher untersuchen, wie man zu einer zweckmäßigen Pivotsuche gelangen kann.

Der Rundungsfehlereinfluß ist oft dann besonders stark, wenn die Matrix $\boldsymbol{A}$ Elemente sehr unterschiedlicher Größenordnung besitzt (wie z.B. die Matrix von (4.19)). Die relativen Datenfehler der kleinen Elemente können dann sehr groß werden und einen entsprechend großen Fehler im Resultat bewirken. In einem solchen Fall kann man das Gleichungssystem $\boldsymbol{Ax} = \boldsymbol{a}$ in ein System $\boldsymbol{D}_1\boldsymbol{A}\boldsymbol{D}_2\boldsymbol{y} = \boldsymbol{D}_1\boldsymbol{a}$ mit der *skalierten Matrix* $\boldsymbol{D}_1\boldsymbol{A}\boldsymbol{D}_2$ umformen, wobei $\boldsymbol{D}_1, \boldsymbol{D}_2$ noch zu bestimmende reguläre Diagonalmatrizen sind. Und zwar sollen $\boldsymbol{D}_1, \boldsymbol{D}_2$ so gewählt werden, daß die Elemente von $\tilde{\boldsymbol{A}} = \boldsymbol{D}_1\boldsymbol{A}\boldsymbol{D}_2 = (\tilde{a}_{ij})$ sich in der Größenordnung nicht stark voneinander unterscheiden. Dies ist im allgemeinen jedoch nur sehr schwer zu erreichen. Ersatzweise kann man etwa fordern

$$\sum_{j=1}^{n} |\tilde{a}_{ij}| \approx \sum_{k=1}^{n} |\tilde{a}_{kl}|, \quad i,l = 1,...,n, \tag{4.45}$$

d.h. die i-te Zeilenbetragssumme soll etwa gleich der l-ten Spaltenbetragssumme sein, sämtliche Zeilenbetrags- und Spaltenbetragssummen sollen also dieselbe Größenordnung haben. Man nennt $\tilde{\boldsymbol{A}} = \boldsymbol{D}_1\boldsymbol{A}\boldsymbol{D}_2$ dann *äquilibriert*. Aber auch die Äquilibrierung, in diesem Fall also die Wahl geeigneter $\boldsymbol{D}_1, \boldsymbol{D}_2$, bereitet im allgemeinen noch erhebliche Schwierigkeiten. Man begnügt sich daher oft damit, $\boldsymbol{D}_1$ und $\boldsymbol{D}_2$ so zu wählen, daß wenigstens sämtliche i-ten Zeilenbetragssummen (Spaltenbetragssummen) einander gleich sind. Dies kann man wie folgt erreichen: Wir wählen

$$\boldsymbol{D}_2 = \boldsymbol{I}, \qquad \boldsymbol{D}_1 = \operatorname{diag}(d_1, d_2, \ldots, d_n) \tag{4.46}$$

mit

$$d_i = \frac{1}{\sum_{j=1}^{n} |a_{ij}|}.$$

Dann erhält man

$$\sum_{j=1}^{n} |\tilde{a}_{ij}| = d_i \sum_{j=1}^{n} |a_{ij}| = 1, \qquad i = 1,...,n,$$

es sind also in der Tat sämtliche Zeilenbetragssummen gleich 1.

Damit muß (4.45) natürlich noch nicht erfüllt sein. Es ist klar, wie man erreichen kann, daß alle Spaltenbetragssummen gleich 1 sind. Man könnte jetzt die Skalierung durchführen und dann den Gaußschen Algorithmus mit Spaltenpivotsuche anwenden. Ein anderes Vorgehen, bei dem man die Durchführung der Skalierung vermeidet, ist das folgende: Man ersetzt die Pivotsuche im $(k+1)$-ten Eliminationsschritt, $k = 0, 1, ..., n-2$, bei dem $A^{(k+1)}$ aus $A^{(k)}$ berechnet wird (vgl.(4.7) bis (4.9)) durch:

Man bestimme s so, daß

$$\max_{i \geq k+1} |a_{i,k+1}^{(k)}| d_i = |a_{s,k+1}^{(k)}| d_s > 0 \tag{4.47}$$

und wähle $|a_{s,k+1}^{(k)}|$ als Pivotelement im $(k+1)$-ten Eliminationsschritt.

Beispiel 4.8. *Mit der gleichen Bezeichnungsweise wie im Abschnitt 4.1 sei*

$$A^{(0)} = \begin{bmatrix} 1.0 & -4.0 & 3.0 \\ 0.5 & -0.5 & 1.0 \\ 0.2 & 0.1 & -0.1 \end{bmatrix}.$$

Es gilt

$$d_1 = 0.125, \qquad d_2 = 0.500, \qquad d_3 = 2.250$$

und somit

$$|a_{11}^{(0)}| d_1 = 0.125, \qquad |a_{21}^{(0)}| d_2 = 0.250, \qquad |a_{31}^{(0)}| d_3 = 0.450.$$

Pivotelement: $a_{31}^{(0)} = 0.2$.

Hiermit errechnet man

$$A^{(1)} = \begin{bmatrix} 0.20 & 0.10 & -0.10 \\ 0 & -0.75 & 1.25 \\ 0 & -4.50 & 3.50 \end{bmatrix}$$

und

$$|a_{22}^{(1)}| d_2 = 0.375, \qquad |a_{32}^{(1)}| d_3 = 10.125 .$$

Pivotelement: $a_{32}^{(1)} = -4.50$. □

Das einfache Beispiel zeigt, daß bei Spaltenpivotisierung keineswegs immer das betragsmäßig größte Element der betreffenden Spalte als Pivotelement zu wählen ist.

Durch Ausrechnen bestätigt man leicht, daß die Spaltenpivotsuche nach (4.47) gleichbedeutend damit ist, daß man die Skalierung nach (4.46) durchführt und dann den Gaußschen Algorithmus mit Spaltenpivotsuche anwendet.

Die Skalierung beeinflußt also bei vorgegebener Pivotstrategie die Auswahl der Pivotreihenfolge, während bei fester Pivotreihenfolge die Rundungsfehler durch die

Skalierung jedenfalls solange nicht geändert werden, wie man nur die Basispotenzen des Zahlsystems (10-er-Potenzen, 2-er-Potenzen) zur Skalierung benutzt.

Allgemeine Regeln für eine gute Skalierung, die ohne Kenntnis von A^{-1} auskommen, sind leider unbekannt. Bei hermiteschen positiv definiten Matrizen weiß man aber, daß die Wahl $D_1 = D_2 = \operatorname{diag}(a_{ii}^{-1/2})$ im gewissen Sinne fast optimal ist. Die skalierte Matrix hat also die Diagonale $1, \ldots, 1$.

4.5 Nachiteration

4.5.1 Nachiteration bei der Lösung von Gleichungssystemen

Wir betrachten wiederum das Gleichungssystem

$$Ax = a \tag{4.48}$$

mit quadratischer nichtsingulärer Matrix A. Es soll eine Näherungslösung $\tilde{x}$ dieses Systems mit vorgegebener Genauigkeit berechnet werden, wir fordern also etwa für den Fehler

$$\|\tilde{x} - x\| \leq \varepsilon,$$

oder besser noch für den relativen Fehler

$$\frac{\|\tilde{x} - x\|}{\|x\|} \leq \eta.$$

Dabei sind ε und η vorgegebene positive Zahlen und $\|\cdot\|$ ist eine passende und dem Problem angemessene Vektornorm. Im allgemeinen wird man hierfür die Maximumnorm $\|\cdot\|_\infty$ oder die euklidische Vektornorm $\|\cdot\|_2$ wählen.

Zur Lösung von (4.48) verwenden wir den Gaußschen Algorithmus mit Spaltenpivotsuche. Bei der in Abschnitt 4.4.3 beschriebenen Gleitkommaarithmetik erhalten wir dann die Zerlegung $PA = \hat{C}\hat{B} + F$ mit der Fehlermatrix F. Wie dort nehmen wir an, daß A und die rechte Seite a bereits so zeilenpermutiert sind, daß $PA = A$ und $Pa = a$ gilt. Dann ist nach (4.43)

$$F = \hat{C}\hat{B} - A. \tag{4.49}$$

Ähnlich wie (4.44) kann man dann die Abschätzung

$$\|F\|_\infty \leq \varphi(n)\|A\|_\infty \cdot \mathrm{eps} \tag{4.50}$$

erhalten, wobei $\varphi(n)$ eine beschränkte Funktion von n ist, (vgl. etwa [34]).

Es sei nun $x^{(0)}$ die mit dem Gaußschen Algorithmus berechnete Näherungslösung. Wir wollen sie iterativ verbessern und dabei erreichen, daß der Fehler der endgültigen Näherung die Größenordnung der Maschinengenauigkeit hat. Zu dem Iterationsverfahren können wir wie folgt gelangen:

Nach (4.49) gilt $\hat{C}\hat{B}x = Fx + a$ und so

$$x = (\hat{C}\hat{B})^{-1}Fx + (\hat{C}\hat{B})^{-1}a \tag{4.51}$$

Angenommen, wir hätten bereits eine Näherung $x^{(k)}, k = 0, 1, \ldots$, der Lösung von $Ax = a$ berechnet. Mit der Fixpunktform (4.51) als Grundlage können wir dann versuchen, mit Hilfe der Iterationsvorschrift

$$x^{(k+1)} = (\hat{C}\hat{B})^{-1}Fx^{(k)} + (\hat{C}\hat{B})^{-1}a \tag{4.52}$$

eine verbesserte Näherung $x^{(k+1)}$ zu berechnen, und so fort (vgl. Abschnitt 1.6). Nach Abschnitt 1.6.5 ist das Verfahren genau dann konvergent, wenn $\varrho((\hat{C}\hat{B})^{-1}F) < 1$. Hierfür ist wiederum

$$\|(\hat{C}\hat{B})^{-1}F\| < 1$$

hinreichend, was wegen (4.50) im allgemeinen erfüllt sein wird. Diese Konvergenzaussage ist jedoch notwendigerweise mehr theoretischer Natur, wichtiger ist in diesem Fall eine Abschätzung der Fehlereinflüsse, insbesondere der Rundungsfehlereinflüsse. Wir kommen hierauf in Abschnitt 4.5.2 gleich zurück.

Natürlich ist es unmöglich, das Verfahren in der Form (4.52) anzuwenden, weil man F nicht bestimmen will und auch beim gerundeten Rechnen nicht genau bestimmen kann. Definieren wir aber den Defektvektor

$$d^{(k)} = Ax^{(k)} - a \tag{4.53}$$

und ist $z^{(k)}$ die Lösung des Systems

$$\hat{C}\hat{B}z = d^{(k)}, \tag{4.54}$$

so erhält man

$$x^{(k+1)} = x^{(k)} - z^{(k)}. \tag{4.55}$$

Denn es gilt mit (4.53), (4.54) und (4.55)

$$\begin{aligned} x^{(k+1)} &= x^{(k)} - (\hat{C}\hat{B})^{-1}(Ax^{(k)} - a) \\ &= [I - (\hat{C}\hat{B})^{-1}(\hat{C}\hat{B} - F)]x^{(k)} + (\hat{C}\hat{B})^{-1}a \\ &= (\hat{C}\hat{B})^{-1}Fx^{(k)} + (\hat{C}\hat{B})^{-1}a, \end{aligned}$$

d.h. (4.52). Bei Anwendung dieser Iterationsvorschriften erfordert die Lösung des linearen Systems (4.54) den wesentlichen Rechenaufwand.

4.5.2 Fehleranalyse

Da die Vektoren $x^{(k)}, d^{(k)}$ und $z^{(k)}$ jeweils wirklich berechnet werden müssen, sind sie bei der Verwendung von Gleitkommaarithmetik mit Rundungsfehlern behaftet. Sei allgemein z ein arithmetischer Ausdruck, dessen Berechnungsvorschrift wir kennen, so bezeichnen wir mit $gl\,(z)$ den Ausdruck, der sich bei Gleitkommarechnung ergibt.

In unserem Fall gilt dann etwas vereinfacht

$$\begin{aligned} d^{(k)} &= gl\,(Ax^{(k)} - a) = Ax^{(k)} - a + \delta^{(k)}, \\ z^{(k)} &= gl\,((\hat{C}\hat{B})^{-1}d^{(k)}) = (A + F_k)^{-1}d^{(k)}, \\ x^{(k+1)} &= gl\,(x^{(k)} - z^{(k)}) = x^{(k)} - z^{(k)} + \xi^{(k)}. \end{aligned} \tag{4.56}$$

Dabei sind $\delta^{(k)}$ und $\xi^{(k)}$ die bei der Berechnung von $d^{(k)}$ und $x^{(k+1)}$ auftretenden Vektoren der Rundungsfehler. Sie hängen von k ab. F_k entspricht einer durch (4.49) definierten Fehlermatrix, die durch Fehler bei der CB-Zerlegung und die Auflösung der Dreieckssysteme von k abhängt.

Unter Berücksichtigung dieser Rundungsfehler gilt die Abschätzung

$$\|x^{(k+1)} - x\|_\infty \le \varrho_k(n)\|x^{(k)} - x\|_\infty + \|\xi^{(k)}\|_\infty. \tag{4.57}$$

Sei $k_\infty(A) = \|A\|_\infty\|A^{-1}\|_\infty$, so errechnet man mit Hilfe mühsamer aber elementarer Abschätzungen (vgl. z.B. [34, S. 167f])

$$\varrho_k(n) = \frac{\varphi(n)k_\infty(A)\text{ eps}}{1 - \varphi(n)k_\infty(A)\text{ eps}} + 2k_\infty(A)\frac{\frac{\|\delta^{(k)}\|_\infty}{\|d^{(k)}\|_\infty}}{1 - \frac{\|\delta^{(k)}\|_\infty}{\|d^{(k)}\|_\infty}}\,.$$

Natürlich ist hierbei zunächst

$$\varphi(n)k_\infty(A)\text{ eps} < 1, \qquad \frac{\|\delta^{(k)}\|_\infty}{\|d^{(k)}\|_\infty} < 1$$

zu verlangen, was jedoch nicht sicherstellt, daß $x^{(k+1)}$ eine bessere Näherung als $x^{(k)}$ ist. Nun hat $\|\xi^{(k)}\|_\infty$ die Größenordnung der Maschinengenauigkeit eps und kann vernachlässigt werden, solange $\|x^{(k+1)} - x\|_\infty$ nicht auch diese Größenordnung besitzt. $x^{(k+1)}$ ist nach (4.57) also dann eine bessere Approximation als $x^{(k)}$, wenn $\varrho_k(n) < 1$. Dazu muß jedoch mindestens

$$\varphi(n)k_\infty(A)\text{ eps} < \tfrac{1}{2}, \qquad \text{etwa } \le \tfrac{1}{2} - \varepsilon,$$

gelten. Aus

$$\varrho_k(n) \le \frac{\frac{1}{2} - \varepsilon}{\frac{1}{2} + \varepsilon} + 2k_\infty(A)\frac{\frac{\|\delta^{(k)}\|_\infty}{\|d^{(k)}\|_\infty}}{1 - \frac{\|\delta^{(k)}\|_\infty}{\|d^{(k)}\|_\infty}} < 1$$

folgt dann

$$\frac{\|\delta^{(k)}\|_\infty}{\|d^{(k)}\|_\infty} < \frac{\varepsilon}{\varepsilon + k_\infty(A)(\varepsilon + \frac{1}{2})} .$$

Dies stellt eine Forderung an die Auswertungsgenauigkeit von $d^{(k)}$ dar. Das Iterationsverfahren konvergiert um so schneller, je kleiner $\varrho_k(n)$ ist. Bei vorgegebener Maschinengenauigkeit und für jeweils festes n ist $\varrho_k(n)$ umso kleiner, je kleiner die Konditionszahl $k_\infty(A)$ ist, d.h. je besser A konditioniert ist.

4.5.3 Der Iterationsalgorithmus

Eine genaue Analyse der Rechenvorschrift des Iterationsverfahrens einschließlich der Auswirkungen der Rundungsfehler zeigt, daß bei der Berechnung von $Ax^{(k)} - a$ Auslöschungen bis zur vollen Stellenzahl erfolgen können. Dies stimmt auch mit der numerischen Erfahrung überein. Nach (4.56) bedeutet dies, daß bei der Berechnung von $d^{(k)}$ in einfacher Genauigkeit

$$\frac{\|\delta^{(k)}\|_\infty}{\|d^{(k)}\|_\infty} \approx 1, \qquad \text{somit} \ \frac{\frac{\|\delta^{(k)}\|_\infty}{\|d^{(k)}\|_\infty}}{1 - \frac{\|\delta^{(k)}\|_\infty}{\|d^{(k)}\|_\infty}} \gg 1,$$

so daß das Iterationsverfahren sicher nicht konvergiert. Beim Algorithmus hat man daher $Ax^{(k)} - a$ mit doppelter Genauigkeit zu berechnen und auf einfache Genauigkeit zu runden. Bezüglich einer ausführlichen Darstellung vgl. man etwa [34, S. 166 ff]. Der *Algorithmus der Nachiteration* kann dann so ablaufen:

1. Mit dem Gaußschen Algorithmus mit Spaltenpivotsuche berechne man $x^{(0)}$ als Näherung des Systems $Ax = a$ und setze $k = 0$.

2. Man berechne $d^{(k)} := Ax^{(k)} - a$ mit doppelter Genauigkeit und runde das Ergebnis auf einfache Genauigkeit.

3. Man berechne $z^{(k)}$ als Lösung von $\hat{C}\hat{B}z = d^{(k)}$

4. Gilt $\|d^{(k)}\|_\infty / \|x^{(k)}\|_\infty <$eps, so beende man die Iteration und wähle $x^{(k)}$ als endgültige Näherung.

5. Man berechne $x^{(k+1)} = x^{(k)} - z^{(k)}$

6. Gilt für $k \geq 1$

$$\frac{\|z^{(k)}\|_\infty}{\|x^{(k+1)}\|_\infty} \geq \frac{\|z^{(k-1)}\|_\infty}{\|x^{(k)}\|_\infty}, \tag{4.58}$$

so beende man die Iteration, da die Nachiteration keine Verbesserung mehr bringt.

Die „doppelte Genauigkeit“ im 2. Schritt des Algorithmus ist so zu verstehen, daß $d^{(k)}$ stets mit gegenüber der restlichen Rechnung doppelter Genauigkeit berechnet werden soll. Das Kriterium (4.58) besagt wegen $x^{(k+1)} = x^{(k)} - z^{(k)}$, daß die Fehlernormen

$$\frac{\|x^{(k+1)} - x^{(k)}\|_\infty}{\|x^{(k+1)}\|_\infty}$$

mit wachsendem k nicht kleiner werden. Bei der Nachiteration führt man im allgemeinen nur 1 bis 2 Iterationen durch.

4.6 Aufgaben

A 4-1. Mit dem Gaußschen Algorithmus löse man das System $Ax = a$ mit

$$A = \begin{bmatrix} 2 & -6 & 6 & 2 \\ 0 & 3 & -2 & -1 \\ 0 & 6 & 6 & 4 \\ -1 & 0 & -1 & 4 \end{bmatrix}, \qquad a = \begin{bmatrix} 1 \\ -1 \\ 2 \\ -2 \end{bmatrix}.$$

A 4-2. Besitzt das Sytem $Ax = a$ mit

$$A = \begin{bmatrix} 4 & 3 & -2 & -1 \\ 0 & -9 & -14 & -9 \\ 6 & 0 & -10 & -6 \\ 2 & 6 & 6 & 4 \end{bmatrix}, \qquad a = \begin{bmatrix} 3 \\ -1 \\ 4 \\ 2 \end{bmatrix}$$

Lösungen? Man berechne sie gegebenenfalls mit dem Gaußschen Algorithmus.

A 4-3. Besitzt das System $Ax = a$ mit A aus A 4-2 und

$$a = [3, \quad -1, \quad -3, \quad 2]^T$$

Lösungen und welche gegebenenfalls?

A 4-4. Man berechne mit dem Gaußschen Algorithmus die nichttrivialen Lösungen, sofern vorhanden, von $Ax = 0$ mit

$$A = \begin{bmatrix} 2 & -6 & 6 & 2 \\ 0 & 3 & -2 & -1 \\ 2 & 0 & 2 & 0 \\ 4 & -15 & 14 & 5 \end{bmatrix}.$$

A 4-5. Man invertiere die Matrix

$$A = \begin{bmatrix} 2 & -6 & 6 & 2 \\ 0 & 3 & -2 & -1 \\ 0 & 6 & 6 & 4 \\ -1 & 0 & -1 & 4 \end{bmatrix}$$

und verwende dazu nacheinander die beiden in Abschnitt 4.3 beschriebenen Verfahren.

A 4-6. Man bestimme $k(A) = \|A\|_\infty \|A^{-1}\|_\infty$ mit A aus A 4-5.

A 4-7. Es ist $\tilde{x} = [-0.90, \quad 1.89, \quad 1.11]^T$ eine Näherungslösung von $Ax = a$ mit

$$A = \begin{bmatrix} 4.0 & 1.0 & 1.0 \\ -0.5 & 1.0 & -3.0 \\ 3.0 & -1.0 & -0.5 \end{bmatrix}, \qquad a = \begin{bmatrix} -1.0 \\ 1.5 \\ -4.5 \end{bmatrix}.$$

Man gebe eine Abschätzung des absoluten und des relativen Fehlers an bezüglich der Norm $\|\cdot\|_\infty$ bzw. $\|\cdot\|_2$. Dabei berechne man, wenn erforderlich, A^{-1} nach Abschnitt 4.3.

A 4-8. Durch einmalige Nachiteration verbessere man die Lösung aus A 4-7.

5 Weitere direkte Verfahren

Bei der numerischen Lösung von Randwertproblemen linearer gewöhnlicher oder partieller Differentialgleichungen 2. Ordnung durch Diskretisierungsverfahren (siehe Band 2) treten sehr große, aber spezielle lineare Gleichungssysteme auf. Die Matrizen dieser Systeme sind oft Tridiagonalmatrizen (gewöhnliche Differentialgleichungen) oder Block-Tridiagonalmatrizen (partielle Differentialgleichungen). Darüber hinaus sind sie in den meisten wichtigen Fällen symmetrisch und positiv definit, M-Matrizen oder sogar Stieltjes-Matrizen (s. Abschnitt 1.3). Zur Lösung dieser Gleichungssysteme sind spezielle Iterationsverfahren entwickelt worden, auf die wir ausführlich in Kapitel 6 eingehen. Als Lösungsverfahren ist jedoch auch der Gaußsche Algorithmus geeignet, wobei teilweise Vereinfachungen und Verbesserungen möglich sind und zu Varianten des Algorithmus führen. Mit solchen Varianten für die genannten Systeme wollen wir uns hier kurz befassen.

5.1 Gleichungssysteme mit symmetrischer Matrix

5.1.1 Vereinfachungen bei der Rechnung

Wir betrachten jetzt Gleichungssysteme der Form

$$\boldsymbol{A}\boldsymbol{x} = \boldsymbol{a}, \quad \boldsymbol{a} \neq \boldsymbol{0},$$

mit der reellen quadratischen und symmetrischen $n \times n$-Matrix $\boldsymbol{A}$. Es ist also

$$\boldsymbol{A} = \boldsymbol{A}^T.$$

Ferner setzen wir den praktisch häufigen Fall voraus, daß $\boldsymbol{A}$ positiv definit ist, daß also für jeden Vektor $\boldsymbol{x} \in \mathsf{R}^n$, $\boldsymbol{x} \neq \boldsymbol{0}$,

$$\boldsymbol{x}^T \boldsymbol{A}\boldsymbol{x} > 0 \tag{5.1}$$

gilt. Setzt man insbesondere $\boldsymbol{x} = \boldsymbol{e}_i = [0, \ldots, 0, 1, 0, \ldots, 0]^T$, wobei 1 an der i-ten Stelle steht, so folgt wegen $\boldsymbol{e}_i \neq \boldsymbol{0}$ nach (5.1)

$$\boldsymbol{e}_i^T \boldsymbol{A}\boldsymbol{e}_i = a_{ii} > 0, \quad i = 1, 2, \ldots, n.$$

Die Diagonalelemente einer positiv definiten Matrix sind also positiv.

Eine alternative Definition der positiven Definitheit lautet: Die symmetrische Matrix $\boldsymbol{A}$ ist genau dann positiv definit, wenn ihre sämtlichen Hauptminoren $A_{(k)}$, $k = 1, \ldots, n$, positiv sind.

Die Hauptminoren sind bekanntlich die Determinanten

$$A_{(1)} = \det [a_{11}] = a_{11}, \quad A_{(2)} = \det \begin{bmatrix} a_{11} & a_{12} \\ a_{12} & a_{22} \end{bmatrix}, \quad A_{(3)} = \det \begin{bmatrix} a_{11} & a_{12} & a_{13} \\ a_{12} & a_{22} & a_{23} \\ a_{13} & a_{23} & a_{33} \end{bmatrix}, \ldots$$

$$A_{(n)} = \det \boldsymbol{A}.$$

Bei symmetrischen positiv definiten Matrizen kann der Gaußsche Algorithmus ohne Pivotsuche durchgeführt werden, denn es ist stets $a_{kk}^{(k-1)} \neq 0$, $k = 1, \ldots, n$. Genauere Aussagen liefert der

Satz 5.1. *Ist $\boldsymbol{A}$ reell-symmetrisch und positiv definit, so gilt für die Elemente der Matrix $\boldsymbol{C}$ und die Elemente der Hauptdiagonalen von $\boldsymbol{B}$*

$$b_{kk} = a_{kk}^{(k-1)} > 0, \quad k = 1, 2. \ldots, n \tag{5.2}$$

und

$$c_{ik} = \frac{b_{ki}}{b_{kk}}, \quad i = k,\ k+1, \ldots, n; \quad k = 1, 2, \ldots n. \tag{5.3}$$

Beweis: *Wir zeigen zunächst durch vollständige Induktion, daß*

$$a_{ij}^{(k-1)} = a_{ji}^{(k-1)}, \quad i, j = k, \ldots, n; \quad k = 1, 2, \ldots, n, \tag{5.4}$$

gilt. Für $k = 1$ ist die Behauptung wegen $\boldsymbol{A} = \boldsymbol{A}^T$ richtig, es gilt

$$a_{ij}^{(0)} = a_{ij} = a_{ji} = a_{ji}^{(0)}, \quad i, j = 1, 2, \ldots, n.$$

Angenommen, die Behauptung (5.4) ist richtig für alle $k \leq l$, $0 \leq l \leq n-1$. Dann folgt nach (4.9)

$$\begin{aligned} a_{ij}^{(l)} &= a_{ij}^{(l-1)} - c_{il} a_{lj}^{(l-1)} = a_{ij}^{(l-1)} - \frac{a_{il}^{(l-1)}}{a_{ll}^{(l-1)}} a_{lj}^{(l-1)} \\ &= a_{ji}^{(l-1)} - \frac{a_{jl}^{(l-1)}}{a_{ll}^{(l-1)}} a_{li}^{(l-1)} = a_{ji}^{(l-1)} - c_{jl} a_{li}^{(l-1)} = a_{ji}^{(l)}. \end{aligned}$$

Daher ist (5.4) auch richtig für $k = l+1$ und somit für alle $k = 1, 2, \ldots, n$.

Wie man nun weiter durch elementare Rechnung bestätigt, gilt

$$a_{11}^{(0)} \cdot a_{22}^{(1)} \cdot \ldots \cdot a_{kk}^{(k-1)} = A_{(k)}, \quad k = 1, \ldots, n,$$

wobei $A_{(k)}$ wieder den k-ten Hauptminor von $\boldsymbol{A}$ bezeichnet. Die $A_{(k)}$ sind aber nach Voraussetzung sämtlich positiv. Insbesondere gilt $a_{11}^{(0)} = a_{11} = \det A_{(1)} > 0$, und es gilt ersichtlich (Induktion!) auch allgemein

$$a_{kk}^{(k-1)} = b_{kk} > 0, \quad k = 1, \ldots, n. \tag{5.5}$$

Das ist die Behauptung (5.2).

Mit (5.3), (5.4) und (5.5) ist dann

$$c_{ik} = \frac{a_{ik}^{(k-1)}}{a_{kk}^{(k-1)}} = \frac{a_{ki}^{(k-1)}}{a_{kk}^{(k-1)}} = \frac{b_{ki}}{b_{kk}}, \quad i = k, \ldots, n; \quad k = 1, \ldots, n,$$

und dies ist die Behauptung (5.3). Damit ist der Satz bewiesen. □

Ist daher von vornherein bekannt, daß die Matrix des vorgelegten Gleichungssystems symmetrisch und positiv definit ist, so kann man auf die Pivotisierung wegen (5.2) in der Tat verzichten. Das bedeutet nicht, daß nicht durch Pivotsuche in der bisherigen Form die Rundungsfehler klein gehalten werden können. Ohne Pivotsuche kann man sich wegen der Beziehung (5.3) die Berechnung der c_{ik} ersparen. Bei der Rechnung nach dem Schema 4.1 reduziert sich der Rechenaufwand dabei fast um die Hälfte.

Nach (4.11) gilt $\boldsymbol{A} = \boldsymbol{C}\boldsymbol{B}$. Mit der Diagonalmatrix

$$\boldsymbol{D} = \operatorname{diag}(b_{11}, \ldots, b_{nn})$$

und wegen (5.3) ist weiter

$$\boldsymbol{C} = \boldsymbol{B}^T\boldsymbol{D}^{-1}, \quad \boldsymbol{B} = \boldsymbol{D}\boldsymbol{C}^T \tag{5.6}$$

und

$$\boldsymbol{A} = \boldsymbol{B}^T\boldsymbol{D}^{-1}\boldsymbol{B}, \tag{5.7}$$

somit

$$\boldsymbol{D} = \boldsymbol{B}\boldsymbol{A}^{-1}\boldsymbol{B}^T.$$

Mit $\boldsymbol{A} = \boldsymbol{C}\boldsymbol{B}$ und (5.6) folgt schließlich noch

$$\boldsymbol{A} = \boldsymbol{A}^T = \boldsymbol{C}\boldsymbol{B} = \boldsymbol{C}\boldsymbol{D}\boldsymbol{C}^T. \tag{5.8}$$

5.1.2 Die Rechenvorschrift

In Analogie zu (4.7) bis (4.9) lautet der $(k+1)$-te Schritt, $k = 0,1,\ldots,n-1$, des Gaußschen Algorithmus bei Gleichungssystemen mit symmetrischer und positiv definiter Matrix hier:

Man berechne $\boldsymbol{S}^{(k+1)} = [\boldsymbol{A}^{(k+1)}, \boldsymbol{a}^{(k+1)}]$ wie folgt:

$$\begin{aligned} a_{ij}^{(k+1)} &= a_{ij}^{(k)} - \frac{a_{k+1,i}^{(k)}}{a_{k+1,k+1}^{(k)}} a_{k+1,j}^{(k)} &= a_{ij}^{(k)} - \frac{b_{k+1,i}}{b_{k+1,k+1}} b_{k+1,j}, \\ a_{i}^{(k+1)} &= a_{i}^{(k)} - \frac{a_{k+1,i}^{(k)}}{a_{k+1,k+1}^{(k)}} a_{k+1}^{(k)} &= a_{i}^{(k)} - \frac{b_{k+1,i}}{b_{k+1,k+1}} b_{k+1}, \\ & & i,j = k+2,\ldots,n. \end{aligned} \tag{5.9}$$

Die Formeln (4.10) lauten jetzt

$$\begin{aligned} b_{ij} &= a_{ij} - \sum_{k=1}^{i-1} \frac{b_{ki} b_{kj}}{b_{kk}}, \\ b_{i} &= a_{i} - \sum_{k=1}^{i-1} \frac{b_{ki} b_{k}}{b_{kk}}. \end{aligned} \tag{5.10}$$

Bei dem Schema 4.1 in Unterabschnitt 4.1.2 ist die Berechnung der c_{ij} nicht notwendig, d.h. die für die $-c_{ij}$ vorgesehenen Plätze im Rechenschema können frei bleiben. Man baut die Matrix $\boldsymbol{B}$ zweckmäßigerweise nach Zeilen auf:

$$\begin{aligned} b_{1j} &= a_{1j}, \quad j = 1,\ldots,n, \\ b_{2j} &= a_{2j} - \frac{b_{12} b_{1j}}{b_{11}}, \quad j = 2,\ldots,n, \\ b_{3j} &= a_{3j} - \frac{b_{13} b_{1j}}{b_{11}} - \frac{b_{23} b_{2j}}{b_{22}}, \quad j = 3,\ldots,n, \end{aligned}$$

usw.

Beispiel 5.1. *Es soll das System* $\boldsymbol{Ax}=\boldsymbol{a}$ *mit*

$$\boldsymbol{A} = \begin{bmatrix} 5 & -1 & -2 \\ -1 & 6 & -4 \\ -2 & -4 & 8 \end{bmatrix}, \quad \boldsymbol{a} = \begin{bmatrix} 3 \\ -4 \\ 6 \end{bmatrix}$$

gelöst werden. $\boldsymbol{A}$ *ist symmetrisch und — wie man leicht ausrechnen kann — positiv definit. Dies kann auch aus der Tatsache geschlossen werden, daß* $\boldsymbol{A}$ *strikt diagonaldominant ist, worauf wir später noch in Kapitel 6 zurückkommen.*

Das Rechenschema 4.1 lautet hier

5	-1	-2	3
-1	6	-4	-4
-2	-4	8	6
5	-1	-2	3
	$\frac{29}{5}$	$-\frac{22}{5}$	$-\frac{17}{5}$
		$\frac{112}{29}$	$\frac{134}{29}$

Es ist nämlich

$$b_{22} = a_{22} - \frac{b_{12}^2}{b_{11}} = 6 - \tfrac{1}{5} = \tfrac{29}{5}, \quad b_{23} = a_{23} - \frac{b_{12}b_{13}}{b_{11}} = -4 - \tfrac{2}{5} = -\tfrac{22}{5},$$

$$b_2 = a_2 - \frac{b_{12}b_1}{b_{11}} = -4 + \tfrac{3}{5} = -\tfrac{17}{5},$$

$$b_{33} = a_{33} - \frac{b_{13}^2}{b_{11}} - \frac{b_{23}^2}{b_{22}} = 8 - \tfrac{4}{5} - \tfrac{22^2}{5\cdot 29} = \tfrac{112}{29},$$

$$b_3 = a_3 - \frac{b_{13}b_1}{b_{11}} - \frac{b_{23}b_2}{b_{22}} = 6 + \tfrac{6}{5} - \tfrac{22\cdot 17}{5\cdot 29} = \tfrac{134}{29}.$$

Aus den Schema folgt $x_3 = \frac{67}{56}$, $x_2 = \frac{9}{28}$, $x_1 = \frac{8}{7}$. □

5.1.3 Das Cholesky-Verfahren

Eine Variante des Gaußschen Algorithmus für Gleichungssysteme mit symmetrischer und positiv definiter Matrix $\boldsymbol{A}$ wurde von Cholesky angegeben. Anstelle der b_{ij} berechnet man hierbei $r_{ij} = b_{ij}/\sqrt{b_{ii}}$, was wegen $b_{ii} > 0$ stets möglich ist. Dies bedeutet, daß man anstelle der Zerlegung $\boldsymbol{A} = \boldsymbol{CB}$ (siehe 4.11) eine Zerlegung

$$\boldsymbol{A} = \boldsymbol{R}^T\boldsymbol{R} \tag{5.11}$$

mit der oberen Dreiecksmatrix $\boldsymbol{R} = [r_{ij}]$ benutzt. Die Zerlegung (5.11) kann aus der früheren hergeleitet werden, wenn man (5.2) berücksichtigt und

$$\boldsymbol{D}^{1/2} = \operatorname{diag}(\sqrt{b_{11}}, \ldots, \sqrt{b_{nn}})$$

setzt. Man erhält dann wegen (5.6), (5.7)

$$\boldsymbol{A} = \boldsymbol{CB} = \boldsymbol{B}^T\boldsymbol{D}^{-1}\boldsymbol{B} = \boldsymbol{B}^T\boldsymbol{D}^{-1/2}\boldsymbol{D}^{-1/2}\boldsymbol{B} = (\boldsymbol{D}^{-1/2}\boldsymbol{B})^T(\boldsymbol{D}^{-1/2}\boldsymbol{B}) = \boldsymbol{R}^T\boldsymbol{R}.$$

Es ist daher

$$\boldsymbol{R} = \boldsymbol{D}^{-1/2}\boldsymbol{B},$$

also

$$r_{ij} = \frac{b_{ij}}{\sqrt{b_{ii}}}. \tag{5.12}$$

Das Gleichungssystem $\boldsymbol{Ax} = \boldsymbol{a}$ wird dann in ein solches der Form

$$\boldsymbol{Rx} = \boldsymbol{r}$$

mit

$$\boldsymbol{r} = \boldsymbol{D}^{-1/2}\boldsymbol{b} = ([\boldsymbol{D}^{-1/2}\boldsymbol{B}]^T)^{-1}\boldsymbol{a} = (\boldsymbol{R}^T)^{-1}\boldsymbol{a}$$

übergeführt. Es ist daher

$$r_i = \frac{b_i}{\sqrt{b_{ii}}}, \quad i = 1, 2, \ldots, n.$$

Die Rechenvorschriften für den Algorithmus können sofort aus (5.10) gewonnen werden: Es gilt

$$b_{ij} = \frac{b_{ij}}{\sqrt{b_{ii}}}\frac{b_{ii}}{\sqrt{b_{ii}}} = r_{ij}r_{ii} = a_{ij} - \sum_{k=1}^{i-1}\frac{b_{ki}}{\sqrt{b_{kk}}}\frac{b_{kj}}{\sqrt{b_{kk}}} = a_{ij} - \sum_{k=1}^{i-1} r_{ki}r_{kj}.$$

Somit erhält man

$$\begin{aligned}
r_{ii}^2 &= a_{ii} - \sum_{k=1}^{i-1} r_{ki}^2, && i = 1, 2, \ldots, n, \\
r_{ij} &= \frac{1}{r_{ii}}\left(a_{ij} - \sum_{k=1}^{i-1} r_{ki}r_{kj}\right), && i, j = 1, 2, \ldots, n;\ j > i, \\
r_i &= \frac{1}{r_{ii}}\left(a_i - \sum_{k=1}^{i-1} r_{ki}r_k\right), && i = 1, 2, \ldots, n.
\end{aligned} \tag{5.13}$$

Hieraus folgt insbesondere in Übereinstimmung mit (5.12)

$$r_{1j} = \frac{a_{1j}}{r_{11}} = \frac{b_{1j}}{\sqrt{b_{11}}}, \quad j = 1, 2, \ldots, n, \quad r_1 = \frac{a_1}{r_{11}} = \frac{b_1}{\sqrt{b_{11}}}.$$

Es lassen sich auch Rechenvorschriften analog (5.9) aufstellen, im allgemeinen empfiehlt sich jedoch die Verwendung des Formelsatzes (5.13). Dabei berechnet man die Matrix $\boldsymbol{R}$ wieder zeilenweise.

Beispiel 5.2. *Wir vergleichen die Rechnung des Gaußschen Algorithmus mit der des Cholesky-Algorithmus anhand des Gleichungssystems aus Beispiel 5.1. Dazu* *schreiben wir die Brüche in Dezimaldarstellungen mit vier gültigen Ziffern um. Für den in Beispiel 5.1 verwendeten Gaußschen Algorithmus erhält man dann*

5.000	−1.000	−2.000	3.000
−1.000	6.000	−4.000	−4.000
−2.000	−4.000	8.000	6.000
5.000	−1.000	−2.000	3.000
	5.800	−4.400	−3.400
		3.862	4.621

Beim Cholesky-Algorithmus erhält man dagegen als unteren Teil des Schemas

2.236	0.447	−0.894	1.342
	2.408	−1.827	−1.412
		1.965	2.351

□

Der Cholesky-Algorithmus bewirkt im allgemeinen, daß betragsmäßig extrem große bzw. kleine Elemente von $\boldsymbol{B}$ in $\boldsymbol{R}$ betragsmäßig verkleinert bzw. vergrößert werden. Dies ist ein Grund, weshalb er sich besonders bei großen fast singulären Systemen bewährt hat. Wegen (5.11) gilt für die Konditionszahlen bezüglich der euklidischen Vektornorm

$$k_2(\boldsymbol{A}) = k_2^2(\boldsymbol{R}) = k_2^2(\boldsymbol{R}^T)$$

und somit

$$k_2(\boldsymbol{R}) = k_2(\boldsymbol{R}^T) = [k_2(\boldsymbol{A})]^{\frac{1}{2}}.$$

Die Matrix $\boldsymbol{R}$ ist daher wesentlich besser konditioniert als $\boldsymbol{A}$, Rundungsfehler wirken sich im allgemeinen nicht kritisch aus. Es gibt Fälle von großen Systemen mit extrem schlecht konditionierter Matrix, bei denen das Cholesky-Verfahren dennoch brauchbare Näherungen liefert. Daher empfiehlt es sich, bei Systemen mit symmetrischer und positiv definiter Matrix stets diesen Algorithmus zu verwenden.

Bezüglich weitergehender Ergebnisse vgl. man etwa [14,28,33,34,37,39].

5.2 Gleichungssysteme mit Tridiagonalmatrix

5.2.1 Der Algorithmus

Eine Matrix der Gestalt (siehe (1.11))

$$\boldsymbol{A} = \begin{bmatrix} a_1 & c_1 & & & 0 \\ b_2 & a_2 & c_2 & & \\ & \ddots & \ddots & \ddots & \\ & & b_{n-1} & a_{n-1} & c_{n-1} \\ 0 & & & b_n & a_n \end{bmatrix} \tag{5.14}$$

heißt *Tridiagonalmatrix*. Sie enthält nur in der Hauptdiagonalen und in den beiden benachbarten Diagonalen nichtverschwindende Elemente. Wie bereits erwähnt, treten Gleichungssysteme mit Tridiagonalmatrizen u.a. bei der numerischen Lösung von Randwertproblemen gewöhnlicher Differentialgleichungen 2. Ordnung auf.

Es liegt auf der Hand, daß der Gaußsche Algorithmus sich in diesem Falle stark vereinfacht. Wir nehmen an, daß er sich ohne Pivotisierung durchführen läßt. Dann wird das vorgelegte System $\boldsymbol{Ax} = \boldsymbol{g}$ [1] mit der Matrix $\boldsymbol{A}$ und der rechten Seite $\boldsymbol{g} = [g_1, \ldots, g_n]^T$ in das System $\boldsymbol{Bx} = \boldsymbol{h}$ [1] mit der Matrix

$$\boldsymbol{B} = \begin{bmatrix} f_1 & c_1 & & & 0 \\ & f_2 & c_2 & & \\ & & \ddots & \ddots & \\ & & & f_{n-1} & c_{n-1} \\ 0 & & & & f_n \end{bmatrix} \tag{5.15}$$

und der rechten Seite

$$\boldsymbol{h} = [h_1, \ldots, h_n]^T$$

übergeführt. Dabei berechnen sich die Elemente f_i von $\boldsymbol{B}$ und die Komponenten h_i von $\boldsymbol{h}$ nach den Rekursionsformeln:

$$\begin{aligned} f_1 &= a_1, \qquad h_1 = g_1, \\ f_j &= a_j - \frac{b_j}{f_{j-1}} c_{j-1}, \qquad\qquad j = 2, 3, \ldots, n. \\ h_j &= g_j - \frac{b_j}{f_{j-1}} h_{j-1}. \end{aligned} \tag{5.16}$$

Aus dem System $\boldsymbol{Bx} = \boldsymbol{h}$ errechnet man dann

$$x_n = \frac{h_n}{f_n}, \; x_i = \frac{1}{f_i}(h_i - c_i x_{i+1}), \quad i = n-1, n-2, \ldots, 1. \tag{5.17}$$

Beispiel 5.3.

$$[\boldsymbol{A}, \boldsymbol{g}] = \left[\begin{array}{rrrrr|r} 2 & -1 & 0 & 0 & 0 & 2 \\ -1 & 2 & -1 & 0 & 0 & 0 \\ 0 & -1 & 2 & -1 & 0 & 0 \\ 0 & 0 & -1 & 2 & -1 & 0 \\ 0 & 0 & 0 & -1 & 2 & 3 \end{array}\right].$$

[1] Wir bezeichnen die rechten Seiten jetzt mit g und h, da die a_i bzw. b_i schon in (5.14) auftreten.

Man berechnet dann nach (5.16)

$$f_1 = 2,\quad f_2 = 2 - \tfrac{1}{2} = \tfrac{3}{2},\quad f_3 = 2 - \tfrac{2}{3} = \tfrac{4}{3},\quad f_4 = 2 - \tfrac{3}{4} = \tfrac{5}{4},\quad f_5 = 2 - \tfrac{4}{5} = \tfrac{6}{5},$$
$$h_1 = 2,\quad h_2 = 1,\quad h_3 = \tfrac{2}{3},\quad h_4 = \tfrac{1}{2},\quad h_5 = 3 + \tfrac{2}{5} = \tfrac{17}{5}.$$

Nach (5.17) erhält man hieraus als Lösung des Systems $\boldsymbol{Bx} = \boldsymbol{h}$, *also auch des Systems* $\boldsymbol{Ax} = \boldsymbol{g}$:

$$x_5 = \tfrac{17}{6},\quad x_4 = \tfrac{8}{3},\quad x_3 = \tfrac{5}{2},\quad x_2 = \tfrac{7}{3},\quad x_1 = \tfrac{13}{6}.$$

□

In Analogie zu (4.11) kann auch hier $\boldsymbol{A}$ als Produkt zweier Dreiecksmatrizen geschrieben werden. Es ist

$$\boldsymbol{A} = \boldsymbol{LB} \tag{5.18}$$

mit der unteren Dreiecksmatrix $\boldsymbol{L}$. Durch Ausmultiplizieren zeigt man, daß

$$\boldsymbol{L} = \begin{bmatrix} 1 & & & & 0 \\ l_2 & 1 & & & \\ & \ddots & \ddots & & \\ & & \ddots & 1 & \\ 0 & & & l_n & 1 \end{bmatrix} \qquad l_i = \frac{b_i}{f_{i-1}};\quad i = 2,3,\ldots,n, \tag{5.19}$$

gilt.

Auch mit Spalten-Pivotsuche kompliziert sich der Algorithmus nicht wesentlich, da man im i-ten Schritt höchstens Zeile i und Zeile $i+1$ vertauscht. In diesem Falle bekommt $\boldsymbol{B}$ zwei Superdiagonalen. $\boldsymbol{L}$ wird eine Dreiecksmatrix, die in jeder Spalte unterhalb der Diagonalen höchstens 1 Element $\neq 0$ hat, verliert aber im allgemeinen die Bandstruktur.

5.2.2 Diagonaldominante Tridiagonalmatrizen

Wir hatten zu Anfang vorausgesetzt, daß der Algorithmus ohne Pivotsuche durchgeführt werden kann. Dies ist offenbar der Fall, wenn $f_i \neq 0$, $i = 1,2,\ldots,n$, gilt. Dies ist genau dann der Fall, wenn alle Hauptminoren $\neq 0$ sind. Was aber wiederum gerade bei großen Matrizen nicht leicht nachprüfbar ist, so daß man auf einfachere hinreichende Kriterien zurückgreifen wird. Ein solches liefert der

Satz 5.2. *Die Matrix (5.14) sei diagonaldominant, es gelte sogar*

$$|b_j| + |c_j| \leq |a_j|, \quad |c_j| < |a_j|, \quad j = 1, 2, \ldots, n. \tag{5.20}$$

Dann ist $f_j \neq 0$, $j = 1, 2, \ldots, n$.

Beweis: *Wir setzen $\gamma_k = c_k/f_k$, $k = 1, 2, \ldots, n-1$. Wegen (5.20) ist dann $|\gamma_1| = |c_1/a_1| < 1$. Außerdem folgt $|f_1| = |a_1| > |c_1| \geq 0$, also $f_1 \neq 0$.*

Angenommen, es gelte für alle $2 \leq j \leq k \leq n-1$ bereits $|\gamma_{j-1}| < 1$. Dann folgt nach (5.16)

$$\begin{aligned} &|f_k| \geq |a_k| - |b_k|\,|\gamma_{k-1}| > |a_k| - |b_k| \geq |c_k| \geq 0, \quad \text{falls } b_k \neq 0, \\ &|f_k| = |a_k| > |c_k| \geq 0, \quad \text{falls } b_k = 0, \end{aligned}$$

also stets $f_k \neq 0$ und $|\gamma_k| = |c_k|/|f_k| < 1$. Hieraus ergibt sich wiederum $f_{k+1} \neq 0$. Es gilt somit

$$f_j \neq 0, \quad j = 1, 2, \ldots, n, \quad \det B = \prod_{i=1}^{n} f_i,$$

wie zu zeigen war. □

Die schon häufiger erwähnten, bei der Diskretisierung von Randwertproblemen gewöhnlicher Differentialgleichungen auftretenden Matrizen besitzen gerade die Eigenschaft (5.20), so daß der Gaußsche Algorithmus ohne Pivotsuche angewendet werden kann und wegen (5.19) und $|\gamma_k| < 1$ auch gegen Rundungsfehler unempfindlich ist, solange nicht $|b_k| \gg |c_{k-1}|$ ist. Dies kommt jedoch in den Anwendungen kaum vor.

5.3 Gleichungssysteme mit Block-Tridiagonalmatrix

5.3.1 Eigenschaften von Block-Tridiagonalmatrizen

Wie bereits erwähnt, treten insbesondere bei der numerischen Lösung von elliptischen Randwertproblemen durch Diskretisierungsverfahren Gleichungssysteme mit einer Block-Tridiagonalmatrix auf. Darunter versteht man eine Matrix der Gestalt (1.13)

$$A = \begin{bmatrix} A_1 & C_1 & & & 0 \\ B_2 & A_2 & C_2 & & \\ & \ddots & \ddots & \ddots & \\ & & B_{n-1} & A_{n-1} & C_{n-1} \\ 0 & & & B_n & A_n \end{bmatrix}. \tag{5.21}$$

Dabei sind die $\boldsymbol{A}_i$, $i = 1, 2, \ldots, n$, quadratische Matrizen der Ordnung m_i. $\boldsymbol{B}_i$ und $\boldsymbol{C}_i$ sind dagegen im allgemeinen rechteckige Matrizen, und zwar ist

$$\begin{array}{ll} \boldsymbol{B}_i & \text{eine } m_i \times m_{i-1}\text{-Matrix} , \\ \boldsymbol{C}_i & \text{eine } m_i \times m_{i+1}\text{-Matrix} . \end{array}$$

Ist $m = m_i$, $i = 1, 2, \ldots, n$, so sind alle Teilmatrizen $\boldsymbol{A}_i, \boldsymbol{B}_i, \boldsymbol{C}_i$ quadratische Matrizen der Ordnung m. Daher ist $\boldsymbol{A}$ eine quadratische Matrix der Ordnung $\sum_{i=1}^{n} m_i$ bzw. $n \cdot m$ im Falle $m_i = m$.

Beispiel 5.4. *Ein Beispiel einer einfachen Block-Tridiagonalmatrix ist*

$$\boldsymbol{A} = \left[\begin{array}{rrr|rrr|rrr} 4 & -1 & 0 & -1 & 0 & 0 & 0 & 0 & 0 \\ -1 & 4 & -1 & 0 & -1 & 0 & 0 & 0 & 0 \\ 0 & -1 & 4 & 0 & 0 & -1 & 0 & 0 & 0 \\ \hline -1 & 0 & 0 & 4 & -1 & 0 & -1 & 0 & 0 \\ 0 & -1 & 0 & -1 & 4 & -1 & 0 & -1 & 0 \\ 0 & 0 & -1 & 0 & -1 & 4 & 0 & 0 & -1 \\ \hline 0 & 0 & 0 & -1 & 0 & 0 & 4 & -1 & 0 \\ 0 & 0 & 0 & 0 & -1 & 0 & -1 & 4 & -1 \\ 0 & 0 & 0 & 0 & 0 & -1 & 0 & -1 & 4 \end{array}\right] .$$

Hier ist

$$\tilde{\boldsymbol{A}} = \boldsymbol{A}_i = \begin{bmatrix} 4 & -1 & 0 \\ -1 & 4 & -1 \\ 0 & -1 & 4 \end{bmatrix}, \tilde{\boldsymbol{B}} = \boldsymbol{C}_i = \boldsymbol{B}_i = \begin{bmatrix} -1 & 0 & 0 \\ 0 & -1 & 0 \\ 0 & 0 & -1 \end{bmatrix} = -\boldsymbol{I},\ i = 1, 2, 3.$$

Die Matrix $\boldsymbol{A}$ hat also mit den quadratischen 3×3 Matrizen $\tilde{\boldsymbol{A}}, \tilde{\boldsymbol{B}}, \tilde{\boldsymbol{0}}$ die Gestalt

$$\boldsymbol{A} = \begin{bmatrix} \tilde{\boldsymbol{A}} & \tilde{\boldsymbol{B}} & \tilde{\boldsymbol{0}} \\ \tilde{\boldsymbol{B}} & \tilde{\boldsymbol{A}} & \tilde{\boldsymbol{B}} \\ \tilde{\boldsymbol{0}} & \tilde{\boldsymbol{B}} & \tilde{\boldsymbol{A}} \end{bmatrix},$$

sie ist symmetrisch. □

5.3.2 Der Algorithmus

Auch in dem Fall, daß das vorgelegte lineare Gleichungssystem eine Block-Tridiagonalmatrix besitzt, kann der Gaußsche Algorithmus vereinfacht werden. Die in der Praxis auftretenden Block-Tridiagonalmatrizen besitzen in der Regel die 0 als zahlreich auftretendes Element, sie sind also „schwach besetzt". Dies gilt es bei der Variante des Gaußschen Algorithmus für diesen Fall zu berücksichtigen.

Wir wollen zunächst die elementweise Elimination durch eine „Blockelimination" ersetzen. Dazu verwenden wir die Bezeichnungen

$$\boldsymbol{x} = \begin{bmatrix} \boldsymbol{x}^{(1)} \\ \boldsymbol{x}^{(2)} \\ \vdots \\ \boldsymbol{x}^{(n)} \end{bmatrix}, \qquad \boldsymbol{g} = \begin{bmatrix} \boldsymbol{g}^{(1)} \\ \boldsymbol{g}^{(2)} \\ \vdots \\ \boldsymbol{g}^{(n)} \end{bmatrix},$$

wobei die $\boldsymbol{x}^{(i)}$ bzw. $\boldsymbol{g}^{(i)}$ Vektoren mit den m_i Komponenten $x_k^{(i)}$ bzw. $g_k^{(i)}$, $k = 1, 2, \ldots, m_i$, sind. Das Gleichungssystem

$$\boldsymbol{A}\boldsymbol{x} = \boldsymbol{g}$$

führen wir dann über in das System

$$\boldsymbol{B}\boldsymbol{x} = \boldsymbol{h}$$

mit der oberen Block-Dreiecksmatrix

$$\boldsymbol{B} = \begin{bmatrix} \boldsymbol{F}_1 & \boldsymbol{C}_1 & & & \boldsymbol{0} \\ & \boldsymbol{F}_2 & \boldsymbol{C}_2 & & \\ & & \ddots & \ddots & \\ & & & \boldsymbol{F}_{n-1} & \boldsymbol{C}_{n-1} \\ \boldsymbol{0} & & & & \boldsymbol{F}_n \end{bmatrix}, \tag{5.22}$$

$$\boldsymbol{h} = \begin{bmatrix} \boldsymbol{h}^{(1)} \\ \boldsymbol{h}^{(2)} \\ \vdots \\ \boldsymbol{h}^{(n)} \end{bmatrix}. \tag{5.23}$$

Die quadratischen Matrizen $\boldsymbol{F}_i$ der Ordnung m_i und die m_i-komponentigen Vektoren $\boldsymbol{h}^{(i)}$, $i = 1, 2, \ldots, n$, berechnet man dabei nach folgenden Rekursionsformeln:

$$\begin{aligned} &\boldsymbol{F}_1 = \boldsymbol{A}_1, \boldsymbol{h}^{(1)} = \boldsymbol{g}^{(1)}, \\ &\boldsymbol{F}_j = \boldsymbol{A}_j - \boldsymbol{B}_j \boldsymbol{F}_{j-1}^{-1} \boldsymbol{C}_{j-1}, \quad \boldsymbol{h}^{(j)} = \boldsymbol{g}^{(j)} - \boldsymbol{B}_j \boldsymbol{F}_{j-1}^{-1} \boldsymbol{h}^{(j-1)}, \quad j = 2, 3, \ldots, n. \end{aligned} \tag{5.24}$$

Dieser Algorithmus kann somit ohne Pivotsuche durchgeführt werden, wenn die Matrizen $\boldsymbol{F}_k$, $k = 1, 2, \ldots, n$, nichtsingulär sind. Die Berechnung von $\boldsymbol{F}_{j-1}^{-1}\boldsymbol{C}_{j-1}$ und $\boldsymbol{F}_{j-1}^{-1}\boldsymbol{h}^{(j-1)}$ erfolgt zweckmäßigerweise mit dem Gauschen Algorithmus.

Aus dem System $\boldsymbol{B}\boldsymbol{x} = \boldsymbol{h}$ erhält man wegen (5.22), (5.23) nacheinander die n Teilsysteme

$$\boldsymbol{F}_n \boldsymbol{x}^{(n)} = \boldsymbol{h}^{(n)}, \boldsymbol{F}_i \boldsymbol{x}^{(i)} = (\boldsymbol{h}^{(i)} - \boldsymbol{C}_i \boldsymbol{x}^{(i+1)}), \quad i = n-1, \ldots, 1. \tag{5.25}$$

Dabei besitzt das i-te System m_i Gleichungen.

Die n Systeme (5.25) hat man nun noch zu lösen, und zwar ebenfalls mit dem Gaußschen Algorithmus. Die notwendigen Dreieckszerlegungen der $\boldsymbol{F}_i$ hat man ja bereits bei der Rekursion (5.24) durchgeführt.

In Analogie zu (5.18) läßt sich $\boldsymbol{A}$ zerlegen in

$$\boldsymbol{A} = \boldsymbol{L}\boldsymbol{B},$$

wobei $\boldsymbol{L}$ eine untere Block-Dreiecksmatrix ist. Und zwar gilt mit den $m_i \times m_{i-1}$-Matrizen

$$\boldsymbol{K}_i = \boldsymbol{B}_i \boldsymbol{F}_{i-1}^{-1}, \quad i = 2, 3, \ldots, n,$$

wie man durch Multiplikation mit $\boldsymbol{B}$ leicht bestätigt,

$$\boldsymbol{L} = \begin{bmatrix} \boldsymbol{I}_1 & & & \mathbf{0} \\ \boldsymbol{K}_2 & \boldsymbol{I}_2 & & \\ & \ddots & \ddots & \\ \mathbf{0} & & \boldsymbol{K}_n & \boldsymbol{I}_n \end{bmatrix}.$$

Dabei sind die $\boldsymbol{I}_i$ Einheitsmatrizen der Ordnung m_i.

5.4 Ergänzungen

5.4.1 Die Bunch-Parlett-Zerlegung

In Abschnitt 5.1 haben wir gezeigt, daß eine reell-symmetrische positiv definite Matrix $\boldsymbol{A}$ eine Zerlegung (5.8), d.h.

$$\boldsymbol{A} = \boldsymbol{C}\boldsymbol{D}\boldsymbol{C}^T \tag{5.26}$$

mit einer Diagonalmatrix

$$\boldsymbol{D} = \operatorname{diag}(b_{11}, \ldots, b_{nn})$$

erlaubt. Dabei gilt:

$$b_{ii} > 0, \quad i = 1, \ldots, n.$$

Geht man die dort durchgeführten Schritte noch einmal durch, so sieht man, daß diese Zerlegung formal auch dann durchführbar ist, wenn $\boldsymbol{A}$ nicht positiv definit, sondern lediglich alle Hauptminoren von $\boldsymbol{A}$ ungleich Null sind. Allerdings ist die Berechnung der Zerlegung (5.26) extrem rundungsfehlerempfindlich, wenn $\boldsymbol{A}$ nicht positiv definit ist. Nun ist es aber durchaus erstrebenswert, eine Zerlegung der Form (5.26) auch für indefinite symmetrische Matrizen zu besitzen. Wegen der Symmetrie halbiert sich nicht nur der Rechenaufwand, sondern man erhält aus (5.26) auch Aussagen über die Eigenwerte von $\boldsymbol{A}$. Wegen der Invertierbarkeit von $\boldsymbol{L}$ besitzt

A (nach dem Trägheitssatz von Sylvester) nämlich genauso viele positive, negative und verschwindende Eigenwerte wie D. Bunch und Parlett [3] haben nun gezeigt, daß man unter Zulassung symmetrischer Zeilen- und Spaltenvertauschungen, die die Symmetrie des Systems erhalten, stets eine Zerlegung

$$P^T AP = LDL^T, \quad D = (d_{ij}),$$

erhalten kann, wenn man als Matrix D eine Block-Diagonalmatrix D mit 1×1 und 2×2-Blöcken zuläßt. Die Matrizen D und L besitzen dabei die folgenden Eigenschaften:

1. L ist eine untere Dreiecksmatrix mit Diagonalelementen 1. Die Elemente von L sind durch eine feste positive Zahl, die unabhängig von A ist, nach oben beschränkt.

2. Die Blöcke der Matrix D haben die Größe 1×1 oder 2×2. Falls $d_{i,i+1} \neq 0$, d.h. ein 2×2 Block vorliegt, ist $l_{i+1,i} = 0$.

3. Die Anzahl negativer Eigenwerte von A ist gleich der Summe der Anzahlen der 2×2-Blöcke und der negativen 1×1-Blöcke in D.

Wir begnügen uns hier mit der Beschreibung des ersten Schrittes bei der Herstellung einer solchen Zerlegung. Die übrigen Schritte werden sinngemäß wie beim Gaußschen Algorithmus in der gleichen Weise an der jeweiligen „Restmatrix" ausgeführt.

1. Pivotisierungsschritt.
Sei $a := \max_{i,j} |a_{ij}|$
(d.h. wir wollen eine Restmatrix-Pivotisierung durchführen).

Fall 1: Es gibt ein Element auf der Diagonalen von A, dessen Betrag gleich a ist:

$$|a_{i_0 i_0}| = a.$$

Wir vertauschen dann Zeile i_0 mit Zeile 1 und Spalte i_0 mit Spalte 1, setzen

$$d_{11} = a_{i_0 i_0}$$

und führen nun einen „normalen" Gauß-Eliminationsschritt mit dem Pivotelement $a_{i_0 i_0}$ aus.

Fall 2: $\quad a = |a_{rs}| > \max_i |a_{ii}|$
Wegen der Symmetrie der Ausgangsmatrix (und aller späteren Restmatrizen) ist

$$a_{rs} = a_{sr},$$

d.h. wir können ohne Einschränkung $r > s$ annehmen. Nun soll durch eine symmetrische Zeilen- und Spaltenvertauschung das Element (a_{rs}) auf die Position $(2,1)$

gebracht werden: Wir vertauschen Zeile 1 mit Zeile s, Spalte 1 mit Spalte s, Zeile 2 mit Zeile r, Spalte 2 mit Spalte r. Somit wird

$$d_{11} = a_{ss}, \quad d_{12} = d_{21} = a_{rs}, \quad d_{22} = a_{rr}.$$

Es wird dann folgender Block-Eliminationsschritt mit dem 2×2-Block B_{11} ausgeführt:

$$B = P^T A P = \begin{bmatrix} B_{11} & B_{21}^T \\ B_{21} & B_{22} \end{bmatrix},$$

$$B_{11} = \begin{bmatrix} b_{11} & b_{12} \\ b_{21} & b_{22} \end{bmatrix} = \begin{bmatrix} d_{11} & d_{12} \\ d_{21} & d_{22} \end{bmatrix}.$$

B kann zerlegt werden in

$$B = \begin{bmatrix} I_2 & 0 \\ L_{21} & I_{n-2} \end{bmatrix} \begin{bmatrix} B_{11} & 0 \\ 0 & C_{22} \end{bmatrix} \begin{bmatrix} I_2 & L_{21}^T \\ 0 & I_{n-2} \end{bmatrix},$$

wobei

$$\begin{aligned} L_{21} &= B_{21} B_{11}^{-1}, \\ C_{22} &= B_{22} - L_{21} B_{11}^{-1} L_{21}^T \end{aligned}$$

bedeuten.

Bezeichnet man mit b_{ij} die Elemente von B und mit c_{ij}, $3 \le i,j \le n$, die Elemente von C_{22}, so gilt

$$[l_{i1}, l_{i2}] = \frac{1}{\delta} [b_{i1}, b_{i2}] \begin{bmatrix} b_{22} & -b_{21} \\ -b_{12} & b_{11} \end{bmatrix}, \qquad i = 3, \ldots, n$$

$$c_{jk} = b_{jk} - b_{j1} l_{k1} - b_{j2} l_{k2}, \qquad 3 \le j,k \le n$$

mit

$$\delta = b_{11} b_{22} - b_{12}^2.$$

Natürlich ist dann $l_{21} = 0$, $l_{11} = l_{22} = 1$. Man erkennt dabei die völlige Analogie zu den Formeln der Gauß-Elimination. Das Verfahren wird nun entsprechend mit der Matrix C_{22} der Dimension $(n-2) \times (n-2)$ fortgesetzt.

Beispiel 5.5.

$$A = \begin{bmatrix} 1 & 3 & 2 & 1 \\ 3 & 10 & 20 & 1 \\ 2 & 20 & 1 & 25 \\ 1 & 1 & 25 & 0 \end{bmatrix}.$$

Im ersten Schritt ist $a_{43} = 25$ das größte Matrix-Element, es wird

$$B = \begin{bmatrix} 1 & 25 & 2 & 20 \\ 25 & 0 & 1 & 1 \\ 2 & 1 & 1 & 3 \\ 20 & 1 & 3 & 10 \end{bmatrix},$$
$$d_{11} = 1, \quad d_{22} = 0, \quad d_{12} = d_{21} = 25.$$

Damit wird

$$L_{21} = \begin{bmatrix} 2 & 1 \\ 20 & 1 \end{bmatrix} \begin{bmatrix} 0 & \frac{1}{25} \\ \frac{1}{25} & -\frac{1}{625} \end{bmatrix} = \begin{bmatrix} \frac{1}{25} & \frac{49}{625} \\ \frac{1}{25} & \frac{499}{625} \end{bmatrix},$$

$$C_{22} = \begin{bmatrix} 1 & 3 \\ 3 & 10 \end{bmatrix} - \frac{1}{625} \begin{bmatrix} 25 & 49 \\ 25 & 499 \end{bmatrix} \begin{bmatrix} 2 & 20 \\ 1 & 1 \end{bmatrix} = \frac{1}{625} \begin{bmatrix} 526 & 1326 \\ 1326 & 5251 \end{bmatrix}.$$

Im nächsten Schritt wird nun das Element (4,4) zum Pivotelement, d.h. es wird Zeile 3 mit Zeile 4 und Spalte 3 mit Spalte 4 getauscht (auch in L!).

Man bekommt

$$\begin{aligned} d_{33} &= 5251/625, \\ l_{43} &= 1326/5251, \\ d_{44} &= (526 - 1326^2/5251)/625 = 191.154\ldots . \end{aligned}$$

Mit der Permutationsmatrix

$$P^T = \begin{bmatrix} 0 & 0 & 1 & 0 \\ 0 & 0 & 0 & 1 \\ 0 & 1 & 0 & 0 \\ 1 & 0 & 0 & 0 \end{bmatrix}$$

ist dann

$$P^T A P = L D L^T.$$

□

Ein Nachteil dieser Vorgehensweise mit vollständiger Pivotsuche ist es, daß eine vorhandene Bandstruktur in A völlig zerstört werden kann. Es sind deshalb auch eingeschränkte Pivotstrategien in Gebrauch, bei denen man den Pivot im i-ten Schritt möglichst nahe an a_{ii} zu finden sucht mit der Nebenbedingung, daß die Matrixelemente bei einer Restmatrixumrechnung höchstens um einen vorgegebenen Faktor ω größer werden. Eine Rechnung mit einem 2×2-Pivot wird dabei als zwei Umrechnungen gezählt. Bei der Restmatrixsuche ist

$$\omega = (\sqrt{17} + 1)/2 = 2.562\ldots .$$

Gute Erfolge werden aber auch mit $\omega \in [3, 5]$ erzielt.

5.4.2 Gaußscher Algorithmus bei sehr großen Bandsystemen. Die FRONT-Lösungsmethode von Irons

Im Zusammenhang mit den Anwendungen von Differenzenverfahren und der Methode der Finiten Elemente treten in der Praxis häufig extrem große Gleichungssysteme mit positiv definiter Koeffizientenmatrix $\boldsymbol{A}$ auf. Die Koeffizientenmatrix, die sogenannte Gesamtsteifigkeitsmatrix, besitzt dabei in der Regel eine mit der Zeilennummer i variierende Bandbreite $m = m(i)$, die jedoch im Verhältnis zur Zahl der Unbekannten n klein ist. Werte $n = 15000$, $m = 1000$ sind dabei keine Seltenheit. Der Gaußsche Algorithmus, der hier ohne Pivotisierung durchgeführt werden kann, führt zu einer Zerlegung $\boldsymbol{A} = \boldsymbol{L}\boldsymbol{D}\boldsymbol{L}^T$ mit der Diagonalmatrix $\boldsymbol{D}$, wobei $\boldsymbol{L}$ die gleiche Besetzungsstruktur besitzt wie das untere Dreieck von $\boldsymbol{A}$. Wegen des enormen Speicheraufwandes für eine Hälfte von $\boldsymbol{A}$ bzw. den Faktor $\boldsymbol{L}$ muß man sowohl $\boldsymbol{A}$ als auch $\boldsymbol{L}$ auf einem Hintergrundspeicher halten. Für die schnelle Durchführung der Elimination ist es nun bedeutsam, daß man zum Umrechnen der Restmatrix stets nur ein aktuelles Arbeitsfeld von $m_{\max}(m_{\max}+1)/2$ (wegen der Symmetrie) im Hauptspeicher benötigt und die Matrixelemente a_{ij} erst dann vollständig berechnet sein müssen, wenn sie zum erstenmal in die Umrechnung der Restmatrix mit einbezogen werden sollen.

Dies macht sich die FRONT-Eliminationsmethode von Irons zunutze, wobei der Aufbau der Gesamtsteifigkeitsmatrix (durch Aufaddition von Untermatrizen durch die Elementsteifigkeitsmatrizen) mit der Umrechnung der jeweils aktuellen Restmatrix überlappt wird. Bezüglich der Details vgl. man [13].

5.4.3 Lineare Ausgleichsrechnung und die QR-Zerlegung nach Householder

In vielen Anwendungen tritt die folgende Aufgabenstellung auf: Man hat eine Meßgröße y für eine größere Anzahl von Parametereinstellungen gemessen, d.h. man hat Punkte $(t_1, y_1), \ldots, (t_n, y_n)$. y darf natürlich auch von mehreren Parametern abhängen, d.h. t darf auch ein Vektor sein. Man vermutet einen Zusammenhang

$$y \approx f(t; \alpha_1 \ldots, \alpha_n).$$

Dabei sind die Unbekannten α_i Koeffizienten, die die Funktion f festlegen. Im einfachsten Falle ist t eine reelle Größe und f eine Linearkombination der Gestalt

$$f(t; \alpha_1, \ldots, \alpha_n) = \sum_{i=1}^{n} \alpha_i \varphi_i(t) \tag{5.27}$$

mit fest vorgegebenen Funktionen $\varphi_i(t)$, z.B. $\varphi_i(t) = t^{i-1}$ (Polynom-Ansatz). Es treten in der Praxis aber auch komplizierte nichtlineare Ansätze auf, z.B.

$$f(t; \alpha_1, \alpha_2, \alpha_3, \alpha_4) \;=\; \alpha_1 e^{\alpha_2 t} + \alpha_3 e^{\alpha_4 t},$$

$$f(t;\alpha_1,\alpha_2,\alpha_3) = \alpha_3\frac{t+\alpha_1 t^3}{1+\alpha_2 t^2}.$$

In diesem Abschnitt beschäftigen wir uns nur mit dem linearen Ansatz (5.27).

Bemerkung 5.1. *Manchmal kann man einen nichtlinearen Ansatz durch Transformation auf einen linearen Ansatz zurückführen, z.B.*

$$y \approx ae^{bt} \text{ und } y > 0 \quad \text{auf} \quad \ln y \approx \ln a + bt = \alpha_1 + \alpha_2 t.$$

Solche Transformationen sind aber nur dann unkritisch, wenn man eine sehr gute Übereinstimmung zwischen Messung und beschreibendem Ansatz hat.

□

Ein rechnerisch leicht zu realisierendes Prinzip zur Festlegung der Koeffizienten α_i im Ansatz (5.27) ist das *Gaußsche Prinzip der kleinsten Quadrate*: $\alpha_1,\ldots,\alpha_n$ werden so bestimmt, daß die Summe der Residuenquadrate minimal wird:

$$\sum_{i=1}^{m}(y_i - (\sum_{j=1}^{n}\alpha_j\varphi_j(t_i)))^2 = S(\alpha_1,\ldots,\alpha_n) \stackrel{!}{=} \min_{\alpha_1,\ldots,\alpha_n}.$$

Man nennt diese Aufgabe auch „lineare Ausgleichsaufgabe“. Unter gewissen Annahmen über die in den y_i vorhandenen Fehler ε_i mit $y_i + \varepsilon_i = f(t_i;\alpha_1^*,\ldots,\alpha_n^*)$, $i = 1,\ldots,m$, stellen die so definierten α_i in gewissem Sinne optimale Schätzungen für die wahren Parameter α_i^* dar.

Schreibt man hier die notwendigen Optimalitätsbedingungen auf:

$$\frac{\partial}{\partial\alpha_i}S(\alpha_1,\ldots,\alpha_n) = 0, \quad i = 1,\ldots,n,$$

dann erhält man das folgende lineare Gleichungssystem, die *Normalgleichungen*

$$(\Phi^T\Phi)a = \Phi^T b$$

mit

$$\Phi = \begin{bmatrix} \varphi_1(t_1) & \ldots & \varphi_n(t_1) \\ \vdots & & \vdots \\ \varphi_1(t_m) & \ldots & \varphi_n(t_m) \end{bmatrix}, \quad b = \begin{bmatrix} y_1 \\ \vdots \\ y_m \end{bmatrix}, \quad a = \begin{bmatrix} \alpha_1 \\ \vdots \\ \alpha_n \end{bmatrix}.$$

Wenn die Matrix Φ den Rang n hat (d.h. die vorgegebenen Funktionen $\varphi_1,\ldots,\varphi_n$ sind auf der Menge $\{t_1,\ldots,t_m\}$ linear unabhängig), was den Fall $m \geq n$ (Anzahl der Messungen $\geq$ Parameteranzahl) voraussetzt, dann ist $\Phi^T\Phi$ positiv definit und man kann die Normalgleichungen mit dem Cholesky-Verfahren lösen.

Leider ist aber die Normalgleichungsmatrix in vielen Fällen ganz außergewöhnlich schlecht konditioniert, und kleinste Rundungsfehler bei der Aufstellung der

Normalgleichungen verfälschen den Koeffizientenvektor $\boldsymbol{a}$ völlig. In dieser Situation ist es besser, auf die Aufstellung der Normalgleichungen zu verzichten und den im folgenden beschriebenen direkten Weg zu wählen. Mit

$$\boldsymbol{r} = (r_1, \ldots, r_m)^T$$

gilt

$$\boldsymbol{r} = \boldsymbol{r}(\boldsymbol{a}) = \boldsymbol{b} - \boldsymbol{\Phi}\boldsymbol{a}$$

und

$$S(\alpha_1, \ldots, \alpha_n) = \boldsymbol{r}^T(\boldsymbol{a})\boldsymbol{r}(\boldsymbol{a}) = \|\boldsymbol{r}(\boldsymbol{a})\|_2^2.$$

Die Minimierung von $S(\alpha_1, \ldots, \alpha_n)$ ist also gleichbedeutend mit der Minimierung des Quadrats der euklidischen Norm von $\boldsymbol{r}(\boldsymbol{a})$.

Nun ist die euklidische Länge eines Vektors invariant unter einer orthonormalen Transformation dieses Vektors:
Mit der $m \times m$-Matrix $\boldsymbol{Q}$ und $\boldsymbol{Q}^T\boldsymbol{Q} = \boldsymbol{I}$ gilt

$$\boldsymbol{r}^T(\boldsymbol{a})\boldsymbol{r}(\boldsymbol{a}) = \|\boldsymbol{r}(\boldsymbol{a})\|_2^2 = \boldsymbol{r}^T(\boldsymbol{a})\boldsymbol{Q}^T\boldsymbol{Q}\boldsymbol{r}(\boldsymbol{a}) = \|\boldsymbol{Q}\boldsymbol{r}(\boldsymbol{a})\|_2^2.$$

$\boldsymbol{Q}$ soll nun so bestimmt werden, daß der optimale Koeffizientenvektor direkt abgelesen werden kann. Dies ist der Fall wenn:

$$\boldsymbol{Q}\boldsymbol{\Phi} = \left[\frac{\boldsymbol{R}}{\boldsymbol{0}}\right]\begin{matrix}\}n \\ \}m-n\end{matrix},$$

denn

$$\boldsymbol{Q}\boldsymbol{r}(\boldsymbol{a}) = \underbrace{\boldsymbol{Q}\boldsymbol{b}}_{\left[\frac{\boldsymbol{c}_1}{\boldsymbol{c}_2}\right]\begin{matrix}\}n \\ \}m-n\end{matrix}} - \left[\frac{\boldsymbol{R}}{\boldsymbol{0}}\right]\boldsymbol{a} = \left[\frac{\boldsymbol{c}_1 - \boldsymbol{R}\boldsymbol{a}}{\boldsymbol{c}_2}\right],$$

d.h.

$$\|\boldsymbol{r}(\boldsymbol{a})\|_2^2 = \|\boldsymbol{Q}\boldsymbol{r}(\boldsymbol{a})\|_2^2 = \underbrace{\|\boldsymbol{c}_1 - \boldsymbol{R}\boldsymbol{a}\|_2^2}_{\geq 0} + \underbrace{\|\boldsymbol{c}_2\|_2^2}_{\text{unabhängig von } \boldsymbol{a}},$$

und dies wird minimal genau für

$$\boldsymbol{c}_1 = \boldsymbol{R}\boldsymbol{a}, \qquad \text{d.h.} \qquad \boldsymbol{a} = \boldsymbol{R}^{-1}\boldsymbol{c}_1.$$

Da wir $\operatorname{Rg}\boldsymbol{\Phi} = n$ vorausgesetzt haben, ist $\boldsymbol{R}$ invertierbar.

Man kann sogar $\boldsymbol{Q}$ so bestimmen, daß $\boldsymbol{R}$ eine obere Dreiecksmatrix wird. Damit ist dann $\boldsymbol{A}^T\boldsymbol{A} = \boldsymbol{R}^T\boldsymbol{R}$, d.h. $\boldsymbol{R}$ ist der Cholesky-Faktor von $\boldsymbol{A}^T\boldsymbol{A}$ bis auf Zeilenfaktoren ± 1. Ähnlich wie beim Gaußschen Algorithmus wird die Dreiecksform in n

(bzw. $n-1$ für $m=n$) Schritten erzeugt. $\boldsymbol{Q}$ erhält man als Produkt von n (bzw. $n-1$) einfach aufgebauten orthonormalen Matrizen

$$\boldsymbol{Q} = \boldsymbol{P}_n \cdots \boldsymbol{P}_1.$$

Sei bereits mit $\boldsymbol{A}^{(0)} = \boldsymbol{\Phi}$

$$\boldsymbol{P}_{i-1} \cdots \boldsymbol{P}_1 \boldsymbol{A}^{(0)} = \boldsymbol{A}^{(i-1)} = \left[\begin{array}{ccc|c|cc} a_{11}^{(1)} & \dots & a_{1,i-1}^{(1)} & a_{1,i}^{(1)} & \dots & a_{1,n}^{(1)} \\ 0 & \ddots & \vdots & \vdots & & \vdots \\ \vdots & \ddots & a_{i-1,i-1}^{(i-1)} & a_{i-1,i}^{(i-1)} & \dots & a_{i-1,n}^{(i-1)} \\ \vdots & & 0 & a_{i,i}^{(i-1)} & \dots & a_{i,n}^{(i-1)} \\ 0 & \dots & 0 & a_{m,i}^{(i-1)} & \dots & a_{m,n}^{(i-1)} \end{array}\right], \quad (i \geq 1)$$

berechnet worden.

Dann wählen wir $\boldsymbol{P}_i$ in der Form

$$\boldsymbol{P}_i = \left[\begin{array}{c|c} \boldsymbol{I}_{i-1} & 0 \\ \hline 0 & \tilde{\boldsymbol{P}}_i \end{array}\right],$$

d.h. die Multiplikation von links mit $\boldsymbol{P}_i$ läßt die ersten $i-1$ Zeilen und Spalten von $\boldsymbol{A}^{(i-1)}$ unverändert, wobei $\tilde{\boldsymbol{P}}_i$ bestimmt wird aus folgenden Forderungen:

1. $\tilde{\boldsymbol{P}}_i$ orthonormal,

2. $\tilde{\boldsymbol{P}}_1 \begin{bmatrix} a_{ii}^{(i-1)} \\ \vdots \\ a_{mi}^{(i-1)} \end{bmatrix} = \pm\gamma_i \begin{bmatrix} 1 \\ 0 \\ \vdots \\ 0 \end{bmatrix} \quad \text{mit} \quad \gamma_i = (\sum_{j=i}^{m} (a_{ji}^{(i-1)})^2)^{1/2}.$

Man erhält für $\tilde{\boldsymbol{P}}_i$ die *Householder-Matrix*

$$\tilde{\boldsymbol{P}}_i = \boldsymbol{I}_{m-i+1} - \beta_i \boldsymbol{u}_i \boldsymbol{u}_i^T,$$

wobei $\boldsymbol{I}_{m-i+1}$ Einheitsmatrix der Dimension $(m-i+1) \times (m-i+1)$ ist und

$$\boldsymbol{u}_i = (\text{sign}_0(a_{ii}^{(i-1)})(|a_{ii}^{(i-1)}| + \gamma_i),\ a_{i+1,i}^{(i-1)}, \dots, a_{mi}^{(i-1)})^T, \tag{5.28}$$

$$\beta_i = \frac{1}{\gamma_i(|a_{ii}^{(i-1)}| + \gamma_i)}, \quad \text{sign}_0(x) = \begin{cases} 1 & x \geq 0 \\ -1 & x < 0 \end{cases}.$$

Aufgrund der Konstruktion von P_i hat man nur die Zeilen i bis m und die Spalten $i+1$ bis n umzurechnen, denn in der i-ten Spalte wird

$$a_{ii}^{(i)} = -\operatorname{sign}_0(a_{ii}^{(i-1)})\gamma_i, \qquad a_{ji}^{(i)} = 0, \quad j > i.$$

Sei

$$a_j^{(i-1)} := \begin{bmatrix} a_{1j}^{(1)} \\ \vdots \\ a_{i-1,j}^{(i-1)} \\ \hline a_{ij}^{(i-1)} \\ \vdots \\ a_{mj}^{(i-1)} \end{bmatrix} \qquad \text{für} \qquad j = i+1, \ldots, n.$$

Dann errechnet sich $a_j^{(i)}$ aus

$$a_j^{(i)} = a_j^{(i-1)} - \beta_i((0, u_i^T)a_j^{i-1}) \left(\frac{0}{u_i}\right), \quad j = i+1, \ldots, n.$$

Analog hat man die letzten $m-i+1$ Komponenten von b umzurechnen.

Nach n (bzw. $n-1$) Schritten hat man dann (mit $n' = n$ bzw. $n' = n-1$)

$$P_{n'} \cdots P_1 \Phi = \begin{bmatrix} \begin{matrix} \diagdown & R \\ 0 & \diagdown \end{matrix} \\ \hline 0 \end{bmatrix} \qquad P_{n'} \cdots P_1 b = \left[\frac{c_1}{c_2}\right].$$

Man beachte, daß die Matrix Q niemals explizit berechnet wird. Wir erhalten somit konstruktiv

Satz 5.3. *Es sei A eine reelle $m \times n$-Matrix. Dann gibt es eine orthonormale $m \times m$-Matrix Q und eine obere $n \times n$-Dreiecksmatrix R mit*

$$QA = \left[\frac{R}{0}\right].$$

Hat A den Rang n, dann ist R invertierbar, und es berechnet sich die Lösung der linearen Ausgleichsaufgabe $\|Ax - b\|_2 \stackrel{!}{=} \min\limits_x$ aus

$$Rx = c_1,$$

wo $Qb = \begin{bmatrix} c_1 \\ c_2 \end{bmatrix}$ mit $c_1 \in \mathbb{R}^n$. Q kann gebildet werden als Produkt von Householder-Matrizen P_i der Form $P_i = I - \beta_i \hat{u}_i \hat{u}_i^T$, wobei $\beta_i = 2/(\hat{u}_i^T \hat{u}_i)$, $\hat{u}_i = (0, \ldots, 0, u_i^T)^T$ mit u_i aus (5.28). □

Man bezeichnet diese Matrix-Zerlegung als QR-Zerlegung.

Beispiel 5.6. *Berechnung der QR-Zerlegung der Matrix*

$$A = \begin{bmatrix} 1 & -2 & 3 \\ 1 & 0 & -1 \\ 1 & -2 & 1 \\ 1 & 0 & 1 \end{bmatrix},$$

$$\gamma_1 = 2, \quad \beta_1 = \tfrac{1}{6}, \quad u_1 = [3,1,1,1]^T, \quad a_{11}^{(1)} = -2.$$

Umrechnung von Spalte 2 und Spalte 3:

$$a_2^{(1)} = a_2^{(0)} - \beta_1[u_1^T a_2^{(0)}]u_1 = a_2^{(0)} - \tfrac{1}{6}(-8)u_1 = \begin{bmatrix} -2 \\ 0 \\ -2 \\ 0 \end{bmatrix} + \tfrac{4}{3}\begin{bmatrix} 8 \\ 1 \\ 1 \\ 1 \end{bmatrix} = \begin{bmatrix} 2 = a_{12}^{(1)} \\ \frac{4}{3} \\ -\frac{2}{3} \\ \frac{4}{3} \end{bmatrix},$$

$$a_3^{(1)} = a_3^{(0)} - \beta_1[u_1^T a_3^{(0)}]u_1 = a_3^{(0)} - \tfrac{1}{6}(10)u_1 = \begin{bmatrix} 3 \\ -1 \\ 1 \\ 1 \end{bmatrix} - \tfrac{5}{3}\begin{bmatrix} 3 \\ 1 \\ 1 \\ 1 \end{bmatrix} = \begin{bmatrix} -2 \\ -\frac{8}{3} \\ -\frac{2}{3} \\ -\frac{2}{3} \end{bmatrix},$$

$$\gamma_2 = 2, \quad \beta_2 = \frac{1}{2(2+\frac{4}{3})} = \frac{3}{20}, \quad a_{22}^{(2)} = -2, \quad u_2 = [\tfrac{10}{3}, -\tfrac{2}{3}, \tfrac{4}{3}]^T.$$

Umrechnung von Spalte 3:

$$a_3^{(2)} = a_3^{(1)} - \beta_2[[0, u_2^T]a_3^{(1)}] \begin{bmatrix} 0 \\ \hline u_2 \end{bmatrix} = a_3^{(1)} - \tfrac{3}{20} \cdot (-\tfrac{84}{9}) \cdot \begin{bmatrix} 0 \\ \hline u_2 \end{bmatrix}$$

$$= \begin{bmatrix} -2 \\ \hline -\frac{8}{3} + \frac{7}{5}\frac{10}{3} \\ -\frac{2}{3} + \frac{7}{5}(-\frac{2}{3}) \\ -\frac{2}{3} + \frac{7}{5}(\frac{4}{3}) \end{bmatrix} = \begin{bmatrix} -2 \\ 2 \\ -\frac{8}{5} \\ \frac{6}{5} \end{bmatrix},$$

$$\gamma_3 = 2, \quad \beta_2 = \frac{1}{2(2+\frac{8}{5})} = \frac{5}{36}, \quad a_{33}^{(3)} = 2, \quad u_3 = (-\tfrac{18}{5}, \tfrac{6}{5})^T.$$

$$QA = \begin{bmatrix} -2 & 2 & -2 \\ 0 & -2 & 2 \\ 0 & 0 & 2 \\ 0 & 0 & 0 \end{bmatrix},$$ *Q orthonormal,implizit definiert durch $\beta_1, u_1;\ \beta_2, u_2;\ \beta_3, u_3$.*

□

Bemerkung 5.2. *Analog zur QR-Zerlegung kann man eine QL-Zerlegung*

$$QA = \left[\begin{array}{c} 0 \\ \hline \begin{array}{cc} L & 0 \end{array} \end{array}\right]$$

erzeugen, wenn man spaltenweise von hinten nach vorne vorgeht und jeweils die $(n-i+1)$-te laufende Spalte orthonormal auf den $(n-i+1)$-ten Koordinateneinheitsvektor in $\mathbb{R}^{n-i+1}$ transformiert.

□

Bemerkung 5.3. *Die schlechte Kondition vieler Ausgleichsaufgaben läßt sich durch geeignete Transformationen der „freien" Variablen t und geeignete Wahl der Ansatzfunktionen oft entscheidend verbessern. So sind Polynomansätze $f(t;\alpha_1,\dots,\alpha_n) = \sum_{i=1}^{n} \alpha_i t^{i-1}$ oft katastrophal schlecht konditioniert, z.B. wenn $t \gg 1$ und $n > 3$. Wenn man aber t auf $[-1,1]$ transformiert und statt $\varphi_i(t) = t^{i-1}$ $\varphi_i(t) = T_{i-1}(t)$ mit T_j als Tschebyscheff- Polynom 1. Art wählt, verschwindet die Problematik oft völlig.*

□

Bemerkung 5.4. *Eine weitere Möglichkeit der Lösung linearer Ausgleichsaufgaben (bzw. Gleichungssysteme im Fall $m = n$) bietet die sogenannte Singulärwertzerlegung (svd) einer Matrix, die in Abschnitt 10.5 näher besprochen wird. Zu jeder $m \times n$-Matrix A mit $m \geq n$ existieren eine orthonormale $m \times m$-Matrix U, eine orthonormale $n \times n$-Matrix V und eine $n \times n$ Diagonalmatrix Σ mit nichtnegativen Diagonalelementen σ_i (den Singulärwerten von A), so daß gilt*

$$A = U \begin{bmatrix} \Sigma \\ 0 \end{bmatrix} V^T.$$

0 ist eine Nullmatrix der Dimension $(m-n) \times n$.

Hat A den Rang n, dann ist Σ invertierbar und die Lösung der Ausgleichsaufgabe $\|Ax - b\|_2^2 = \min$ lautet dann

$$x^* = V[\Sigma^{-1}, 0]U^T b.$$

Wenn A nicht Rang n hat, ist die Lösung der Minimumaufgabe nicht mehr eindeutig. Eindeutigkeit kann man durch geeignete Zusatzforderungen an x^* erreichen, z.B. durch die Forderung minimaler Länge. In diesem Fall lautet dann die Lösung

$$x^* = V[\Sigma^+, 0]U^T b$$

mit

$$\Sigma^+ = \operatorname{diag}(\sigma_i^+), \sigma_i^+ = \begin{cases} 1/\sigma_i & \text{für} \quad \sigma_i > 0 \\ 0 & \text{sonst} \end{cases}.$$

Die Singulärwertzerlegung bietet die beste Kontrolle und Steuerungsmöglichkeit für die Konditionszahl eines Gleichungssystems ($m = n$) bzw. einer Ausgleichsaufgabe ($m > n$).

Es ist nämlich in der euklidischen Norm

$$k_2(A) = \max_i \sigma_i / \min_i \sigma_i, \qquad (m = n),$$

und auch im Falle $m > n$ kann man $k_2(A)$ durch diesen Ausdruck sinnvoll definieren. Liegt nun ein Problem vor, bei dem A selbst nur bis auf einen Fehler δA bekannt ist mit $\|\delta A\|_2 \leq \varepsilon$, dann wird man nur solche Singulärwerte σ_i als positiv betrachten, für die gilt

$$\sigma_i > \varepsilon,$$

d.h. man wird als Lösung des Gleichungssystems bzw. der Ausgleichsaufgabe

$$x^*(\varepsilon) := V(\Sigma(\varepsilon)^+, 0)U^T b$$

nehmen mit

$$\Sigma(\varepsilon)^+ = \operatorname{diag}(\sigma_i^+(\varepsilon)), \quad \sigma_i^+(\varepsilon) = \begin{cases} 1/\sigma_i & \text{falls } \sigma_i > \varepsilon \\ 0 & \text{sonst} \end{cases}.$$

Eine solche Vorgehensweise ist eine Möglichkeit der Regularisierung *eines singulären bzw. schlecht konditionierten Problems.*

Die Konditionszahl des implizit gebildeten Ersatzgleichungssystems ist dann kleiner oder gleich $\sigma_{\max}/\varepsilon$.

□

5.4.4 Sehr große Systeme und ihr Auftreten

In den Kapiteln 4 und 5 haben wir des öfteren erwähnt, daß die Lösung eines kleinen linearen Gleichungssystems in der Regel keine Schwierigkeiten bereitet. Ausnahmefälle gibt es natürlich. Zu den *kleinen* Systemen kann man hierbei noch die Systeme bis zu etwa hundert Gleichungen zählen, wenn die Matrix des Systems schwach besetzt ist, d.h. der überwiegende Teil ihrer Elemente die Null ist.

Die Lösung großer linearer Gleichungssysteme oder die Inversion großer Matrizen (was in der Praxis glücklicherweise selten erforderlich ist) kann jedoch oft eine sehr schwierige numerische Aufgabe sein, insbesondere dann, wenn A schlecht konditioniert ist. Schwierigkeiten treten aber erfahrungsgemäß auch schon auf, wenn A keine spezielle Struktur besitzt, also z.B. nicht symmetrisch und positiv definit oder keine Tridiagonal- oder Block-Tridiagonalmatrix ist. In solchen Fällen wird man den in Kapitel 4 beschriebenen Gaußschen Algorithmus anwenden.

Obwohl dieser im Vergleich mit anderen direkten Verfahren eine minimale Zahl von Rechenoperationen benötigt – wir gehen darauf weiter unten noch ein – ist er für die Lösung großer Gleichungssysteme häufig ungeeignet. Wie wir in Abschnitt 4.4 und 4.5 gesehen haben, können sich, insbesondere bei schlecht konditionierter Systemmatrix, Rundungsfehler katastrophal auswirken. Auch eine Nachiteration hilft dann oft nicht mehr weiter.

Extrem große lineare Gleichungssysteme treten, wie bereits gesagt, bei Anwendung von numerischen Verfahren zur Lösung mehrdimensionaler linearer Randwertprobleme auf. Solche numerischen Verfahren sind etwa Differenzenverfahren oder die Methode der Finiten Elemente. Mit diesen sehr wichtigen Methoden werden wir uns in Band 2 ausführlich befassen. Diese reduzieren die numerische Lösung der genannten Randwertprobleme auf die Aufgabe, ein sehr großes und schwach besetztes lineares Gleichungssystem zu lösen. Die Systemmatrizen sind dabei schlecht konditioniert und in der Regel Bandmatrizen, oft sogar Block-Tridiagonalmatrizen. Darüber hinaus sind sie in vielen Fällen symmetrisch und positiv definit, diagonaldominant oder sogar Stieltjes-Matrizen (vgl. Abschnitt 1.3).

Wegen der großen Bedeutung der numerischen Lösung von Randwertaufgaben in vielen Bereichen der Technik ist schon früh versucht worden, spezielle direkte oder iterative Algorithmen zur Lösung der genannten linearen Gleichungssysteme zu entwickeln. Dazu zählen z.B. auch die oben in Abschnitt 5.2 und 5.3 beschriebenen direkten Verfahren. Iterative Verfahren dieser Art werden wir in Kapitel 6 kennenlernen. Bei großen Systemen erweisen sich diese Verfahren aus mehreren Gründen oft als zu langsam. Dies gilt besonders dann, wenn man einen bestimmten Gleichungstyp jeweils mit unterschiedlichen Parametersystemen (z.B. Meßdaten), d.h. sehr oft zu lösen hat.

In den letzten Jahren werden in zunehmendem Maße sog. *Mehrgitterverfahren* verwendet. Hierbei handelt es sich um äußerst schnelle iterative Verfahren, mit denen auch schwach besetzte und schlecht konditionierte Systeme von mehreren hunderttausend Gleichungen noch in vertretbarer Zeit gelöst werden können. Mehrgitterverfahren sind jedoch eher im direkten Zusammenhang mit der numerischen Lösung von Randwertproblemen verständlich und sinnvoll. Wir werden uns mit diesen wichtigen Verfahren daher in Band 2 befassen, und zwar im Anschluß an die Untersuchungen über Differenzenverfahren und die Methode der Finiten Elemente zur Lösung von Randwertproblemen.

5.5 Rechenaufwand und Zusammenstellung wichtiger Verfahren

5.5.1 Die Zahl der Rechenoperationen

Ein wichtiges Kriterium für den erforderlichen Rechenaufwand eines Algorithmus liefert die Abzählung der notwendigen arithmetischen Rechenoperationen. Wir wollen das Ergebnis solcher Abzählungen hier abschließend für einige in den Kapiteln 4 und 5 beschriebene Verfahren kurz wiedergeben. Die Rechenoperationen für die Pivotsuche und zur Verbesserung der erhaltenen Näherungen, wie z.B. Nachiterationen, werden dabei nicht gezählt. Ferner wollen wir nur die Multiplikationen und Divisionen berücksichtigen. Bei fast allen hier untersuchten Algorithmen ist jedoch eine etwa gleich große Anzahl von Additionen (bzw. Subtraktionen) durchzuführen. Daher gilt bei den Abzählungen grob

$$\text{Rechenoperation} \approx \text{Multiplikation} + \text{Addition}.$$

Wir betrachten dann im Hinblick auf weitere Abzählungen nicht ein System, sondern die m Systeme

$$\boldsymbol{A}\boldsymbol{x} = \boldsymbol{a}(r), \quad r = 1, 2, \ldots, m. \tag{5.29}$$

Dabei ist $\boldsymbol{A}$ eine nichtsinguläre quadratische Matrix der Ordnung n. Für ein zunächst festes r soll (5.29) mit dem Gaußschen Algorithmus gelöst werden. Beim $(k+1)$-ten Schritt sind dabei nach (4.9) folgende Rechenoperationen (RO) erforderlich:

$$\begin{aligned} n-k-1 &\quad \text{RO} \quad \text{zur Berechnung der } c_{i,k+1}, \\ (n-k-1)^2 &\quad \text{RO} \quad \text{zur Berechnung der } a_{ij}^{k+1}, \\ n-k-1 &\quad \text{RO} \quad \text{zur Berechnung der } a_i^{k+1}(r). \end{aligned} \tag{5.30}$$

Insgesamt erfordert der $(k+1)$-te Rechenschritt also

$$(n-k-1)^2 + 2(n-k-1) \text{ RO },$$

die Reduktion auf das System $\boldsymbol{B}\boldsymbol{x} = \boldsymbol{b}(r)$ somit

$$\sum_{k=0}^{n-2} (n-k-1)^2 + 2(n-k-1) = \frac{n(n-1)(2n-1)}{6} + n(n-1) \text{ RO }. \tag{5.31}$$

Schließlich benötigt man zur Berechnung von x_i nach (4.5) noch

$$n - i + 1 \text{ RO },$$

somit zur Berechnung von $x_n, \ldots, x_1$

$$\sum_{i=1}^{n} (n-i+1) = \frac{n(n+1)}{2} \text{ RO }. \tag{5.32}$$

Zur Lösung der Systeme (5.29) für $r = 1, 2, \ldots, m$ sind die Operationen (5.30) und (5.32) m-mal auszuführen. Wir benötigen daher nach (5.31)

$$\frac{n(n-1)(2n-1)}{6} + (m+1)\frac{n(n-1)}{2} + m\frac{n(n+1)}{2} = \frac{n^3}{3} + mn^2 - \frac{n}{3} \text{ RO} . \quad (5.33)$$

Für $m = 1$ erhält man in

$$\frac{n^3}{3} + n^2 - \frac{n}{3}$$

die Zahl der RO beim Gaußschen Algorithmus. Man rechnet leicht aus, daß dies auch für den durch (4.10) gegebenen Algorithmus (Schema 4.1) gilt.

Für das in Abschnitt 4.3 zuerst beschriebene Verfahren der Matrixinversion, bei dem ja n Gleichungssysteme (4.27) mit dem Gaußschen Algorithmus zu lösen sind, hat man wegen (5.33) und $m = n$

$$\frac{4}{3}n^3 - \frac{n}{3} \text{ RO}$$

auszuführen. Diese Zahl ist jedoch zu groß, da auf den rechten Seiten von (4.27) jeweils nur die Einheitsvektoren stehen. Eine genaue Abzählung zeigt (vgl. etwa [14, Seite 38]), daß nur

$$n^3 \text{ RO}$$

erforderlich sind. Das zweite in Abschnitt 4.3 beschriebene Verfahren, das Gauß-Jordan-Verfahren, erfordert den gleichen Aufwand. Zur Lösung eines Gleichungssystems mit symmetrischer und positiv definiter Matrix nach dem in Abschnitt 5.1 beschriebenen Cholesky-Verfahren benötigt man

$$\frac{n^3}{6} + \frac{3n^2}{2} + \frac{n}{3} \text{ RO} ,$$

wozu noch n Quadratwurzelberechnungen kommen. Einen sehr geringen Aufwand erfordert das Verfahren in Abschnitt 5.2 zur Lösung von Gleichungssystemen mit Tridiagonalmatrix. Man zählt für den durch (5.16), (5.17) gegebenen Algorithmus

$$5n - 4 \text{ RO} .$$

Dies bedeutet z.B., daß man zur Lösung eines Systems von 1000 Gleichungen mit Tridiagonalmatrix weniger Rechenoperationen benötigt als zur Lösung eines Systems von 24 Gleichungen mit vollbesetzter Matrix.

Man muß hierbei jedoch im Auge behalten, daß die Ermittlung der Adresse eines Matrixelements a_{ik} im Speicher eines Rechners und der Speicherzugriff darauf unter Umständen ein Vielfaches der Zeit für eine Multiplikation benötigt. Dies hängt von der Speicherorganisation und Programmorganisation ab, also etwa von der Zugriffsreihenfolge, und variiert in den verschiedenen Systemen sehr stark. Insofern ist die Beurteilung eines Verfahrens allein aufgrund der oben definierten Rechenoperationen zumindest unvollständig.

5.5.2 Zusammenstellung wichtiger Verfahren

Der Übersichtlichkeit halber sollen hier noch einmal das Cholesky-Verfahren sowie der modifizierte Gaußsche Algorithmus für Systeme mit Tridiagonal- und Block-Tridiagonalmatrix aufgeführt werden.

1. *Cholesky-Verfahren für Systeme mit symmetrischer und positiv definiter Matrix*
   Vorgegeben ist das Gleichungssystem $\boldsymbol{Ax} = \boldsymbol{a}$ mit symmetrischer und positiv definiter Matrix $\boldsymbol{A}$ und dem Vektor $\boldsymbol{a} \neq \boldsymbol{0}$. Durch das Cholesky-Verfahren (s. Abschnitt 5.1) wird dieses System auf ein solches der Form
   $$\boldsymbol{Rx} = \boldsymbol{r}$$
   mit der oberen Dreiecksmatrix $\boldsymbol{R}$ und $\boldsymbol{A} = \boldsymbol{R}^T\boldsymbol{R}$ reduziert. Die Elemente r_{ij} von $\boldsymbol{R}$ und die Komponenten r_i von $\boldsymbol{r}$ berechnen sich dabei nach folgender Vorschrift (es gilt $a_{ii} > 0$ wegen der positiven Definitheit):
   $$\begin{aligned} r_{ii}^2 &= a_{ii} - \sum_{k=1}^{i-1} r_{ki}^2, && i = 1,2,\ldots,n, \\ r_{ij} &= \frac{1}{r_{ii}}\left(a_{ij} - \sum_{k=1}^{i-1} r_{ki}r_{kj}\right), && i,j = 1,\ldots,n;\ j > i, \\ r_i &= \frac{1}{r_{ii}}\left(a_i - \sum_{k=1}^{i-1} r_{ki}r_k\right), && i = 1,2,\ldots,n. \end{aligned}$$

2. *Systeme mit Tridiagonalmatrix*
   Das System $\boldsymbol{Ax} = \boldsymbol{g}$ mit der Tridiagonalmatrix (s. Abschnitt 5.2)
   $$\boldsymbol{A} = \begin{bmatrix} a_1 & c_1 & & & 0 \\ b_2 & a_2 & c_2 & & \\ & \ddots & \ddots & \ddots & \\ & & b_{n-1} & a_{n-1} & c_{n-1} \\ 0 & & & b_n & a_n \end{bmatrix}$$
   kann auf ein System
   $$\boldsymbol{Bx} = \boldsymbol{h}$$
   mit der Matrix
   $$\boldsymbol{B} = \begin{bmatrix} f_1 & c_1 & & & 0 \\ & f_2 & c_2 & & \\ & & \ddots & \ddots & \\ & & & f_{n-1} & c_{n-1} \\ 0 & & & & f_n \end{bmatrix}$$

reduziert werden. Die Rechenvorschriften lauten dabei

$$\begin{aligned} f_1 &= a_1, \quad f_j = a_j - \frac{b_j}{f_{j-1}} c_{j-1}, \\ h_1 &= g_1, \quad h_j = g_j - \frac{b_j}{f_{j-1}} h_{j-1}, \end{aligned} \qquad j = 2, 3, \ldots, n.$$

Hieraus erhält man

$$x_n = \frac{h_n}{f_n}, \; x_i = \frac{1}{f_i}(h_i - c_i x_{i+1}), \quad i = n-1, n-2, \ldots, 1.$$

3. *Systeme mit Block-Tridiagonalmatrix*
Das System $\boldsymbol{A}\boldsymbol{x} = \boldsymbol{g}$ mit der Block-Tridiagonalmatrix (s. Abschnitt 5.3)

$$\boldsymbol{A} = \begin{bmatrix} \boldsymbol{A}_1 & \boldsymbol{C}_1 & & & \boldsymbol{0} \\ \boldsymbol{B}_2 & \boldsymbol{A}_2 & \boldsymbol{C}_2 & & \\ & \ddots & \ddots & \ddots & \\ & & \boldsymbol{B}_{n-1} & \boldsymbol{A}_{n-1} & \boldsymbol{C}_{n-1} \\ \boldsymbol{0} & & & \boldsymbol{B}_n & \boldsymbol{A}_n \end{bmatrix},$$

$$\begin{aligned} \boldsymbol{A}_i &: m_i \times m_i\text{-Matrizen}, \\ \boldsymbol{B}_i &: m_i \times m_{i-1}\text{-Matrizen}, \\ \boldsymbol{C}_i &: m_i \times m_{i+1}\text{-Matrizen}, \end{aligned}$$

und der rechten Seite $\boldsymbol{g} = [(\boldsymbol{g}^{(1)})^T, \ldots, (\boldsymbol{g}^{(n)})^T]^T$ kann auf ein System $\boldsymbol{B}\boldsymbol{x} = \boldsymbol{h}$ mit der Matrix

$$\boldsymbol{B} = \begin{bmatrix} \boldsymbol{F}_1 & \boldsymbol{C}_1 & & & \boldsymbol{0} \\ & \boldsymbol{F}_2 & \boldsymbol{C}_2 & & \\ & & \ddots & \ddots & \\ & & & \boldsymbol{F}_{n-1} & \boldsymbol{C}_{n-1} \\ \boldsymbol{0} & & & & \boldsymbol{F}_n \end{bmatrix}$$

und der rechten Seite $\boldsymbol{h} = [(\boldsymbol{h}^{(1)})^T, \ldots, (\boldsymbol{h}^{(n)})^T]^T$ reduziert werden:

$$\begin{aligned} \boldsymbol{F}_1 &= \boldsymbol{A}_1, \; \boldsymbol{F}_j = \boldsymbol{A}_j - \boldsymbol{B}_j \boldsymbol{F}_{j-1}^{-1} \boldsymbol{C}_{j-1}, \\ \boldsymbol{h}^{(1)} &= \boldsymbol{g}^{(1)}, \; \boldsymbol{h}^{(j)} = \boldsymbol{g}^{(j)} - \boldsymbol{B}_j \boldsymbol{F}_{j-1}^{-1} \boldsymbol{h}^{(j-1)}, \end{aligned} \qquad j = 2, 3, \ldots, n.$$

Mit $\boldsymbol{x} = [(\boldsymbol{x}^{(1)})^T, \ldots, (\boldsymbol{x}^{(n)})^T]^T$ entstehen die n Teilsysteme

$$\boldsymbol{F}_n \boldsymbol{x}^{(n)} = \boldsymbol{h}^{(n)}, \; \boldsymbol{F}_i \boldsymbol{x}^{(i)} = (\boldsymbol{h}^{(i)} - \boldsymbol{C}_i \boldsymbol{x}^{(i+1)}), \quad i = n-1, \ldots, 1,$$

die man jetzt zweckmäßigerweise mit passenden Verfahren aus den Kapiteln 4 und 5 löst.

5.6 Beispiel

Wir betrachten ein Gleichungssystem, das bei der numerischen Lösung des einfachsten elliptischen Randwertproblems auftritt, und das wir zum Vergleich auch als Beispiel für ein Verfahren aus dem nächsten Kapitel 6 verwenden werden. Auf die numerische Lösung von Randwertproblemen gehen wir in Band 2 ein. Das bei diesem Beispiel zugrunde liegende Randwertproblem ist

$$-\Delta u = -(u_{xx} + u_{yy}) = 0 \text{ in } Q : 0 < x < 1;\ 0 < y < 1;\ u = e^{2y^2 - x} \text{ auf } \dot{Q}.$$

Dabei ist $\dot{Q}$ der Rand des Einheitsquadrates Q. Löst man dieses Randwertproblem durch das bekannteste Differenzverfahren (mit der Schrittweite $h = 0.05$), so erhält man das Gleichungssystem

$$\boldsymbol{A}\boldsymbol{x} = \boldsymbol{g} \tag{5.34}$$

mit der Block-Tridiagonalmatrix der Ordnung $19^2 = 361$

$$\boldsymbol{A} = \begin{bmatrix} \boldsymbol{S} & -\boldsymbol{I} & & & 0 \\ -\boldsymbol{I} & \boldsymbol{S} & -\boldsymbol{I} & & \\ & \ddots & \ddots & \ddots & \\ & & -\boldsymbol{I} & \boldsymbol{S} & -\boldsymbol{I} \\ 0 & & & -\boldsymbol{I} & \boldsymbol{S} \end{bmatrix}$$

und der rechten Seite

$$\boldsymbol{g} = [(\boldsymbol{g}^{(1)})^T, \ldots, (\boldsymbol{g}^{(19)})^T]^T. \tag{5.35}$$

Dabei ist $\boldsymbol{I}$ die Einheitsmatrix der Ordnung 19 und $\boldsymbol{S}$ folgende Tridiagonalmatrix

$$\boldsymbol{S} = \begin{bmatrix} 4 & -1 & & & 0 \\ -1 & 4 & -1 & & \\ & \ddots & \ddots & \ddots & \\ & & -1 & 4 & -1 \\ 0 & & & -1 & 4 \end{bmatrix},$$

ebenfalls von der Ordnung 19. Bezeichnen wir die Elemente von $g^{(i)}$ mit $g_k^{(i)}$, $i,k = 1,\ldots,19$, so gilt für die rechte Seite von (5.34) mit (5.35)

$$g_1^{(1)} = \exp(2(\tfrac{1}{20})^2) + \exp(-\tfrac{1}{20}), \qquad g_{19}^{(1)} = \exp(2(\tfrac{1}{20})^2 - 1) + \exp(-\tfrac{19}{20}),$$

$$g_k^{(1)} = \exp(-\tfrac{k}{20}), \quad k = 2,\ldots,18,$$

$$g_1^{(i)} = \exp(2(\tfrac{i}{20})^2), \qquad g_{19}^{(i)} = \exp(2(\tfrac{i}{20})^2 - 1),$$

$$g_k^{(i)} = 0, \quad i,k = 2,\ldots,18,$$

$$g_1^{(19)} = \exp(2(\tfrac{19}{20})^2) + \exp(2 - \tfrac{1}{20}), \quad g_{19}^{(19)} = \exp(2(\tfrac{19}{20})^2 - 1) + \exp(2 - \tfrac{19}{20}),$$

$$g_k^{(19)} = \exp(2 - \tfrac{k}{20}), \quad k = 2,\ldots,18.$$

Ergebnisse. Bezeichnen wir den Lösungsvektor mit

$$x^* = [x_1,\ldots,x_{361}]^T,$$

so ergibt sich u.a. (bei Sedezimalarithmetik mit 6 Stellen)

i	x_i	i	x_i	i	x_i	i	x_i
1	1.892	101	6.428	191	13.585	281	8.931
11	1.550	111	7.426	201	8.100	291	8.753
21	3.389	121	6.872	211	13.007	301	8.981
31	2.544	131	8.909	221	8.342	311	7.591
41	4.421	141	7.244	231	12.175	321	8.799
51	3.615	151	10.509	241	8.570	331	6.505
61	5.232	161	7.562	251	11.132	341	8.051
71	4.780	171	12.254	261	8.776	351	5.484
81	5.889	181	7.843	271	9.959	361	5.010
91	6.050						

Für die Matrix des Systems gilt $k_2(A) \approx 3200$. Obwohl das Cholesky-Verfahren zur Lösung solcher Systeme besser geeignet ist als der Gauß-Algorithmus, ist der berechnete Lösungsvektor noch recht ungenau, Abweichungen von der genauen Lösung ergeben sich teilweise schon in der 2. Stelle hinter dem Komma. Dies ist in Übereinstimmung mit den Vorhersagen, die man aufgrund genauerer Rundungsfehleranalysen erhält. Dies wird sich auch beim Vergleich der Ergebnisse mit denen in

Abschnitt 6.10 zeigen. Um höhere Genauigkeit zu erzielen, müßte die Rechnung mit wesentlich größerer Stellenzahl durchgeführt werden, was natürlich zu erhöhtem Speicherbedarf und etwas höherer Rechenzeit führt.

5.7 Aufgaben

A 5-1 Mit dem Gaußschen Algorithmus nach Abschnitt 5.1 und dem Cholesky-Verfahren löse man das System $\boldsymbol{Ax} = \boldsymbol{a}$ mit

$$\boldsymbol{A} = \begin{bmatrix} 1 & 0 & -1 & 0 \\ 0 & 1.5 & -0.5 & -1 \\ -1 & -0.5 & 2 & -0.5 \\ 0 & -1 & -0.5 & 1.50001 \end{bmatrix}, \quad \boldsymbol{a} = \begin{bmatrix} 2 \\ -3 \\ -1 \\ 0 \end{bmatrix}.$$

Warum ist $\boldsymbol{A}$ positiv definit?

A 5-2 Man schreibe den Cholesky-Algorithmus in der Form der Rechenvorschriften (5.9).

A 5-3 Bei der Tridiagonalmatrix (5.14) sei $a_i = 2$, $c_i = b_i = -1$. Man zeige, daß dann für (5.15) $f_j = j + 1/j$, $j = 2, 3, \ldots, n$, mit $f_1 = 2$ gilt. Ferner bestimmen sich die Unbekannten aus

$$x_{n-i} = (n-i) \sum_{\nu=0}^{i} \frac{h_{n-\nu}}{n+1-\nu}, \qquad i = 0, 1, \ldots, n-1.$$

Der Nachweis dieser Behauptung kann sehr einfach durch vollständige Induktion geführt werden.

A 5-4 Man löse das System $\boldsymbol{Ax} = \boldsymbol{g}$ mit der in Beispiel (5.21) angegebenen Matrix $\boldsymbol{A}$ und der rechten Seite

$$\boldsymbol{g} = [1, -1, 1, 0, 0, 0, 1, -1, 1]^T.$$

A 5-5 Es sei $\boldsymbol{A}$ eine Block-Tridiagonalmatrix mit $m_j = m$, $\boldsymbol{B}_j = \boldsymbol{C}_j = -\boldsymbol{I}$, $\boldsymbol{A}_j = \boldsymbol{P}$, $j = 1, 2, \ldots, n$, mit der Tridiagonalmatrix $\boldsymbol{P}$. Man gebe die Zahl der benötigten Rechenoperationen für die Lösung von Gleichungssystemen mit dieser Matrix an. Dabei lege man den in Abschnitt 5.3 bzw. 5.2 gegebenen Algorithmus zugrunde.

6 Iterative Verfahren

Wie bereits in Kapitel 4 und besonders in Kapitel 5 erwähnt, ist es in bestimmten Fällen vorzuziehen, ein lineares Gleichungssystem iterativ zu lösen. Dies trifft insbesondere bei gewissen sehr großen Systemen mit schwach besetzter Matrix zu. Wichtig sind vor allem solche Systeme, die aus der Diskretisierung von Anfangs-Randwertproblemen und Randwertproblemen resultieren. Ihre Matrix ist vielfach symmetrisch und positiv definit, eine M-Matrix, oder sogar eine Stieltjes-Matrix. Es wird sich zeigen, daß solche Systeme besonders effizient mit den hier zu behandelnden Iterationsverfahren gelöst werden können, wenn man an die Lösungsgenauigkeit keine zu hohen Forderungen stellt. In den Anwendungen ist dies aber meist der Fall, da das Gleichungssystem selbst eine Näherung für die eigentlich gesuchte exakte Lösung eines Differentialgleichungsproblems etc. festlegt.

6.1 Konstruktion von Iterationsverfahren. Konvergenz

6.1.1 Die Fixpunktform

Wir betrachten wieder das reelle lineare Gleichungssystem

$$\boldsymbol{A}\boldsymbol{x} = \boldsymbol{a} \tag{6.1}$$

mit der quadratischen nichtsingulären Matrix $\boldsymbol{A}$ der Ordnung n. Nach unseren allgemeineren Betrachtungen über Iterationsverfahren in Abschnitt 1.6 schreiben wir dieses System um in eine *Fixpunktform*

$$\boldsymbol{x} = \boldsymbol{G}\boldsymbol{x} + \boldsymbol{g} \tag{6.2}$$

mit der quadratischen $n \times n$-Matrix $\boldsymbol{G}$ und dem n-komponentigen Vektor $\boldsymbol{g}$. Ausgehend von einer Ausgangsnäherung $\boldsymbol{x}^{(0)}$ lautet die Iterationsvorschrift dann

$$\boldsymbol{x}^{(k+1)} = \boldsymbol{G}\boldsymbol{x}^{(k)} + \boldsymbol{g}, \qquad k = 0, 1, \dots \quad . \tag{6.3}$$

Nun gibt es natürlich beliebig viele Möglichkeiten, das System (6.1) auf die Form (6.2) zu bringen. So könnte man z.B. auf beiden Seiten von (6.1) den Vektor $\boldsymbol{x}$

addieren und erhielte

$$x = Gx - a \qquad \text{mit} \qquad G = A + I.$$

Dies ist sicherlich keine besonders geschickte Art, die *Fixpunktgleichung* (6.2) herzustellen, denn das zugehörige Iterationsverfahren konvergiert nur in seltenen Fällen. Selbst für den Fall, daß A nur reelle Eigenwerte λ besitzt, konvergiert es genau dann, wenn $-2 < \lambda < 0$ gilt.

6.1.2 Konstruktion von Iterationsverfahren

Die wichtigsten Iterationsverfahren lassen sich folgendermaßen aufstellen: Man zerlegt zunächst die Matrix A:

$$A = N(\omega) - P(\omega). \tag{6.4}$$

Dabei seien $N(\omega)$ und $P(\omega)$ noch von einem Parameter ω abhängende $n \times n$-Matrizen. Es gilt dann, wenn $N(\omega)$ als nichtsingulär vorausgesetzt wird,

$$N(\omega)x = P(\omega)x + a,$$

und mit

$$G(\omega) = N(\omega)^{-1}P(\omega), \qquad g(\omega) = N(\omega)^{-1}a \tag{6.5}$$

ferner

$$x = G(\omega)x + g(\omega). \tag{6.6}$$

Das Iterationsverfahren (6.3) lautet in diesem Falle

$$x^{(k+1)} = G(\omega)x^{(k)} + g(\omega), \qquad k = 0, 1, \ldots \quad . \tag{6.7}$$

Den Parameter ω kann man nun noch so wählen, daß das Verfahren möglichst schnell konvergiert. Man nennt ω den ***Relaxationsparameter***.

Bevor wir uns mit der Konvergenz solcher Iterationsverfahren befassen, sei erwähnt, daß sich natürlich auch wesentlich kompliziertere Iterationsprozesse konstruieren lassen. So kann man etwa eine Folge $x^{(k)}$ mit Hilfe von Vektorfunktionen $\Phi_0(A,a)$, $\Phi_1(x^{(0)}; A, a), \ldots, \Phi_k(x^{(0)}, \ldots, x^{(k-1)}; A, a)$ nach folgender Vorschrift definieren

$$\begin{aligned} x^{(0)} &= \Phi_0(A,a), \\ x^{(1)} &= \Phi_1(x^{(0)}; A, a), \\ &\vdots \\ x^{(k)} &= \Phi_k(x^{(0)}, \ldots, x^{(k-1)}; A, a). \end{aligned} \tag{6.8}$$

Die Iterationsvorschrift (6.3) erhält man hieraus mit

$$\Phi_k(x^{(0)}, \ldots, x^{(k-1)}; A, a) = Gx^{(k-1)} + g, \qquad k = 1, 2, \ldots \quad .$$

Auch (6.8) stellt noch nicht die allgemeinste Iterationsvorschrift dar. Man nennt ein Verfahren (6.8) *stationär*, wenn $\Phi_j = \Phi, \quad j = 0, 1, \ldots$ gilt. Eine Iterationsvorschrift der Form

$$x^{(k)} = \Phi(x^{(k-1)}; A, a), \qquad k = 1, 2, \ldots$$

heißt *stationäres Einschrittverfahren*. Gilt schließlich noch $\Phi(x; A, a) = Gx + g$, so heißt es *lineares stationäres Einschrittverfahren*. Die Komponenten von x treten hierbei nur linear auf.

6.1.3 Konvergenz der linearen stationären Einschrittverfahren

Wir betrachten weiter nur lineare stationäre Einschrittverfahren der Form (6.3) bzw. (6.7), wobei wir vorerst den Parameter ω als fest betrachten und ihn nicht mitschreiben. Ferner setzen wir voraus, daß mit A auch die Matrix $I - G$ nichtsingulär ist und daß

$$(I - G)A^{-1}a = g$$

gilt. Dann besitzen offenbar die beiden Systeme $Ax = a$ und $x = Gx + g$ dieselbe eindeutige Lösung x^*.

Ein Konvergenzkriterium für den Iterationsprozess (6.3) läßt sich leicht mit Hilfe des Satzes 1.10 angeben. In unserem Falle gilt

$$Tx = Gx + g$$

mit $B = \mathsf{R}^n$. Die Kontraktionsbedingung (1.35) lautet hier, wenn $\|\cdot\|_V$ eine Vektornorm und $\|\cdot\|_M$ eine dazu passende Matrixnorm ist,

$$\|T(x) - T(y)\|_V = \|G(x - y)\|_V \leq \|G\|_M \|x - y\|_V.$$

Nach Satz 1.10 gilt daher der

Satz 6.1. *Es sei $\|G\|_M < 1$. Dann besitzt $x = Gx + g$ genau eine Lösung x^*, und diese ist der eindeutig bestimmte Grenzwert $\lim_{k\to\infty} x^{(k)}$ der Iterationsfolge*

$$x^{(k+1)} = Gx^{(k)} + g, \qquad k = 0, 1, \ldots \quad .$$

□

Dieser Satz, der ja in der Regel nur eine hinreichende Bedingung für die Konvergenz liefert, ist für praktische Belange im allgemeinen noch zu grob. Dabei ist wesentlich, daß $\|G\|_M$ eine beliebige zu $\|\cdot\|_V$ passende Matrixnorm ist. Bezüglich einer Norm $\|\cdot\|_{M_1}$ kann die Abbildung kontrahierend sein, d.h. $\|G\|_{M_1} < 1$ gelten, während für eine zweite Norm $\|\cdot\|_{M_2}$ durchaus $\|G\|_{M_2} > 1$ sein kann.

Beispiel 6.1. *Für die symmetrische Matrix*

$$G = \tfrac{1}{2}\begin{bmatrix} 0.10 & -0.64 \\ -0.64 & 1.70 \end{bmatrix}$$

gilt (siehe (1.6))

$$\|G\|_1 = \|G\|_\infty = 1.17 > 1, \qquad \|G\|_2 = \varrho(G) < 0.98 < 1.$$

Die durch G definierte Abbildung ist daher bezüglich der Spektralnorm kontrahierend, bezüglich der ersten beiden Normen jedoch nicht. □

Nun gilt für eine beliebige Norm $\|G\|_M$ und für den Spektralradius $\varrho(G)$ nach (1.7) die Ungleichung

$$\varrho(G) \leq \|G\|_M.$$

Es ist daher zu vermuten, daß das Iterationsverfahren (6.3) höchstens dann noch konvergiert, wenn

$$\varrho(G) < 1 \tag{6.9}$$

gilt. Diese Annahme ist jedoch zu pessimistisch; wir werden jetzt nämlich zeigen, daß (6.3) sogar genau dann, d.h. dann und nur dann konvergiert, wenn (6.9) gilt.

Dazu benötigen wir noch einige Hilfsmittel, die wir großenteils nur zitieren und nicht beweisen wollen.

6.1.4 Die Jordansche Normalform einer Matrix

Aus der Theorie der Matrizen stammt zunächst der Begriff der *Jordanschen Normalform* einer Matrix. Sei B eine beliebige quadratische Matrix der Ordnung n, so kann man die Existenz einer nichtsingulären Matrix P nachweisen, so daß

$$P^{-1}BP = J \tag{6.10}$$

gilt, wobei die *Jordan-Matrix* J die Form

$$J = \begin{bmatrix} J_1 & & 0 \\ & \ddots & \\ 0 & & J_k \end{bmatrix}$$

hat. Man nennt die J_j häufig die *Jordan-Kästchen.* Sind alle Eigenwerte λ_j von B einfach, so ist $J_j = \lambda_j, \ k = n$, d.h. J ist eine Diagonalmatrix der Form

$$J = \begin{bmatrix} \lambda_1 & & 0 \\ & \ddots & \\ 0 & & \lambda_n \end{bmatrix}.$$

Ist dagegen λ_j ein p_j-facher Eigenwert, so gibt es ein oder mehrere Jordan-Kästchen der Form

$$J_j = \begin{bmatrix} \lambda_j & 1 & & & 0 \\ & \lambda_j & 1 & & \\ & & \ddots & \ddots & \\ & & & \lambda_j & 1 \\ 0 & & & & \lambda_j \end{bmatrix}$$

Dabei gilt $\sum_{j=1}^{k} p_j = n$. Die Summe der Dimensionen der Jordankästchen zu einem Eigenwert ist p_j. Die Matrizen B und J besitzen die gleichen Eigenwerte.

Ersetzt man in der Jordan-Matrix J mit den Teilmatrizen J_j die Elemente 1 der Nebendiagonale durch die reelle Zahl $\varepsilon \neq 0$, so heißt die dann entstehende Matrix J_ε ε-modifizierte Jordanmatrix. Sie hat die Form

$$J_\varepsilon = \begin{bmatrix} J_1(\varepsilon) & & 0 \\ & \ddots & \\ 0 & & J_k(\varepsilon) \end{bmatrix} \quad \text{mit} \quad J_j(\varepsilon) = \begin{bmatrix} \lambda_j & \varepsilon & & & 0 \\ & \lambda_j & \ddots & & \\ & & \ddots & \ddots & \\ & & & \lambda_j & \varepsilon \\ 0 & & & & \lambda_j \end{bmatrix}. \tag{6.11}$$

Man rechnet leicht aus, daß J und J_ε ähnliche Matrizen sind, es gilt nämlich mit der Diagonalmatrix

$$D = \begin{bmatrix} 1 & & & & 0 \\ & \varepsilon & & & \\ & & \varepsilon^2 & & \\ & & & \ddots & \\ 0 & & & & \varepsilon^{n-1} \end{bmatrix},$$

$$J_\varepsilon = D^{-1} J D, \tag{6.12}$$

d.h. J_ε geht in der Tat durch Ähnlichkeitstransformation aus J hervor.

Hilfssatz 6.1. *Es sei A eine beliebige quadratische, T eine nichtsinguläre Matrix, $\|x\|$ eine Vektornorm und $\|A\|$ die zugeordnete Matrixnorm. Dann ist auch $\|T^{-1}x\|$ eine Vektornorm und die zugeordnete Matrixnorm ist $\|A\|_T = \|T^{-1}AT\|$.*

Beweis: *Man prüft sofort nach, daß $\|T^{-1}x\|$ die Axiome der Definition 1.1 erfüllt und daß*

$$\max_{x \neq 0} \|T^{-1}Ax\| / \|T^{-1}x\| = \|T^{-1}AT\| = \|A\|_T$$

gilt. □

6.1.5 Spektralradius und Konvergenz

Es gilt dann weiter der interessante

Satz 6.2. *A sei eine beliebige $n \times n$-Matrix. Für jedes $\varepsilon > 0$ gibt es dann eine Matrix L, so daß*

$$\|A\|_L = \|L^{-1}AL\|_\infty \leq \varrho(A) + \varepsilon \tag{6.13}$$

gilt (L hängt von A ab).

Beweis: *Nach (6.10), (6.12) gilt*

$$J_\varepsilon = D^{-1}JD = D^{-1}P^{-1}APD,$$

wobei die Matrizen P und D nichtsingulär sind. Wir setzen

$$L = PD, \qquad \|A\|_L = \|L^{-1}AL\|_\infty = \|J_\varepsilon\|_\infty,$$

dann folgt aus (6.11) sofort

$$\|A\|_L = \|J_\varepsilon\|_\infty \leq \max_i |\lambda_i| + \varepsilon = \varrho(A) + \varepsilon.$$

□

Da wegen (1.7) insbesondere

$$\varrho(A) \leq \|A\|_L$$

gilt und ε eine beliebige positive Zahl sein kann, ist der Satz 6.2 in der Tat bemerkenswert.

Nur eine Folgerung ist der

Satz 6.3. *Es sei $\varrho(A) < 1$. Dann gibt es ein $\varepsilon > 0$ und eine Matrix L, so daß $\|A\|_L < 1$ gilt.*

Beweis: *Wir wählen*

$$\varepsilon = \frac{1 - \varrho(A)}{2}.$$

Dann folgt aus (6.13)

$$\|A\|_L \leq \varrho(A) + \frac{1 - \varrho(A)}{2} = \frac{1 + \varrho(A)}{2} < 1.$$

□

Wenden wir die Aussage dieses Satzes auf die Matrix G an, so folgt nach Satz 6.1, daß $\varrho(G) < 1$ hinreichend ist für die Konvergenz des Iterationsverfahrens.

Wir wollen jedoch noch zeigen, daß diese Bedingung auch notwendig ist für die Konvergenz, mit anderen Worten, daß das Iterationsverfahren sicher nicht konvergiert, wenn $\varrho(A) \geq 1$ gilt. Dazu benötigen wir noch den

Hilfssatz 6.2.

a) *Es gilt genau dann* $\lim_{r\to\infty} A^r = 0$, *wenn* $\varrho(A) < 1$.

b) *Für alle Vektoren* $\varphi \in \mathbb{R}^n$ *ist genau dann* $\lim_{r\to\infty} A^r\varphi = 0$, *wenn* $\lim_{r\to\infty} A^r = 0$. *Sei* A *eine quadratische* $n \times n$*-Matrix.*

Beweis: *a) Sei* $\varrho(A) < 1$. *Dann gilt nach Satz 6.3 für geeignetes* L $\quad \|A\|_L < 1$, $\|A^r\|_L \leq \|A\|_L^r$, $\lim_{r\to\infty} \|A^r\|_L \leq \lim_{r\to\infty} \|A\|_L^r = 0$, *d.h.* $\lim_{r\to\infty} A^r = 0$. *Ist umgekehrt* $\lim_{r\to\infty} A^r = 0$, *so folgt wegen* $\|A^r\| \geq \varrho(A^r) = [\varrho(A)]^r$, *daß dies nur für* $\lim_{r\to\infty} [\varrho(A)]^r = 0$, *d.h. für* $\varrho(A) < 1$ *gelten kann.*

b) Sei $\lim_{r\to\infty} A^r = 0$. *Dies ist , wie wir soeben gesehen haben, gleichwertig mit der Aussage* $\varrho(A) < 1$, *und hieraus folgt wiederum* $\lim_{r\to\infty} \|A\|_L^r = 0$. *Daher gilt mit einer zur Matrixnorm* $\|\cdot\|_L$ *passenden Vektornorm* $\|\cdot\|_V$

$$\|A^r\varphi\|_V \leq \|A^r\|_L \|\varphi\|_V \leq \|A\|_L^r \|\varphi\|_V,$$

und somit

$$\lim_{r\to\infty} \|A^r\varphi\|_V \leq \lim_{r\to\infty} \|A\|_L^r \|\varphi\|_V = 0,$$

d.h. auch $\lim_{r\to\infty} A^r\varphi = 0$.

Sei umgekehrt $\lim_{r\to\infty} A^r\varphi = 0$ *für alle* φ. *Angenommen, es wäre dann* $\lim_{r\to\infty} A^r \neq 0$, *so müßte nach a) dieses Satzes* $\varrho(A) \geq 1$ *sein. Es gibt dann einen Eigenwert* λ *von* A *mit* $\varrho(A) = |\lambda| \geq 1$ *und einen zugehörigen Eigenvektor* $v \neq 0$ *mit* $Av = \lambda v$. *Hieraus folgt* $\|A^r v\| = |\lambda|^r \|v\| > 0$ *und daher auch* $\lim_{r\to\infty} A^r v \neq 0$. *Mit* $\varphi = v$ *ist dies aber ein Widerspruch zur Voraussetzung, es muß daher* $\lim_{r\to\infty} A^r = 0$ *gelten. Damit ist der Hilfssatz 6.2 bewiesen.* □

Wir können nun endlich unseren Hauptsatz formulieren, auf dessen Aussage wir bereits in Abschnitt 1.6.5 hingewiesen haben:

Satz 6.4. *Das durch die Iterationsvorschrift*

$$x^{(k+1)} = Gx^{(k)} + g, \qquad k = 0, 1, \ldots \tag{6.14}$$

gegebene Iterationsverfahren ist genau dann konvergent, wenn $\varrho(G) < 1$ *gilt.*

Beweis: *Aus vorhergehenden Sätzen und Satz 1.10 folgt bereits, daß* $\varrho(G) < 1$ *für die Konvergenz hinreichend ist. Mit den uns jetzt zur Verfügung stehenden Hilfsmitteln kann diese Aussage jedoch einfacher und durchsichtiger bewiesen werden.*

Sei also $\varrho(G) < 1$, *so folgt* $\|G\|_L < 1$ *und, wenn* $x^* = Gx^* + g$, *weiter* $\|x^{(k)} - x^*\|_V = \|G^k(x^{(0)} - x^*)\|_V \leq \|G^k\|_L \|x^{(0)} - x^*\|_V \leq \|G\|_L^k \|x^{(0)} - x^*\|_V$. *Daraus ergibt sich* $\lim_{k\to\infty} \|x^{(k)} - x^*\|_V = 0$, *also* $\lim_{k\to\infty} x^{(k)} = x^*$. *Das Iterationsverfahren (6.14) konvergiert gegen eine Lösung* x^* *der Fixpunktgleichung* $x = Gx + g$. *Nun* *ist $\boldsymbol{x}^*$ aber auch die einzige Lösung dieser Gleichung. Denn es gilt $(\boldsymbol{I}-\boldsymbol{G})\boldsymbol{x}^* = \boldsymbol{g}$, und sind ferner λ_i die Eigenwerte von $\boldsymbol{G}$, so sind $1-\lambda_i$ die Eigenwerte von $\boldsymbol{I}-\boldsymbol{G}$. Wegen $|\lambda_i| < 1$ gilt $1-\lambda_i \neq 0$, d.h. 0 ist kein Eigenwert von $\boldsymbol{I}-\boldsymbol{G}$, diese Matrix ist mithin nichtsingulär, woraus die Eindeutigkeit von $\boldsymbol{x}^*$ folgt. Damit ist gezeigt, daß das durch (6.14) gegebene Iterationsverfahren immer dann gegen die eindeutige Lösung von $\boldsymbol{x} = \boldsymbol{G}\boldsymbol{x} + \boldsymbol{g}$, also auch gegen die eindeutige Lösung von $\boldsymbol{A}\boldsymbol{x} = \boldsymbol{a}$, konvergiert, wenn $\varrho(\boldsymbol{G}) < 1$ gilt.*

Dieses Iterationsverfahren ist aber auch nur dann konvergent, wenn $\varrho(\boldsymbol{G}) < 1$ ist. Aus der Konvergenz

$$\lim_{k\to\infty}(\boldsymbol{x}^{(k)} - \boldsymbol{x}^*) = \lim_{k\to\infty} \boldsymbol{G}^k(\boldsymbol{x}^{(0)} - \boldsymbol{x}^*) = \boldsymbol{0}$$

folgt nämlich nach Hilfssatz 6.2 b) $\lim_{k\to\infty} \boldsymbol{G}^k = \boldsymbol{0}$ und nach a) $\varrho(\boldsymbol{G}) < 1$. Damit ist der Satz 6.4 bewiesen. □

Die hier formulierten und bewiesenen Sätze und Hilfsätze sind teilweise auch für andere mathematische Bereiche von Bedeutung. Nicht zuletzt deshalb sind wir so ausführlich auf sie eingegangen.

Wir wissen jetzt zwar, daß das Iterationsverfahren genau dann konvergiert, wenn der Spektralradius der Iterationsmatrix $\boldsymbol{G}$ kleiner als 1 ist. Nun ist in der Regel $\boldsymbol{G}$ eine große und, was wir bei den Betrachtungen in Abschnitt 6.3 bis 6.5 noch erkennen werden, im allgemeinen auch eine recht komplizierte Matrix. Daher ist es meist unmöglich, den betragsmäßig größten Eigenwert von $\boldsymbol{G}$ direkt zu berechnen. Außerdem möchte man ja aus dem vorgelegten Gleichungssystem $\boldsymbol{A}\boldsymbol{x} = \boldsymbol{a}$ schließen können, daß das Verfahren konvergiert. Daher wird man versuchen, Eigenschaften von $\boldsymbol{A}$ zu ermitteln, die sicherstellen, daß $\varrho(\boldsymbol{G}) < 1$ gilt. Man hat dann im allgemeinen zwar nur hinreichende Konvergenzbedingungen, die jedoch in wichtigen Fällen sehr einfach und praktisch leicht anwendbar sind, wie wir noch zeigen werden.

Bezüglich der hier verwendeten matrizentheoretischen Grundlagen vergleiche man etwa [39, S. 234-252]. Eine ausführliche Darstellung über die Grundlagen der Iterationsverfahren für lineare Gleichungssysteme findet man z.B. in [31],[34]

6.2 OR-Verfahren in Gesamtschritten

6.2.1 Das Jacobi-OR-Verfahren

Um zu Iterationsverfahren zur Lösung des Systems

$$\boldsymbol{A}\boldsymbol{x} = \boldsymbol{a} \tag{6.15}$$

zu gelangen, zerlegen wir die Matrix $\boldsymbol{A}$ zunächst wie folgt:

$$\boldsymbol{A} = \boldsymbol{D} - \boldsymbol{L} - \boldsymbol{U} \quad = \begin{bmatrix} a_{11} & & & 0 \\ & \ddots & & \\ & & \ddots & \\ 0 & & & a_{nn} \end{bmatrix} - \begin{bmatrix} 0 & & & 0 \\ -a_{21} & \ddots & & \\ \vdots & \ddots & \ddots & \\ -a_{n1} & \cdots & -a_{n,n-1} & 0 \end{bmatrix} - \begin{bmatrix} 0 & -a_{12} & \cdots & -a_{1n} \\ & \ddots & \ddots & \vdots \\ & & \ddots & -a_{n-1,n} \\ 0 & & & 0 \end{bmatrix}. \tag{6.16}$$

In (6.4) setzen wir dann unter der Voraussetzung $\det \boldsymbol{D} \neq 0$

$$\boldsymbol{N}(\omega) = \frac{1}{\omega}\boldsymbol{D}$$

und erhalten wegen $\boldsymbol{A} = \boldsymbol{N}(\omega) - \boldsymbol{P}(\omega)$

$$\boldsymbol{P}(\omega) = \left(\frac{1-\omega}{\omega}\right)\boldsymbol{D} + \boldsymbol{L} + \boldsymbol{U}.$$

Hieraus errechnet man nach (6.5), wenn wir die Iterationsmatrix $\boldsymbol{G}(\omega)$ hier mit $\boldsymbol{B}(\omega)$ bezeichnen,

$$\boldsymbol{B}(\omega) = \boldsymbol{N}(\omega)^{-1}\boldsymbol{P}(\omega) = (1-\omega)\boldsymbol{I} + \omega\boldsymbol{D}^{-1}(\boldsymbol{L}+\boldsymbol{U}), \tag{6.17}$$

ferner mit $\boldsymbol{b}(\omega)$ statt $\boldsymbol{g}(\omega)$

$$\boldsymbol{b}(\omega) = \boldsymbol{N}(\omega)^{-1}\boldsymbol{a} = \omega\boldsymbol{D}^{-1}\boldsymbol{a}.$$

Die Iterationsvorschrift (6.7) lautet daher

$$\boldsymbol{x}^{(k+1)} = [(1-\omega)\boldsymbol{I} + \omega\boldsymbol{D}^{-1}(\boldsymbol{L}+\boldsymbol{U})]\boldsymbol{x}^{(k)} + \omega\boldsymbol{D}^{-1}\boldsymbol{a}, \qquad k = 0,1,\ldots \tag{6.18}$$

oder in Komponenten-Schreibweise

$$\begin{aligned} x_i^{(k+1)} &= (1-\omega)x_i^{(k)} - \frac{\omega}{a_{ii}}\left(\sum_{\substack{j=1\\j\neq i}}^{n} a_{ij}x_j^{(k)} - a_i\right) \\ &= x_i^{(k)} - \frac{\omega}{a_{ii}}\left(\sum_{j=1}^{n} a_{ij}x_j^{(k)} - a_i\right), \qquad k = 0,1,\ldots \end{aligned} \tag{6.19}$$

Den Relaxationsparameter ω versucht man dabei so zu bestimmen, daß das Verfahren möglichst schnell konvergiert. Es wird sich jedoch zeigen, daß er nicht beliebig gewählt werden kann.

Definition 6.1. *Das durch (6.18) gegebene Verfahren heißt JOR-Verfahren (Jacobi overrelaxation method). Für $\omega = 1$ heißt es Jacobi-Verfahren bzw. kürzer J-Verfahren.* □

Zu der Bezeichnungsweise ist noch zu bemerken: Die Bezeichnung JOR hat sich international eingebürgert. Unter „overrelaxation" versteht man eigentlich nur die Iterationsvorschrift mit $\omega > 1$, während man sonst von „underrelaxation" spricht. Inzwischen wird jedoch allgemein in der Literatur nur noch von overrelaxation gesprochen, wobei man als deutsche Übersetzung den Ausdruck Überrelaxation verwendet.

Das durch (6.18) bzw. (6.19) gegebene Verfahren ist ein *Gesamtschrittverfahren.* Man iteriert dabei so, daß auf der rechten Seite sämtlich nur k-te Näherungen stehen, aus denen man dann die $(k+1)$-ten Näherungen berechnet. Man kann daher auch in einem „Gesamtschritt" jeweils das ganze „Gleichungssystem" (6.18) lösen. Bei den im nächsten Abschnitt 6.3 zu erörternden Einzelschrittverfahren iteriert man komponentenweise, und zwar so, daß auf der rechten Seite bereits bekannte $(k+1)$-te Näherungen eingesetzt werden. Denn bei der Berechnung von $x_i^{(k+1)}$, $i \geq 2$ sind ja die Näherungen $x_1^{(k+1)}, \ldots, x_{i-1}^{(k+1)}$ schon bekannt, wenn man nach (6.19) aufeinanderfolgend für $i = 1, \ldots, n$ rechnet.Man kann die Iterationsvorschrift (6.18) bzw. (6.19) auch auf mehr direktem Weg erhalten: Man löse das System

$$\boldsymbol{D}\boldsymbol{z} - (\boldsymbol{L} + \boldsymbol{U})\boldsymbol{x}^{(k)} = \boldsymbol{a}$$

nach $\boldsymbol{z}$ auf und setze

$$\boldsymbol{x}^{(k+1)} = (1-\omega)\boldsymbol{x}^{(k)} + \omega \boldsymbol{z}.$$

Bei der Untersuchung der JOR- bzw J-Verfahrens wollen wir uns auf in der Praxis häufig vorkommende Gleichungssysteme beschränken, und zwar auf solche mit strikt - bzw. irreduzibel diagonaldominanter Matrix und mit symmetrischer positiv definiter Matrix (vgl. Abschnitt 1.3).

6.2.2 Die Konvergenz des Jacobi-OR-Verfahrens

Zunächst kann man aus der Konvergenz des J-Verfahrens sogleich auf die Konvergenz des JOR-Verfahrens schließen. Es gilt der

Satz 6.5. *Mit dem J-Verfahren ist auch das JOR-Verfahren für $0 < \omega \leq 1$ konvergent.*

Beweis: *Die Iterationsmatrix des J-Verfahrens ist $\boldsymbol{B} = \boldsymbol{D}^{-1}(\boldsymbol{L} + \boldsymbol{U})$. Bezeichnen wir die Eigenwerte von $\boldsymbol{B}(\omega)$ mit λ_i, die von $\boldsymbol{B}$ mit μ_i, $i = 1, \ldots, n$, so folgt aus (6.17)*

$$\lambda_i = 1 - \omega + \omega\mu_i.$$

Sei $\mu_i = \alpha_i + \mathrm{i}\beta_i$, *so gilt wegen* $\varrho(\boldsymbol{B}) < 1$ *auch* $|\mu_i|^2 = \alpha_i^2 + \beta_i^2 < 1, \ i = 1,2,\ldots,n$, *insbesondere* $|\alpha_i| < 1$. *Daher folgt weiter für* $0 < \omega \leq 1$

$$\begin{aligned} |\lambda_i|^2 &= (1-\omega+\omega\alpha_i)^2 + \omega^2\beta_i^2 \\ &\leq (1-\omega)^2 + 2\omega(1-\omega)|\alpha_i| + \omega^2(\alpha_i^2+\beta_i^2) \\ &< (1-\omega+\omega)^2 = 1, \qquad i = 1,2,\ldots,n. \end{aligned}$$

Daher ist insbesondere $\varrho(\boldsymbol{B}(\omega)) = \max_i |\lambda_i| < 1$. □

Es bleibt daher noch die Frage zu beantworten, wann das J-Verfahren konvergiert. Hierbei gilt zunächst der

Satz 6.6. *Die Matrix* $\boldsymbol{A}$ *sei strikt oder irreduzibel diagonaldominant. Dann konvergiert das J-Verfahren und somit auch das JOR-Verfahren für* $0 < \omega \leq 1$.

Beweis: *Sei zunächst* $\boldsymbol{A}$ *strikt diagonaldominant, gelte also*

$$|a_{ii}| > \sum_{\substack{j=1 \\ j\neq i}}^{n} |a_{ij}|, \qquad i = 1,\ldots,n,$$

und somit wegen $a_{ii} \neq 0$

$$\frac{1}{|a_{ii}|}\sum_{\substack{j=1 \\ j\neq i}}^{n} |a_{ij}| < 1, \qquad i = 1,\ldots,n,$$

so folgt wegen (1.7)

$$\begin{aligned} \varrho(\boldsymbol{B}) = \varrho(\boldsymbol{D}^{-1}(\boldsymbol{L}+\boldsymbol{U})) &\leq \|\boldsymbol{D}^{-1}(\boldsymbol{L}+\boldsymbol{U})\|_\infty \\ &= \max\left\{\frac{1}{|a_{ii}|}\sum_{\substack{j=1 \\ j\neq i}}^{n} |a_{ij}|\right\} < 1. \end{aligned}$$

Das J-Verfahren ist in diesem Falle also konvergent.

Wir nehmen jetzt an, daß $\boldsymbol{A}$ *irreduzibel diagonaldominant ist und* $\varrho(\boldsymbol{B}) \geq 1$ *gilt. Dann gibt es einen Eigenwert* λ *von* $\boldsymbol{B}$ *mit* $|\lambda| \geq 1$. *Ferner gilt natürlich* $\det(\boldsymbol{B} - \lambda\boldsymbol{I}) = 0$, *also auch*

$$\det(\boldsymbol{I} - \lambda^{-1}\boldsymbol{B}) = 0. \tag{6.20}$$

Eine einfache Überlegung zeigt, daß wegen $1 - |\lambda^{-1}| \geq 0$ *mit* $\boldsymbol{A}$ *auch die Matrix*

$$\boldsymbol{Q} = \boldsymbol{I} - \lambda^{-1}\boldsymbol{B} = (1-\lambda^{-1})\boldsymbol{I} + (\lambda\boldsymbol{D})^{-1}\boldsymbol{A}$$

irreduzibel diagonaldominant ist. Nach Satz 1.4 gilt dann aber $\det \boldsymbol{Q} \neq 0$, *im Widerspruch zu (6.20). Daher ist die Annahme* $\varrho(\boldsymbol{B}) \geq 1$ *falsch, es gilt* $\varrho(\boldsymbol{B}) < 1$ *und das J-Verfahren ist konvergent. Nach Satz 6.5 ist dann auch das JOR-Verfahren mit* $0 < \omega \leq 1$ *konvergent.* □

6.2.3 Konvergenz bei symmetrischer und positiv definiter Matrix

Wir wenden uns nun dem Fall zu, daß $\boldsymbol{A}$ eine symmetrische positiv definite Matrix ist. Dann sind alle Eigenwerte von $\boldsymbol{A}$ positiv und es gilt notwendig $a_{ii} > 0$, $i = 1, 2, \ldots, n$.

Für eine beliebige $n \times n$-Matrix $\boldsymbol{A}$ bezeichnet man die Zahl

$$\operatorname{sp} \boldsymbol{A} = \sum_{i=1}^{n} a_{ii}$$

als Spur der Matrix $\boldsymbol{A}$. Sind $\lambda_1, \ldots, \lambda_n$ die Eigenwerte von $\boldsymbol{A}$, so gilt

$$\operatorname{sp} \boldsymbol{A} = \sum_{i=1}^{n} \lambda_i. \tag{6.21}$$

Dies beweist man leicht mit Hilfe des Vietaschen Wurzelsatzes, angewendet auf das Polynom $\det(\boldsymbol{A} - \lambda \boldsymbol{I}) = 0$. Hiermit kann man auch zeigen, daß

$$\det \boldsymbol{A} = \prod_{i=1}^{n} \lambda_i \tag{6.22}$$

gilt, wie wir auch für spätere Anwendungen vermerken wollen.

Nach diesen Vorbereitungen beweisen wir den

Satz 6.7. *Es sei $\boldsymbol{A}$ eine symmetrische und positiv definite Matrix und das J-Verfahren sei konvergent. Dann ist das JOR-Verfahren konvergent für*

$$0 < \omega < \frac{2}{1 - \mu_{\min}} \leq 2, \tag{6.23}$$

wobei $\mu_{\min}$ der kleinste Eigenwert von $\boldsymbol{B} = \boldsymbol{D}^{-1}(\boldsymbol{L} + \boldsymbol{U})$ ist. Es gilt $\mu_{\min} \leq 0$.

Beweis: *Es gilt $\operatorname{sp} \boldsymbol{B} = 0 = \sum_{i=1}^{n} \mu_i$. Daher können nicht sämtliche Eigenwerte von $\boldsymbol{B}$ positiv sein und es gilt $\min_i \mu_i = \mu_{\min} \leq 0$. Natürlich sind die Eigenwerte von $\boldsymbol{B}$ reell, da mit den Eigenwerten von $\boldsymbol{A}$ auch die von $\boldsymbol{I} - \boldsymbol{D}^{-1}\boldsymbol{A} = \boldsymbol{D}^{-1}(\boldsymbol{L} + \boldsymbol{U}) = \boldsymbol{B}$ reell sind.*

Die Matrix $\boldsymbol{B}(\omega)$ besitzt nach (6.17) die Eigenwerte

$$\lambda_i = 1 - \omega + \omega\mu_i, \qquad i = 1, 2, \ldots, n.$$

Das JOR-Verfahren ist also genau dann konvergent, wenn

$$|\lambda_i| = |1 - \omega + \omega\mu_i| < 1, \qquad i = 1, 2, \ldots, n, \tag{6.24}$$

gilt, denn dann ist auch $\varrho(\boldsymbol{B}(\omega)) = \max_i |\lambda_i| < 1$. *Da das J-Verfahren nach Voraussetzung konvergiert, gilt* $|\mu_i| < 1, \quad i = 1,\ldots,n$. *Die Bedingung (6.24) kann auch geschrieben werden als*

$$-1 < 1 - \omega + \omega\mu_i < 1,$$

und somit

$$0 < \omega(1 - \mu_i) < 2, \qquad i = 1,\ldots,n. \tag{6.25}$$

Wegen $|\mu_i| < 1$ *ist* $1 - \mu_i > 0$ *und* $\max_i(1 - \mu_i) = 1 - \mu_{\min}$. *Daraus ergibt sich die Behauptung (6.23).* □

Es bleibt die Frage offen, wann bei symmetrischer positiv definiter Matrix $\boldsymbol{A}$ das J-Verfahren konvergiert. Dies ist z.B. der Fall, wenn $\boldsymbol{A}$ strikt oder irreduzibel diagonaldominant ist, wie wir in Abschnitt 6.1 dargelegt haben. Man kann weiter zeigen (vgl. etwa [37, S. 111], daß das J-Verfahren genau dann konvergiert, wenn mit $\boldsymbol{A}$ auch die Matrix $2\boldsymbol{D} - \boldsymbol{A}$ positiv definit ist. Dies bedeutet, daß neben $\boldsymbol{x}^T\boldsymbol{A}\boldsymbol{x} > 0$ auch $\boldsymbol{x}^T\boldsymbol{A}\boldsymbol{x} < 2\boldsymbol{x}^T\boldsymbol{D}\boldsymbol{x}$ für jedes $\boldsymbol{x} \in \mathrm{R}^n, \quad \boldsymbol{x} \neq \boldsymbol{0}$, gelten muß.

Es gibt jedoch auch Fälle, wo das J-Verfahren divergiert, das JOR-Verfahren dagegen konvergent ist. Es gilt z.B. der

Satz 6.8. *Es sei* $\boldsymbol{A}$ *eine symmetrische und positiv definite Matrix, und für die Eigenwerte* μ_i *der Matrix* $\boldsymbol{B}$ *gelte* $-\infty < \mu_i < 1$. *Dann ist das JOR-Verfahren konvergent für*

$$0 < \omega < \frac{2}{1 - \mu_{\min}} \leq 2.$$

Beweis: *Der Beweis verläuft ganz analog dem des Satzes 6.7. Es muß auch hier die Bedingung (6.25) gelten, wobei* $1 - \mu_i > 0$ *gilt wegen* $-\infty < \mu_i < 1$. *Aus (6.25) folgt daher auch hier die Behauptung.* □

Beispiel 6.2. *Es sei*

$$\boldsymbol{A} = \begin{bmatrix} 1 & 0.9 & 0.9 \\ 0.9 & 1 & 0.9 \\ 0.9 & 0.9 & 1 \end{bmatrix}.$$

Die Matrix ist symmetrisch und positiv definit, wie man leicht nachprüft. Aus dem charakteristischen Polynom

$$\det(\boldsymbol{B} - \mu\boldsymbol{I}) = -\mu^3 + 3(0.9)^2\mu - 2(0.9)^3$$

errechnet man die Eigenwerte $\mu_1 = \mu_2 = 0.9, \quad \mu_3 = -1.8$. *Daher gilt* $\varrho(\boldsymbol{B}) = 1.8$, *das J-Verfahren ist nicht konvergent. Dagegen ist* $\mu_{\min} = -1.8$, *das JOR-Verfahren ist nach Satz 6.8 konvergent für*

$$0 < \omega < \frac{2}{1 - (-1.8)} = \frac{5}{7}.$$

□

Das JOR-Verfahren konvergiert höchstens für

$$0 < \omega < 2. \tag{6.26}$$

Denn es gilt mit (6.21), wenn λ_i die Eigenwerte von $\boldsymbol{B}(\omega)$ sind,

$$\text{sp } \boldsymbol{B}(\omega) = n(1-\omega) = \sum_{i=1}^{n} \lambda_i,$$

d.h.

$$n|1-\omega| \leq \sum_{i=1}^{n} |\lambda_i| \leq n\varrho(\boldsymbol{B}(\omega)),$$

also

$$\varrho(\boldsymbol{B}(\omega)) \geq |1-\omega|.$$

Da $\varrho(\boldsymbol{B}(\omega)) < 1$ notwendig und hinreichend für die Konvergenz des JOR-Verfahrens ist, muß notwendig auch

$$|1-\omega| < 1,$$

also (6.26) gelten.

Die hier betrachteten Verfahren in Gesamtschritten sind die einfachsten unter den zur Lösung großer Gleichungssysteme geeigneten Iterationsverfahren. Ihre Anwendung ist leicht und man kann, wie wir gesehen haben, einfache hinreichende Konvergenzkriterien aufstellen. Sie haben jedoch gegenüber den im nächsten Abschnitt 6.3 zu untersuchenden Verfahren in Einzelschritten den Nachteil, daß sie bei der fortlaufenden Iteration nicht die jeweils besten bekannten Näherungen heranziehen. Aus diesem Grunde wird man in der Regel die Einzelschrittverfahren bevorzugen, auch wenn ihre Anwendung in einigen Fällen komplizierter ist. Bezüglich weiterer Eigenschaften der J- und JOR-Verfahren und anderer Gesamtschrittverfahren vergleiche man etwa die sehr ausführliche und umfassende Darstellung in [37].

6.3 SOR-Verfahren

6.3.1 Die Iterationsvorschrift

Zur Lösung des Systems $\boldsymbol{Ax} = \boldsymbol{a}$ wollen wir jetzt Verfahren in Einzelschritten herleiten, wobei wir die Iterationsmatrix zur besseren Kennzeichnung hier mit $\boldsymbol{H}(\omega)$ bzw. $\boldsymbol{H}$ anstelle von $\boldsymbol{G}(\omega)$ bzw. $\boldsymbol{G}$ bezeichnen wollen. Entsprechend setzen wir $\boldsymbol{h}(\omega)$ bzw. $\boldsymbol{h}$ anstatt $\boldsymbol{g}(\omega)$ bzw. $\boldsymbol{g}$. Wir suchen also Verfahren, deren Iterationsvorschrift in der Form

$$\boldsymbol{x}^{(k+1)} = \boldsymbol{H}(\omega)\boldsymbol{x}^{(k)} + \boldsymbol{h}(\omega)$$

bzw.

$$x^{(k+1)} = Hx^{(k)} + h$$

geschrieben werden kann. Im Gegensatz zu den Gesamtschrittverfahren, das sei hier schon vorab bemerkt, wird die praktische Rechnung jedoch nicht nach diesen Vorschriften durchgeführt. Wir kommen hierauf gleich zurück.

Mit der Zerlegung von A nach (6.4) und (6.16) setzen wir jetzt unter der Annahme det $D \neq 0$

$$N(\omega) = \frac{1}{\omega}D - L,$$

und somit

$$P(\omega) = N(\omega) - A = \left(\frac{1-\omega}{\omega}\right) D + U.$$

Hieraus errechnet man

$$\begin{aligned} H(\omega) &= N(\omega)^{-1}P(\omega) = (D - \omega L)^{-1}[(1-\omega)D + \omega U], \\ h(\omega) &= N(\omega)^{-1}a = \omega(D - \omega L)^{-1}a. \end{aligned} \tag{6.27}$$

Die Iterationsvorschrift lautet daher zunächst

$$x^{(k+1)} = (D - \omega L)^{-1}[(1-\omega)D + \omega U]x^{(k)} + \omega(D - \omega L)^{-1}a, \quad k = 0, 1, \dots . \tag{6.28}$$

Für $\omega = 1$ erhält man

$$H = (D - L)^{-1}U, \qquad h = (D - L)^{-1}a$$

und eine (6.28) entsprechende Iterationsvorschrift.

Wie bereits bemerkt, rechnet man aber nicht nach der Vorschrift (6.28). Dies wäre auch deshalb mit Schwierigkeiten verbunden, weil man vorher die Matrix $D - \omega L$ invertieren müßte. Selbst wenn diese Matrix schwach besetzt ist, erfordert die Inversion bei extrem großen Systemen einen beträchtlichen Aufwand. Man kann ihn sich ersparen, wenn man berücksichtigt, daß L eine untere Dreiecksmatrix ist. Denn die Gleichungen (6.28) lassen sich in der Gestalt

$$x^{(k+1)} = (1-\omega)x^{(k)} + \omega D^{-1}(Lx^{(k+1)} + Ux^{(k)} + a), \qquad k = 0, 1, \dots \tag{6.29}$$

schreiben, oder in entsprechender Komponentenform:

$$\begin{aligned} x_i^{(k+1)} &= (1-\omega)x_i^{(k)} - \frac{\omega}{a_{ii}}\left(\sum_{j=1}^{i-1} a_{ij}x_j^{(k+1)} + \sum_{j=i+1}^{n} a_{ij}x_j^{(k)} - a_i\right) \\ &= x_i^{(k)} - \frac{\omega}{a_{ii}}\left(\sum_{j=1}^{i-1} a_{ij}x_j^{(k+1)} + \sum_{j=i}^{n} a_{ij}x_j^{(k)} - a_i\right), \\ & \qquad k = 0, 1, \dots; \qquad i = 1, 2, \dots, n. \end{aligned} \tag{6.30}$$

Dies ist auch die Rechenvorschrift. Man iteriert komponentenweise, sozusagen in *Einzelschritten*. Die Reihenfolge der i-Werte ist notwendig sequentiell im Gegensatz zum JOR-Verfahren, wo auch paralleles Rechnen möglich wäre. Dabei setzt man auf der rechten Seite jeweils schon bekannte Näherungen der Ordnung $k+1$ ein, bei der Berechnung der Komponente $x_i^{(k+1)}$ sind dies die Näherungen $x_1^{(k+1)}, \ldots, x_{i-1}^{(k+1)}$. Wie behauptet, ist auch keine Matrixinversion mehr notwendig. Für $\omega = 1$ lautet (6.30)

$$x_i^{(k+1)} = x_i^{(k)} - \frac{1}{a_{ii}} \left(\sum_{j=1}^{i-1} a_{ij} x_j^{(k+1)} + \sum_{j=i}^{n} a_{ij} x_j^{(k)} - a_i \right), \tag{6.31}$$

$$k = 0, 1, \ldots; \qquad i = 1, 2, \ldots, n. \tag{6.32}$$

Definition 6.2. *Das durch (6.29) bzw. (6.30) gegebene Iterationsverfahren heißt SOR-Verfahren (successive overrelaxation). Das sich hieraus für $\omega = 1$ ergebende Verfahren mit der Iterationsvorschrift (6.31) heißt Gauß-Seidel-Verfahren oder kürzer GS-Verfahren.* □

Auch die Iterationsvorschriften (6.30) bzw. (6.31) lassen sich direkt und auf einfachere Art herleiten: Man löse für $i = 1, \ldots, n$ die Gleichung

$$\sum_{j=1}^{i-1} a_{ij} x_j^{(k+1)} + a_{ii} z_i + \sum_{j=i+1}^{n} a_{ij} x_j^{(k)} = a_i \tag{6.33}$$

nach z_i auf und setze

$$x_i^{(k+1)} = (1 - \omega) x_i^{(k)} + \omega z_i. \tag{6.34}$$

Man erhält dann die Vorschrift (6.30). Entsprechend erhält man (6.31), wenn anstelle von (6.34)

$$x_i^{(k+1)} = z_i$$

gesetzt wird.

Beispiel 6.3. *Es sei ein Gleichungssystm $Ax = g$ mit folgender Tridiagonalmatrix A zu lösen:*

$$A = \begin{bmatrix} a_1 & c_1 & & & 0 \\ b_2 & a_2 & c_2 & & \\ & \ddots & \ddots & \ddots & \\ & & b_{n-1} & a_{n-1} & c_{n-1} \\ 0 & & & b_n & a_n \end{bmatrix}.$$

Nach (6.30) gilt dann

$$\begin{aligned} x_1^{(k+1)} &= (1-\omega)x_1^{(k)} - \frac{\omega}{a_1}(c_1 x_2^{(k)} - g_1) = x_1^{(k)} - \frac{\omega}{a_1}(a_1 x_1^{(k)} + c_1 x_2^{(k)} - g_1), \\ x_i^{(k+1)} &= (1-\omega)x_i^{(k)} - \frac{\omega}{a_i}(b_i x_{i-1}^{(k+1)} + c_i x_{i+1}^{(k)} - g_i) \\ &= x_i^{(k)} - \frac{\omega}{a_i}(b_i x_{i-1}^{(k+1)} + a_i x_i^{(k)} + c_i x_{i+1}^{(k)} - g_i), \\ x_n^{(k+1)} &= (1-\omega)x_n^{(k)} - \frac{\omega}{a_n}(b_n x_{n-1}^{(k+1)} - g_n) = x_n^{(k)} - \frac{\omega}{a_n}(b_n x_{n-1}^{(k+1)} + a_n x_n^{(k)} - g_n). \end{aligned}$$

Die Vorschrift (6.31) des GS-Verfahrens erhält man hieraus für $\omega = 1$. □

6.3.2 Konvergenz bei diagonaldominanter Matrix

Wir wollen uns nun der Frage der Konvergenz des SOR- bzw. GS-Verfahrens zuwenden und uns dabei wieder wie schon in Abschnitt 6.2 auf die wichtigen und praktisch häufig vorkommenden Systeme mit diagonaldominanter oder symmetrischer und positiv definiter Matrix beschränken.

Satz 6.9. *Es sei $\boldsymbol{A}$ eine strikt oder irreduzibel diagonaldominante Matrix. Dann konvergiert das SOR-Verfahren für $0 < \omega \leq 1$ und somit auch das GS-Verfahren.*
Beweis: *Nach den Sätzen 1.4 und 1.5 gilt $\det \boldsymbol{A} \neq 0$ und $a_{ii} \neq 0,\ i = 1,2,\ldots,n$. Angenommen, es ist $\varrho(\boldsymbol{H}(\omega)) \geq 1$, so gibt es einen Eigenwert λ von $\boldsymbol{H}(\omega)$ mit $|\lambda| \geq 1$. Es ist dann*

$$\det(\boldsymbol{H}(\omega) - \lambda \boldsymbol{I}) = 0. \tag{6.35}$$

Nun gilt aber für $0 < \omega \leq 1$

$$\begin{aligned} \det(\boldsymbol{H}(\omega) - \lambda \boldsymbol{I}) &= \det[(\boldsymbol{D} - \omega \boldsymbol{L})^{-1}((1-\omega)\boldsymbol{D} + \omega \boldsymbol{U}) - \lambda \boldsymbol{I}] \\ &= (1-\omega-\lambda)^n \det(\boldsymbol{D} - \omega \boldsymbol{L})^{-1} \det[\, \boldsymbol{D} - \frac{\lambda\omega}{\lambda+\omega-1}\boldsymbol{L} - \frac{\omega}{\lambda+\omega-1}\boldsymbol{U}\,]. \end{aligned}$$

Denn wegen $0 < \omega \leq 1$ ist $\lambda + \omega - 1 \neq 0$, da sonst $\lambda = 1 - \omega$, also $|\lambda| = |1-\omega| < 1$ wäre, im Widerspruch zur Voraussetzung $|\lambda| \geq 1$. Da $\boldsymbol{L}$ eine untere Dreiecksmatrix ist, folgt ferner $\det(\boldsymbol{D} - \omega\boldsymbol{L})^{-1} \neq 0$. Daher ist (6.35) äquivalent zu der Gleichung

$$\det(\boldsymbol{D} - \frac{\lambda\omega}{\lambda+\omega-1}\boldsymbol{L} - \frac{\omega}{\lambda+\omega-1}\boldsymbol{U}) = 0. \tag{6.36}$$

Wegen $|\lambda| \geq 1$ ist $|\lambda^{-1}| \leq 1$. Da λ im allgemeinen eine komplexe Zahl ist, setzen wir $\lambda^{-1} = re^{i\varphi}$ mit $|\lambda^{-1}| = r \leq 1$. Eine einfache Rechnung liefert dann wegen $r \leq 1$ und $0 < \omega \leq 1$

$$\left|\frac{\lambda\omega}{\lambda+\omega-1}\right| = \frac{\omega}{[1 - 2r(1-\omega)\cos\varphi + r^2(1-\omega)^2]^{1/2}} \leq \frac{\omega}{1 - r(1-\omega)}.$$

Weiter ist wegen $(1-r)(1-\omega) \geq 0$ *und* $1 - r(1-\omega) > 0$

$$1 - \frac{\omega}{1-r(1-\omega)} = \frac{(1-r)(1-\omega)}{1-r(1-\omega)} \geq 0$$

und somit, wieder wegen $|\lambda| \geq 1$,

$$\left|\frac{\omega}{\lambda+\omega-1}\right| \leq \left|\frac{\lambda\omega}{\lambda+\omega-1}\right| \leq 1. \tag{6.37}$$

Ist nun $\boldsymbol{A} = \boldsymbol{D} - \boldsymbol{L} - \boldsymbol{U}$ *eine strikt bzw. irreduzibel diagonaldominante Matrix, so ist im Sinne der Definition 1.14 die (im allgemeinen komplexe) Matrix*

$$\boldsymbol{Q} = \boldsymbol{D} - \frac{\lambda\omega}{\lambda+\omega-1}\boldsymbol{L} - \frac{\omega}{\lambda+\omega-1}\boldsymbol{U}$$

wegen (6.37) ebenfalls eine strikt bzw. irreduzibel diagonaldominante Matrix und es gilt nach den Sätzen 1.4, 1.5

$$\det \boldsymbol{Q} \neq 0,$$

im Widerspruch zu (6.36). Daher war die Annahme $\varrho(\boldsymbol{H}(\omega)) \geq 1$ *falsch, es muß* $\varrho(\boldsymbol{H}(\omega)) < 1$ *für* $0 < \omega \leq 1$ *gelten. Damit ist der Satz bewiesen, wobei für* $\omega = 1$ *die Behauptung für das GS-Verfahren folgt.* □

6.3.3 Konvergenz bei symmetrischer und positiv definiter Matrix

Wir betrachten jetzt den Fall, daß $\boldsymbol{A}$ symmetrisch und positiv definit ist. Wegen der Symmetrie von $\boldsymbol{A}$ folgt insbesondere

$$\boldsymbol{L} = \boldsymbol{U}^T.$$

Es gilt dann der

Satz 6.10. *$\boldsymbol{A}$ sei symmetrisch und positiv definit. Dann konvergiert das SOR-Verfahren für* $0 < \omega < 2$ *und folglich auch das GS-Verfahren.*

Beweis: *Der Beweis dieses Satzes läßt sich ganz elementar erbringen. Ist* λ *ein Eigenwert von* $\boldsymbol{H}(\omega)$, *so gibt es einen im allgemeinen komplexen Eigenvektor* $\boldsymbol{z} \neq \boldsymbol{0}$, *so daß* $\boldsymbol{H}(\omega)\boldsymbol{z} - \lambda\boldsymbol{z} = \boldsymbol{0}$, *d.h. wegen (6.27)*

$$((1-\omega)\boldsymbol{D} + \omega\boldsymbol{U})\boldsymbol{z} = \lambda(\boldsymbol{D} - \omega\boldsymbol{L})\boldsymbol{z}. \tag{6.38}$$

Wegen $\boldsymbol{A} = \boldsymbol{D} - \boldsymbol{L} - \boldsymbol{U}$ *errechnet man*

$$\begin{aligned} 2(1-\omega)\boldsymbol{D} + 2\omega\boldsymbol{U} &= (2-\omega)\boldsymbol{D} - \omega\boldsymbol{A} + \omega(\boldsymbol{U} - \boldsymbol{L}), \\ 2(\boldsymbol{D} - \omega\boldsymbol{L}) &= (2-\omega)\boldsymbol{D} + \omega\boldsymbol{A} + \omega(\boldsymbol{U} - \boldsymbol{L}). \end{aligned}$$

Setzt man die Ausdrücke in (6.38) ein, und berücksichtigt $L = U^T$, so erhält man nach Multiplizieren von links mit $z^* = \bar{z}^T$

$$
\begin{aligned}
(2-\omega)z^*Dz - \omega z^*Az + \omega z^*(U-U^T)z &= \lambda[(2-\omega)z^*Dz + \omega z^*Az \\
&\quad + \omega z^*(U-U^T)z]. \qquad (6.39)
\end{aligned}
$$

Da A positiv definit ist, gilt wegen $z \neq 0$, $a_{ii} > 0$:

$$z^*Az > 0, \qquad z^*Dz > 0.$$

$U - U^T$ ist eine schiefsymmetrische Matrix, so daß $z^*(U-U^T)z$ eine rein imaginäre Zahl ist, wie man leicht ausrechnet. Wir setzen

$$z^*Dz = d, \qquad z^*Az = a, \qquad z^*(U-U^T)z = \mathrm{i}r,$$

so daß (6.39) lautet

$$(2-\omega)d - \omega a + \mathrm{i}\omega r = \lambda[(2-\omega)d + \omega a + \mathrm{i}\omega r],$$

und hieraus folgt

$$\lambda = \frac{(2-\omega)d - \omega a + \mathrm{i}\omega r}{(2-\omega)d + \omega a + \mathrm{i}\omega r}.$$

Genau für $0 < \omega < 2$ ist $|(2-\omega)d - \omega a| < |(2-\omega)d + \omega a|$, während die Beträge der Imaginärteile von Zähler und Nenner gleich sind. Es gilt dann $|\lambda| < 1$. Da λ ein beliebiger Eigenwert von $H(\omega)$ war, gilt insbesondere

$$\varrho(H(\omega)) = \max_i |\lambda_i| < 1.$$

Damit ist der Satz bewiesen. □

Man sieht leicht ein, daß das SOR-Verfahren höchstens dann konvergent ist, wenn $0 < \omega < 2$ gilt. Da nämlich L eine untere, U eine obere Dreiecksmatrix ist, folgt zunächst für $\det D \neq 0$:

$$
\begin{aligned}
\det(D - \omega L)^{-1} &= \frac{1}{\det(D - \omega L)} = \frac{1}{\det D}, \\
\det((1-\omega)D + \omega U) &= (1-\omega)^n \det D,
\end{aligned}
$$

also

$$\det H(\omega) = (1-\omega)^n.$$

Nach (6.22) gilt dann, wenn $\lambda_1, \ldots, \lambda_n$ die Eigenwerte von $H(\omega)$ sind,

$$\varrho(H(\omega))^n \geq \prod_{i=1}^{n} |\lambda_i| = |\det + H(\omega)| = |1-\omega|^n$$

und hieraus folgt

$$\varrho(\boldsymbol{H}(\omega)) \geq |1-\omega|.$$

Es kann also nur dann $\varrho(\boldsymbol{H}(\omega)) < 1$ sein, wenn $|1-\omega| < 1$, d.h.

$$0 < \omega < 2$$

gilt.

Schließlich wollen wir noch einen Satz ohne Beweis angeben:

Satz 6.11. *Es sei* $\boldsymbol{A}$ *eine* M*-Matrix. Dann konvergiert das SOR-Verfahren für* $0 < \omega \leq 1$ *und folglich auch das GS-Verfahren.*

Zum Beweis dieses Satzes zeigt man wieder, daß unter den angegebenen Voraussetzungen $\varrho(\boldsymbol{H}(\omega)) < 1$ *gilt; man vergleiche etwa [37, S. 120ff].* □

Bei einer symmetrischen Matrix ist häufig schwer festzustellen, ob sie positiv definit ist. Glücklicherweise gilt dies für eine Reihe wichtiger Anwendungen nicht; dort ist die Matrix des zu lösenden Gleichungssystems eine Stieltjes-Matrix, und diese ist positiv definit. Da eine strikt oder irreduzibel diagonaldominante L-Matrix eine M-Matrix ist, ist eine strikt diagonaldominante symmetrische L-Matrix eine Stieltjes-Matrix und somit positiv definit. Die bei der Methode der finiten Elemente auftretenden Gesamtsteifigkeits- und Massenmatrizen sind in der Regel ebenfalls positiv definit.

Beispiel 6.4. *Die Matrix* $\boldsymbol{A}$ *(Block-Tridiagonalmatrix) in Beispiel 5.4 ist eine symmetrische* L*-Matrix. Sie ist außerdem irreduzibel diagonaldominant und somit positiv definit.* □

Auf Gleichungssysteme mit symmetrischer und positiv definiter Matrix, die jedoch oft keine Stieltjes-Matrix ist, wird man z.B. geführt bei der numerischen Lösung von Randwertproblemen selbstadjungierter gewöhnlicher oder elliptischer partieller Differentialgleichungen. Auch hier kann man die genannten Eigenschaften der Matrix meist einfach feststellen. Wir werden auf diese Frage in Band 2 ausführlich eingehen. Bei der numerischen Lösung von nicht selbstadjungierten Randwertproblemen ist die Matrix des resultierenden linearen Gleichungssystems nicht symmetrisch, jedoch kann fast immer durch geeignete Diskretisierung eine irreduzibel diagonaldominante Matrix erreicht werden.

6.3.4 Spektralradius und Konvergenzgeschwindigkeit

Notwendig und hinreichend für die Konvergenz des Iterationsverfahrens

$$\boldsymbol{x}^{(k+1)} = \boldsymbol{G}(\omega)\boldsymbol{x}^{(k)} + \boldsymbol{g}(\omega)$$

ist, wie wir gesehen haben,

$$\varrho(G(\omega)) < 1.$$

Man kann vermuten, daß das Verfahren umso schneller konvergiert, je kleiner $\varrho(G(\omega))$ ist.

Nun haben wir in Satz 6.2 festgestellt, daß es zu einem beliebigen $\varepsilon > 0$ stets eine Matrixnorm $\|\cdot\|_\varepsilon$ gibt, so daß

$$\varrho(G(\omega)) \leq \|G(\omega)\|_\varepsilon \leq \varrho(G(\omega)) + \varepsilon$$

gilt. $\|\cdot\|_\varepsilon$ bezeichne zugleich die zugrundeliegende verträgliche Vektornorm. Dann gilt wegen $x^* = G(\omega)x^* + g(\omega)$ die Abschätzung

$$\begin{aligned} \|x^{(k+1)} - x^*\|_\varepsilon &\leq \|G(\omega)\|_\varepsilon \|x^{(k)} - x^*\|_\varepsilon \\ &\leq [\varrho(G(\omega)) + \varepsilon]\|x^{(k)} - x^*\|_\varepsilon. \end{aligned}$$

Das Verfahren konvergiert umso schneller, je kleiner $\|G(\omega)\|_\varepsilon$ ist, also in der Tat auch um so schneller, je kleiner $\varrho(G(\omega))$ ausfällt, denn $\varepsilon > 0$ kann beliebig klein gewählt werden.

In diesem Zusammenhang ist auch die folgende Aussage von Interesse:

Satz 6.12. *B bezeichne die Matrix des J- und H die des GS-Verfahrens. Es sei $B \geq 0$, d.h. B besitze nur nichtnegative Elemente. Dann gilt für $0 < \varrho(B) < 1$ auch*

$$0 < \varrho(H) < \varrho(B) < 1$$

und für $\varrho(B) > 1$ auch

$$1 < \varrho(B) < \varrho(H).$$

Zum Beweis dieses Satzes vergleiche man etwa [31, S. 69f]. □

Unter den angegebenen Voraussetzungen ist also mit dem J-Verfahren auch das GS-Verfahren divergent.

6.4 Bestimmung des Relaxationsparameters für das SOR-Verfahren

6.4.1 Matrizen mit der „Property A“

Wir haben in Abschnitt 6.3.4 festgestellt, daß das Iterationsverfahren mit der Iterationsmatrix $G(\omega)$ umso schneller konvergiert, je kleiner $\varrho(G(\omega))$ ist. Wir nehmen an, daß das Verfahren für $0 < \omega \leq 1$ bzw. $0 < \omega < \omega_0 \leq 2$ konvergent ist.

Besitzt die Funktion $\varrho(G(\omega))$ im betrachteten ω -Intervall ein Minimum und wird dies für $\omega = \omega_b$ angenommen, so gilt dort

$$\varrho(G(\omega_b)) \leq \varrho(G(\omega)).$$

Selbst wenn man weiß, daß ein solches „optimales“ ω_b existiert, ist damit noch nicht viel gewonnen. Die Berechnung von ω_b führt in den meisten Fällen zu großen Schwierigkeiten, abgesehen vom erforderlichen Rechenaufwand. Bei einigen Gleichungssystemen, die bei der Diskretisierung von elliptischen Randwertproblemen auftreten, läßt sich ω_b jedoch für das SOR-Verfahren bestimmen oder wenigstens abschätzen.

Wir wollen uns hier nur mit dem wichtigen Fall befassen, daß die Matrix $\boldsymbol{A}$ des linearen Gleichungssystems symmetrisch und positiv definit ist. Auf solche Systeme wird man z.B., wie bereits früher erwähnt, bei der Diskretisierung von selbstadjungierten gewöhnlichen oder elliptischen Randwertproblemen geführt. Dazu benötigen wir den Begriff der Matrix mit der „Property A“ (vgl. etwa [37, S. 148ff.]).

Definition 6.3. *Eine Matrix $\boldsymbol{A}$ besitzt die „Property A“, wenn $\boldsymbol{A}$ eine Diagonalmatrix ist oder wenn eine Permutationsmatrix $\boldsymbol{P}$ existiert, so daß $\boldsymbol{P}^{-1}\boldsymbol{A}\boldsymbol{P}$ die Gestalt*

$$\tilde{\boldsymbol{A}} = \boldsymbol{P}^{-1}\boldsymbol{A}\boldsymbol{P} = \begin{bmatrix} \boldsymbol{D}_1 & \boldsymbol{H} \\ \boldsymbol{K} & \boldsymbol{D}_2 \end{bmatrix} \tag{6.40}$$

mit den quadratischen Diagonalmatrizen $\boldsymbol{D}_1, \boldsymbol{D}_2$ hat. □

Besitzt eine Matrix $\boldsymbol{A}$ die „Property A“ und gilt $a_{ii} \neq 0, \quad i = 1, \ldots, n$, wie z.B. bei positiv definiten Matrizen, so kann man zeigen, daß die Eigenwerte der Matrix

$$\tilde{\boldsymbol{Q}}(\alpha) = \alpha \tilde{\boldsymbol{D}}^{-1}\tilde{\boldsymbol{L}} + \frac{1}{\alpha}\tilde{\boldsymbol{D}}^{-1}\tilde{\boldsymbol{U}}$$

unabhängig von α sind. Dabei ist $\tilde{\boldsymbol{A}} = \tilde{\boldsymbol{D}} - \tilde{\boldsymbol{L}} - \tilde{\boldsymbol{U}}$. Eine Matrix $\boldsymbol{A}$, für welche die Eigenwerte von

$$\boldsymbol{Q}(\alpha) = \alpha \boldsymbol{D}^{-1}\boldsymbol{L} + \frac{1}{\alpha}\boldsymbol{D}^{-1}\boldsymbol{U}$$

von α unabhängig sind, nennt man auch „konsistent geordnet“. Eine Matrix mit der Property A und $a_{ii} \neq 0, \quad i = 1, \ldots, n$, läßt sich daher stets konsistent ordnen. Liegt ein Gleichungssystem $\boldsymbol{A}\boldsymbol{x} = \boldsymbol{a}$ vor, dessen Matrix mit nichtverschwindenden Diagonalelementen die „Property A“ besitzt, so gilt nach (6.40)

$$\boldsymbol{P}\tilde{\boldsymbol{A}}\boldsymbol{P}^{-1}\boldsymbol{x} = \boldsymbol{a},$$

oder mit $\boldsymbol{P}^{-1}\boldsymbol{x} = \boldsymbol{y}, \quad \boldsymbol{P}^{-1}\boldsymbol{a} = \tilde{\boldsymbol{a}}$

$$\tilde{\boldsymbol{A}}\boldsymbol{y} = \tilde{\boldsymbol{a}},$$

und dies ist ein System mit konsistent geordneter Matrix $\tilde{\boldsymbol{A}}$.

6.4.2 Die Berechnung des optimalen Relaxationsparameters

Wie angekündigt, beschränken wir uns jetzt auf symmetrische und positiv definite Matrizen $\boldsymbol{A}$. Mit den bisherigen Bezeichnungen gilt dann der

Satz 6.13. *$\boldsymbol{A}$ sei eine symmetrische und positiv definite konsistent geordnete Matrix. Dann ist*

$$\varrho(\boldsymbol{H}(\omega_b)) \le \varrho(\boldsymbol{H}(\omega)), \qquad 0 < \omega < 2,$$

mit eindeutig bestimmtem

$$\omega_b = \frac{2}{1+(1-\varrho(\boldsymbol{B})^2)^{1/2}} = 1 + \left(\frac{\varrho(\boldsymbol{B})}{1+(1-\varrho(\boldsymbol{B})^2)^{1/2}}\right)^2. \tag{6.41}$$

Dabei ist $\boldsymbol{B} = \boldsymbol{D}^{-1}(\boldsymbol{L}+\boldsymbol{U})$ die Matrix des J-Verfahrens.

Zum Beweis *dieses Satzes siehe etwa [37, S.169ff.].* □

Zusätzlich kann man unter den Voraussetzungen des Satzes 6.13 ausrechnen, daß

$$\varrho(\boldsymbol{H}(\omega_b)) = \omega_b - 1 = \left(\frac{\varrho(\boldsymbol{B})}{1+(1-\varrho(\boldsymbol{B})^2)^{1/2}}\right)^2 = \frac{2}{1+(1-\varrho(\boldsymbol{B})^2)^{1/2}} - 1 \tag{6.42}$$

gilt. Für $\varrho(\boldsymbol{B}) > 0$ ist stets $\omega_b > 1$.

Es gibt größere Klassen von symmetrischen und positiv definiten Matrizen, welche die „Property A" besitzen und konsistent geordnet sind. Eine wichtige unter ihnen ist die Klasse derjenigen Block-Tridiagonalmatrizen $\boldsymbol{A}$, die die Form

$$\boldsymbol{A} = \begin{bmatrix} \boldsymbol{D}_1 & \boldsymbol{H}_1 & & & & 0 \\ \boldsymbol{H}_1^T & \boldsymbol{D}_2 & \boldsymbol{H}_2 & & & \\ & \boldsymbol{H}_2^T & \boldsymbol{D}_3 & \boldsymbol{H}_3 & & \\ & & \ddots & \ddots & \ddots & \\ & & & \boldsymbol{H}_{s-2}^T & \boldsymbol{D}_{s-1} & \boldsymbol{H}_{s-1} \\ 0 & & & & \boldsymbol{H}_{s-1}^T & \boldsymbol{D}_s \end{bmatrix} \tag{6.43}$$

mit den quadratischen Diagonalmatrizen $\boldsymbol{D}_i$, $i = 1,\dots,s$, haben. Insbesondere sind also positiv definite Tridiagonalmatrizen konsistent geordnet. Auf Block-Tridiagonalmatrizen $\boldsymbol{A}$ mit dieser Eigenschaft wird man z.B. bei der Diskretisierung von selbstadjungierten elliptischen Differentialgleichungen geführt, worauf wir in Band 2 eingehen werden.

Beispiel 6.5. *Die Tridiagonalmatrix*

$$\boldsymbol{A} = \begin{bmatrix} a_1 & c_1 & 0 \\ c_1 & a_2 & c_2 \\ 0 & c_2 & a_3 \end{bmatrix}, \qquad a_1, a_2, a_3 > 0,$$

besitzt nicht die Gestalt (6.40), mit

$$P = \begin{bmatrix} 0 & 1 & 0 \\ 1 & 0 & 0 \\ 0 & 0 & 1 \end{bmatrix}$$

gilt jedoch

$$\tilde{A} = P^{-1}AP = \begin{bmatrix} a_2 & c_1 & c_2 \\ c_1 & a_1 & 0 \\ c_2 & 0 & a_3 \end{bmatrix}.$$

Diese Matrix hat somit die Form (6.40) mit

$$D_1 = [a_2], \qquad D_2 = \begin{bmatrix} a_1 & 0 \\ 0 & a_3 \end{bmatrix}.$$

□

Die Ermittlung von $\varrho(B)$ ist im allgemeinen natürlich schwierig, bei speziellen Matrizen gelingt die Berechnung, bei anderen eine Schätzung. Außerdem gibt es numerische Verfahren zur Berechnung des betragsmäßig größten Eigenwertes, d.h. des Spektralradius, auf die wir in Teil IV eingehen.

Man kann $\varrho(H(\omega))$ als Funktion von ω berechnen, es gilt der

Satz 6.14. *Unter den Voraussetzungen von Satz 6.13 gilt*

$$\varrho(H(\omega)) = \begin{cases} \omega - 1 & \text{für} \quad \omega_b \leq \omega < 2 \\ \left\{\dfrac{\omega\varrho(B) + [\omega^2\varrho(B)^2 - 4(\omega-1)]^{1/2}}{2}\right\}^2 & \\ & \text{für} \quad 0 < \omega \leq \omega_b. \end{cases} \tag{6.44}$$

Zum Beweis dieses Satzes siehe etwa [37, S. 173]. □

Den Verlauf von $\varrho(H(\omega))$ zeigt die Abb. 6.1. Man beachte die senkrechte Tangente links von ω_b. Wenn man ω_b schätzen muß, sollte man es also stets überschätzen.

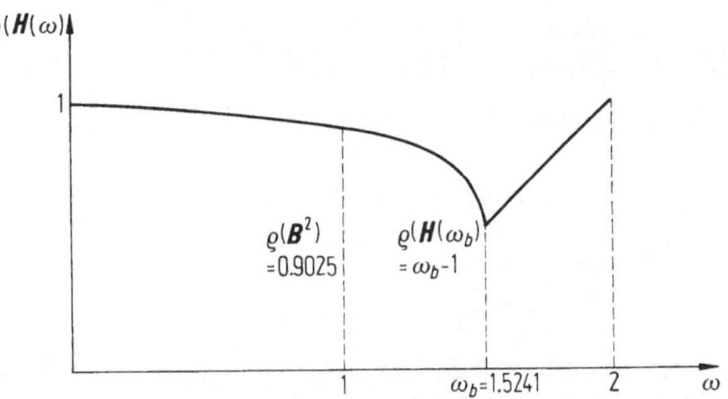

Abbildung 6.1. Verlauf von $\varrho(\mathbf{H}(\omega))$

In der folgenden Tabelle sind für einige Werte von $\varrho(\boldsymbol{B})$ die ω_b angegeben. Es gilt dann $\quad \varrho(\boldsymbol{H}(\omega_b)) = \omega_b - 1$.

$\varrho(\boldsymbol{B})$	ω_b
0.1	1.00251
0.2	1.01021
0.3	1.02357
0.4	1.04356
0.5	1.07180
0.6	1.11111
0.7	1.16676
0.8	1.25000
0.9	1.39286
0.95	1.52410
0.99	1.75274
0.999	1.91441

Tabelle 6.1. Werte von $\varrho(\boldsymbol{B})$ und ω_b.

Eine umfangreiche Tabelle dieser Art findet sich z.B in [37, S.177 ff.].

Aus (6.44) folgt wegen $\varrho(\boldsymbol{B}) < 1$ unter anderem

$$\varrho(\boldsymbol{H}) = [\varrho(\boldsymbol{B})]^2 < \varrho(\boldsymbol{B}) < 1.$$

Beispiel 6.6. *Für die Matrix*

$$\boldsymbol{A} = \begin{bmatrix} 2 & -1 & 0 \\ -1 & 2 & -1 \\ 0 & -1 & 2 \end{bmatrix}$$

gilt

$$\varrho(\boldsymbol{B}) = \sqrt{1/2}, \qquad \varrho(\boldsymbol{H}) = [\varrho(\boldsymbol{B})]^2 = 1/2 \quad .$$

Da $\boldsymbol{A}$ *konsistent geordnet ist, gibt es ein eindeutiges* ω_b, *das sich aus (6.41) zu*

$$\omega_b = 1.1716,$$

berechnet. Dann ist

$$\varrho(\boldsymbol{H}(\omega_b)) = 0.1716$$

d.h. wesentlich kleiner als $\varrho(\boldsymbol{H}) = 0.5$. *Daher konvergiert das SOR-Verfahren für das optimale* ω *wesentlich schneller als das GS-Verfahren.* □

Für eine symmetrische und positiv definite Block-Tridiagonalmatrix der Form (6.43) mit $\boldsymbol{D}_i = \boldsymbol{I}$ kann man den Zusammenhang zwischen Konditionszahl und Konvergenzgeschwindigkeit des J-, GS- und SOR-Verfahrens noch genauer erfassen. Es gilt nämlich, wie man zeigen kann,

$$\lambda_{\max}(\boldsymbol{A}) - 1 = \varrho(\boldsymbol{B}) = -(\lambda_{\min}(\boldsymbol{A}) - 1), \tag{6.45}$$

also

$$1 \leq \lambda_{\max} = 2 - \lambda_{\min}(\boldsymbol{A}) < 2. \tag{6.46}$$

Weiter gilt wegen der Symmetrie von $\boldsymbol{A}$

$$k_2(\boldsymbol{A}) = \|\boldsymbol{A}\|_2 \|\boldsymbol{A}^{-1}\|_2 = \varrho(\boldsymbol{A})/\varrho(\boldsymbol{A}^{-1}) = \lambda_{\max}(\boldsymbol{A})/\lambda_{\min}(\boldsymbol{A}).$$

Daher folgt aus (6.45)

$$\varrho(\boldsymbol{B}) = 1 - \lambda_{\min}(\boldsymbol{A}) = 1 - \lambda_{\max}(\boldsymbol{A})/k_2(\boldsymbol{A}),$$

oder mit (6.46)

$$1 - \frac{2}{k_2(\boldsymbol{A})} < \varrho(\boldsymbol{B}) \leq 1 - \frac{1}{k_2(\boldsymbol{A})}.$$

Daher gibt es eine Zahl α, $1 \leq \alpha < 2$, so daß

$$\varrho(\boldsymbol{B}) = 1 - \frac{\alpha}{k_2(\boldsymbol{A})}.$$

Mit (6.42) folgt daher

$$\begin{aligned} \varrho(\boldsymbol{H}(\omega_b)) = \omega_b - 1 &= \frac{2}{1 + \left(1 - \varrho(\boldsymbol{B})^2\right)^{\frac{1}{2}}} - 1 = \frac{2}{1 + \left(\frac{2\alpha}{k_2(\boldsymbol{A})} - \frac{\alpha^2}{k_2(\boldsymbol{A})^2}\right)^{\frac{1}{2}}} - 1 \\ &= \frac{\kappa - (2\lambda_{\max}(\boldsymbol{A}) - \lambda_{\max}^2(\boldsymbol{A})/\kappa^2)^{1/2}}{\kappa + (2\lambda_{\max}(\boldsymbol{A}) - \lambda_{\max}^2(\boldsymbol{A})/\kappa^2)^{1/2}} \end{aligned} \tag{6.47}$$

mit $\kappa = (k_2(\boldsymbol{A}))^{1/2}$. Für

$$\kappa \geq \sqrt{2}$$

nimmt der Radikant der Wurzel seine Extremwerte im Intervall [1,2) für $\lambda_{\max}(\boldsymbol{A})$ an den Rändern des Intervalls an. Dies ergibt

$$\frac{\kappa-1}{\kappa+1} \geq \varrho(\boldsymbol{H}(\omega_b)) > \frac{\kappa - 2(1-1/\kappa^2)^{1/2}}{\kappa + 2(1-1/\kappa^2)^{1/2}}$$

für $\kappa \geq \sqrt{2}$ oder

$$1 - \frac{2}{\kappa+1} \quad \geq \quad \varrho(\boldsymbol{H}(\omega_b)) > 1 - \frac{4}{\kappa} \cdot \frac{(k_2(\boldsymbol{A})-1)^{1/2}}{\kappa + 2(\kappa^2-1)^{1/2}/\kappa},$$

während

$$\varrho(\boldsymbol{H}(1)) = \varrho^2(\boldsymbol{B}) \in \left(1 - \frac{4}{\kappa^2}, 1 - \frac{1}{\kappa^2}\right).$$

Für $k_2(\boldsymbol{A}) \gg 1$ konvergiert also das SOR-Verfahren mit $\omega = \omega_b$ wesentlich schneller als das Einzelschritt- und dieses doppelt so schnell wie das Gesamtschrittverfahren.

Für $k_2(\boldsymbol{A}) = 10^4$ ergibt sich z.B.

$$\begin{aligned} \varrho(\boldsymbol{B}) &\in [0.9998, 0.9999], \\ \varrho(\boldsymbol{H}) &\in [0.9996, 0.9997999], \\ \varrho(\boldsymbol{H}(\omega_b)) &\in [0.960786236, 0.980198019], \end{aligned}$$

und als Maß für die Verkleinerung des Fehlers nach jeweils 1000 Verfahrensschritten

$$\begin{aligned} \varrho(\boldsymbol{B})^{1000} &\geq 0.818714 && \text{(Fehlerverkleinerung um 18\%)}, \\ \varrho(\boldsymbol{H})^{1000} &\geq 0.67026 && \text{(Fehlerverkleinerung um 33\%)}, \\ \varrho(\boldsymbol{H}(\omega_b))^{1000} &\leq 2.1 10^{-9} && \text{(Fehler praktisch 0)}. \end{aligned}$$

6.5 Komplexe Gleichungssysteme

6.5.1 Das Auftreten komplexer Gleichungssysteme

Bisher haben wir vorausgesetzt, daß das zu lösende lineare Gleichungssystem $\boldsymbol{Ax} = \boldsymbol{a}$ reell ist. Dies bedeutet, daß die Elemente von $\boldsymbol{A}$ und die Komponenten von $\boldsymbol{a}$ reelle Zahlen sind. Dann sind natürlich auch die Komponenten x_i, $i = 1, 2, \ldots, n$, jeder Lösung dieses Systems reelle Zahlen.

Bei einem komplexen Gleichungssystem sind die Elemente von $\boldsymbol{A}$ und die Komponenten von $\boldsymbol{a}$ komplexe Zahlen. Solche Systeme treten in der Praxis jedoch vergleichsweise selten auf, und wohl auch aus diesem Grund findet man in der Literatur wenig spezielle Algorithmen zur Lösung solcher Systeme. Oft kann man die für reelle lineare Gleichungssysteme entwickelten Verfahren direkt verwenden oder leicht übertragen, wobei die Konvergenzaussagen, wenn man sie sachgemäß formuliert, teilweise erhalten bleiben.

Komplexe lineare Gleichungssysteme treten z.B. bei der numerischen Berechnung zwei- und dreidimensionaler instationärer elektromagnetischer Felder mit Hilfe der Maxwell-Gleichung und bei der Lösung verwandter Probleme auf. Die Matrizen dieser Gleichungssysteme sind schwach besetzt und besitzen in der Hauptdiagonalen komplexe, sonst überall nur reelle Elemente. Zur iterativen Lösung der Gleichungssysteme wird häufig das SOR-Verfahren verwendet, wobei der Relaxationsparameter reell oder komplex gewählt werden kann [37]. Bei Wahl eines komplexen Relaxationsparameters ist es in wichtigen Fällen möglich, diesen so zu bestimmen, daß die Konvergenzgeschwindigkeit des Verfahrens erheblich gesteigert wird. Im folgenden sind nur einige einfache Aussagen für hermitesche Matrizen angeführt. Zur Wahl komplexer Relaxationsparameter vgl. [37].

6.5.2 Anwendung der Relaxationsverfahren

Wir betrachten wieder das Gleichungssystem $\boldsymbol{Ax} = \boldsymbol{a}$ und setzen voraus, daß $\boldsymbol{A}$ komplexe Elemente und $\boldsymbol{a}$ komplexe Komponenten besitzt. Zur iterativen Lösung verwenden wir das Verfahren

$$\boldsymbol{x}^{(k+1)} = \boldsymbol{G}(\omega)\boldsymbol{x}^{(k)} + \boldsymbol{g}(\omega), \qquad k = 0, 1, \ldots \tag{6.48}$$

mit der komplexen Matrix $\boldsymbol{G}(\omega)$ und dem komplexen Vektor $\boldsymbol{g}(\omega)$. Ausgehend von einer komplexen Ausgangsnäherung $\boldsymbol{x}^{(0)}$ liefert (6.48) dann die komplexen Näherungen $\boldsymbol{x}^{(k+1)}$, $k = 0, 1, \ldots$.

Die Konvergenzaussagen für die bisher betrachteten Iterationsverfahren für reelle Systeme bleiben weitgehend erhalten. So gelten z.B. alle Konvergenzaussagen, die sich auf Diagonaldominanz der Systemmatrix stützen. Ferner ist bei den Konvergenzsätzen „symmetrische Matrix“ durch „hermitesche Matrix“ zu ersetzen, womit wir uns in Abschnitt 6.5.3 gleich befassen werden.

Grundlegend für die Konvergenztheorie ist, wie bei reellen Systemen, der Satz 6.4.

6.5.3 Konvergenz bei hermitescher Matrix

Wie in Abschnitt 1.2 erwähnt, sind alle Eigenwerte hermitescher Matrizen reell. Notwendigerweise sind die Hauptdiagonalelemente positiv definiter hermitescher Matrizen (vgl. Abschnitt 1.3.1) reell und positiv, wie man sich leicht anhand der Definition der positiven Definitheit herleitet. Der Satz 6.7 lautet dann

Satz 6.15. *Es sei $\boldsymbol{A}$ eine positiv definite hermitesche Matrix und das J-Verfahren sei konvergent. Dann ist das JOR-Verfahren konvergent für*

$$0 < \omega < \frac{2}{1-\mu_{\min}} \leq 2,$$

wobei $\mu_{\min} \leq 0$ der kleinste Eigenwert von $\boldsymbol{B} = \boldsymbol{D}^{-1}(\boldsymbol{L}+\boldsymbol{U})$ ist.

$\boldsymbol{B}$ ist änlich zur hermiteschen Matrix $\boldsymbol{D}^{-1/2}(\boldsymbol{L}+\boldsymbol{U})\boldsymbol{D}^{-1/2}$ und besitzt daher nur reelle Eigenwerte. □

Entsprechend Satz 6.15 gilt für positiv definite hermitesche Matrizen auch Satz 6.8.

Beim SOR-Verfahren kann der Satz 6.9 wieder wörtlich übernommen werden, während Satz 6.10 hier lautet

Satz 6.16. *$\boldsymbol{A}$ sei eine positiv definite hermitesche Matrix. Dann konvergiert das SOR-Verfahren für $0 < \omega < 2$ und folglich auch das GS-Verfahren.* □

In einigen Fällen kann man schnell feststellen, ob eine vorgelegte hermitesche Matrix positiv definit ist. Es gilt der Satz

Satz 6.17. *Es sei $\boldsymbol{A}$ eine strikt oder irreduzibel diagonaldominante hermitesche (oder reell symmetrische) Matrix mit positiven Diagonalelementen. Dann ist $\boldsymbol{A}$ positiv definit.*

Beweis: *Angenommen, $\boldsymbol{A}$ wäre nicht positiv definit. Dann gäbe es einen Eigenwert $\lambda \leq 0$ von $\boldsymbol{A}$ mit $\det(\boldsymbol{A}-\lambda\boldsymbol{I}) = 0$. Da $\boldsymbol{A}$ nichtsingulär ist, kann $\lambda = 0$ kein Eigenwert sein. Für $\lambda < 0$ ist $(\boldsymbol{A}-\lambda\boldsymbol{I})$ strikt diagonaldominant und somit nichtsingulär, im Widerspruch zu $\det(\boldsymbol{A}-\lambda\boldsymbol{I}) = 0$. Daher hat $\boldsymbol{A}$ nur positive Eigenwerte und ist damit als reell symmetrische oder hermitesche Matrix positiv definit.* □

Beispiel 6.7. *Wir wollen die Ergebnisse dieser Ziffer an dem System $\boldsymbol{Ax} = \boldsymbol{a}$ mit der Matrix*

$$\boldsymbol{A} = \begin{bmatrix} 4 & -\frac{1}{2}(1+\mathrm{i}) & -\frac{1}{2}(1-\mathrm{i}) & 0 \\ -\frac{1}{2}(1-\mathrm{i}) & 4 & 0 & -\frac{1}{2}(1+\mathrm{i}) \\ -\frac{1}{2}(1+\mathrm{i}) & 0 & 4 & -\frac{1}{2}(1-\mathrm{i}) \\ 0 & -\frac{1}{2}(1-\mathrm{i}) & -\frac{1}{2}(1+\mathrm{i}) & 4 \end{bmatrix}$$

erläutern. Wegen $\boldsymbol{A} = \bar{\boldsymbol{A}}^T = \boldsymbol{A}^*$ ist $\boldsymbol{A}$ eine hermitesche Matrix. Weiter ist $\boldsymbol{A}$ strikt diagonaldominant, denn es gilt für jede Zeile

$$|a_{ii}| - \sum_{\substack{j=1 \\ j\neq i}}^{4} |a_{ij}| = 4 - \sqrt{1/4(1+\mathrm{i})(1-\mathrm{i})} - \sqrt{1/4(1-\mathrm{i})(1+\mathrm{i})} = 4 - \sqrt{2} > 0.$$

Nach Satz 6.17 ist $\boldsymbol{A}$ somit auch positiv definit.

Setzen wir für die Komponenten a_i der rechten Seite a des Gleichungssystems die komplexen Zahlen $\alpha_i + \mathrm{i}\beta_i$, $i = 1,2,3,4$ so lautet die Iterationsvorschrift (6.30)

$$\begin{aligned}
x_1^{(k+1)} &= (1-\omega)x_1^{(k)} + \frac{\omega}{8}((1+\mathrm{i})x_2^{(k)} + (1-\mathrm{i})x_3^{(k)} + 2(\alpha_1 + \mathrm{i}\beta_1)),\\
x_2^{(k+1)} &= (1-\omega)x_2^{(k)} + \frac{\omega}{8}((1-\mathrm{i})x_1^{(k+1)} + (1+\mathrm{i})x_4^{(k)} + 2(\alpha_2 + \mathrm{i}\beta_2)),\\
x_3^{(k+1)} &= (1-\omega)x_3^{(k)} + \frac{\omega}{8}((1+\mathrm{i})x_1^{(k+1)} + (1-\mathrm{i})x_4^{(k)} + 2(\alpha_3 + \mathrm{i}\beta_3)),\\
x_4^{(k+1)} &= (1-\omega)x_4^{(k)} + \frac{\omega}{8}((1-\mathrm{i})x_2^{(k+1)} + (1+\mathrm{i})x_3^{(k+1)} + 2(\alpha_4 + \mathrm{i}\beta_4)).
\end{aligned} \tag{6.49}$$

□

6.6 Zur Konvergenzgeschwindigkeit der Verfahren

6.6.1 Die mittlere und asymptotische Konvergenzgeschwindigkeit

Man wird zur Lösung der linearen Gleichungssysteme solche Iterationsverfahren bevorzugen, die möglichst schnell konvergieren. In Abschnitt 6.3.4 hatten wir gesehen, daß ein Verfahren umso schneller konvergiert, je kleiner der Spektralradius der Iterationsmatrix G ist. Dieser kann daher als Maß für die Konvergenzgeschwindigkeit dienen.

Die Konvergenzgeschwindigkeit des Iterationsverfahrens

$$x^{(k+1)} = Gx^{(k)} + g, \qquad k = 0,1,\dots \tag{6.50}$$

kann jedoch auch auf andere Weise charakterisiert werden. Eine von den dazu bestehenden Möglichkeiten soll hier untersucht werden.

Für den Fixpunkt x^* gilt

$$x^* = Gx^* + g.$$

Die Subtraktion dieses Systems von (6.50) liefert zunächst

$$x^{(k+1)} - x^* = G(x^{(k)} - x^*) = G^{k+1}(x^{(0)} - x^*)$$

und weiter die Ungleichung

$$\|x^{(k+1)} - x^*\| \le \|G^{k+1}\|\, \|x^{(0)} - x^*\|.$$

Das Verfahren (6.50) sei konvergent, es gilt daher $\varrho(G) < 1$. Mit Hilfssatz 6.1. aus Abschnitt 6.1.4 und Satz 6.2. aus Abschnitt 6.1.5 folgt hieraus $\lim_{\nu\to\infty} \|G^\nu\| = 0$. Nach einer gewissen Zahl n von Iterationen gilt daher

$$\|x^{(n)} - x^*\| \le \delta \|x^{(0)} - x^*\|,$$

wobei $\delta > 0$ eine vorgegebene beliebige Zahl ist. Diese Ungleichung gilt auch für alle $x^{(k)}$ mit $k \geq n$. Außerdem sei n so groß gewählt, daß auch

$$\|G^k\| \leq \delta, \qquad k = n, n+1, \ldots \tag{6.51}$$

erfüllt ist.

Wegen $\log_{10} \|G^k\| \leq \log_{10} \delta$ ist (6.51) äquivalent zu

$$k \geq n \geq \frac{-\log_{10} \delta}{-\frac{1}{n} \log_{10} \|G^n\|}.$$

Dabei bedeutet „$\log_{10}$" den dekadischen Logarithmus.

Bei konstantem δ, $0 < \delta < 1$ ist daher das kleinste n, das (6.51) erfüllt, ungefähr umgekehrt proportional der Größe

$$R_n(G) = -\tfrac{1}{n} \log_{10} \|G^n\|, \tag{6.52}$$

die wir als *mittlere Konvergenzgschwindigkeit* bezeichnen. Wählen wir als Matrixnorm die Spektralnorm, so gilt (vgl. etwa [37, S.84ff])

$$\varrho(G) = \lim_{n \to \infty} (\|G^n\|_2)^{\frac{1}{n}}$$

Daher erhalten wir mit (6.52)

$$\begin{aligned} R(G) &= \lim_{n\to\infty} R_n(G) = \lim_{n\to\infty} [-\tfrac{1}{n} \log_{10} \|G^n\|_2] \\ &= \lim_{n\to\infty} [-\log_{10} \|G^n\|_2^{\frac{1}{n}}] = -\log_{10} \varrho(G). \end{aligned}$$

Man nennt

$$R(G) = -\log_{10} \varrho(G) \tag{6.53}$$

die *asymptotische Konvergenzgeschwindigkeit* des Verfahrens. Ist G und damit G^n symmetrisch, so gilt $\|G^n\|_2 = (\varrho(G))^n$, und es folgt

$$R_n(G) = -\tfrac{1}{n} \log_{10}(\varrho(G))^n = -\log_{10}\left\{\left(\varrho(G)\right)^n\right\}^{\frac{1}{n}} = -\log_{10} \varrho(G) = R(G).$$

In diesem Falle ist die mittlere Konvergenzgeschwindigkeit stets gleich der asymptotischen. $R(G)$ gibt den Bruchteil von Dezimalstellen an, der pro Iterationsschritt an Genauigkeit gewonnen wird. Im allgemeinen ist die Iterationsmatrix $H(\omega)$ der SOR-Verfahren nicht symmetrisch, auch dann nicht, wenn A symmetrisch ist. Bei dem Jacobi-Verfahren ist die Jacobi-Matrix $B = D^{-1}(L + U) = I - D^{-1}A$ dann symmetrisch, wenn A symmetrisch ist und $D^{-1}A = AD^{-1}$ gilt. Das ist z.B. der Fall für $D = a \cdot I$ mit einer Konstanten a.

Beispiel 6.8. *Für die in Beispiel 6.6 angegebene Matrix gilt $\varrho(\boldsymbol{H}) = 0.5$. Die asymptotische Konvergenzgeschwindigkeit des Gauß-Seidel-Verfahrens ist dabei $R(\boldsymbol{H}) = \log_{10} 0.5 \approx 0.3010$. Wegen $\varrho(\boldsymbol{B}) = (0.5)^{\frac{1}{2}}$ gilt ferner $R(\boldsymbol{B}) = 0.5\ R(\boldsymbol{H})$.*

Um die mittleren Konvergenzgeschwindigkeiten zu berechnen, muß $\|\boldsymbol{H}^n\|_2 = [\varrho((\boldsymbol{H}^n)^T\boldsymbol{H}^n)]^{\frac{1}{2}}$ für die betrachteten n bestimmt werden. Das ist in der Regel jedoch unangemessen aufwendig. □

6.6.2 Der Einfluß des Relaxationsparameters

Bei der Diskretisierung von elliptischen Randwertproblemen wächst im allgemeinen $\varrho(\boldsymbol{B})$ mit der Verfeinerung des Gitters, d.h. mit der Verbesserung der Diskretisierung. Bei sehr feiner Diskretisierung, die im allgemeinen eine hohe Genauigkeit der Näherung liefert, liegt $\varrho(\boldsymbol{B})$ nahe bei 1. In solchen Fällen ist es notwendig, den optimalen Relaxationsparameter wenigstens annähernd zu berechnen, damit das SOR-Verfahren noch hinreichend rasch konvergiert. In Abschnitt 6.6.1 haben wir durch (6.53) die asymptotische Konvergenzgeschwindigkeit

$$R(\boldsymbol{G}) = -\log_{10} \varrho(\boldsymbol{G})$$

definiert. Nach (6.44) ist unter den Voraussetzungen von Satz 6.13

$$\begin{aligned} R(\boldsymbol{B}) &= -\log_{10} \varrho(\boldsymbol{B}), \\ R(\boldsymbol{H}) &= -\log_{10}[\varrho(\boldsymbol{B})]^2 = -2\log_{10} \varrho(\boldsymbol{B}), \\ R(\boldsymbol{H}(\omega_b)) &= -\log_{10}(\omega_b - 1). \end{aligned}$$

In Tabelle 6.2 sind die Größen für die gleichen Werte der $\varrho(\boldsymbol{B})$ wie in Tabelle 6.1 berechnet.

$\varrho(\boldsymbol{B})$	$R(\boldsymbol{B})$	$R(\boldsymbol{H}) = 2R(\boldsymbol{B})$	$R(\boldsymbol{H}(\omega_b))$
0.1	1.00000	2.0000	2.59980
0.2	0.69897	1.39794	1.99118
0.3	0.52288	1.04576	1.62757
0.4	0.39794	0.79588	1.36090
0.5	0.30103	0.60206	1.14389
0.6	0.22185	0.44370	0.95424
0.7	0.15490	0.30980	0.77789
0.8	0.00691	0.19382	0.60206
0.9	0.04576	0.09152	0.40575
0.95	0.02228	0.04455	0.28058
0.99	0.00436	0.00873	0.12335
0.999	0.00043	0.00087	0.03886

Tabelle 6.2. : Die Größen $R(\boldsymbol{B})$, $R(\boldsymbol{H})$, $R(\boldsymbol{H}(\omega_b))$

Die Tabelle zeigt, daß gerade für den in der Praxis häufigen Fall, daß $\varrho(B)$ sehr nahe bei 1 liegt, das SOR-Verfahren bei optimalem ω asymptotisch um ein Vielfaches schneller konvergiert als das Gauß-Seidel-Verfahren. Diese theoretische Vorhersage bestätigt sich bei der praktischen Rechnung. Bei der Lösung von Randwertproblemen gewöhnlicher und partiellen Differentialgleichungen werden wir in Band 2 darauf zurückkommen.

Zusammenfassend können wir feststellen: Wenn sich $\varrho(B)$ mit zumutbarem Rechenaufwand zumindest näherungsweise bestimmen läßt, so sollte man, insbesondere aus Gründen der Wirtschaftlichkeit, das SOR-Verfahren mit dem Relaxationsparameter ω_b verwenden.

6.6.3 Fehlerabschätzungen

In Abschnitt 1.6 hatten wir für das dort betrachtete allgemeine Iterationsverfahren bei kontrahierender Abbildung die Fehlerabschätzungen (1.38) und (1.39) erhalten. Setzt man wieder

$$T(x) = Gx + g,$$

so lautet hier mit $\alpha = \|G\|_M < 1$ die „A-priori-Fehlerabschätzung" (1.38)

$$\|x^{(k)} - x^*\| \le \frac{\|G\|_M^k}{1 - \|G\|_M} \|x^{(1)} - x^{(0)}\| \tag{6.54}$$

und die „A-posteriori-Fehlerabschätzung" (1.39)

$$\|x^{(k)} - x^*\| \le \frac{\|G\|_M}{1 - \|G\|_M} \|x^{(k)} - x^{(k-1)}\|. \tag{6.55}$$

Dabei ist $\|\cdot\|_M$ eine zur verwendeten Vektornorm passende Matrixnorm.

Im allgemeinen ist die Anwendung dieser Fehlerabschätzungen mit erheblichem Aufwand verbunden, denn man hat eine Norm $\|G\|_M < 1$ zu bestimmen, was wegen $\varrho(G) \le \|G\|_M$ trotz $\varrho(G) < 1$ nicht selbstverständlich ist. So gilt in Beispiel 6.6 $\varrho(B) \approx 0.7071$, $\|B\|_\infty = 1$, dagegen $\varrho(H) \approx 0.5$, $\|H\|_\infty = 3/4 = 0.75 < 1$. Bei einer symmetrischen Matrix G kann man stets $\|G\| = \|G\|_2 = \varrho(G)$ wählen, und diese Norm ist passend zur euklidischen Vektornorm (vgl. Abschnitt 1.1).

Beispiel 6.9. *Die Iterationsmatrix B aus Beispiel 6.6 ist symmetrisch. Wir können daher als Matrixnorm $\|B\|_2 = \varrho(B) = \sqrt{1/2}$ und als Vektornorm die euklidische Vektornorm wählen. Man erhält dann mit*

$$\beta_k = \frac{1}{(\sqrt{2})^k - (\sqrt{2})^{k-1}}$$

für (6.54)

$$\|x^{(k)} - x^*\|_2 \le \beta_k \|x^{(1)} - x^{(0)}\|_2.$$

Für $k = 20$ bzw. $k = 40$ errechnet man $\beta_{20} \approx 3.3 \cdot 10^{-3}$ bzw. $\beta_{40} \approx 3.3 \cdot 10^{-6}$. □

Bei den Fehlerabschätzungen (6.54) und (6.55) ist zu beachten, daß Rundungen der erhaltenen Zahlenwerte nicht berücksichtigt werden.

6.7 Block-Relaxationsverfahren

6.7.1 Gleichungssysteme mit Block-Matrizen

Es wurde schon mehrfach darauf hingewiesen, daß die Relaxationsverfahren besonders zur Lösung von Gleichungssystemen mit schwach besetzter Matrix geeignet sind. Bei der numerischen Lösung von linearen elliptischen Differentialgleichungen durch Differenzenverfahren oder die Methode der finiten Elemente entstehen Systeme, deren Matrix eine schwach besetzte Blockmatrix ist, etwa eine Block-Tridiagonalmatrix (vgl. (1.13)).

So tritt etwa bei der Standarddiskretisierung der Poisson-Gleichung eine Block-Tridiagonalmatrix auf, deren Diagonalblöcke selbst Tridiagonalmatrizen sind. Da die direkte Lösung eines Gleichungssystems mit Tridiagonalmatrix eine einfache Aufgabe ist, liegt es nahe, die Iteration nunmehr blockweise auszuführen. In manchen Fällen kann die Konvergenzgeschwindigkeit dadurch beschleunigt werden.

Allgemein hat eine quadratische Block-Matrix die Gestalt

$$\boldsymbol{A} = \begin{bmatrix} \boldsymbol{A}_{11} & \boldsymbol{A}_{12} & \cdots & \boldsymbol{A}_{1N} \\ \vdots & & & \vdots \\ \boldsymbol{A}_{N1} & \boldsymbol{A}_{N2} & \cdots & \boldsymbol{A}_{NN} \end{bmatrix},$$

wobei die $\boldsymbol{A}_{ij}$ Matrizen sind. Wir setzen voraus, daß $\boldsymbol{A}_{ij}$ eine $n_i \times n_j$ -Matrix ist. Daher sind die $\boldsymbol{A}_{ii}$ quadratische Matrizen, während dies für die $\boldsymbol{A}_{ij}$, $i \neq j$, nicht notwendig gilt. Die Matrizen $\boldsymbol{A}_{ij}$ in der i-ten „Matrixzeile" von $\boldsymbol{A}$ haben daher die gleiche Zahl n_i von Zeilen, die in der j-ten „Matrixspalte" die gleiche Zahl n_j von Spalten. Entsprechend unterteilen wir den Vektor $\boldsymbol{x}$ in Teilvektoren

$$\boldsymbol{x} = [\boldsymbol{x}_{(1)}, \boldsymbol{x}_{(2)}, \ldots, \boldsymbol{x}_{(N)}]^T,$$

wobei $\boldsymbol{x}_{(j)}$ genau n_j Komponenten besitzt. Mit entsprechender Unterteilung der rechten Seite

$$\boldsymbol{a} = [\boldsymbol{a}_{(1)}, \boldsymbol{a}_{(2)}, \ldots, \boldsymbol{a}_{(N)}]^T$$

können wir das Gleichungssystem $\boldsymbol{A}\boldsymbol{x} = \boldsymbol{a}$ in der Form

$$\sum_{j=1}^{N} = \boldsymbol{A}_{ij}\boldsymbol{x}_{(j)} = \boldsymbol{a}_{(i)}, \qquad i = 1, \ldots, N,$$

schreiben.

Beispiel 6.10. $n = 5, \quad N = 2$

$$A = \left[\begin{array}{ccc|cc} 4 & -1 & 0 & -1 & 0 \\ -1 & 4 & -1 & 0 & -1 \\ 0 & -1 & 4 & 0 & 0 \\ \hline -1 & 0 & 0 & 4 & -1 \\ 0 & -1 & 0 & -1 & 4 \end{array}\right].$$

$$A_{11} = \begin{bmatrix} 4 & -1 & 0 \\ -1 & 4 & -1 \\ 0 & -1 & 4 \end{bmatrix}, \quad A_{12} = \begin{bmatrix} -1 & 0 \\ 0 & -1 \\ 0 & 0 \end{bmatrix}, \quad x_{(1)} = \begin{bmatrix} x_1 \\ x_2 \\ x_3 \end{bmatrix}, \quad a_{(1)} = \begin{bmatrix} a_1 \\ a_2 \\ a_3 \end{bmatrix},$$

$$A_{21} = \begin{bmatrix} -1 & 0 & 0 \\ 0 & -1 & 0 \end{bmatrix}, \quad A_{22} = \begin{bmatrix} 4 & -1 \\ -1 & 4 \end{bmatrix}, \quad x_{(2)} = \begin{bmatrix} x_4 \\ x_5 \end{bmatrix}, \quad a_{(2)} = \begin{bmatrix} a_4 \\ a_5 \end{bmatrix}.$$

$$Ax = a \quad : \quad \begin{aligned} A_{11}x_{(1)} + A_{12}x_{(2)} &= a_{(1)} \\ A_{21}x_{(1)} + A_{22}x_{(2)} &= a_{(2)}. \end{aligned}$$

6.7.2 Block-Relaxationsverfahren

Die Iterationvorschrift für das Block-JOR-Verfahren lautet dann in Analogie zu (6.19)

$$x_{(i)}^{(k+1)} = x_{(i)}^{(k)} - \omega A_{ii}^{-1} \left(\sum_{j=1}^{N} A_{ij} x_{(j)}^{(k)} - a_{(i)} \right), \qquad i = 1, \ldots, N,$$

die für das Block-SOR-Verfahren in Analogie zu (6.30)

$$x_{(i)}^{(k+1)} = x_{(i)}^{(k)} - \omega A_{ii}^{-1} \left(\sum_{j=1}^{i-1} A_{ij} x_{(j)}^{(k+1)} + \sum_{j=i}^{N} A_{ij} x_{(j)}^{(k)} - a_{(i)} \right), \qquad i = 1, \ldots, N.$$

Die Iteration erfordert also das Auflösen von N Gleichungssystemen mit den Matrizen A_{ii} pro Schritt. Da man den Gauß- oder Cholesky-Algorithmus ja nur einmal auf A_{ii} anwenden muß, sind diese Verfahren vor allem bei schwach besetzten A_{ii} kaum aufwendiger als die Relaxationsverfahren (diese werden zur Unterscheidung von den Block-Relaxationsverfahren auch oft *Punkt-Relaxationsverfahren* genannt).

Bei der anfangs erwähnten numerischen Lösung von elliptischen Differentialgleichungen sind die A_{ii} häufig Tridiagonalmatrizen, so daß die Auflösung der Gleichungssysteme mit dem Verfahren aus Abschnitt 5.2 leicht und schnell erfolgen kann. Dies führt in manchen Fällen zu schnellerer Konvergenz gegenüber den JOR- bzw. SOR-Vefahren.

Zu Konvergenzaussagen gelangt man ähnlich wie bei den SOR-Verfahren: man kann die Iterationsmatrix $\boldsymbol{G}^{(B)}(\omega)$ der Block-Verfahren berechnen und aus der Forderung $\varrho(\boldsymbol{G}^{(B)}(\omega)) < 1$ hinreichende Konvergenzaussagen herleiten. Es soll hier jedoch nur ein Konvergenzsatz ohne Beweis zitiert werden. Dazu zerlegen wir ähnlich wie bei den (Punkt-) Relaxationsverfahren die Matrix $\boldsymbol{A}$ in

$$\boldsymbol{A} = \boldsymbol{D}^{(B)} - \boldsymbol{L}^{(B)} - \boldsymbol{U}^{(B)},$$

wobei jetzt $\boldsymbol{D}^{(B)}, \boldsymbol{L}^{(B)}, \boldsymbol{U}^{(B)}$ wie folgt definierte Blockmatrizen sind:

$$\boldsymbol{D}^{(B)} = \begin{bmatrix} \boldsymbol{A}_{11} & & 0 \\ & \ddots & \\ 0 & & \boldsymbol{A}_{NN} \end{bmatrix},$$

$$-\boldsymbol{L}^{(B)} = \begin{bmatrix} 0 & & & \\ \boldsymbol{A}_{21} & \ddots & & \\ \vdots & & \ddots & \\ \boldsymbol{A}_{N1} & & \boldsymbol{A}_{NN-1} & 0 \end{bmatrix}, \quad -\boldsymbol{U}^{(B)} = \begin{bmatrix} 0 & \boldsymbol{A}_{12} & \cdots & \boldsymbol{A}_{1N} \\ & \ddots & & \vdots \\ & & \ddots & \boldsymbol{A}_{N-1N} \\ & & & 0 \end{bmatrix}.$$

Dabei bedeutet in $-\boldsymbol{L}^{(B)}$ und $-\boldsymbol{U}^{(B)}$ $\boldsymbol{0}$ die $n_i \times n_i$–Nullmatrix, $i = 1, \dots, N$.

Es gilt dann folgender

Satz 6.18. *$\boldsymbol{A}$ sei eine symmetrische und positive definite Block-Tridiagonalmatrix. Dann konvergiert das Block-SOR-Verfahren für $0 < \omega < 2$. Der optimale Relaxationsparameter ist*

$$\omega_b = \frac{2}{1 + \sqrt{1 - \mu^2}}, \qquad \mu = \varrho\Big((\boldsymbol{D}^{(B)})^{-1}(\boldsymbol{L}^{(B)} + \boldsymbol{U}^{(B)})\Big).$$

□

In diesem Fall gilt also

$$\boldsymbol{D}^{(B)} = \begin{bmatrix} \boldsymbol{A}_{11} & & 0 \\ & \ddots & \\ 0 & & \boldsymbol{A}_{NN} \end{bmatrix},$$

$$-\boldsymbol{L}^{(B)} = \begin{bmatrix} 0 & & & 0 \\ \boldsymbol{A}_{21} & \ddots & & \\ \vdots & \ddots & \ddots & \\ 0 & & \boldsymbol{A}_{NN-1} & 0 \end{bmatrix}, \quad -\boldsymbol{U}^{(B)} = \begin{bmatrix} 0 & \boldsymbol{A}_{12} & \cdots & 0 \\ & \ddots & \ddots & \vdots \\ & & \ddots & \boldsymbol{A}_{N-1N} \\ 0 & & & 0 \end{bmatrix}.$$

Beispiel 6.11. *Bei der numerischen Lösung eines Randwertproblems*

$$\Delta u = u_{xx} + u_{yy} = f(x,y)$$

auf dem Einheitsquadrat durch Differenzenverfahren, auf das in Band 2 genauer eingegangen wird, erhält man ein lineares Gleichungssystem mit der Matrix

$$A = \begin{bmatrix} C & -I & & & 0 \\ -I & C & -I & & \\ & \ddots & \ddots & \ddots & \\ 0 & & -I & C & -I \\ & & & -I & C \end{bmatrix}.$$

Dabei sind C und die Einheitsmatrix I $M \times M$ -Matrizen und C ist die Tridiagonalmatrix

$$C = \begin{bmatrix} 4 & -1 & & & 0 \\ -1 & 4 & -1 & & \\ & \ddots & \ddots & \ddots & \\ & & -1 & 4 & -1 \\ 0 & & & -1 & 4 \end{bmatrix}.$$

Hier lautet das Block-SOR-Verfahren sehr einfach

$$\begin{aligned} x_{(1)}^{(k+1)} &= x_{(1)}^{(k)} - \omega C^{-1}\Big(Cx_{(1)}^{(k)} - x_{(2)}^{(k)} - a_{(1)}\Big) \\ x_{(i)}^{(k+1)} &= x_{(i)}^{(k)} - \omega C^{-1}\Big(-x_{(i-1)}^{(k+1)} + Cx_{(i)}^{(k)} - x_{(i+1)}^{(k)} - a_{(i)}\Big), \qquad i = 2,\dots,N-1, \\ x_{(N)}^{(k+1)} &= x_{(N)}^{(k)} - \omega C^{-1}\Big(-x_{(N-1)}^{(k)} + Cx_{(N)}^{(k)} - a_{(N)}\Big) \end{aligned}$$

Dieses Verfahren ist nicht aufwendiger als das SOR-Verfahren. Seien $G(\omega)$ bzw. $G^{(B)}(\omega)$ die Iterationsmatrizen des SOR- bzw. Block-SOR-Verfahrens, ω_b und $\omega_b^{(B)}$ die entsprechenden optimalen Relaxationsparameter, so gilt für die Spektralradien, wie man zeigen kann, für $M \gg 1$

$$\varrho(G^{(B)}(\omega_b^{(B)})) \approx [\varrho(G(\omega_b))]^{\sqrt{2}}.$$

□

6.8 Das Verfahren der konjugierten Gradienten (cg-Verfahren)

Das cg-Verfahren beruht auf dem Zusammenhang zwischen der Minimierung der quadratischen Funktion

$$f(x) := \tfrac{1}{2}x^T Ax - x^T b, \qquad A = A^T \text{ positiv definit}, \tag{6.56}$$

und der Auflösung des Gleichungssystems

$$Ax^* = b. \tag{6.57}$$

Es ist ja

$$\text{grad } f(x) = \nabla f(x) = Ax - b,$$

also $\nabla f(x^*) = 0$ genau dann, wenn $Ax^* = b$.

Auch das Gauß-Seidel- und das SOR-Verfahren können als Minimierungsverfahren für die Funktion f aus (6.56) gedeutet werden. Das Gauß-Seidel-Verfahren entsteht, wenn man f zyklisch in Richtung der n Koordinatenrichtungen minimiert und bei der eindimensionalen Minimierung jeweils die (lokal) optimale Schrittweite wählt. Beim SOR-Vefahren wird die lokal optimale Schrittweite um den Faktor ω geändert, $0 < \omega < 2$ bedeutet gerade, daß man den Funktionswert von f von Schritt zu Schritt monoton verkleinern will. Nun ist die Wahl der Koordinatenachsen als Minimierungsrichtungen ja sicher nicht dem Verlauf der Niveaulinien von f angepaßt, es sei denn, A ist diagonal.

Im Falle $n = 2$ stellen die Kurven $f(x) =$ const konzentrische Ellipsen dar und die exakte eindimensionale Minimierung entlang der beiden Ellipsenhauptachsen brächte die Lösung von (6.57) in zwei Schritten. Entsprechendes gilt für allgemeines n. Die Bestimmung dieser Hauptachsen zum Zweck der Lösung von (6.57) wäre aber viel zu aufwendig. Nun sind diese Hauptachsen nur ein Spezialfall sogenannter A-orthogonaler Richtungen und es stellt sich heraus, daß die aufeinanderfolgende Minimierung von f längs n A-orthogonaler Richtungen immer zur Lösung von (6.57) führt.

Definition 6.4. *A sei eine reell-symmetrische, positiv definite Matrix. $m \leq n$ Vektoren $p^{(k)} \neq 0$, $k = 0, \ldots, m-1$, heißen A-orthogonal, falls gilt:*

$$(p^{(i)})^T A p^{(j)} = 0 \quad \text{für} \quad i \neq j, \quad 0 \leq i, j \leq m-1.$$

□

Bemerkung 6.1. *Nach Voraussetzung besitzt A eine Cholesky-Zerlegung*

$$A = LL^T.$$

Man vergl. dazu Abschnitt 5.1.3. Damals bezeichneten wir die Cholesky-Zerlegung mit $A = R^T R$, hier wählen wir aus Gründen der Zweckmäßigkeit $A = LL^T$, was wegen $L = R^T$ natürlich äquivalent ist.

Setzt man dies in (6.56) ein, dann erkennt man, daß die Vektoren

$$\hat{p}^{(k)} := L^T p^{(k)}$$

im üblichen Sinne orthogonal sind. □

Satz 6.19. *Sei $f(x) = \frac{1}{2}x^T Ax - b^T x$, und A symmetrisch und positiv definit, $\{p^{(0)}, \dots, p^{(n-1)}\}$ sei ein System von A - orthogonalen Richtungen, $x^{(0)}$ sei beliebig und*

$$x^{(k+1)} = x^{(k)} - \sigma_k p^{(k)}, \quad \sigma_k = (p^{(k)})^T (Ax^{(k)} - b)/(p^{(k)})^T Ap^{(k)}, \quad k = 0, 1, \dots, n-1.$$

Dann gilt

a) $x^{(k+1)}$ *minimiert* $f(x^{(k)} - \sigma p^{(k)})$ *bzgl.* σ,

b) $(Ax^{(k)} - b)^T p^{(j)} = 0, \quad j = 0, \dots, k-1,$

c) $x^{(n)} = x^* = A^{-1}b.$

Beweis: *(Skizze)*

a)
$$\begin{aligned} \frac{d}{d\sigma} f(x^{(k)} - \sigma p^{(k)}) = 0 \quad &\Leftrightarrow \quad -\nabla f(x^{(k)} - \sigma p^{(k)})^T p^{(k)} = 0, \\ &\Leftrightarrow \quad (p^{(k)})^T (A(x^{(k)} - \sigma p^{(k)}) - b) = 0, \\ &\Leftrightarrow \quad \sigma = (p^{(k)})^T (Ax^{(k)} - b)/(p^{(k)})^T Ap^{(k)}. \end{aligned}$$

b) *Wird induktiv gezeigt.* $k = 1$ *ist die Folge von* a).
Gelte $(Ax^{(k)} - b)^T p^{(j)} = 0$ für $j = 0, 1, \dots, k-1$.
Zu zeigen: $(Ax^{(k+1)} - b)^T p^{(j)} = 0$ für $j = 0, \dots, k$,
$j = k$ *ist wiederum klar wegen* a).
Aber

$$\begin{aligned} (Ax^{(k+1)} - b)^T p^{(j)} &= (A(x^{(k)} - \sigma_k p^{(k)}) - b)^T p^{(j)} \\ &= (Ax^{(k)} - b - \sigma_k Ap^{(k)})^T p^{(j)} \\ &= (Ax^{(k)} - b)^T p^{(j)} - \sigma_k p^{(k)T} Ap^{(j)} = 0 \end{aligned}$$

nach Induktions-Voraussetzung bzw. Definition $\{p^{(0)}, \dots, p^{(n-1)}\}$ für $j < k$.

c) b) *mit* $k = n$ *liefert* $(Ax^{(n)} - b)^T (p^{(0)}, \dots, p^{(n-1)}) = 0$, *d.h.* $Ax^{(n)} = b$, *da* $(p^{(0)}, \dots, p^{(n-1)})$ *eine reguläre Matrix ist.*

□

An der Konstruktion in Satz 6.19 erkennt man, daß man die Richtung $p^{(k)}$ erst benötigt, wenn man $x^{(k)}$ schon gefunden hat. So ist es naheliegend, sich A - orthogonale Richtungen $p^{(j)}$ durch ein Orthogonalisierungsverfahren bzgl. des Skalarproduktes $(x, y) := x^T Ay$ erst im Laufe der Rechnung zu verschaffen, ausgehend von

$$p^{(0)} := Ax^{(0)} - b = \nabla f(x^{(0)})$$

nach

$$p^{(k)} = \nabla f(x^{(k)}) + \sum_{j=0}^{k-1} \beta_{kj} p^{(j)},$$

β_{kj} so, daß $(p^{(j)})^T A p^{(k)} = 0$ für $j = 0, \ldots, k-1$ gilt. Solange $\nabla f(x^{(k)}) \neq 0$. Ist aber $\nabla f(x^{(k)}) = 0$, dann ist bereits $x^{(k)} = x^*$.

Wesentlich für die Praktikabilität des Verfahrens ist nun, daß sich herausstellt

$$\beta_{k,0} = \cdots = \beta_{k,k-2} = 0, \quad \beta_{k,k-1} = \nabla f(x^{(k)})^T \nabla f(x^{(k)}) / \nabla f(x^{(k-1)})^T \nabla f(x^{(k-1)}),$$

so daß sich ein außerordentlich niedriger Rechenaufwand und Speicherbedarf pro Schritt ergibt.

Wir gelangen so zum cg-Verfahren von Hestenes und Stiefel.

Satz 6.20. *Es sei* $f(x) = \frac{1}{2}x^T Ax - b^T x$, $A \in \mathrm{R}^{n \times n}$ *symmetrisch und positiv definit,* $x^{(0)} \in \mathrm{R}^n$ *sei beliebig und*

$$x^{(k+1)} = x^{(k)} - \sigma_k p^{(k)} \quad \text{mit } p^{(k)} = \begin{cases} \nabla f(x^{(k)}) & \text{für } k = 0 \\ \nabla f(x^{(k)}) + \dfrac{\|\nabla f(x^{(k)})\|_2^2}{\|\nabla f(x^{(k-1)})\|_2^2}\, p^{(k-1)} & \text{für } k > 0 \end{cases}$$

mit $\sigma_k = \nabla f(x^{(k)})^T p^{(k)} / (p^{(k)})^T A p^{(k)}$.
Dann gilt: Wenn $\nabla f(x^{(j)}) \neq 0$ *für* $j = 0, \ldots, k$, *dann sind* $\{p^{(0)}, \ldots, p^{(k)}\}$ A *- orthogonal und es ist* $x^{(N)} = A^{-1}b$ *mit* $N \leq n$.
Beweis: *(Skizze)*
Sei im folgenden $r^{(j)} = \nabla f(x^{(j)}) = Ax^{(j)} - b$ *und* $\beta_j := \dfrac{\|r^{(j)}\|_2^2}{\|r^{(j-1)}\|_2^2}$.
Die Behauptung wird induktiv bewiesen. Man beachte

$$-Ap^{(k)} = \frac{1}{\sigma_k}(r^{(k+1)} - r^{(k)}).$$

$k = 0:$ $r^{(0)} \neq 0$ *ist gleichwertig mit* $p^{(0)} \neq 0$ *wegen der Definition von* $p^{(0)}$.
$k = 1:$ *Es ist zu zeigen: aus* $r^{(1)} \neq 0$ *folgt* $(p^{(1)})^T A p^{(0)} = 0$ *und* $p^{(1)} \neq 0$.
Es ist $p^{(1)} = r^{(1)} + \beta_1 r^{(0)}$. *Also*

$$\begin{aligned} -(p^{(1)})^T A p^{(0)} &= (p^{(1)})^T \frac{1}{\sigma_0}(r^{(1)} - r^{(0)}) \\ &= \frac{1}{\sigma_0}((r^{(1)})^T + \beta_1 (r^{(0)})^T)(r^{(1)} - r^{(0)}) \\ &= \frac{1}{\sigma_0}(r^{(1)T} r^{(1)} - \underbrace{r^{(1)T} r^{(0)}}_{=0} + \frac{r^{(1)T} r^{(1)}}{r^{(0)T} r^{(0)}} \underbrace{r^{(0)T} r^{(1)}}_{=0} - r^{(1)T} r^{(1)}) = 0. \end{aligned}$$

Wegen $r^{(1)T}p^{(1)} = r^{(1)T}r^{(1)} \neq 0$ *ist* $p^{(1)} \neq 0$.
$k \to k+1$: *Zu zeigen ist: aus* $r^{(k+1)} \neq 0$ *und* $\{p^{(0)}, \dots, p^{(k)}\}$ A*-orthogonal folgt* $\{p^{(0)}, \dots, p^{(k+1)}\}$ A*-orthogonal, d.h.* $(p^{(k+1)})^T A p^{(j)} = 0$ *für* $j = 0, \dots, k$ *und* $p^{(k+1)} \neq 0$. *Zunächst ist wegen* $r^{(k+1)T}p^{(k)} = 0$ *auch* $r^{(k+1)T}p^{(k+1)} = r^{(k+1)T}r^{(k+1)} \neq 0$, *d.h.* $p^{(k+1)} \neq 0$. *Für* $j < k$ *ergibt sich*

$$-Ap^{(j)} = \frac{1}{\sigma_j}(r^{(j+1)} - r^{(j)}) = \frac{1}{\sigma_j}(p^{(j+1)} - \beta_{j+1}p^{(j)} - p^{(j)} + \beta_j p^{(j-1)}).$$

Also durch Multiplizieren mit $(p^{(k+1)})^T$ *von links*

$$\begin{aligned}
-p^{(k+1)T}Ap^{(j)} &= -(r^{(k+1)T} + \beta_{k+1}p^{(k)T})Ap^{(j)} = -r^{(k+1)T}Ap^{(j)} \\
&= \frac{1}{\sigma_j}(r^{(k+1)T}p^{(j+1)} - \beta_{j+1}r^{(k+1)T}p^{(j)} - r^{(k+1)T}p^{(j)} + \beta_j r^{(k+1)T}p^{(j-1)}) \\
&= 0
\end{aligned}$$

nach Satz 6.19 b). Für $j = k$ *gilt*

$$\begin{aligned}
-p^{(k+1)T}Ap^{(k)} &= (r^{(k+1)T} + \beta_{k+1}p^{(k)T}) \cdot \frac{1}{\sigma_k}(r^{(k+1)} - r^{(k)}) \\
&= \frac{1}{\sigma_k}(r^{(k+1)T}r^{(k+1)} + \beta_{k+1}\underbrace{p^{(k)T}r^{(k+1)}}_{=0} - r^{(k+1)T}r^{(k)} - \beta_{k+1}r^{(k)T}p^{(k)}) \\
&= \frac{1}{\sigma_k}(r^{(k+1)T}r^{(k+1)}\underbrace{(1 - \frac{r^{(k)T}p^{(k)}}{r^{(k)T}r^{(k)}})}_{=0} - r^{(k+1)T}r^{(k)}) \\
&= -\frac{1}{\sigma_k}\underbrace{r^{(k+1)T}(p^{(k)}}_{=0} - \beta_k p^{(k-1)}) = \frac{\beta_k}{\sigma_k}r^{(k+1)T}p^{(k-1)} \\
&= \frac{\beta_k}{\sigma_k}(A(x^{(k)} - \sigma_k p^{(k)}) - b)^T p^{(k-1)} \\
&= \frac{\beta_k}{\sigma_k}(r^{(k)T}p^{(k-1)} - \sigma_k p^{(k)T}Ap^{(k-1)}) = 0 \quad .
\end{aligned}$$

□

Dieses Verfahren liefert also, trotz seiner iterativen Struktur, bei exakter Rechnung die Lösung eines linearen Gleichungssystems mit positiv definiter Koeffizientenmatrix in höchstens n Schritten. Ist A schwach besetzt, dann sind die einzelnen Rechenschritte auch nur sehr wenig aufwendig. Das Verfahren erweist sich allerdings als ziemlich empfindlich gegen Rundungsfehler, so daß man unter Rundungseinfluß nach n Schritten eine mehr oder weniger verfälschte Näherungslösung erhält. Man kann dann das Verfahren mit $x^{(n)}$ neu starten oder auch einfach formal fortsetzen. Es mag erstaunlich erscheinen, daß nun ein Verfahren wie SOR überhaupt mit dem cg -

Verfahren konkurrieren kann. Dies hat damit zu tun, daß man bei den großen linearen Gleichungssystemen in der Praxis gar keine exakte Lösung braucht und eventuell die Rechnung schon nach weniger als n Schritten abbrechen möchte. (z.B. bei der Standarddiskretisierung von Δu bei etwa $N \log N$ Schritten, $n = N^2$!) Während nun z.B. SOR pro Schritt eine ziemlich gleichmäßige Fehlerreduktion gewährleistet, ist das Verhalten des cg - Verfahrens in dieser Hinsicht etwas irregulär. Der folgende Satz gibt Auskunft über die pro Schritt zu erwartende Fehlerreduktion:

Satz 6.21. *Sei $A \in \mathbb{R}^{n\times n}$ symmetrisch und positiv definit mit den Eigenwerten $\lambda_1 \geq \lambda_2 \geq \cdots \geq \lambda_n > 0$, $b \in \mathbb{R}^n$ beliebig, $x^* = A^{-1}b$ und $E(x) = \frac{1}{2}(x - x^*)^T A(x - x^*)$. Dann gilt für die mit dem cg - Verfahren gebildete Folge $\{x^{(k)}\}$*

$$E(x^{(k+1)}) = \frac{1}{2}\min_{P_k\in\Pi_k}(x^{(0)} - x^*)^T A(I + AP_k(A))^2(x^{(0)} - x^*), \quad ^1 \qquad (6.58)$$

$$E(x^{(k+1)}) \leq \left(\frac{\lambda_{k+1} - \lambda_n}{\lambda_{k+1} + \lambda_n}\right)^2 E(x^{(0)}), \quad k = 0, 1, \ldots, n-1. \qquad (6.59)$$

Beweis: *Wir zeigen zunächst, daß $p^{(j)} = P_j(A)r^{(0)}$ mit $P_j \in \Pi_j$ und $r^{(0)} = Ax^{(0)} - b$. Nach Definition ist*

$$\begin{aligned} p^{(0)} &= r^{(0)} = P_0(A)r^{(0)} \text{ mit } P_0(t) \equiv 1 \in \Pi_0, \\ p^{(j)} &= Ax^{(j)} - b + \beta_j p^{(j-1)}. \end{aligned}$$

Einsetzen der Darstellung von $x^{(j)}$ ergibt unter Ausnutzung der Induktionsvoraussetzung

$$\begin{aligned} p^{(j)} &= A(x^{(0)} - \sum_{i=0}^{j-1}\sigma_i p^{(i)}) - b + \beta_j p^{(j-1)} \\ &= \underbrace{Ax^{(0)} - b}_{r^{(0)}} - \sum_{i=0}^{j-1}\sigma_i A p^{(i)} + \beta_j p^{(j-1)} = P_j(A)r^{(0)} \end{aligned}$$

mit $P_j(t) = 1 + \beta_j P_{j-1}(t) - \sum_{i=0}^{j-1}\sigma_i t \underbrace{P_i(t)}_{\in\Pi_{j-1}} \in \Pi_j$. *Somit gilt unter erneuter Ausnutzung der Darstellung von $x^{(j)}$*

$$\begin{aligned} x^{(j)} - x^* &= x^{(0)} - x^* - \sum_{i=0}^{j-1}\sigma_i p^{(i)} = x^{(0)} - x^* - \sum_{i=0}^{j-1}\sigma_i P_i(A)r^{(0)} \\ &= (I - \sum_{i=0}^{j-1}\sigma_i P_i(A)A)(x^{(0)} - x^*) \\ &= (I + AQ_{j-1}(A))(x^{(0)} - x^*) \end{aligned}$$

[1] Π_k bezeichnet die Menge aller Polynome höchstens vom Grad k

mit $Q_{j-1}(t) = -\sum_{i=0}^{j-1} \sigma_i P_i(t) \quad \in \Pi_{j-1}.$

Sei $\boldsymbol{A} = \boldsymbol{V}^T \operatorname{diag}(\lambda_i)\boldsymbol{V}$ *mit* $\boldsymbol{V}^T\boldsymbol{V} = \boldsymbol{V}\boldsymbol{V}^T = \boldsymbol{I}$. *Dann gilt mit* $\boldsymbol{\Lambda} := \operatorname{diag}(\lambda_1, \ldots, \lambda_n)$

$$\boldsymbol{V}(\boldsymbol{x}^{(j)} - \boldsymbol{x}^*) = \underbrace{(\boldsymbol{I} + \boldsymbol{\Lambda} Q_{j-1}(\boldsymbol{\Lambda}))}_{\text{Diagonalmatrix}} \underbrace{\boldsymbol{V}(\boldsymbol{x}^{(0)} - \boldsymbol{x}^*)}_{=:\boldsymbol{y}}$$

und (wegen der Vertauschbarkeit von Diagonalmatrizen) und Einsetzen der obigen Darstellung von $\boldsymbol{x}^{(k+1)} - \boldsymbol{x}^*$ *mit* $\boldsymbol{y} = \boldsymbol{V}(\boldsymbol{x}^{(0)} - \boldsymbol{x}^*) = \begin{pmatrix} \eta_1 \\ \vdots \\ \eta_n \end{pmatrix}$,

$$\begin{aligned} E(\boldsymbol{x}^{(k+1)}) &= \tfrac{1}{2}(\boldsymbol{x}^{(k+1)} - \boldsymbol{x}^*)^T \boldsymbol{V}^T \boldsymbol{\Lambda} \boldsymbol{V}(\boldsymbol{x}^{(k+1)} - \boldsymbol{x}^*) \\ &= \tfrac{1}{2}\boldsymbol{y}^T(\boldsymbol{I} + \boldsymbol{\Lambda} Q_k(\boldsymbol{\Lambda}))^2 \boldsymbol{\Lambda} \boldsymbol{y} \\ &= \tfrac{1}{2}\sum_{i=1}^{n} \eta_i^2 \lambda_i (1 + \lambda_i Q_k(\lambda_i))^2. \end{aligned}$$

Wegen Satz 6.19 b) ist dies der kleinste Wert für $E(\boldsymbol{x})$, *der mit der Konstruktion* $\boldsymbol{p}^{(j)} = F_j(\boldsymbol{A})\boldsymbol{r}^{(0)}$, $\boldsymbol{x}^{(j+1)} = \boldsymbol{x}^{(j)} - \tau_j \boldsymbol{p}^{(j)}$, $j = 0, \ldots, k$, $F_j(\boldsymbol{A}) \in \Pi_j$, *überhaupt erreicht werden kann, d.h. (man beachte, daß die Abhängigkeit von den* β_j *und* σ_j *nur in* Q_k *steht):*

$$\begin{aligned} E(\boldsymbol{x}^{(k+1)}) &= \min_{F_k \in \Pi_k} \frac{1}{2} \sum_{i=1}^{n} \eta_i^2 \lambda_i (1 + \lambda_i F_k(\lambda_i))^2 \\ &\le \min_{F_k \in \Pi_k} \max_i (1 + \lambda_i F_k(\lambda_i))^2 \cdot \underbrace{\frac{1}{2} \sum_{i=1}^{n} \eta_i^2 \lambda_i}_{=E(\boldsymbol{x}^{(0)})}, \end{aligned}$$

und dies ist (6.58).

Wir konstruieren nun ein spezielles $F_k^* \in \Pi_k$ *in der folgenden Weise:*

$$F_k^*(\lambda) := \frac{1}{\lambda}\left(\frac{(-1)^{k+1}}{\lambda_1 \cdots \lambda_k \frac{\lambda_{k+1} + \lambda_n}{2}} (\lambda - \lambda_1)(\lambda - \lambda_2) \cdots (\lambda - \lambda_k)(\lambda - \frac{\lambda_{k+1} + \lambda_n}{2}) - 1 \right).$$

Es ist also

$$1 + \lambda F_k^*(\lambda) = 0 \quad \text{für} \quad \lambda \in \{\lambda_1, \ldots, \lambda_k\} \cup \left\{\frac{\lambda_{k+1} + \lambda_n}{2}\right\}.$$

Weil $1+\lambda F_k^*(\lambda) \in \Pi_{k+1}$, *hat dieses Polynom notwendig folgenden Verlauf (vgl. Abb. 6.2):*

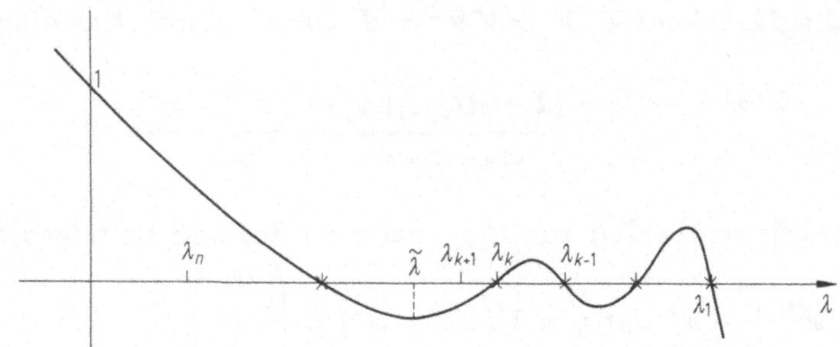

Abbildung 6.2. Verlauf des Polynoms $1+\lambda F_k^*(\lambda)$

Bis zu einer Stelle $\tilde{\lambda} \in \left(\frac{\lambda_{k+1}+\lambda_n}{2}, \lambda_k\right)$ *ist* $1+\lambda F_k^*(\lambda)$ *monoton fallend und konvex, in* $[\tilde{\lambda}, \lambda_k]$ *monoton wachsend, betragsmäßig monoton fallend.* $\tilde{\lambda}$ *ist definiert durch* $\tilde{\lambda} \in \left(\frac{\lambda_n+\lambda_{k+1}}{2}, \lambda_k\right)$ und $(F_k^*)'(\tilde{\lambda})\tilde{\lambda} + F_k^*(\tilde{\lambda}) = 0$. *Folglich gilt*

$$\lambda \in [\lambda_n, \lambda_{k+1}] \Rightarrow |1+\lambda F_k^*(\lambda)| \leq |1 - \frac{2\lambda}{\lambda_{k+1}+\lambda_n}| \leq \frac{\lambda_{k+1}-\lambda_n}{\lambda_{k+1}+\lambda_n}.$$

Dies liefert (6.59). □

Falls also zum Beispiel

$$\lambda_1 \gg \lambda_n \quad \text{und } \lambda_i = \lambda_{i-1} - \epsilon \quad i = 2, \ldots, n-1 \text{ mit } \epsilon \ll \lambda_1 - \lambda_n,$$

dann liefern die ersten $n-1$ Schritte nur eine sehr geringfügige Fehlerverkleinerung.

Beispiel 6.12. *Zunächst wird das lineare Gleichungssystem* $Ax = b$ *mit*

$$A = \begin{bmatrix} 200 & 30 & 0.01 \\ 30 & 195 & 0 \\ 0.01 & 0 & 0.02 \end{bmatrix}, \quad b = \begin{bmatrix} 3 \\ -4 \\ 0.01 \end{bmatrix}$$

behandelt. Startwert: $x^{(0)} = [0,0,0]^T$.
Man erhält bei 8-stelliger Rechnung

$$\begin{aligned} p^{(0)} &= [-3, 4, -0.01]^T, \\ \sigma_0 &= 5.9524039 \cdot 10^{-3}, \\ x^{(1)} &= [-1.7857211 \cdot 10^{-2}, 2.3809615 \cdot 10^{-2}, 5.9524039 \cdot 10^{-5}]^T, \end{aligned}$$

$$
\begin{aligned}
p^{(1)} &= [-0.14668374, -0.10204112, -9.8330306 \cdot 10^{-3}]^T, \\
\sigma_1 &= 4.4227658 \cdot 10^{-3}, \\
x^{(2)} &= [-1.8505958 \cdot 10^{-2}, 2.3358311 \cdot 10^{-2}, -1.0301322 \cdot 10^{-4}]^T, \\
p^{(2)} &= [3.539553 \cdot 10^{-7}, -4.21562 \cdot 10^{-8}, -9.842573 \cdot 10^{-3}]^T, \\
\sigma_2 &= 49.850355, \\
x^{(3)} &= [-1.8488313 \cdot 10^{-2}, 2.3356209 \cdot 10^{-2}, -0.49075878]^T,
\end{aligned}
$$

während

$$x^* = [-1.8478819 \cdot 10^{-2}, 2.3355715 \cdot 10^{-2}, -0.49076058]^T,$$

d.h. die Anzahl der korrekten Dezimalstellen ist in Abhängigkeit von der Schrittzahl

k	0	1	2	3
$-\log_{10} \Vert x^{(k)} - x^*\Vert / \Vert x^*\Vert$	0	$8.5 \cdot 10^{-4}$	$8.9 \cdot 10^{-4}$	4.7

Die Endgenauigkeit von $x^{(3)}$ ist mit etwa 5 Stellen bei 8-stelliger Rechnung und $k(A)$ in der Größenordnung von 10^4 sogar recht günstig.

Das Gleichungssystem $\tilde{A}x = \tilde{b}$ mit

$$\tilde{A} = \begin{bmatrix} 2 & 0.3 & 0.01 \\ 0.3 & 1.95 & 0 \\ 0.01 & 0 & 2 \end{bmatrix}, \quad \tilde{b} = \begin{bmatrix} 3 \\ -4 \\ 1 \end{bmatrix}$$

entsteht aus dem zuerst behandelten durch die Transformation

$$\tilde{A} = D_1 A D_2, \qquad \tilde{b} = D_1 b$$

mit

$$D_1 = \operatorname{diag}[1, 1, 100], \qquad D_2 = \tfrac{1}{100} D_1,$$

d.h. es ist jetzt

$$x^* = [-1.8478819, 2.3355715, -0.49076058]^T.$$

Hier ist nun $1 \le k(\tilde{A}) \le 1.4$.

Startwert ist wieder $x^{(0)} = [0, 0, 0]^T$. Man erhält dann

$$
\begin{aligned}
p^{(0)} &= [-3, 4, -1]^T, \\
\sigma_0 &= 0.590144, \\
x^{(1)} &= [-1.7703132, 2.3604176, -0.5901044]^T, \\
p^{(1)} &= [-0.16972399, -0.060885489, 0.19520321]^T, \\
\sigma_1 &= 0.48044236, \\
x^{(2)} &= [-1.8518558, 2.3311656, -0.4963205]^T, \\
p^{(2)} &= [8.5847358 \cdot 10^{-3}, 9.5181616 \cdot 10^{-3}, 1.2011084 \cdot 10^{-2}]^T, \\
\sigma_2 &= 0.46289871 \\
x^{(3)} &= [-1.8478819, 2.3355715, -0.49076058]^T,
\end{aligned}
$$

und damit $x^{(3)}$ gleich dem korrekt gerundeten x^*. Somit

k	0	1	2	3
$-\log_{10}\|x^{(k)}-x^*\|/\|x^*\|$	0	1.37	2.57	8

.

□

Man kann durch eine geeignete Transformation des Gleichungssystems die Eigenwertverteilung der Koeffizientenmatrix und damit die Konvergenzgeschwindigkeit des cg-Verfahrens verbessern.

Eine Möglichkeit dazu ist die folgende: Da A als reell-symmetrisch und positiv definit vorausgesetzt ist, besitzt A eine Cholesky-Zerlegung

$$A = LL^T.$$

In den Anwendungen ist in dem vorliegenden Zusammenhang die Berechnung des Cholesky-Faktors L i.a. nicht möglich. Hat man aber eine „gute Näherung" $\hat{L}$ für L, (die natürlich zudem noch einfach zu erhalten sein muß), dann ist

$$\hat{A} := (\hat{L})^{-1}A(\hat{L}^{-1})^T$$

gut konditioniert, und die Anwendung des cg-Verfahrens auf das zu $Ax = b$ äquivalente Gleichungssystem

$$\hat{A}\hat{x} = \hat{b}, \qquad \hat{b} := (\hat{L})^{-1}b, \qquad \hat{x} := (\hat{L})^T x \tag{6.60}$$

würde schnell gute Genauigkeit liefern. Im Beispiel 6.12 genügte eine Diagonalmatrix für $\hat{L}$. Für die Praktikabilität des Verfahrens ist nun entscheidend, daß man das transformierte System (6.60) nicht explizit aufstellen muß, um das cg-Verfahren daran auszuführen. Vielmehr genügt es, bei der Richtungsbestimmung Gleichungssysteme mit der symmetrischen, positiv definiten Matrix

$$M := \hat{L}(\hat{L})^T \tag{6.61}$$

einzuschieben. Da hierbei nur die Matrix M auftritt, braucht man auch nicht notwendig schon $\hat{L}$ zu kennen; vielmehr genügt es, wenn man M kennt und das Gleichungssystem mit der Matrix (6.61) einfach lösen kann. Man gelangt so zum *präkonditionierten cg-Verfahren:*

$$r^{(0)} := Ax^{(0)} - b, \tag{6.62}$$
$$Mp^{(0)} = r^{(0)} \quad \text{Gleichungssystem für } p^{(0)}, \tag{6.63}$$
$$\delta_0 := r^{(0)T}p^{(0)}. \tag{6.64}$$

Für $k = 0, 1, 2, \ldots$

$$\begin{aligned}
y^{(k)} &:= Ap^{(k)}, && (6.65)\\
\sigma_k &:= \delta_k/(y^{(k)})^T p^{(k)}, && (6.66)\\
x^{(k+1)} &:= x^{(k)} - \sigma_k p^{(k)}, && (6.67)\\
r^{(k+1)} &:= r^{(k)} - \sigma_k y^{(k)}, && (6.68)\\
Mz^{(k+1)} &= r^{(k+1)} \quad \text{Gleichungssystem für } z^{(k+1)}, && (6.69)\\
\delta_{k+1} &:= (r^{(k+1)})^T z^{(k+1)}, && (6.70)\\
\beta_{k+1} &:= \delta_{k+1}/\delta_k. && (6.71)\\
p^{(k+1)} &:= z^{(k+1)} + \beta_{k+1} p^{(k)}. && (6.72)
\end{aligned}$$

Das durch (6.62) bis (6.72) beschriebene Verfahren muß natürlich noch durch geeignete Abbruchkriterien ergänzt werden. Bei der Durchführung des Verfahrens tritt die Matrix A nur in (6.62) und (6.65) in Verbindung mit einem Vektor als Matrix-Vektor-Produkt auf. Deshalb genügt es, eine Berechnungsmethode für das Matrix-Vektor-Produkt zu besitzen, wobei man A nicht explizit gespeichert zu haben braucht.

Die in (6.68) berechnete Größe $r^{(k+1)}$ ist das rekursiv berechnete Residuum $Ax^{(k+1)} - b$. Aufgrund von Rundungsfehlern kann $r^{(k+1)}$ im Laufe der Rechnung erheblich von dem direkt berechneten Wert $Ax^{(k+1)} - b$ abweichen. Man wird dies in regelmäßigen Abständen testen und im Falle starker Abweichungen einen Neustart des Verfahrens mit dem zuletzt erhaltenen x-Wert ausführen.

Zur Wahl der Matrix M in (6.63) und (6.69) hat man verschiedene Möglichkeiten. Einmal kann man tatsächlich einen näherungsweisen Cholesky-Faktor $\hat{L}$ von A bestimmen und hat dann schon die Faktorisierung $M = \hat{L}(\hat{L})^T$, die man zur Lösung der Gleichungssysteme benötigt.

Praktisch bwährt hat sich auch die implizite Konstruktion von M durch die Anwendung des symmetrischen Gauß-Seidel-Verfahrens

$$\begin{aligned}
(D-L)w^{(k+1/2)} &= Uw^{(k)} + b\\
(D-U)w^{(k+1)} &= Lw^{(k+1/2)} + b
\end{aligned}$$

mit der üblichen Zerlegung $A = D - L - U$ ($U = L^T$ wegen $A = A^T$) mit Startwert 0, d.h.

$$M = (D-U)^{-1} D (D-L)^{-1}.$$

Bemerkung 6.2. *Satz 6.19 b) besagt, daß $x^{(k+1)}$ die Minimalstelle von $f(x) = \frac{1}{2}x^T Ax - b^T x$ auf dem Unterraum ist, der von den $k+1$ Vektoren $A^k r^{(0)}, A^{k-1} r^{(0)}, \ldots, r^{(0)}$ aufgespannt wird. Man bezeichnet deshalb das cg-Verfahren auch als „Krylow-Unterraum-Methode“, da die Vektorfolge $A^j x$ als Krylow-Folge* *zu x bezeichnet wird, in Kapitel 10 werden wir dieser Folge in anderem Zusammenhang wiederbegegnen. Auch für andere Gleichungssysteme mit nicht positiv definiter und sogar nichtsymmetrischer Matrix A sind solche Krylow-Unterraum-Methoden angegeben worden, über die man sich in der Spezialliteratur [22],[23] informieren kann.* □

6.9 Tabellarische Zusammenstellung der Jacobi– und SOR–Verfahren

Der Übersichtlichkeit halber sollen hier noch einmal die betrachteten Jacobi- und SOR-Verfahren zur Lösung von

$$Ax = a$$

und ihre Konvergenzeigenschaften zusammengestellt werden:

Verfahren	Jacobi-Verfahren (J-Verfahren)
Iterationsvorschrift	$x_i^{(k+1)} = -\frac{1}{a_{ii}} \sum_{\substack{j=1 \\ j \neq i}}^{n} a_{ij} x_j^{(k)} + \frac{a_i}{a_{ii}}$ $= x_i^{(k)} - \frac{1}{a_{ii}} (\sum_{j=1}^{n} a_{ij} x_j^{(k)} - a_i), \quad i = 1, 2, \ldots, n, \quad k = 0, 1, \ldots$
beschrieben in	Abschnitt 6.2 (6.19)
konvergent wenn	A strikt oder irreduzibel diagonaldominant

Verfahren	Gauß-Seidel-Verfahren (GS-Verfahren)
Iterations-vorschrift	$x_i^{(k+1)} = x_i^{(k)} - \frac{1}{a_{ii}}\left(\sum_{j=1}^{i-1} a_{ij}x_j^{(k+1)} + \sum_{j=i}^{n} a_{ij}x_j^{(k)} - a_i\right),$ $i = 1,2,\ldots,n, \qquad k = 0,1,\ldots$
beschrieben in	Abschnitt 6.3 (6.31)
konvergent wenn	1. $\boldsymbol{A}$ strikt oder irreduzibel diagonaldominant, oder 2. $\boldsymbol{A}$ symmetrisch und positiv definit, oder 3. $\boldsymbol{A}$ M-Matrix

Verfahren	JOR-Verfahren
Iterations-vorschrift	$x_i^{(k+1)} = (1-\omega)x_i^{(k)} - \frac{\omega}{a_{ii}} \sum_{\substack{j=1 \\ j \neq i}}^{n} a_{ij}x_j^{(k)} + \frac{\omega a_i}{a_{ii}},$ $= x_i^{(k)} - \frac{\omega}{a_{ii}}(\sum_{j=1}^{n} a_{ij}x_j^{(k)} - a_i)$ $i = 1,2,\ldots,n, \quad k = 0,1,\ldots$
beschrieben in	Abschnitt 6.2 (6.19)
konvergent wenn	1. $0 < \omega \leq 1$ und $\boldsymbol{A}$ strikt oder irreduzibel diagonaldominant, oder 2. für Eigenwerte $\mu_i(\boldsymbol{B})$ gilt $-\infty < \mu_i < 1$, $\boldsymbol{A}$ symmetrisch und positiv definit und $0 < \omega < 2/(1-\mu_{min}) \leq 2$

Verfahren	SOR-Verfahren
Iterations-vorschrift	$x_i^{(k+1)} = x_i^{(k)} - \frac{\omega}{a_{ii}} \left(\sum_{j=1}^{i-1} a_{ij} x_j^{(k+1)} + \sum_{j=i}^{n} a_{ij} x_j^{(k)} - a_i \right)$, $i = 1, 2, \ldots, n, \quad k = 0, 1, \ldots$.
beschrieben in	Abschnitt 6.3 (6.30)
konvergent wenn	1. $0 < \omega \leq 1$, A strikt oder irreduzibel diagonaldominant, oder 2. $0 < \omega < 2$ A symmetrisch und positiv definit, oder 3. $0 < \omega \leq 1$, A M-Matrix

6.10 Beispiel

Wir betrachten dasselbe Gleichungsystem wie in Abschnitt 5.6 und lösen es mit dem SOR-Verfahren. Die Matrix des Systems ist eine Stieltjes-Matrix und besitzt die „Property A", ist jedoch nicht konsistent geordnet. Durch eine Transformation mit einer Permutationsmatrix läßt sie sich auf die Form (6.43) transformieren, worauf hier wegen der Größe des Gleichungssystems verzichtet werden soll. Auf die Frage, wie man bei der numerischen Lösung von Randwertproblemen durch eine andere Numerierung der Gitterpunkte direkt zu Gleichungssystemen mit konsistent geordneter Matrix gelangt, werden wir in Band 2 eingehen.

Ergebnisse. Als Ausgangsnäherung wird

$$x^{(0)} = 0$$

gewählt und es sind mit $\omega = 1.8$ gerechnet. Die Iterationen werden so lange fortgeführt, bis sich zwei aufeinanderfolgende Näherungen in allen Komponenten um weniger als 10^{-7} unterscheiden. Dies ist nach 130 Iterationen der Fall.

Bezeichnen wir den Lösungsvektor wieder mit

$$x^* = [x_1, \ldots, x_{361}]^T,$$

so ergibt sich u.a.

i	x_i	i	x_i	i	x_i	i	x_i
1	1.87984	101	6.41977	191	13.57808	281	8.92892
11	1.54866	111	7.41563	201	8.09527	291	8.75137
21	3.36769	121	6.86566	211	13.00173	301	8.97909
31	2.54091	131	8.89870	221	8.33784	311	7.58915
41	4.40634	141	7.23831	231	12.17031	321	8.79812
51	3.60914	151	10.50000	241	8.56678	331	6.50414
61	5.21999	161	7.55671	251	11.12830	341	8.05051
71	4.77250	171	12.24603	261	8.77258	351	5.48369
81	5.87958	181	7.83779	271	9.95680	361	5.00999
91	6.04068						

Aufgaben

A 6.1 In (6.4) setze man

$$\boldsymbol{N}(\omega) = \frac{1}{\omega}\boldsymbol{I} \qquad \boldsymbol{P}(\omega) = \frac{1}{\omega}\boldsymbol{I} - \boldsymbol{A}, \qquad \omega > 0.$$

a) Für welche ω konvergiert das nach (6.7) konstruierte Iterationsverfahren und wie groß ist die asymptotische Konvergenzgeschwindigkeit?

b) Man diskutiere die praktische Brauchbarkeit des Verfahrens.

A 6.2 Welche der folgenden Iterationsvorschriften liefern ein konvergentes und welche ein divergentes Iterationsverfahren?

$$a) \quad \boldsymbol{x}^{(k+1)} = \begin{bmatrix} 1/2 & -2 \\ 0 & 1/2 \end{bmatrix} \boldsymbol{x}^{(k)} + \begin{bmatrix} -2 \\ 2 \end{bmatrix},$$

$$b) \quad \boldsymbol{x}^{(k+1)} = \begin{bmatrix} 1 & 2 \\ 1/4 & -1 \end{bmatrix} \boldsymbol{x}^{(k)} + \begin{bmatrix} 0 \\ 1 \end{bmatrix},$$

$$c) \quad \boldsymbol{x}^{(k+1)} = \begin{bmatrix} 1 & 3 \\ -1/12 & -1/6 \end{bmatrix} \boldsymbol{x}^{(k)} + \begin{bmatrix} 1/4 \\ 4 \end{bmatrix},$$

$$d) \quad \boldsymbol{x}^{(k+1)} = \begin{bmatrix} 4 & 7/2 \\ -9/2 & -4 \end{bmatrix} \boldsymbol{x}^{(k)} + \begin{bmatrix} -1 \\ -2 \end{bmatrix}.$$

A 6.3 Es sei

$$A = \begin{bmatrix} 4 & -1 & 0 \\ -1 & 4 & -1 \\ 0 & -1 & 4 \end{bmatrix}.$$

a) Man gebe eine obere Schranke für den Spektralradius von $B = D^{-1}(L+U)$.

b) Man zeige durch direkte Rechnung, daß für $0 < \omega \leq 1$ stets $\varrho(B) \leq \varrho(B(\omega))$ gilt.

c) Für welche ω ist das JOR-Verfahren konvergent?

A 6.4 Die Eigenwerte der $n \times n$-Tridiagonalmatrix

$$A = \begin{bmatrix} 2 & -1 & & & 0 \\ -1 & 2 & -1 & & \\ & \ddots & \ddots & \ddots & \\ & & -1 & 2 & -1 \\ 0 & & & -1 & 2 \end{bmatrix}$$

sind

$$\lambda_j = 2\left(1 - \cos\frac{j\pi}{n+1}\right), \qquad j = 1, 2, \ldots, n.$$

a) Man berechne die Eigenwerte der Iterationsmatrix B des Jacobi-Verfahrens.

b) Man gebe $\varrho(B)$ an.

c) Für welche ω konvergiert das JOR-Verfahren?

A 6.5 Es sei

$$A = \begin{bmatrix} 6 & -4 & 0 & 0 \\ -2 & 3 & 0 & -1 \\ -1 & -1 & 2 & 0 \\ 0 & -4 & -6 & 10 \end{bmatrix}.$$

Konvergiert das SOR-Verfahren, und gegebenenfalls für welche ω?

A 6.6 Mit Hilfe von $\varrho(B) \leq \|B\|_\infty$ schätze man den Spektralradius der zu Beispiel 6.7 gehörigen Matrix B ab und vergleiche ihn mit dem exakten Spektralradius.

A 6.7 Mit Hilfe des in Aufgabe 6.4 berechneten Spektralradius $\varrho(B)$ der dort angegebenen Tridiagonalmatrix untersuche man:

a) Wieviele Iterationsschritte k sind gemäß (6.53) bei $\|x^{(1)} - x^{(0)}\|_2 \leq 0.1$ höchstens erforderlich, um eine Genauigkeit $\|x^{(k)} - x^*\|_2 \leq 10^{-5}$ zu garantieren?

b) Welche obere Schranke gilt für $\|x^{(k+1)} - x^*\|_2$ gemäß (6.54)?

A 6.8 Die Matrix

$$A = \begin{bmatrix} 6 & -1 & 0 & 0 \\ -1 & 6 & -1 & 0 \\ 0 & -1 & 6 & -1 \\ 0 & 0 & -1 & 6 \end{bmatrix}$$

ist eine positiv definite Tridiagonalmatrix, besitzt also die „Property A".

a) Ist A in der vorliegenden Form konsistent geordnet?

b) Ist das nicht der Fall, so gebe man eine Permutationsmatrix P an, so daß $\tilde{A} = P^{-1}AP$ die Gestalt (6.39) hat.

c) Man bestätige durch Rechnung, daß $\tilde{A}$ konsistent geordnet ist.

d) Man berechne ω_b für das SOR-Verfahren.

A 6.9 Man berechne ω_b für das SOR-Verfahren, wenn die Matrix A aus Aufgabe 6.4 vorgegeben ist.

Teil III

Lösung nichtlinearer Gleichungssysteme

Die numerische Lösung von nichtlinearen Gleichungssystemen ist aus mehreren Gründen schwieriger und aufwendiger als die linearer Gleichungssysteme. Ein wesentlicher Grund hierfür ist, daß man auf iterative Verfahren angewiesen ist; von seltenen und praktisch unwichtigen Ausnahmen abgesehen, gibt es keine geeigneten direkten Methoden. Besondere Schwierigkeiten treten in der Regel auch dann auf, wenn das Iterationsverfahren zwar konvergent, aber – wie in den meisten Fällen – nur lokal konvergent ist. Die Ausgangsnäherung muß dann schon „hinreichend" genau sein, wobei man jedoch oft praktisch nicht nachprüfen kann, ob dies der Fall ist. Diese Schwierigkeiten machen sich natürlich verstärkt bei großen nichtlinearen Systemen bemerkbar.

Dabei treten nichtlineare Gleichungssysteme bei hochentwickelter Technik in zunehmendem Maße auf, meist als sekundäre Probleme, wie dies in Abschnitt 1.5 schon erwähnt wurde. Es ist daher wichtig, zuverlässige Iterationsprozesse zur numerischen Lösung solcher Systeme zur Verfügung zu haben. Wir werden einige von ihnen in den Kapiteln 7 und 8 beschreiben und untersuchen. Insbesondere bei der numerischen Lösung von nichtlinearen Rand- und Anfangs-Randwertproblemen durch Differenzenverfahren und die Methode der finiten Elemente (vgl. Band 2, sowie Beispiel 7.1) entstehen große nichtlineare Gleichungssysteme mit spezieller Struktur. Wir werden daher in Kapitel 8 gesondert auf solche Verfahren eingehen, die zur Lösung dieser Systeme besonders geeignet sind und sich bewährt haben.

7 Allgemeine Iterationsverfahren

7.1 Vorbereitungen. Konvergenz

7.1.1 Bezeichnungen

Wir betrachten wie in Abschnitt 1.5 das nichtlineare Gleichungssystem

$$\begin{aligned} f_1(x_1,\ldots,x_n) &= 0 \\ \vdots \quad\quad & \quad \vdots \\ f_n(x_1,\ldots,x_n) &= 0, \end{aligned}$$

das wir mit $\boldsymbol{x} = [x_1,\ldots,x_n]^T$ und

$$\boldsymbol{F}(\boldsymbol{x}) = \begin{bmatrix} f_1(\boldsymbol{x}) \\ \vdots \\ f_n(\boldsymbol{x}) \end{bmatrix}$$

auch in der kürzeren Form

$$\boldsymbol{F}(\boldsymbol{x}) = \boldsymbol{0} \tag{7.1}$$

schreiben können. Dabei soll $\boldsymbol{x} \in B \subset \mathrm{R}^n$, $\boldsymbol{F}(\boldsymbol{x}) \in \mathrm{R}^n$ sein, d.h.

$$\boldsymbol{F} : B \subset \mathrm{R}^n \to \mathrm{R}^n.$$

Ferner setzen wir voraus, daß die $f_i(\boldsymbol{x})$, $i = 1,\ldots,n$, in B bezüglich aller Veränderlichen einmal stetig differenzierbar sind, was wir wie bisher durch

$$\boldsymbol{F} \in C^1(B)$$

kennzeichnen. Entsprechend definieren wir $\boldsymbol{F} \in C^p(B)$, $p \geq 2$. B ist dabei eine offene Teilmenge des R^n.

Beispiel 7.1. *Wie bereits erwähnt, gelangt man zu nichtlinearen Gleichungssystemen u.a. bei der numerischen Lösung von nichtlinearen Randwertproblemen durch*

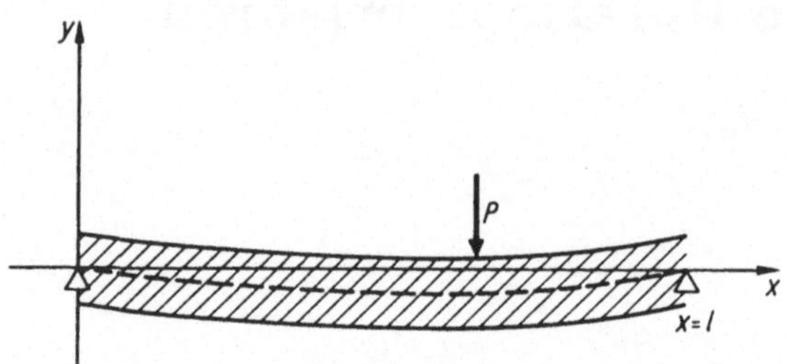

Abbildung 7.1. Balkenbiegung

Differenzenverfahren. Bei der Berechnung der elastischen Linie eines beidseitig aufliegenden Balkens z.B., auf den eine Kraft P wirkt (siehe Abb. 7.1), wird man auf das nichtlineare Randwertproblem

$$-\frac{y''}{[1+(y')^2]^{3/2}} = m(x), \qquad y(0) = y(1) = 0 \tag{7.2}$$

geführt. Dabei ist $m(x)$ eine von P und ihrem Angriffspunkt abhängende Funktion. In der linearisierten Form, die man durch die Annahme $y' \approx 0$ erhält, ist das Problem sofort und elementar lösbar. Zur numerischen Lösung unterteilt man das Intervall $0 \le x \le 1$ in N Teilintervalle der Länge h mit $x_i = ih$, $i = 0, 1, \ldots, N$, $Nh = 1$. Auf den Gitterpunkten x_i approximiert man dann die Lösung von (7.2), indem man dort die Ableitung durch Differenzenquotienten in den Werten y_i einer Gitterfunktion ersetzt: Man erhält etwa

$$f_i(y_1, \ldots, y_{N-1}) = -\frac{y_{i-1} - 2y_i + y_{i+1}}{h^2\left[1 + \left(\frac{y_{i+1}-y_{i-1}}{2h}\right)^2\right]^{3/2}} - m(x_i) = 0, \qquad i = 1, \ldots, N-1, \tag{7.3}$$

also ein im allgemeinen (bei kleinem h) großes nichtlineares Gleichungssystem. Es hat jedoch die Eigenschaft, daß in jeder Gleichung nur höchstens drei Unbekannte auftreten, und zwar in der i-ten Gleichung die Unbekannten y_{i-1}, y_i, y_{i+1}. Diese Eigenschaft ist typisch für Systeme, die aus Diskretisierungsverfahren entstehen. □

Um zu Iterationsverfahren zur Lösung von (7.1) zu gelangen, schreiben wir wie in Abschnitt 1.6 und ähnlich wie bei den linearen Gleichungssystemen das System

$\boldsymbol{F}(\boldsymbol{x}) = \mathbf{0}$ in der Fixpunktform

$$\boldsymbol{x} = \boldsymbol{T}(\boldsymbol{x}), \qquad \boldsymbol{T} : B \subset \mathbb{R}^n \to \mathbb{R}^n,$$

und versuchen eine oder die Lösung von $\boldsymbol{F}(\boldsymbol{x}) = \mathbf{0}$, die wir mit $\boldsymbol{x}^*$ bezeichnen, durch die Iterationsvorschrift

$$\boldsymbol{x}^{(k+1)} = \boldsymbol{T}(\boldsymbol{x}^{(k)}), \qquad k = 0, 1, \ldots,$$

zu bestimmen.

7.1.2 Die Bedeutung der Funktionalmatrix für die Konvergenz

In Abschnitt 1.5 hatten wir bereits durch (1.31) den Begriff der Funktionalmatrix erklärt. Ist $\boldsymbol{T} \in C^1(B)$, so lautet die Funktionalmatrix von $\boldsymbol{T}$ an der Stelle $\boldsymbol{z} = [z_1, \ldots, z_n]^T \in B$

$$\boldsymbol{T}'(\boldsymbol{z}) = \begin{bmatrix} \left(\frac{\partial t_1}{\partial x_1}\right)_{(\boldsymbol{z})} & \cdots & \left(\frac{\partial t_1}{\partial x_n}\right)_{(\boldsymbol{z})} \\ \vdots & & \vdots \\ \left(\frac{\partial t_n}{\partial x_1}\right)_{(\boldsymbol{z})} & \cdots & \left(\frac{\partial t_n}{\partial x_n}\right)_{(\boldsymbol{z})} \end{bmatrix}, \tag{7.4}$$

wobei wieder

$$\boldsymbol{T}(\boldsymbol{x}) = [t_1(\boldsymbol{x}), \ldots, t_n(\boldsymbol{x})]^T$$

gesetzt wurde.

Ist das Gleichungssystem linear, d.h. $\boldsymbol{F}(\boldsymbol{x}) = \boldsymbol{A}\boldsymbol{x} - \boldsymbol{a}, \quad \boldsymbol{T}(\boldsymbol{x}) = \boldsymbol{G}\boldsymbol{x} + \boldsymbol{g}$, so ist

$$t_i(\boldsymbol{x}) = \sum_{j=1}^{n} g_{ij} x_j + g_i, \qquad i = 1, \ldots, n.$$

Es ist dann nach (7.4)

$$\boldsymbol{T}'(\boldsymbol{z}) = \begin{bmatrix} g_{11} & \cdots & g_{1n} \\ \vdots & & \vdots \\ g_{n1} & \cdots & g_{nn} \end{bmatrix} = \boldsymbol{G},$$

d.h. bei einem linearen Gleichungssystem ist $\boldsymbol{T}'$ gleich der von $\boldsymbol{z}$ unabhängigen Iterationsmatrix $\boldsymbol{G}$. Es wird sich zeigen, daß die Eigenschaften von $\boldsymbol{T}'$ ähnlich entscheidend für die Konvergenz der Iterationsverfahren sind wie die von $\boldsymbol{G}$ bei den Verfahren für lineare Systeme.

7.1.3 Lokale Konvergenz

Bei der Anwendung des lokalen Konvergenzsatzes 1.11 gibt es im wesentlichen zwei Schwierigkeiten. Da man den Fixpunkt $\boldsymbol{x}^*$ als Lösung von $\boldsymbol{x} = \boldsymbol{T}(\boldsymbol{x})$ ja erst berechnen will, läßt sich (1.40) nicht nachprüfen. Man kann sich dadurch behelfen, daß man

$$\varrho(\boldsymbol{T}'(\boldsymbol{x})) \leq \sigma < 1$$

für alle $\boldsymbol{x} \in \bar{B}_0$ fordert, wobei $\bar{B}_0$ eine Umgebung von $\boldsymbol{x}^*$ ist, etwa eine n-dimensionale Kugel

$$\bar{B}_0 : \ \|\boldsymbol{x} - \boldsymbol{x}^*\|_2 \leq \bar{\delta}, \qquad \bar{B}_0 \subset B.$$

Zunächst gilt bezüglich der Konvergenz von $\boldsymbol{x}^{(k+1)} = \boldsymbol{T}(\boldsymbol{x}^{(k)})$ in gewisser Analogie zu Satz 6.4 der in Abschnitt 1.6.5 zitierte Satz 1.11 von Ostrowski. Auf diesen grundlegenden Satz werden wir unsere Konvergenzkriterien aufbauen. Man beachte, daß dieser Satz im Gegensatz zu Satz 6.4 nur hinreichend ist.

Die zweite Schwierigkeit liegt darin, daß man eine passende Größe für $\bar{\delta}$ nicht kennt. Man kann also in der Regel nicht feststellen, ob die Ausgangsnäherung $\boldsymbol{x}^{(0)}$ schon hinreichend genau ist, um die Konvergenz des Iterationsverfahrens zu sichern. Glücklicherweise ist diese Schwierigkeit für die Praxis oft nicht so gravierend, wie es zunächst scheint, wobei die Auswahl eines geeigneten Verfahrens von wesentlicher Bedeutung ist.

Bei Iterationsverfahren für lineare Gleichungssysteme treten diese Schwierigkeiten natürlich nicht auf, insbesondere ist die Konvergenz für jede Ausgangsnäherung $\boldsymbol{x}^{(0)}$ gesichert, wenn $\varrho(G) < 1$ gilt, das Verfahren ist somit stets global konvergent, wenn es lokal konvergiert.

7.1.4 Der Ausdruck $\mathcal{O}$

In den folgenden Kapiteln des Buches und in Band 2 werden wir häufiger mit Abschätzungen arbeiten, für die wir eine bequeme und bewährte Schreibweise einführen: Es sei $G(p)$ eine von dem Parameter p abhängende Größe, die aber auch noch eine Funktion von anderen Variablen sein kann. In unseren Betrachtungen sind p und $G(p)$ reell. Wenn es dann eine positive Konstante M gibt, die nicht von p abhängt, so daß für alle $p \neq 0$ und für $p \to 0$

$$|G(p)| \leq M|p^k|, \qquad k > 0$$

gilt, so wollen wir sagen, es ist

$$G(p) = \mathcal{O}(p^k). \tag{7.5}$$

Der Quotient $G(p)/p^k$ ist daher beschränkt, insbesondere gilt für $p \to 0$, daß $G(p)$ wie p^k gegen Null geht. Die Rechenregeln für den symbolischen Ausdruck $\mathcal{O}$ sind sehr einfach; so gilt z.B.

$$\mathcal{O}(q) \pm \mathcal{O}(q) = \mathcal{O}(q), \qquad \mathcal{O}(q) \cdot \mathcal{O}(q) = \mathcal{O}(q^2).$$

Ist ferner $q = \mathcal{O}(r)$, so folgt $\mathcal{O}(q) \pm \mathcal{O}(r) = \mathcal{O}(r)$, denn aus $q = \mathcal{O}(r)$ folgt $\mathcal{O}(q) = \mathcal{O}(\mathcal{O}(r)) = \mathcal{O}(r)$. Diese Eigenschaften folgen unmittelbar aus (7.5).

7.2 Das Newtonsche Verfahren

7.2.1 Die Rechenvorschrift

Das Newtonsche Verfahren zur Berechnung der Nullstellen von $f(x) = 0$ lautet (vgl. Abschnitt 2.2)

$$x^{(k+1)} = x^{(k)} - \frac{f(x^{(k)})}{f'(x^{(k)})}, \qquad k = 0, 1, \ldots$$

Dieses Verfahren erhält man aus der Taylorentwicklung

$$f(x^*) = f(x^{(k)}) + f'(x^{(k)})(x^* - x^{(k)}) + \text{Restglied},$$

wenn man das Restglied vernachlässigt, $f(x^*) = 0$ berücksichtigt und nach x^* auflöst. Durch die Vernachlässigung des Restglieds erhält man statt x^* eine Näherung, die wir als $x^{(k+1)}$ definieren.

Ganz entsprechend kann man natürlich bei einer Vektorfunktion $\boldsymbol{F}(\boldsymbol{x})$ vorgehen und erhält zunächst die Iterationsvorschrift

$$\boldsymbol{x}^{(k+1)} = \boldsymbol{x}^{(k)} - [\boldsymbol{F}'(\boldsymbol{x}^{(k)})]^{-1}\boldsymbol{F}(\boldsymbol{x}^{(k)}), \qquad k = 0, 1, \ldots \tag{7.6}$$

zur Lösung von $\boldsymbol{F}(\boldsymbol{x}) = \boldsymbol{0}$. Den Iterationsprozeß

$$\boldsymbol{x}^{(k+1)} = \boldsymbol{x}^{(k)} - [\boldsymbol{F}'(\boldsymbol{x}^{(0)})]^{-1}\boldsymbol{F}(\boldsymbol{x}^{(k)}), \qquad k = 0, 1, \ldots \tag{7.7}$$

bezeichnet man als *vereinfachtes Newtonsches Verfahren.* Bei beiden Verfahren setzen wir stets voraus, daß $\boldsymbol{F}'(\boldsymbol{x})$ für alle $\boldsymbol{x}$ aus einem noch zu bestimmenden Bereich nichtsingulär ist.

Mit $[\boldsymbol{F}'(\boldsymbol{x})]^{-1} = (\varphi_{ij}(\boldsymbol{x}))$ lautet die Komponentendarstellung von (7.6)

$$x_i^{(k+1)} = x_i^{(k)} - \sum_{j=1}^{n} \varphi_{ij}(\boldsymbol{x}^{(k)}) f_j(\boldsymbol{x}^{(k)}), \qquad i = 1, \ldots, n; \quad k = 0, 1, \ldots \tag{7.8}$$

Bei der praktischen Anwendung des Verfahrens ist die Formulierung (7.6) bzw. (7.8) ungeeignet. Man geht daher zweckmäßigerweise wie folgt vor:

Man löst das lineare Gleichungssystem

$$\boldsymbol{F}'(\boldsymbol{x}^{(k)})\boldsymbol{d}^{(k)} = -\boldsymbol{F}(\boldsymbol{x}^{(k)}) \tag{7.9}$$

und setzt dann

$$x^{(k+1)} = x^{(k)} + d^{(k)}.$$

Zur Lösung des Gleichungssystems in (7.9) kann man direkte Verfahren, wie etwa die Algorithmen von Gauß oder Cholesky (wenn $F'(x)$ symmetrisch und positiv definit ist) verwenden. Ist $F'(x)$ sehr groß und schwach besetzt, so kommen auch Iterationsverfahren (vgl. Kapitel 6) in Betracht.

Bei dem vereinfachten Newtonschen Verfahren ist der Aufwand dabei erheblich geringer, durch die langsamere Konvergenzgeschwindigkeit wird dieser Vorteil jedoch im allgemeinen wieder zunichte gemacht.

Der Übersichtlichkeit halber und um Mißverständnissen in der Schreibweise vorzubeugen, wollen wir für die weiteren Kapitel folgende Schreibweise vereinbaren:

Es sei

$$f(x_1, \ldots, x_n) = f(x) \quad \text{mit} \quad f \in C^1(B), \quad B \subset \mathsf{R}^n,$$

eine beliebige Funktion. Dann setzen wir für $z \in B$

$$\left(\frac{\partial f}{\partial x_j}\right)_{(z)} = \partial_j f(z), \qquad j = 1, \ldots, n. \tag{7.10}$$

Mit dieser Schreibweise lautet z.B. die Funktionalmatrix (7.4)

$$T'(z) = \begin{bmatrix} \partial_1 t_1(z) & \cdots & \partial_n t_1(z) \\ \vdots & & \vdots \\ \partial_1 t_n(z) & \cdots & \partial_n t_n(z) \end{bmatrix}.$$

7.2.2 Konvergenzkriterien

Um den Satz 1.11 als Konvergenzkriterium anwenden zu können, muß zunächst T bekannt sein. Offenbar ist für (7.6)

$$T(x) = x - [F'(x)]^{-1} F(x),$$

für (7.7)

$$T(x) = x - [F'(x^{(0)})]^{-1} F(x). \tag{7.11}$$

Um die Funktionalmatrix $T'(x)$ zu berechnen, verwenden wir die Darstellung (7.8): Mit

$$t_i(x) = x_i - \sum_{j=1}^{n} \varphi_{ij}(x) f_j(x), \qquad i = 1, \ldots, n,$$

und der Schreibweise (7.10) erhält man als Elemente der Funktionalmatrix

$$\partial_k t_i(x) = \delta_{ik} - \sum_{j=1}^{n} \{\partial_k \varphi_{ij}(x) f_j(x) + \varphi_{ij}(x) \partial_k f_j(x)\}. \tag{7.12}$$

Besitzt $\boldsymbol{F}(\boldsymbol{x}) = \boldsymbol{0}$ eine Lösung $\boldsymbol{x}^*$, so ist $f_j(\boldsymbol{x}^*) = 0, \quad j = 1, \dots, n$, so daß aus (7.12)

$$\partial_k t_i(\boldsymbol{x}^*) = \delta_{ik} - \sum_{j=1}^{n} \varphi_{ij}(\boldsymbol{x}^*) \partial_k f_j(\boldsymbol{x}^*),$$

und somit

$$\boldsymbol{T}'(\boldsymbol{x}^*) = \boldsymbol{I} - [\boldsymbol{F}'(\boldsymbol{x}^*)]^{-1} \boldsymbol{F}'(\boldsymbol{x}^*) = \boldsymbol{I} - \boldsymbol{I} = \boldsymbol{0} \tag{7.13}$$

folgt. Es ist also

$$\varrho(\boldsymbol{T}'(\boldsymbol{x}^*)) = \varrho(\boldsymbol{0}) = 0.$$

Das Newtonsche-Verfahren ist daher stets konvergent, wenn $\boldsymbol{x}^{(0)}$ eine hinreichend genaue Näherung von $\boldsymbol{x}^*$ ist und $\boldsymbol{F}'(\boldsymbol{x}^*)$ invertierbar ist.

Für(7.11) gilt entsprechend

$$\boldsymbol{T}'(\boldsymbol{x}^*) = \boldsymbol{I} - [\boldsymbol{F}'(\boldsymbol{x}^{(0)})]^{-1} \boldsymbol{F}'(\boldsymbol{x}^*). \tag{7.14}$$

Das vereinfachte Newtonsche Verfahren ist daher lokal konvergent, wenn

$$\varrho(\boldsymbol{T}'(\boldsymbol{x}^*)) = \varrho(\boldsymbol{I} - [\boldsymbol{F}'(\boldsymbol{x}^{(0)})]^{-1} \boldsymbol{F}'(\boldsymbol{x}^*)) = \sigma < 1 \tag{7.15}$$

gilt. Da die Komponenten von $\boldsymbol{F}'$ stetige Funktionen der n Veränderlichen sind, so ist (7.15) dann erfüllt, wenn $\boldsymbol{x}^{(0)}$ hinreichend nahe bei $\boldsymbol{x}^*$ liegt, d.h. wenn auch $\boldsymbol{F}'(\boldsymbol{x}^{(0)}) \approx \boldsymbol{F}'(\boldsymbol{x}^*)$ gilt.

7.2.3 Die Bestimmung der Umgebung B_0

Beim Newton-Verfahren, das für größere nichtlineare Gleichungssysteme wegen der Berechnung von $\boldsymbol{F}'$ sehr aufwendig werden kann, bereitet vor allem die Bestimmung der Umgebung B_0 aus dem Satz 1.11 Schwierigkeiten. In einigen Fällen kann es nützen, wenn man eine Umgebung des Fixpunktes kennt, für die bezüglich einer Matrixnorm

$$\|\boldsymbol{T}'(\boldsymbol{x})\| \leq \alpha < 1$$

gilt. Um das näher zu erläutern, benötigen wir die Aussage des

Satz 7.1. *Die Abbildung $\boldsymbol{T} : B \subset \mathrm{R}^n \to \mathrm{R}^n$ besitze einen Fixpunkt $\boldsymbol{x}^* \in B$, und es existiere eine reelle Zahl $\delta > 0$, so daß in der Umgebung*

$$B_0 : \ \|\boldsymbol{x} - \boldsymbol{x}^*\| < \delta, \qquad B_0 \subset B,$$

die Ungleichung

$$\|\boldsymbol{T}(\boldsymbol{x}) - \boldsymbol{x}^*\| \leq \alpha \|\boldsymbol{x} - \boldsymbol{x}^*\|, \qquad \alpha < 1, \quad \boldsymbol{x} \in B_0, \tag{7.16}$$

gilt. Dann konvergiert das durch

$$x^{(k+1)} = T(x^{(k)}), \qquad k = 0, 1, \ldots,$$

gegebene Iterationsverfahren für jede Ausgangsnäherung $x^{(0)} \in B_0$ gegen x^*.

Beweis: *Der Beweis des Satzes ist sehr einfach. Mit $x^{(0)} \in B_0$ gilt nach (7.16)*

$$\|x^{(1)} - x^*\| = \|T(x^{(0)}) - x^*\| \le \alpha\|x^{(0)} - x^*\| \le \|x^{(0)} - x^*\|.$$

Es ist also auch $x^{(1)} \in B_0$. Mit (7.16) folgt hieraus $x^{(2)} \in B_0$ und allgemein $x^{(k)} \in B_0, \quad k = 0, 1, \ldots$. Wegen

$$\|x^{(k+1)} - x^*\| \le \alpha\|x^{(k)} - x^*\| \le \cdots \le \alpha^{k+1}\|x^{(0)} - x^*\|$$

konvergiert andererseits die Folge $\{x^{(k)}\}$ gegen den Fixpunkt x^*. □

Um den Satz anwenden zu können, beachten wir, daß

$$\begin{aligned} t_i(x) - t_i(x^*) &= t_i(x) - x_i^* = \sum_{j=1}^{n} \partial_j t_i(x^* + \vartheta_i(x - x^*))(x_j - x_j^*), \\ &\quad 0 \le \vartheta_i \le 1, \quad i = 1, \ldots, n \end{aligned}$$

gilt. Hieraus errechnet man z.B.

$$\|T(x) - x^*\|_\infty \le \max_{z \in B_0} \|T'(z)\|_\infty \|x - x^*\|_\infty. \tag{7.17}$$

Ist dann

$$\|T'(z)\|_\infty \le \alpha < 1 \quad \text{für} \quad z \in B_0, \tag{7.18}$$

so folgt aus (7.17) die Ungleichung (7.16). Man kann sogar zeigen, daß für eine beliebige Vektornorm und eine dazu passende Matrixnorm

$$\|T(x) - x^*\| \le \max_{z \in B_0} \|T'(z)\| \|x - x^*\|$$

gilt. Für

$$\|T'(z)\| \le \alpha < 1 \quad \text{für} \quad z \in B_0 \tag{7.19}$$

ist dann die Bedingung (7.16) wieder erfüllt.

Beispiel 7.2. *An einem sehr einfachen Beispiel sollen die vorhergehenden Untersuchungen erläutert werden:*

$$F(x) = \begin{bmatrix} f_1(x) \\ f_2(x) \end{bmatrix} = \begin{bmatrix} f_1(x_1, x_2) \\ f_2(x_1, x_2) \end{bmatrix} = \begin{bmatrix} x_1^2 + x_2^2 - 1 \\ x_1^2 - x_2^2 \end{bmatrix}.$$

Man sieht sofort, daß $\boldsymbol{F}(\boldsymbol{x}) = \boldsymbol{0}$ die Lösungen

$$\begin{bmatrix} \frac{1}{\sqrt{2}} \\ \frac{1}{\sqrt{2}} \end{bmatrix}, \quad \begin{bmatrix} \frac{1}{\sqrt{2}} \\ -\frac{1}{\sqrt{2}} \end{bmatrix}, \quad \begin{bmatrix} -\frac{1}{\sqrt{2}} \\ \frac{1}{\sqrt{2}} \end{bmatrix}, \quad \begin{bmatrix} -\frac{1}{\sqrt{2}} \\ -\frac{1}{\sqrt{2}} \end{bmatrix}$$

besitzt. Dann ist

$$\begin{aligned} \boldsymbol{F}'(\boldsymbol{x}) &= \begin{bmatrix} \partial_1 f_1(\boldsymbol{x}) & \partial_2 f_1(\boldsymbol{x}) \\ \partial_1 f_2(\boldsymbol{x}) & \partial_2 f_2(\boldsymbol{x}) \end{bmatrix} = \begin{bmatrix} 2x_1 & 2x_2 \\ 2x_1 & -2x_2 \end{bmatrix} = 2\begin{bmatrix} x_1 & x_2 \\ x_1 & -x_2 \end{bmatrix}. \\ [\boldsymbol{F}'(\boldsymbol{x})]^{-1} &= -\frac{1}{4x_1x_2}\begin{bmatrix} -x_2 & -x_2 \\ -x_1 & x_1 \end{bmatrix}. \end{aligned}$$

Die Funktionalmatrix $\boldsymbol{F}'(\boldsymbol{x})$ ist also überall nichtsingulär bis auf die beiden Koordinatenachsen $x_1 = 0$ bzw. $x_2 = 0$.

Mit $\boldsymbol{T}(\boldsymbol{x}) = \boldsymbol{x} - [\boldsymbol{F}'(\boldsymbol{x})]^{-1}\boldsymbol{F}(\boldsymbol{x})$ errechnet man weiter für die Komponenten $t_1(\boldsymbol{x}), t_2(\boldsymbol{x})$ von $\boldsymbol{T}(\boldsymbol{x})$

$$\begin{aligned} t_1(\boldsymbol{x}) &= t_1(x_1, x_2) = \frac{1+2x_1^2}{4x_1}, \\ t_2(\boldsymbol{x}) &= t_2(x_1, x_2) = \frac{1+2x_2^2}{4x_2}. \end{aligned}$$

Da t_1 nur von x_1, t_2 nur von x_2 abhängt, ergibt sich für $\boldsymbol{T}'$ eine Diagonalmatrix, denn es ist $\partial_1 t_2 = \partial_2 t_1 = 0$:

$$\boldsymbol{T}'(\boldsymbol{x}) = \begin{bmatrix} \frac{1}{2} - \frac{1}{4x_1^2} & 0 \\ 0 & \frac{1}{2} - \frac{1}{4x_2^2} \end{bmatrix}.$$

Dann folgt

$$\|\boldsymbol{T}'(\boldsymbol{x})\|_2 = \|\boldsymbol{T}'(\boldsymbol{x})\|_\infty = \max\left\{\left|\frac{1}{2} - \frac{1}{4x_1^2}\right|, \left|\frac{1}{2} - \frac{1}{4x_2^2}\right|\right\},$$

und dieser Ausdruck ist für $x_1^2 > \frac{1}{6}, x_2^2 > \frac{1}{6}$ kleiner als 1.

Wir wollen schließlich für

$$\boldsymbol{x}^* = \begin{bmatrix} \frac{1}{\sqrt{2}} \\ \frac{1}{\sqrt{2}} \end{bmatrix}$$

eine Umgebung

$$\bar{B}_0: \quad \|x - x^*\|_2 = \sqrt{\left(x_1 - \frac{1}{\sqrt{2}}\right)^2 + \left(x_2 - \frac{1}{\sqrt{2}}\right)^2} \leq \delta$$

dieses Fixpunktes angeben, so daß dort

$$\|T'(x)\|_2 \leq \alpha < 1.$$

Eine solche Umgebung erhält man z.B., wie leicht nachzurechnen, für $\delta = 0.29$ *. Da die vier Nullstellen des Gleichungssystems zum Nullpunkt symmetrisch liegen, lassen sich die entsprechenden Umgebungen der anderen drei Nullstellen sofort angeben.* □

7.3 Weitere Verfahren vom Newton-Typ

Auch für Gleichungssysteme gibt es, ähnlich wie für Einzelgleichungen, eine Reihe von Modifikationen des Newtonschen Verfahrens. Einige von ihnen wollen wir hier ergänzend untersuchen.

7.3.1 Modifizierte Newtonsche Verfahren

Zunächst kann man beim Newtonschen Verfahren Parameter ω_k einführen und die Iterationsvorschrift

$$x^{(k+1)} = x^{(k)} - \omega_k [F'(x^{(k)}]^{-1} F(x^{(k)}), \qquad k = 0, 1, \ldots \tag{7.20}$$

verwenden. Eine Verbesserung der Konvergenzgeschwindigkeit ist damit in der Regel nicht zu erreichen, vielmehr versucht man die ω_k so zu bestimmen, daß bezüglich einer fest gewählten Matrix A mit $0 < \delta < \frac{1}{2}$, $0 < \alpha < 1$ (z.B. $\delta = 0.01$, $\alpha = \frac{1}{2}$)

$$\|AF(x^{(k+1)})\|_2^2 \leq (1 - \omega_k \delta) \|AF(x^{(k)})\|_2^2, \qquad k = 0, 1, \ldots \quad , \quad \omega_k \in \{1, \alpha, \alpha^2, \ldots\} \text{ maximal} \tag{7.21}$$

gilt. D.h. eine gewichtete Norm der Funktionswerte nimmt streng monoton ab gegen null. Diese Eigenschaft besitzt das Newtonsche Verfahren nicht in allen Fällen. Wie man mit Hilfe des Satzes 1.11 sofort bestätigt, ist (7.20) lokal konvergent für $\omega_k \equiv \omega$ und

$$0 < \omega < 2, \qquad k = 0, 1, \ldots \quad . \tag{7.22}$$

Wesentlich wichtiger ist die Tatsache, daß das Newtonverfahren durch die Modifikation (7.20) mit (7.21) zu einem im wesentlichen global konvergenten Verfahren wird. Dabei ist vorauszusetzen, daß $F(x^*) = 0$ nur Lösungen mit regulärer Matrix $F'(x^*)$ besitzt. Genauer gilt der folgende

Satz 7.2. *Sei $B \subset \mathbb{R}^n$ offen, $\boldsymbol{F} \in C^2(B)$, $\boldsymbol{y}^{(0)} \in B$. Die Niveaumenge*

$$L := \{\boldsymbol{x} \in B: \quad \|\boldsymbol{A}\boldsymbol{F}(\boldsymbol{x})\|_2 \leq \|\boldsymbol{A}\boldsymbol{F}(\boldsymbol{y}^{(0)})\|_2\}$$

sei kompakt und für alle $\boldsymbol{x} \in L$ sei $\boldsymbol{F}'(\boldsymbol{x})$ invertierbar. Dann konvergiert das durch (7.20) und (7.21) beschriebene gedämpfte Newtonverfahren für jedes $\boldsymbol{x}^{(0)} \in L$ gegen eine Nullstelle $\boldsymbol{x}^*$ von $\boldsymbol{F}$ in L. Für hinreichend großes k wird automatisch $\omega_k = 1$, d.h. das Verfahren ist quadratisch konvergent.

Der Beweis *dieses Satzes ist etwas aufwendig. Man vergleiche etwa [7]. In der Praxis üblich ist $\boldsymbol{A} = \boldsymbol{I}$ oder, mathematisch nicht ganz korrekt, weil k-abhängig, $\boldsymbol{A} = (\boldsymbol{F}'(\boldsymbol{x}^{(k)}))^{-1}$ in (7.20).* □

Ein weiteres modifiziertes Newtonsches Verfahren erhält man durch die Vorschrift

$$\boldsymbol{x}^{(k+1)} = \boldsymbol{x}^{(k)} - [\boldsymbol{F}'(\boldsymbol{x}^{(k)}) + \omega_k \boldsymbol{I}]^{-1}\boldsymbol{F}(\boldsymbol{x}^{(k)}), \qquad k = 0, 1, \ldots \quad . \tag{7.23}$$

Der Vorteil dieses Verfahrens liegt darin, daß nun $\boldsymbol{F}'(\boldsymbol{x}^{(k)})$ nicht notwendig regulär zu sein braucht, wenn man ω_k genügend groß wählt.

Allerdings sind hier die Konvergenzkriterien im allgemeinen Fall kompliziert und praktisch oft nicht brauchbar. In Spezialfällen ergeben sich jedoch einfachere Kriterien. Ist z.B. $\boldsymbol{F}'(\boldsymbol{x}^*)$ symmetrisch und positiv definit mit den Eigenwerten $\mu_i > 0$, $i = 1, \ldots, n$, so konvergiert (7.23) lokal, wenn

$$\omega \equiv \omega_k > \max\Big\{-\frac{\mu_i}{2}: \quad i = 1, \ldots, n\Big\} \tag{7.24}$$

gilt, also insbesondere für $\omega_k \equiv \omega > 0$.

7.3.2 Nichtlineare Ausgleichsrechnung

Bisher haben wir Gleichungssysteme mit n Gleichungen und ebensovielen Unbekannten betrachtet. Es treten aber in der Praxis häufig auch nichtlineare Ausgleichsprobleme auf.

Beispiel 7.3. *Es werden Wertepaare (t_i, y_i), $i = 1, \ldots, m$, gemessen, t bedeutet die Zeit und y eine gemessene Strahlungsintensität (α-Strahlung). Man vermutet einen Zusammenhang*

$$y(t) = \alpha_0 + \alpha_1 e^{\beta_1 t} + \alpha_2 e^{\beta_2 t}$$

mit $\alpha_0, \alpha_1, \alpha_2 > 0$ und $\beta_1, \beta_2 < 0$. α_0 bedeutet dann die natürliche Hintergrundstrahlung , α_1 und α_2 sind proportional zu den Anfangsmengen zweier α-Strahler mit den Abklingkonstanten β_1, β_2, die proportional zu den Halbwertszeiten sind.

Man möchte nun die unbekannten Konstanten $\alpha_0, \alpha_1, \alpha_2, \beta_1, \beta_2$ aus den Messungen ermitteln und fordert dazu nach der Methode der kleinsten Quadrate

$$\sum_{i=1}^{m}(y_i - (\alpha_0 + \alpha_1 e^{\beta_1 t_i} + \alpha_2 e^{\beta_2 t_i}))^2 = \min_{\alpha_0,\alpha_1,\alpha_2,\beta_1,\beta_2}$$

□

Dazu betrachten wir eine Abbildung

$$F : \mathsf{R}^n \to \mathsf{R}^m,$$

die also ausgeschrieben die Form hat

$$F(x) = \begin{bmatrix} f_1(x_1, \dots, x_n) \\ \vdots \\ f_m(x_1, \dots, x_n) \end{bmatrix}.$$

(Im Beispiel 7.3 ist $n = 5$, $x_1 = \alpha_0$, $x_2 = \alpha_1$, $x_3 = \beta_1$, $x_4 = \alpha_2$, $x_5 = \beta_2$, $f_i(x_1, \dots, x_5) = y_i - (x_1 + x_2 \exp(x_3 t_i) + x_4 \exp(x_5 t_i))$.

Wir bilden dann die Funktion

$$h(x) = \tfrac{1}{2}(F(x))^T F(x).$$

Dann kann h ebenfalls als eine Abbildung gedeutet werden, und zwar gilt

$$h : \ \mathsf{R}^n \to \mathsf{R}^1.$$

Es soll nun $h(x)$ minimiert werden. Notwendig hierfür ist

$$G(x) = \nabla h(x) = 0.$$

Die Anwendung des Newton-Verfahrens auf die Gleichung $\nabla h(x) = 0$ erweist sich in der Regel als nicht erfolgreich, weil $\nabla^2 h(x)$ im allgemeinen nicht positiv definit ist, wenn x weit von der Lösung entfernt ist. Ein modifiziertes Verfahren führt hier aber zum Erfolg.

7.3.3 Das Gauß-Newton-Verfahren

Angenommen, man kennt einen Näherungswert $x^{(0)}$ der exakten Lösung x^* von $\nabla h(x) = 0$, so kann die Linearisierung von F

$$\Phi_0(x) = F(x^{(0)}) + F'(x^{(0)})(x - x^{(0)})$$

eingeführt werden, wobei jedoch zu beachten ist, daß jetzt

$$F'(x) = \begin{bmatrix} \partial_1 f_1(x) & \dots & \partial_n f_1(x) \\ \vdots & & \vdots \\ \partial_1 f_m(x) & \dots & \partial_n f_m(x) \end{bmatrix}$$

gilt, also F' eine $m \times n$-Matrix ist. Wir definieren dann die erste Iterierte $x^{(1)}$ als das Minimum von

$$\begin{aligned} g_0(x) &= \tfrac{1}{2}(\Phi_0(x))^T \Phi_0(x) \\ &= \tfrac{1}{2}(F(x^{(0)}) + F'(x^{(0)})(x - x^{(0)}))^T (F(x^{(0)}) + F'(x^{(0)})(x - x^{(0)})). \end{aligned}$$

Die Aufgabe $g_0(x) \stackrel{!}{=} \min$ ist eine lineare Ausgleichsaufgabe.

An der Stelle des Minimums gilt dann notwendig

$$\begin{aligned} \partial_l g_0(x) &= \sum_{i=1}^{m} \partial_l f_i(x^{(0)}) \Big(f_i(x^{(0)}) + \sum_{j=1}^{n} \partial_j f_i(x^{(0)})(x_j - x_j^{(0)}) \Big) = 0, \\ & l = 1, 2, \dots, n, \end{aligned}$$

d.h.

$$\operatorname{grad} g_0(x) = \Big(F'(x^{(0)}) \Big)^T \Big(F(x^{(0)}) + F'(x^{(0)})(x - x^{(0)}) \Big) = 0.$$

Die Lösung x dieses Systems ist die gesuchte Iterierte $x^{(1)}$; man erhält

$$x^{(1)} = x^{(0)} - \Big((F'(x^{(0)}))^T F'(x^{(0)}) \Big)^{-1} \Big(F'(x^{(0)}) \Big)^T F(x^{(0)}).$$

So fährt man fort und bestimmt die weiteren Iterierten nach der Vorschrift

$$x^{(k+1)} = x^{(k)} - \Big((F'(x^{(k)}))^T F'(x^{(k)}) \Big)^{-1} \Big(F'(x^{(k)}) \Big)^T F(x^{(k)}), \qquad k = 0, 1, \dots \quad . \tag{7.25}$$

In der Literatur wird dieses Verfahren auch als Gauß-Newton-Verfahren bezeichnet.

Für $m = n$ erhält man wegen

$$\begin{aligned} \Big((F'(x^{(k)}))^T F'(x^{(k)}) \Big)^{-1} \Big(F'(x^{(k)}) \Big)^T &= \Big(F'(x^{(k)}) \Big)^{-1} \Big((F'(x^{(k)}))^T \Big)^{-1} \Big(F'(x^{(k)}) \Big)^T \\ &= \Big(F'(x^{(k)}) \Big)^{-1} \end{aligned}$$

aus (7.25) das Newton-Verfahren.

Für das durch (7.25) definierte Verfahren muß vorausgesetzt werden, daß die $n \times n$-Matrix

$$H(x) = \Big(F'(x) \Big)^T F'(x) \tag{7.26}$$

zumindest in einer Umgebung von x^* nichtsingulär ist. Dies ist der Fall, wenn dort $F'(x)$ den größtmöglichen Rang hat, wenn dort also Rg $F'(x) = n$ gilt. Da $F'(x)$ m Zeilen und n Spalten besitzt, ist sie dann spaltenregulär, d.h. ihre n Spalten sind linear unabhängig. Entsprechend ist $\left(F'(x)\right)^T$ dort zeilenregulär, und es gilt (siehe z.B. [39, S. 88])

$$\text{Rg}\, H(x) = n,$$

d.h. die $n \times n$-Matrix $H(x)$ ist in einer Umgebung von x^* nichtsingulär, sie ist dort sogar symmetrisch und positiv definit.

Auch die lokale Konvergenz des Verfahrens läßt sich schnell nachweisen. Mit (7.26) gilt wegen (7.25)

$$T(x) = x - \left(H(x)\right)^{-1}\left(F'(x)\right)^T F(x), \tag{7.27}$$

und man errechnet

$$T'(x^*) = -(H(x^*))^{-1} \sum_{i=1}^{m} f_i(x^*)\nabla_i^2 F(x^*). \tag{7.28}$$

Wenn also $\|F(x^*)\|$ genügend klein ist, d.h. in den Anwendungen, wenn die Messungen durch das Anpaßmodell genügend genau beschrieben werden können, und $\|H(x^*)^{-1}\|$ nicht zu groß ist, (d.h. die Parameter x_i des Anpaßmodells reagieren nicht allzu empfindlich gegen Datenfehler), dann ist dieses Verfahren lokal konvergent, weil $\|T'(x^*)\| < 1$. Zwei Gesichtspunkte sind für den Erfolg dieses Verfahrens in der Praxis maßgeblich. Zum einen kann man durch die Einführung von Dämpfungsfaktoren im wesentlichen globale Konvergenz des Verfahrens gegen eine der (unter Umständen zahlreichen !) Minimalstellen von $h(x) = \frac{1}{2}F(x)^T F(x)$ erzwingen. Dazu setzt man

$$\begin{aligned} F'(x^{(k)})^T F'(x^{(k)}) d^{(k)} &= -F'(x^{(k)})^T F(x^{(k)}), \\ x^{(k+1)} &= x^{(k)} + \sigma_k d^{(k)}, \qquad x^{(k+1)} \in B, \end{aligned} \tag{7.29}$$

σ_k maximal in der Folge $1, \alpha, \alpha^2, \ldots$, so daß

$$h(x^{(k)}) - h(x^{(k+1)}) \geq \delta\sigma_k F(x^{(k)})^T F'(x^{(k)}) d^{(k)}$$

mit $0 < \alpha < 1$ (z.B. $\alpha = \frac{1}{2}$) und $0 < \delta < \frac{1}{2}$, (z.B. $\delta = 0.01$).

Zum anderen kann das System (7.29) als lineare Ausgleichsaufgabe

$$\|F'(x^{(k)})d + F(x^{(k)})\| \stackrel{!}{=} \min_{d}$$

mit der Lösung $d = d^{(k)}$ etwa mit Hilfe der Householder-QR-Zerlegung von $F'(x^{(k)})$ numerisch zuverlässig gelöst werden.

Für das oben formulierte gedämpfte Gauß-Newton-Verfahren gilt folgender globaler Konvergenzsatz

Satz 7.3. *Sei $B \subset \mathbb{R}^n$ offen, $F \in C^2(B)$, $F : B \to \mathbb{R}^m$ mit $m \geq n$. Ferner sei $y^{(0)} \in B$ und die zu $y^{(0)}$ gehörende Niveaumenge von $h(x) = \frac{1}{2}F(x)^T F(x)$:*

$$L = \{x \in B : \quad h(x) \leq h(y^{(0)})\}$$

sei kompakt und Rg $(F'(x)) = n$ für alle $x \in L$. Dann konvergiert das gedämpfte Gauß-Newton-Verfahren für jedes $x^{(0)} \in L$ gegen eine Minimalstelle von h auf L.

□

Außer im Falle $F(x^*) = 0$, d.h. $h(x^*) = 0$, der aber ohne praktisches Interesse ist, kann man nicht ohne weitere Voraussetzungen garantieren, daß bei Annäherung an x^* in obigem Verfahren schließlich $\sigma_k \equiv 1$ wird. Dies ist auch tatsächlich nicht immer erreichbar. Eine naheliegende Modifikation des Schrittweitenauswahlverfahrens ist es daher, σ_k so zu wählen, daß $h(x^{(k)} + \sigma d^{(k)})$ bezüglich σ gerade durch die Wahl von σ_k annähernd minimiert wird. Eine Näherungsformel für diese eindimensionale Minimierung erhält man, wenn man die Minimalstelle der Parabel, die durch die Werte

$$h(x^{(k)}), \quad \frac{d}{d\sigma}h(x^{(k)} + \sigma d^{(k)})_{|\sigma=0} = F(x^{(k)})^T F'(x^{(k)})d^{(k)}, \quad h(x^{(k)} + d^{(k)})$$

eindeutig bestimmt ist, auswählt. Dies ergibt folgende Modifikation des Schrittweitenverfahrens:

1. Berechne
$$\zeta_k := F(x^{(k)})^T F'(x^{(k)})d^{(k)}.$$
(Es gilt $\quad \zeta_k = \nabla h(x^{(k)})^T d^{(k)}$).

2. Falls $\quad h(x^{(k)}) - h(x^{(k)} + d^{(k)}) \geq \delta\zeta_k$, wähle $\quad x^{(k+1)} = x^{(k)} + d^{(k)}$, andernfalls berechne
$$\hat{\sigma}_k = \zeta_k / (2(h(x^{(k)} + d^{(k)}) - h(x^{(k)}) - \zeta_k)).$$
Setze $\quad x^{(k+1)} = x^{(k)} + \sigma_k d^{(k)}$ mit σ_k maximal in der Folge $\hat{\sigma}_k, \alpha\hat{\sigma}_k, \alpha^2\hat{\sigma}_k, \ldots$, so daß
$$h(x^{(k)}) - h(x^{(k+1)}) \geq \delta\zeta_k\sigma_k.$$

Für diese Variante kann man beweisen, daß für alle hinreichend großen $k \quad \sigma_k = 1$ oder $\sigma_k = \hat{\sigma}_k$ und $\hat{\sigma}_k = 1 + \mathcal{O}(\|F(x^*)\|)$.

Beispiel 7.4. *Es soll eine Lösung des Systems*

$$F(x) = \begin{bmatrix} x_1^2 - x_2^2 \\ x_2^2 - 1 \\ x_1^2 - 1 \end{bmatrix} = 0$$

berechnet werden. Es ist

$$\boldsymbol{F}'(\boldsymbol{x}) = \begin{bmatrix} \partial_1 f_1(\boldsymbol{x}) & \partial_2 f_1(\boldsymbol{x}) \\ \partial_1 f_2(\boldsymbol{x}) & \partial_2 f_2(\boldsymbol{x}) \\ \partial_1 f_3(\boldsymbol{x}) & \partial_2 f_3(\boldsymbol{x}) \end{bmatrix} = \begin{bmatrix} 2x_1 & -2x_2 \\ 0 & 2x_2 \\ 2x_1 & 0 \end{bmatrix},$$

und hieraus folgt

$$[\boldsymbol{F}'(\boldsymbol{x})]^T \boldsymbol{F}'(\boldsymbol{x}) = \boldsymbol{H}(\boldsymbol{x}) = \begin{bmatrix} 8x_1^2 & -4x_1x_2 \\ -4x_1x_2 & 8x_2^2 \end{bmatrix}, \quad [\boldsymbol{H}(\boldsymbol{x})]^{-1} = \begin{bmatrix} \dfrac{1}{6x_1^2} & \dfrac{1}{12x_1x_2} \\ \dfrac{1}{12x_1x_2} & \dfrac{1}{6x_2^2} \end{bmatrix}.$$

Wegen $\det \boldsymbol{H}(\boldsymbol{x}) = 48x_1^2x_2^2$ *wird* $\boldsymbol{H}(\boldsymbol{x})$ *nur singulär auf den Geraden* $x_1 = 0$, $x_2 = 0$. *Weiter berechnet man leicht*

$$[\boldsymbol{H}(\boldsymbol{x})]^{-1}[\boldsymbol{F}'(\boldsymbol{x})]^T = \begin{bmatrix} \dfrac{1}{6x_1} & \dfrac{1}{6x_1} & \dfrac{1}{3x_1} \\ -\dfrac{1}{6x_2} & \dfrac{1}{3x_2} & \dfrac{1}{6x_2} \end{bmatrix}$$

und schließlich

$$\boldsymbol{T}(\boldsymbol{x}) = \boldsymbol{x} - [\boldsymbol{H}(\boldsymbol{x})]^{-1}[\boldsymbol{F}'(\boldsymbol{x})]^T \boldsymbol{F}(\boldsymbol{x}) = \begin{bmatrix} \dfrac{x_1^2+1}{2x_1} \\ \dfrac{x_2^2+1}{2x_2} \end{bmatrix}.$$

Das Gauß-Newton-Verfahren ohne Dämpfung ist dann durch folgende Iterationsvorschrift definiert:

$$x_1^{(k+1)} = \frac{(x_1^{(k)})^2+1}{2x_1^{(k)}}, \qquad x_2^{(k+1)} = \frac{(x_2^{(k)})^2+1}{2x_2^{(k)}}, \qquad k = 0, 1, \ldots$$

Wählt man etwa $x_1^{(0)} = 0.9$, $x_2^{(0)} = 1.2$, *so liefert das Verfahren*

$$\begin{aligned} x_1^{(1)} &= 1.0055556, & x_2^{(1)} &= 1.0166667, \\ x_1^{(2)} &= 1.0000153, & x_2^{(2)} &= 1.0001366, \\ x_1^{(3)} &= 1.0000000, & x_2^{(3)} &= 1.0000000. \end{aligned}$$

In der Tat ist $\boldsymbol{x}^* = [1, 1]^T$ *eine Lösung des Systems.* □

7.3.4 Einbettungsverfahren

Wie wir gesehen haben, können das Newton-Verfahren und das Gauß-Newton-Verfahren unter der Voraussetzung, daß $\boldsymbol{F}'(\boldsymbol{x})$ im zu $\boldsymbol{x}^{(0)}$ gehörenden Niveaubereich von $\|\boldsymbol{F}(\boldsymbol{x})\|_2^2$ vollen Rang besitzt, durch die Einführung der Schrittweitensteuerung zu „global" konvergenten Verfahren gemacht werden.

Diese Voraussetzung ist immer noch sehr streng. Auch zeigt sich in der Praxis, insbesondere bei schlecht konditionierten Problemen, daß die Schrittweiten σ_k sehr lange klein gegen 1 bleiben, wenn die Startnäherung $\boldsymbol{x}^{(0)}$ schlecht ist, d.h. das Verfahren ist ineffizient. Es ist dann folgende Idee naheliegend: Man geht aus von einem Nullstellenproblem, dessen Lösung bekannt ist, und führt nun dieses Problem durch eine Parametervariation schrittweise in das eigentlich zu lösende Nullstellenproblem über. Wenn man den Parameter „langsam" variiert, so kann man hoffen, daß auch die Nullstellen langsam variieren, d.h. bei jeder Parametervariation hat man schon eine gute Startnäherung, so daß man von der quadratischen Konvergenz z.B. des Newtonverfahrens vollen Gebrauch machen kann. Eine primitive Form der Einbettung ist etwa diese:

$$\boldsymbol{H}(\boldsymbol{x},t) = \boldsymbol{F}(\boldsymbol{x}) - (1-t)\boldsymbol{F}(\boldsymbol{x}^{(0)}), \qquad t \in [0,1],$$

worin $\boldsymbol{x}^{(0)}$ eine (nun unter Umständen sehr schlechte) Näherung für eine Nullstelle $\boldsymbol{x}^*$ von $\boldsymbol{F}$ bezeichnet. Offensichtlich ist

$$\begin{aligned} \boldsymbol{H}(\boldsymbol{x}^{(0)},0) &= 0, \\ \boldsymbol{H}(\boldsymbol{x}^*,1) &= 0, \qquad \boldsymbol{H}(\boldsymbol{x},1) = \boldsymbol{F}(\boldsymbol{x}) \quad \text{für alle } \boldsymbol{x}. \end{aligned}$$

Man wird nun versuchen, für eine Zerlegung von $[0,1]$, etwa

$$0 < t_1 < \cdots < t_N = 1,$$

die Nullstelle $\boldsymbol{x}(t_k)$ von

$$\boldsymbol{H}(\boldsymbol{x},t_k) = 0 \tag{7.30}$$

zu finden, jeweils mit $\boldsymbol{x}(t_{k-1})$ als Startwert, d.h. mit $\boldsymbol{x}^{(0)}$ als Startwert für $\boldsymbol{x}(t_1)$. Bei dieser Vorgehensweise müßte man jedoch, wenn man (7.30) etwa mit dem Newton-Verfahren bearbeiten wollte, immer noch voraussetzen, daß

$$\frac{\partial}{\partial \boldsymbol{x}}\boldsymbol{H}(\boldsymbol{x},t_k) = \boldsymbol{F}'(\boldsymbol{x})$$

für alle in Frage kommenden Werte von $\boldsymbol{x}$ invertierbar ist.

Von dieser einschränkenden Voraussetzung kann man sich aber in einem gewissen Umfang befreien. Wir betrachten nun

$$\boldsymbol{H}(\boldsymbol{x},t) = 0 \tag{7.31}$$

als System von n Gleichungen in $n+1$ Unbekannten $(\boldsymbol{x}, t)$.

Von diesem System kennen wir eine Lösung $(\boldsymbol{x}^{(0)}, 0)$. Ferner setzen wir voraus, daß $\boldsymbol{H} \in C^1(\mathrm{R}^{n+1})$ und

$$\operatorname{Rg}\,(\boldsymbol{H}'(\boldsymbol{x},t)) = \operatorname{Rg}\,(\frac{\partial}{\partial x}\boldsymbol{H}(\boldsymbol{x},t), \frac{\partial}{\partial t}\boldsymbol{H}(\boldsymbol{x},t)) = n \tag{7.32}$$

für alle $(\boldsymbol{x}, t) \in \mathrm{R}^{n+1}$ gilt. Dann ist (7.31) in der Umgebung jedes Lösungspunktes $(\bar{\boldsymbol{x}}, \bar{t})$ lokal eindeutig auflösbar nach n der $n+1$ Veränderlichen, und die Auflösung hängt stetig differenzierbar von der verbleibenden Veränderlichen als Parameter ab. Unter weiteren Voraussetzungen kann dann gezeigt werden, daß es eine glatte Lösungskurve $\boldsymbol{w}(s)$ gibt mit Parameterbereich $(-\varepsilon, 1+\varepsilon)$ und den Eigenschaften

$$\boldsymbol{w}(0) = (\boldsymbol{x}^{(0)}, 0), \qquad \boldsymbol{w}(1) = (\boldsymbol{x}^*, 1), \qquad \boldsymbol{w}(s) = (\boldsymbol{x}(s), t(s)),$$

sowie $\boldsymbol{H}(\boldsymbol{w}(s)) \equiv \boldsymbol{0}, \qquad s \in (-\varepsilon, 1+\varepsilon)$.

Ausgehend vom bekannten Kurvenpunkt $(\boldsymbol{x}^{(0)}, 0)$ kann man dann die Kurve $\boldsymbol{w}(s)$ punktweise konstruieren und so zum gewünschten Kurvenpunkt $(\boldsymbol{x}^*, 1)$ gelangen.

Geeignete Methoden hierfür findet man in [26] beschrieben.

Für den Fall, daß auch (7.32) verletzt ist, sind noch keine brauchbaren Nullstellenalgorithmen bekannt.

7.4 Quasi-Newton-Verfahren

Ein wesentlicher Teil des hohen Berechnungsaufwandes beim Newton-Verfahren beruht in der Berechnung (nicht der Dreieckszerlegung!) der Jacobi-Matrix $\boldsymbol{F}'(\boldsymbol{x}^{(k)})$. Diese Matrix wird nur benutzt, um die Korrekturrichtung $\boldsymbol{d}^{(k)}$ aus

$$\boldsymbol{F}'(\boldsymbol{x}^{(k)})\boldsymbol{d}^{(k)} = -\boldsymbol{F}(\boldsymbol{x}^{(k)}) \tag{7.33}$$

zu berechnen. Man möchte nun gerne in (7.33) $\boldsymbol{F}'(\boldsymbol{x}^{(k)})$ durch eine einfacher zu berechnende Matrix $\boldsymbol{A}_k$ ersetzen, d.h.

$$\boldsymbol{A}_k\boldsymbol{d}^{(k)} = -\boldsymbol{F}(\boldsymbol{x}^{(k)}) \tag{7.34}$$

lösen, gleichzeitig aber die schnelle Konvergenz des Newton-Verfahrens erhalten, zumindest die sogenannte superlineare Konvergenz, d.h.

$$\lim_{k\to\infty} \|\boldsymbol{x}^{(k+1)} - \boldsymbol{x}^*\| / \|\boldsymbol{x}^{(k)} - \boldsymbol{x}^*\| = 0. \tag{7.35}$$

Man kann nun zeigen, daß (7.35) genau dann eintritt, wenn das durch (7.34) mit $\boldsymbol{x}^{(k+1)} = \boldsymbol{x}^{(k)} + \boldsymbol{d}^{(k)}$ beschriebene Verfahren gegen eine Nullstelle von $\boldsymbol{F}$ konvergiert, wenn $\boldsymbol{F}'(\boldsymbol{x}^*)$ regulär ist und wenn

$$\lim_{k\to\infty} \|(\boldsymbol{F}'(\boldsymbol{x}^*) - \boldsymbol{A}_k)\boldsymbol{d}^k\| / \|\boldsymbol{d}^{(k)}\| = 0. \tag{7.36}$$

Das bedeutet aber, daß die Richtungen aus (7.34) und aus dem Newtonverfahren immer besser übereinstimmen. Man möchte nun eine Matrix A_k mit (7.36) möglichst einfach rekursiv berechnen.

Für das Newtonverfahren besteht der Zusammenhang

$$(F'(x^{(k)}) + F(x^{(k+1)})(d^{(k)})^T/\|d^{(k)}\|_2^2)d^{(k)} = y^{(k)}$$

mit

$$d^{(k)} = x^{(k+1)} - x^{(k)}, \qquad y^{(k)} = F(x^{(k+1)}) - F(x^{(k)}).$$

Andererseits ist

$$F'(x^*)d^{(k)} = y^{(k)} + \mathcal{O}(\|d^{(k)}\|^2).$$

Offensichtlich ist auch, daß

$$A_k := F'(x^{(k)}) + F(x^{(k+1)})(d^{(k)})^T/\|d^{(k)}\|_2^2$$

(7.36) erfüllen würde. Dieses A_k kann man aber nicht in (7.34) einsetzen (man müßte $x^{(k+1)}$ ja schon kennen) andererseits taucht auch F' noch einmal explizit auf.

Durch folgende rekursive Definition der Folge A_k kann man sich aber von beiden Schwierigkeiten befreien.

1. Wähle A_0 geeignet.
   (A_0 muß jedenfalls invertierbar sein, $A_0 \approx F'(x^{(0)})$ ist günstig).

2. Setze

$$A_{k+1} = A_k + F(x^{(k+1)})d^{(k)T}/\|d^{(k)}\|^2, \tag{7.37}$$

   wo

$$\begin{aligned} A_k d^{(k)} &= -F(x^{(k)}), \\ x^{(k+1)} &= x^{(k)} + d^{(k)}. \end{aligned} \tag{7.38}$$

Dies ist das Broyden-Verfahren, ein sogenanntes Quasi-Newton-Verfahren. Allgemein bezeichnet man jedes Verfahren der Form

$$\begin{aligned} A_k d^{(k)} &= -F(x^{(k)}), \\ x^{(k+1)} &= x^{(k)} + d^{(k)}, \\ A_{k+1} &= \Phi(A_k, d^{(k)}, F(x^{(k+1)}) - F(x^{(k)})), \end{aligned}$$

wo

$$A_{k+1}d^{(k)} = F(x^{(k+1)}) - F(x^{(k)}), \tag{7.39}$$

als Quasi-Newton-Verfahren. Die Relation (7.39) bezeichnet man als Sekanten-Relation. Für $n = 1$ ist das Broyden-Verfahren identisch mit dem Sekanten-Verfahren.

Man beachte, daß man in (7.37) A_{k+1} aus A_k praktisch ohne Zusatzaufwand erhält, da man $d^{(k)}$ und $F(x^{(k+1)})$ ja ohnehin berechnen muß.

Wenn man das Gleichungssystem (7.38) über eine LR-Zerlegung von A_k löst, was natürlich sinnvoll ist, so kann man daraus eine LR-Zerlegung von A_{k+1} mit $\mathcal{O}(n^2)$ Rechenoperationen erhalten, was die Attraktivität dieses Verfahrens noch weiter erhöht. Selbstverständlich muß man dabei auch Zeilenvertauschungen in A_k und A_{k+1} ins Auge fassen.

Für das Broyden-Verfahren kann man zeigen [26]

Satz 7.4. *Es sei $F : D \subset \mathbb{R}^n \to \mathbb{R}^n$ zweimal stetig differenzierbar auf der offenen Menge D und $x^* \in D$ eine Nullstelle von F mit invertierbarer Jacobi-Matrix $F'(x^*)$. Dann gibt es eine Umgebung U von x^*, so daß die durch das Broyden-Verfahren bestimmte Folge $\{x^{(k)}\}$ für jedes $x^{(0)} \in U$ wohldefiniert ist und superlinear gegen x^* konvergiert, falls $\|A_0 - F'(x^{(0)})\|$ hinreichend klein ist.* □

Beispiel 7.5. *Es soll die (einzige) Nullstelle von*

$$F(x_1, x_2) = \begin{bmatrix} 3x_1 - x_2 + 2 & +\frac{1}{10}\sqrt{1 + x_1^2} \\ -2x_1 + 6x_2 + 4 & +\frac{1}{4}\sin^2(x_1 + x_2) \end{bmatrix}$$

mit dem Broyden-Verfahren bestimmt werden.

Im folgenden ist angegeben: $(x_1^{(k)}, x_2^{(k)})$ *und* A_k. *Startwerte waren* $x_1 = x_2 = -\frac{1}{2}$ *und* $A_0 = I$.

k	x_1	x_2	
0	−0.5	−0.5	
1	−1.6118034	−2.67701836	
2	−1.61936395	−0.591571408	
3	−0.491111758	−1.53545101	
4	−1.06826074	−1.05281505	
5	−1.0656142	−1.052807	
6	−1.06611567	−1.05248526	
7	−1.06620323	−1.05243088	*achtstellig genau*

$a_{11}^{(k)}$	$a_{12}^{(k)}$	$a_{21}^{(k)}$	$a_{22}^{(k)}$
1	0	0	1
0.994178237	−0.0113995744	1.60583334	4.14437666
0.997787492	−1.00695053	1.59914033	5.99053005
2.13107791	−1.95504504	−0.501563678	7.7479489
2.13682802	−1.95985352	−0.502856967	7.7490304
2.92995278	−1.95743873	−1.78207196	7.74513563
2.49275676	−1.67694192	−1.08685143	7.29909512
2.50277613	−1.68316464	−1.10278955	7.30899379

Man beachte, daß A_k nicht gegen $F'(x^*)$ konvergiert! □

7.5 Konvergenzordnung

Es soll jetzt untersucht werden, welche Konvergenzordnung im Sinne von Definition 1.6 die bisher betrachteten Verfahren besitzen. Im allgemeinen ist es eine schwierige Aufgabe, die genaue Konvergenzordnung festzustellen, weshalb wir auf diese Frage hier auch nur kurz eingehen können.

7.5.1 Quadratische Konvergenz des Newtonschen Verfahrens

Bereits in Abschnitt 1.6 hatten wir festgestellt, daß ein Verfahren mit kontrahierender Abbildung $\boldsymbol{T}$ mindestens von der Ordnung 1 konvergent ist. Wie man zeigen kann, stellt aber der Satz 1.11 gerade sicher, daß $\boldsymbol{T}$ kontrahierend ist. Die Voraussetzung (7.18) ist wegen (7.17) direkt ein Kriterium für die Kontraktionseigenschaft von $\boldsymbol{T}$. Daraus können wir zunächst schließen, daß diese Verfahren, sofern sie überhaupt konvergieren, mindestens von der Ordnung 1 konvergent sind.

Nun hatten wir in Abschnitt 2.4 gezeigt, daß das Newtonsche Verfahren zur Lösung von Gleichungen in einer Veränderlichen mindestens die Konvergenzordnung 2 besitzt. Es ist daher zu vermuten, daß auch das in Abschnitt 7.2 untersuchte Newton-Verfahren für Systeme quadratisch konvergiert. Um dies zu zeigen, nehmen wir $\boldsymbol{T} : B \subset \mathrm{R}^n \to \mathrm{R}^n, \boldsymbol{T} \in C^2(B)$ an. Die Komponenten $t_i(\boldsymbol{x})$ von $\boldsymbol{T}$ sind also bezüglich aller Veränderlichen $x_1, \ldots, x_n$ in B zweimal stetig differenzierbar. $\boldsymbol{T}$ besitze, wie auch bei Satz 1.11 vorausgesetzt, einen Fixpunkt $\boldsymbol{x}^* \in B$. Schließlich betrachten wir noch eine kugelförmige Umgebung

$$B_0 : \quad \|\boldsymbol{x} - \boldsymbol{x}^*\|_2 \leq \delta, \qquad B_0 \subset B,$$

des Fixpunktes $\boldsymbol{x}^*$.

Die k-te Iterierte $\boldsymbol{x}^{(k)}$, $k \geq 0$, möge in B_0 liegen, es sei also

$$\|\boldsymbol{x}^{(k)} - \boldsymbol{x}^*\|_2 \leq \delta.$$

Dann gilt wegen $t_i(\boldsymbol{x}^*) = x_i^*$

$$\begin{aligned} t_i(\boldsymbol{x}^{(k)}) - x_i^* &= \sum_{j=1}^{n} \partial_j t_i(\boldsymbol{x}^*)(x_j^{(k)} - x_j^*) \\ &\quad + \frac{1}{2!} \sum_{j,l=1}^{n} \partial_j \partial_l t_i(\boldsymbol{x}^* + \vartheta_i(\boldsymbol{x}^{(k)} - \boldsymbol{x}^*))(x_j^{(k)} - x_j^*)(x_l^{(k)} - x_l^*), \\ &\quad i = 1, \ldots n; \qquad 0 \leq \vartheta_i \leq 1 \end{aligned} \tag{7.40}$$

mit

$$\partial_j \partial_l t_i = \frac{\partial^2 t_i}{\partial x_j \partial x_l}.$$

Es sei nun

$$\boldsymbol{H}_i(\boldsymbol{x}) = (\frac{1}{2!}\partial_j\partial_l t_i(\boldsymbol{x})), \qquad \|\boldsymbol{H}_i(\boldsymbol{x})\|_2 \leq L_i \quad \text{für} \quad \boldsymbol{x} \in B_0,$$

ferner

$$\sum_{i=1}^{n} L_i^2 = L^2, \qquad L \geq 0.$$

Gilt dann, wie etwa beim Newton-Verfahren,

$$\boldsymbol{T}'(\boldsymbol{x}^*) = (\partial_j t_i(\boldsymbol{x}^*)) = \boldsymbol{0}, \tag{7.41}$$

so errechnet man aus (7.40) zunächst

$$\begin{aligned} |t_i(\boldsymbol{x}^{(k)}) - x_i^*| &= |(\boldsymbol{x}^{(k)} - \boldsymbol{x}^*)^T \boldsymbol{H}_i(\boldsymbol{x}^* + \vartheta_i(\boldsymbol{x}^{(k)} - \boldsymbol{x}^*))(\boldsymbol{x}^{(k)} - \boldsymbol{x}^*)| \\ &\leq L_i\|\boldsymbol{x}^{(k)} - \boldsymbol{x}^*\|_2^2, \end{aligned}$$

weiter

$$\begin{aligned} \|\boldsymbol{T}(\boldsymbol{x}^{(k)}) - \boldsymbol{x}^*\|_2^2 &= \sum_{i=1}^{n}(t_i(\boldsymbol{x}^{(k)}) - x_i^*)^2 \\ &\leq \|\boldsymbol{x}^{(k)} - \boldsymbol{x}^*\|_2^4 \sum_{i=1}^{n} L_i^2 \end{aligned}$$

und somit

$$\|\boldsymbol{T}(\boldsymbol{x}^{(k)}) - \boldsymbol{x}^*\| \leq L\|\boldsymbol{x}^{(k)} - \boldsymbol{x}^*\|_2^2. \tag{7.42}$$

Ist daher die Funktionalmatrix an der Stelle des Fixpunktes $\boldsymbol{x}^*$ die Nullmatrix, gilt also (7.41), so ist wegen (7.42) das Iterationsverfahren gemäß Definition 1.6 mindestens von der Ordnung 2 konvergent.

Wegen (7.13) ist, ebenso wie im eindimensionalen Fall, das Newtonsche Verfahren mindestens konvergent von der Ordnung 2. Auch für das Gauß-Newton-Verfahren (7.25) gilt dies wegen (7.28), wenn $\boldsymbol{F}(\boldsymbol{x}^*) = \boldsymbol{0}$, wenn also die Anpassung interpolierend ist.

7.5.2 Konvergenzordnung des modifizierten Newtonschen Verfahrens

Wegen (7.14) läßt sich über das vereinfachte Newtonsche Verfahren zunächst nur aussagen, daß es mindestens von der Ordnung 1 konvergiert.

Schließlich gilt noch mit $\omega_k = \omega, \quad k = 0, 1, \ldots,$ für das durch (7.20) definierte Verfahren

$$\boldsymbol{T}'(\boldsymbol{x}^*) = \boldsymbol{I} - \omega[\boldsymbol{F}'(\boldsymbol{x}^*)]^{-1}\boldsymbol{F}'(\boldsymbol{x}^*) = (1 - \omega)\boldsymbol{I} \tag{7.43}$$

und entsprechend für die Iterationsvorschrift (7.23)

$$\boldsymbol{T}'(\boldsymbol{x}^*) = \boldsymbol{I} - [\boldsymbol{F}'(\boldsymbol{x}^*) + \omega\boldsymbol{I}]^{-1}\boldsymbol{F}'(\boldsymbol{x}^*) = \omega[\boldsymbol{F}'(\boldsymbol{x}^*) + \omega\boldsymbol{I}]^{-1}. \tag{7.44}$$

Mit Ausnahme von $\omega = 1$ bei (7.43) und $\omega = 0$ bei (7.44) kann daher nur auf Konvergenz mindestens von der Ordnung 1 geschlossen werden.

Beispiel 7.6. *Ein sehr einfaches und durchsichtiges Beispiel soll den soeben geschilderten Sachverhalt erläutern. Wir betrachten wieder das System $\boldsymbol{F}(\boldsymbol{x}) = \boldsymbol{0}$ aus Beispiel 7.2 und wollen für $\boldsymbol{x}^{(0)} = [0.6\ ,\ 0.8]^T$ die zweiten Iterierten des vereinfachten Newtonschen Verfahrens mit denen des Newtonschen Verfahrens vergleichen.*

Die Vorschrift des vereinfachten Newtonschen Verfahrens lautet bei dem gewählten $\boldsymbol{x}^{(0)}$

$$\begin{aligned} x_1^{(k+1)} &= x_1^{(k)} - \tfrac{1}{2.4}(2(x_1^{(k)})^2 - 1), \\ x_2^{(k+1)} &= x_2^{(k)} - \tfrac{1}{3.2}(2(x_2^{(k)})^2 - 1), \end{aligned}$$

die des Newtonschen Verfahrens (vgl. Beispiel 7.2)

$$x_1^{(k+1)} = \frac{1 + 2(x_1^{(k)})^2}{4x_1^{(k)}}, \qquad x_2^{(k+1)} = \frac{1 + 2(x_2^{(k)})^2}{4x_2^{(k)}}.$$

Hiernach errechnet man mit $\boldsymbol{x}^* = [x_1^*, x_2^*]^T = \left[\frac{1}{\sqrt{2}}, \frac{1}{\sqrt{2}}\right]^T$ nach dem vereinfachten Newtonschen Verfahren

$$\begin{aligned} x_1^{(1)} &= 0.716667, \qquad x_1^{(2)} = 0.705324, \\ x_2^{(1)} &= 0.712500, \quad x_2^{(2)} = 0.707715, \\ \|\boldsymbol{x}^{(1)} - \boldsymbol{x}^*\|_2 &= \sqrt{(x_1^{(1)} - x_1^*)^2 + (x_2^{(1)} - x_2^*)^2} = 0.010976, \\ \|\boldsymbol{x}^{(2)} - \boldsymbol{x}^*\|_2 &= \sqrt{(x_1^{(2)} - x_1^*)^2 + (x_2^{(2)} - x_2^*)^2} = 0.001884, \\ \frac{\|\boldsymbol{x}^{(2)} - \boldsymbol{x}^*\|_2}{\|\boldsymbol{x}^{(1)} - \boldsymbol{x}^*\|_2} &= 0.171598\ . \end{aligned} \tag{7.45}$$

Dagegen erhält man mit dem Newtonschen Verfahren bei gleichem $x_1^{(1)}, x_2^{(1)}$ die Werte

$$\begin{aligned} x_1^{(2)} &= 0.707177, \\ x_2^{(2)} &= 0.707127, \\ \|\boldsymbol{x}^{(1)} - \boldsymbol{x}^*\|_2 & \quad \text{wie oben}, \qquad \|\boldsymbol{x}^{(2)} - \boldsymbol{x}^*\|_2 = 0.000029, \\ \frac{\|\boldsymbol{x}^{(2)} - \boldsymbol{x}^*\|_2}{(\|\boldsymbol{x}^{(1)} - \boldsymbol{x}^*\|_2)^2} &= 0.239601. \end{aligned} \tag{7.46}$$

Der Vergleich von (7.45) mit (7.46) läßt vermuten, daß das Newtonsche Verfahren hier die zweifache Konvergenzordnung des vereinfachten Newtonschen Verfahrens besitzt. Dies bestätigt sich auch bei weiterer Rechnung. Man beachte jedoch, daß diese Vermutung über die eigentliche exakte Konvergenzordnung der beiden Verfahren bei diesem speziellen Beispiel noch nichts aussagt. □

7.6 Tabellarische Zusammenstellung einiger Verfahren

Es sollen hier die in Abschnitt 7.2 und 7.3 untersuchten Verfahren und ihre Eigenschaften noch einmal übersichtlich in Form einer Tabelle dargestellt werden:

Verfahren	Vereinfachtes Newtonsches Verfahren
Iterations-vorschrift	$x^{(k+1)} = x^{(k)} - [F'(x^{(0)})]^{-1}F(x^{(k)}), \quad k = 0,1,\ldots$
beschrieben in	Abschnitt 7.2
konvergent	lokal konvergent, wenn (7.15) gilt
Konvergenz-ordnung	≥ 1

Verfahren	Newtonsches Verfahren
Iterations-vorschrift	$x^{(k+1)} = x^{(k)} - [F'(x^{(k)})]^{-1}F(x^{(k)}), \quad k = 0,1,\ldots$
beschrieben in	Abschnitt 7.2
konvergent	lokal konvergent, vgl. Satz 7.1 und Folgerungen
Konvergenz-ordnung	≥ 2

Verfahren	Modifiziertes Newtonsches Verfahren (7.20)
Iterations-vorschrift	$x^{(k+1)} = x^{(k)} - \omega_k[F'(x^{(k)})]^{-1}F(x^{(k)}), \quad k = 0,1,\ldots$ Wahl von ω_k über Abstiegsbed.
beschrieben in	Abschnitt 7.3 (7.20)
konvergent	global konvergent, wenn $F'(x)$ regulär für alle x und $\|F(x)\|^2 \to \infty$ für $\|x\| \to \infty$
Konvergenz-ordnung	≥ 1

Verfahren	Modifiziertes Newtonsches Verfahren (7.23)
Iterations-vorschrift	$x^{(k+1)} = x^{(k)} - [F'(x^{(k)}) + \omega_k I]^{-1} F(x^{(k)}), \quad k = 0, 1, \ldots$
beschrieben in	Abschnitt 7.3 (7.23)
konvergent	lokal konvergent, wenn (7.24) gilt.
Konvergenz-ordnung	≥ 1

Verfahren	Gauß-Newton-Verfahren
Iterations-vorschrift	$x^{(k+1)} = x^{(k)} - \left((F'(x^{(k)}))^T F'(x^{(k)})\right)^{-1} \left(F'(x^{(k)})\right)^T F(x^{(k)}),$ $k = 0, 1, \ldots$ Dabei ist $F : \mathrm{R}^n \to \mathrm{R}^m, \quad n < m$ zugelassen.
beschrieben in	Abschnitt 7.3.3
konvergent	lokal konvergent
Konvergenz-ordnung	$\geq 1, \quad \geq 2$ wenn $F(x^*) = 0$

7.7 Beispiel

Bei der Diskretisierung des Randwertproblems

$$-y'' + e^y = 0, \qquad y(0) = y(1) = 10,$$

mit der Schrittweite $h = \frac{1}{64}$ und dem einfachsten Differenzenverfahren gelangt man zu dem „schwach" nichtlinearen Gleichungssystem

$$f_i(y) = -y_{i-1} + 2y_i - y_{i+1} + \left(\tfrac{1}{64}\right)^2 e^{y_i} = 0, \qquad i = 1, \ldots, 63, \tag{7.47}$$

wobei

$$y_0 = y_{64} = 10$$

gilt und

$$y = [y_1, \ldots, y_{63}]^T$$

gesetzt wurde. Die Funktionalmatrix des hierdurch gegebenen nichtlinearen Gleichungssystems $F(y) = 0$ ist tridiagonal und überall eine symmetrische strikt diagonaldominante L-Matrix, somit eine symmetrische M-Matrix, d.h. eine Stieltjes-

Matrix. Sie lautet mit $h = \frac{1}{64}$

$$F'(y) = \begin{bmatrix} 2+h^2e^{y_1} & -1 & 0 & \cdots & 0 \\ -1 & 2+h^2e^{y_2} & -1 & & \vdots \\ 0 & \ddots & \ddots & \ddots & 0 \\ \vdots & & -1 & 2+h^2e^{y_{62}} & -1 \\ 0 & \cdots & 0 & -1 & 2+h^2e^{y_{63}} \end{bmatrix}. \tag{7.48}$$

Die Anwendung des Newtonschen Verfahrens erfordert dann nach (7.9) bei jedem Iterationsschritt die Auflösung des linearen Gleichungssystems

$$F'(y^{(k)})d^{(k)} = -F(y^{(k)}), \qquad k = 0, 1, \ldots,$$

woraus man

$$y^{(k+1)} = y^{(k)} + d^{(k)}$$

erhält.

Zur Auflösung dieser Systeme wird der Gaußsche Algorithmus für Tridiagonalmatrizen verwendet. Das Newtonsche Verfahren ist in diesem Falle deshalb besonders geeignet, weil $F'(y)$ eine Tridiagonalmatrix ist. In Abschnitt 8.4 werden wir das gleiche Problem mit einem anderen Verfahren lösen, so daß auch Vergleiche möglich sind.

Als Ausgangsnäherung wählen wir

$$y^{(0)} = [10, 10, \ldots, 10]^T.$$

Man kann zeigen, daß das Newtonsche Verfahren hier global konvergiert, so daß das Problem der Bestimmung einer hinreichend genauen Ausgangsnäherung nicht auftritt.

Ergebnisse: Nach zehn Iterationen sind alle Ergebnisse mit vier gültigen Stellen hinter dem Komma berechnet.

In der folgenden Tabelle sind die Näherungen an den Stellen $x_i = ih$,

$i = 0, 4, 8, \ldots, 60, 64$ nach 5 und 10 Iterationen angegeben.

i	5 Iterationen	10 Iterationen
0	10.00000	10.00000
4	6.21253	6.02665
8	5.37596	4.79446
12	5.11347	4.08801
16	5.03335	3.62508
20	5.00967	3.31219
24	5.00280	3.10797
28	5.00086	2.99193
32	5.00046	2.95423
36	5.00086	2.99193
40	5.00280	3.10797
44	5.00967	3.31219
48	5.03335	3.62508
52	5.11347	4.08801
56	5.37596	4.79446
60	6.21253	6.02665
64	10.00000	10.00000

7.8 Aufgaben

A 7-1 Man berechne die Funktionalmatrix des durch (7.3) gegebenen Gleichungssystems.

A 7-2 Mit dem Newtonschen Verfahren löse man das System

$$\begin{aligned} f_1(\boldsymbol{x}) &= f_1(x_1, x_2) = e^{x_1} + x_2^3 - 5.8320 = 0 \quad , \\ f_2(\boldsymbol{x}) &= f_2(x_1, x_2) = -x_1^4 + x_2^4 - 10.4976 = 0 \quad . \end{aligned}$$

A 7-3 Man gebe eine Umgebung B_0 des in A 7-2 berechneten Fixpunktes $\boldsymbol{x}^*$ (gleich der Lösung des in A 7-2 gegebenen Systems) an, so daß dort für $\|\cdot\|_\infty$ oder $\|\cdot\|_2$ die Bedingung (7.19) gilt.

A 7-4 Zu dem in Beispiel 7.3 gegebenen System $\boldsymbol{F}(\boldsymbol{x}) = \boldsymbol{0}$ berechne man

a) Die Funktionalmatrix $\boldsymbol{T}'(\boldsymbol{x})$ gemäß (7.27),

b) eine Umgebung B_0 des Fixpunktes $\boldsymbol{x}^* = [1, 1]^T$, so daß dort $\varrho(\boldsymbol{T}'(\boldsymbol{x})) < 1$ für $\boldsymbol{x} \in B_0$ gilt.

8 Iterationsverfahren für große nichtlineare Gleichungssysteme

Die in diesem Kapitel zu beschreibenden Verfahren sind Verallgemeinerungen der in Kapitel 6 untersuchten SOR- und cg-Verfahren zur iterativen Lösung linearer Systeme und der Quasi-Newton-Verfahren in Kapitel 7. Sie sind besonders zur Lösung solcher nichtlinearer Systeme geeignet, die aus der Diskretisierung von nichtlinearen Randwertproblemen bei gewöhnlichen oder partiellen Differentialgleichungen resultieren.

8.1 Nichtlineare SOR-Verfahren

8.1.1 Nichtlineare Gauß-Seidel-Verfahren

Wir betrachten wieder wie in Abschnitt 7.1 das nichtlineare Gleichungssystem

$$\boldsymbol{F}(\boldsymbol{x}) = \boldsymbol{0}, \qquad \boldsymbol{F} : B \subset \mathrm{R}^n \to \mathrm{R}^n,$$

mit

$$\boldsymbol{F}(\boldsymbol{x}) = \begin{bmatrix} f_1(\boldsymbol{x}) \\ \vdots \\ f_n(\boldsymbol{x}) \end{bmatrix}.$$

Außerdem setzen wir wie dort

$$\boldsymbol{F} \in C^1(B)$$

voraus. Dann kann die Funktionalmatrix $\boldsymbol{F}'(\boldsymbol{x})$, $\boldsymbol{x} \in B$ gebildet werden.

Diese Funktionalmatrix spalten wir durch

$$\boldsymbol{F}'(\boldsymbol{x}) = \boldsymbol{D}(\boldsymbol{x}) - \boldsymbol{L}(\boldsymbol{x}) - \boldsymbol{U}(\boldsymbol{x}), \quad \boldsymbol{x} \in B \tag{8.1}$$

in folgende drei noch von $\boldsymbol{x}$ abhängende Matrizen (Schreibweise (7.10)) auf:

$$\boldsymbol{D}(\boldsymbol{x}) \;=\; (\partial_1 f_1(\boldsymbol{x}), \ldots, \partial_n f_n(\boldsymbol{x})),$$

$$L(x) = \begin{bmatrix} 0 & \cdots & \cdots & 0 \\ -\partial_1 f_2(x) & \ddots & & \vdots \\ \vdots & \ddots & \ddots & \vdots \\ -\partial_1 f_n(x) & \cdots & -\partial_{n-1} f_n(x) & 0 \end{bmatrix},$$

$$U(x) = \begin{bmatrix} 0 & -\partial_2 f_1(x) & \cdots & -\partial_n f_1(x) \\ \vdots & \ddots & \ddots & \vdots \\ \vdots & & \ddots & -\partial_n f_{n-1}(x) \\ 0 & \cdots & \cdots & 0 \end{bmatrix}.$$

Wir setzen ferner voraus, daß $\det(D(x)) \neq 0, \quad x \in B$. Im linearen Fall lautet das Gleichungssystem $F(x) = Ax - a$ und es ist $F'(x) = A$. Die Zerlegung (8.1) geht dann in (6.16) über. Schließlich setzen wir noch

$$x^{(k),i} = [x_1^{(k+1)}, \ldots, x_{i-1}^{(k+1)}, x_i^{(k)}, \ldots, x_n^{(k)}]^T.$$

In Analogie zum Iterationsverfahren in (6.30) (für $\omega = 1$) kann man zunächst folgende Iterationsvorschrift definieren: Man löse für $i = 1, \ldots, n$ die Gleichung

$$f_i(x_1^{(k+1)}, \ldots, x_{i-1}^{(k+1)}, z_i, x_{i+1}^{(k)}, \ldots, x_n^{(k)}) = 0 \tag{8.2}$$

nach z_i auf und setze

$$x_i^{(k+1)} = z_i. \tag{8.3}$$

Dies ist die Vorschrift des *nichtlinearen Gauß-Seidel-Verfahrens.*

Die Gleichung (8.2) ist eine Gleichung in einer Unbekannten z_i. Da sie im allgemeinen in z_i nichtlinear ist, muß ihre Auflösung nach z_i wiederum iterativ erfolgen, etwa mit dem Newton-Verfahren. Es liegt auf der Hand, daß eine mehrmalige Newton-Iteration für jede Gleichung des Systems das Verfahren ineffektiv macht. Man kann aber zeigen, daß die Konvergenzgeschwindigkeit kaum langsamer ist, wenn jeweils nur ein Newton-Schritt vorgenommen wird, wobei man als Ausgangsnäherung für z_i den Wert $x_i^{(k)}$ verwendet:

$$\tilde{z}_i = x_i^{(k)} - \frac{f_i(x^{(k),i})}{\partial_i f_i(x^{(k),i})}, \qquad i = 1, \ldots, n. \tag{8.4}$$

Definiert man $\tilde{z}_i$ als neue Näherung $x_i^{(k+1)}$, so lautet das *Gauß-Seidel-Newton-Verfahren*

$$x_i^{(k+1)} = x_i^{(k)} - \frac{f_i(x^{(k),i})}{\partial_i f_i(x^{(k),i})}, \qquad i = 1, \ldots, n. \tag{8.5}$$

8.1.2 SOR- und SOR-Newton-Verfahren

Anstelle von (8.3) kann man durch Einführung eines Relaxationsparameters ω setzen:

$$x_i^{(k+1)} = (1-\omega)x_i^{(k)} + \omega z_i, \qquad i = 1,\ldots,n. \tag{8.6}$$

Dabei versucht man – was im nichtlinearen Fall schwierig ist – ω so zu bestimmen, daß das Verfahren (8.2), (8.6) möglichst schnell konvergiert. Man bezeichnet es als *nichtlineares SOR-Verfahren.*

Die Schwierigkeit, daß (8.2) nach z_i aufgelöst werden muß, besteht auch in diesem Fall. Deshalb verwenden wir auch hier einen Newtonschritt und erhalten $\tilde{z}_i$ in der Darstellung (8.4). Als $(k+1)$-te Näherung von x_i definieren wir dann

$$x_i^{(k+1)} = (1-\omega)x_i^{(k)} + \omega\tilde{z}_i = (1-\omega)x_i^{(k)} + \omega\Big(x_i^{(k)} - \frac{f_i(x^{(k),i})}{\partial_i f_i(x^{(k),i})}\Big)$$

und erhalten so das *SOR-Newton-Verfahren:*

$$x_i^{(k+1)} = x_i^{(k)} - \omega\frac{f_i(x^{(k),i})}{\partial_i f_i(x^{(k),i})}, \qquad i = 1,\ldots,n. \tag{8.7}$$

Beispiel 8.1. *Wir wollen die Anwendung des durch (8.7) gegebenen Iterationsverfahrens an einem Beispiel erläutern und betrachten das Gleichungssystem (7.3). Hierbei ist zu beachten, daß jetzt die $y_1,\ldots,y_n$ mit $n = N-1$ die Veränderlichen sind:*

$$f_i(y_1,\ldots,y_n) = -\frac{y_{i-1} - 2y_i + y_{i+1}}{h^2\left[1+\left(\frac{y_{i+1}-y_{i-1}}{2h}\right)^2\right]^{3/2}} - m(x_i) = 0, \qquad i = 1,2,\ldots,n.$$

Es gilt

$$\frac{\partial f_i}{\partial y_i} = \frac{2}{h^2\left[1+\left(\frac{y_{i+1}-y_{i-1}}{2h}\right)^2\right]^{3/2}}.$$

Die Iterationsvorschrift (8.7) lautet dann, wenn die $y_1^{(0)},\ldots,y_n^{(0)}$ als Ausgangsnäherungen vorgegeben sind,

$$\begin{aligned} y_i^{(k+1)} &= y_i^{(k)} - \omega\frac{f_i(y^{(k),i})}{\partial_i f_i(y^{(k),i})} \\ &= y_i^{(k)} - \omega\Bigg\{-\frac{1}{2}(y_{i-1}^{(k+1)} - 2y_i^{(k)} + y_{i+1}^{(k)}) \\ &\qquad -\frac{h^2}{2}\left[1+\left(\frac{y_{i+1}^{(k)} - y_{i-1}^{(k+1)}}{2h}\right)^2\right]^{3/2} m(x_i)\Bigg\}. \end{aligned}$$

Man hat also nach der Vorschrift

$$\begin{aligned} y_i^{(k+1)} &= y_i^{(k)} + \frac{\omega}{2}\Big\{ y_{i-1}^{(k+1)} - 2y_i^{(k)} + y_{i+1}^{(k)} \\ &\quad + \frac{1}{8h}[4h^2 + (y_{i+1}^{(k)} - y_{i-1}^{(k+1)})^2]^{3/2} m(x_i) \Big\} \\ &\quad i = 1, 2, \ldots, n; \qquad k = 0, 1, \ldots \end{aligned}$$

zu iterieren. □

Eine wesentliche Vereinfachung bei der Anwendung des Verfahrens (8.7) gegenüber dem Newtonschen Verfahren (7.9) ergibt sich dadurch, daß man nicht mehr die Inverse der Funktionalmatrix, d.h. $[F'(x^{(k)})]^{-1}$ benötigt, sondern nur noch die Inverse ihrer Hauptdiagonalen. Man braucht also nicht mehr wie beim Newtonschen Verfahren für jeden Iterationsschritt das lineare Gleichungssystem (7.9) zu lösen. Insbesondere bei großen Systemen ist das ein entscheidender Vorteil. Allerdings hat das SOR-Newton-Verfahren gegenüber dem Newton-Verfahren auch Nachteile, auf die wir noch eingehen werden.

Ist das Gleichungssystem linear, gilt also

$$f_i(x) = \sum_{j=1}^{n} a_{ij}x_j - a_i = 0.$$

so ergibt (8.2), (8.6) sowie (8.7) die Vorschrift (6.30) des SOR-Verfahrens zur iterativen Lösung linearer Systeme.

Bei diesem Verfahren konnte auch die Iterationsvorschrift direkt in der Form $x^{(k+1)} = T_\omega(x^{(k)}) = G(\omega)x^{(k)} + g$ geschrieben werden, woraus sich sofort $T'_\omega = G(\omega)$ ergab. Beim SOR-Newton-Verfahren für nichtlineare Systeme kann $T_\omega(x)$ im allgemeinen nicht explizit angegeben werden. In (8.7) treten auf der rechten Seite noch Komponenten von $x^{(k+1)}$ auf, wegen der Nichtlinearität von $F(x)$ kann (8.7) daher im allgemeinen nicht auf die Gestalt $x^{(k+1)} = T_\omega(x^{(k)})$ gebracht werden. Das ändert nichts daran, daß durch (8.7) die Abbildung $T_\omega(x^{(k)})$ im allgemeinen eindeutig festgelegt ist, so daß die Iterationsvorschrift äquivalent ist mit $x^{(k+1)} = T_\omega(x^{(k)})$, $\quad k = 0, 1, \ldots$, mit einer implizit definierten Abbildung T_ω.

8.1.3 Lokale und globale Konvergenz der Verfahren

Wir wollen nun zunächst die Konvergenz des SOR-Newton-Verfahrens untersuchen und uns dabei wieder auf den Satz 1.11 in Abschnitt 1.6.5 stützen. Dazu muß zunächst $T'_\omega(x^*)$ berechnet werden.

Satz 8.1. *Es sei* $\boldsymbol{F}: \quad B \subset \mathrm{R}^n \to \mathrm{R}^n, \quad \boldsymbol{F} \in C^2(B), \quad \det \boldsymbol{D}(\boldsymbol{x}^*) \neq 0$. *Dann gilt, wenn* $\boldsymbol{x}^*$ *Lösung von* $\boldsymbol{F}(\boldsymbol{x}) = \boldsymbol{0}$ *ist,*

$$\boldsymbol{T}'_\omega(\boldsymbol{x}^*) = [\boldsymbol{D}(\boldsymbol{x}^*) - \omega \boldsymbol{L}(\boldsymbol{x}^*)]^{-1}[(1-\omega)\boldsymbol{D}(\boldsymbol{x}^*) + \omega \boldsymbol{U}(\boldsymbol{x}^*)]. \tag{8.8}$$

Beweis: *Wir bezeichnen die Komponenten von* $\boldsymbol{T}_\omega(\boldsymbol{x})$ *mit* $t_i(\boldsymbol{x}), \quad i = 1, 2, \ldots, n,$ *und setzen*

$$\boldsymbol{P}^{[i]}(\boldsymbol{x}) = [t_1(\boldsymbol{x}), \ldots, t_{i-1}(\boldsymbol{x}), x_i, \ldots, x_n]^T. \tag{8.9}$$

Dann ist auch $\boldsymbol{P}^{[i]} : B \subset \mathrm{R}^n \to \mathrm{R}^n$ *eine Abbildung und wegen* $\boldsymbol{P}^{[1]}(\boldsymbol{x}) = \boldsymbol{x}$ *für* $i = 1$ *die identische Abbildung. Wegen* $t_i(\boldsymbol{x}^*) = x_i^*$ *ist*

$$\boldsymbol{P}^{[i]}(\boldsymbol{x}^*) = \boldsymbol{x}^*, \qquad i = 1, 2, \ldots, n. \tag{8.10}$$

Setzt man $x_i^{(k+1)} = t_i(\boldsymbol{x}^{(k)})$ *in (8.7) ein und berücksichtigt (8.9), so folgt*

$$\partial_i f_i(\boldsymbol{P}^{[i]}(\boldsymbol{x}^{(k)}))\{t_i(\boldsymbol{x}^{(k)}) - x_i^{(k)}\} = -\omega f_i(\boldsymbol{P}^{[i]}(\boldsymbol{x}^{(k)})),$$

und für beliebiges $\boldsymbol{x} \in B$ *ebenfalls*

$$\partial_i f_i(\boldsymbol{P}^{[i]}(\boldsymbol{x}))\{t_i(\boldsymbol{x}) - x\} = -\omega f_i(\boldsymbol{P}^{[i]}(\boldsymbol{x})), \qquad i = 1, \ldots, n.$$

Nach der Kettenregel errechnet man hieraus

$$\begin{aligned} \left\{ \sum_{l=1}^{i-1} \partial_l \partial_i f_i(\boldsymbol{P}^{[i]}(\boldsymbol{x}))\partial_j t_l(\boldsymbol{x}) + \sum_{l=i}^{n} \partial_l \partial_i f_i(\boldsymbol{P}^{[i]}(\boldsymbol{x}))\delta_{jl} \right\} (t_i(\boldsymbol{x}) - x_i) \\ + \partial_i f_i(\boldsymbol{P}^{[i]}(\boldsymbol{x}))(\partial_j t_i(\boldsymbol{x}) - \delta_{ij}) \\ = -\omega \left\{ \sum_{l=1}^{i-1} [\partial_l f_i(\boldsymbol{P}^{[i]}(\boldsymbol{x}))]\partial_j t_l(\boldsymbol{x}) + \sum_{l=i}^{n} \partial_l f_i(\boldsymbol{P}^{[i]}(\boldsymbol{x}))\delta_{jl} \right\}. \end{aligned} \tag{8.11}$$

Setzt man in diesen Ausdruck $\boldsymbol{x} = \boldsymbol{x}^*$ *ein, so folgt wegen (8.10) und* $t_i(\boldsymbol{x}^*) - x_i^* = 0$

$$\partial_i f_i(\boldsymbol{x}^*)(\partial_j t_i(\boldsymbol{x}^*) - \delta_{ij}) = -\omega \left\{ \sum_{l=1}^{i-1} [\partial_l f_i(\boldsymbol{x}^*)]\partial_j t_l(\boldsymbol{x}^*) + \sum_{l=i}^{n} \partial_l f_i(\boldsymbol{x}^*)\delta_{jl} \right\}.$$

In Matrizenschreibweise heißt dies wegen

$$\begin{gathered} \boldsymbol{F}'(\boldsymbol{x}^*) = [\partial_j f_i(\boldsymbol{x}^*)], \quad \boldsymbol{D}(\boldsymbol{x}^*) = \mathrm{diag}[\partial_i f_i(\boldsymbol{x}^*)], \quad \boldsymbol{T}'_\omega(\boldsymbol{x}^*) = [\partial_j t_i(\boldsymbol{x}^*)] : \\ \boldsymbol{D}(\boldsymbol{x}^*)\boldsymbol{T}'_\omega(\boldsymbol{x}^*) = \boldsymbol{D}(\boldsymbol{x}^*) - \omega[-\boldsymbol{L}(\boldsymbol{x}^*)\boldsymbol{T}'_\omega(\boldsymbol{x}^*) + \boldsymbol{D}(\boldsymbol{x}^*) - \boldsymbol{U}(\boldsymbol{x}^*)], \end{gathered}$$

und somit

$$[\boldsymbol{D}(\boldsymbol{x}^*) - \omega \boldsymbol{L}(\boldsymbol{x}^*)]\boldsymbol{T}'_\omega(\boldsymbol{x}^*) = (1-\omega)\boldsymbol{D}(\boldsymbol{x}^*) + \omega \boldsymbol{U}(\boldsymbol{x}^*)$$

und hieraus folgt die Behauptung (8.8). Damit ist der Satz bewiesen. □

Nach (6.27) lautet die Iterationsmatrix des SOR-Verfahrens für lineare Systeme

$$\boldsymbol{H}(\omega) = (\boldsymbol{D} - \omega \boldsymbol{L})^{-1}[(1-\omega)\boldsymbol{D} + \omega \boldsymbol{U}]. \tag{8.12}$$

Da $\boldsymbol{x}^* \in B$ ein fester Punkt ist, sind $\boldsymbol{D}(\boldsymbol{x}^*)$, $\boldsymbol{L}(\boldsymbol{x}^*)$, $\boldsymbol{U}(\boldsymbol{x}^*)$ konstante Matrizen. Identifiziert man diese mit $\boldsymbol{D}$, $\boldsymbol{L}$, $\boldsymbol{U}$ aus (8.12), so gilt

$$\boldsymbol{H}(\omega) = \boldsymbol{T}'_\omega(\boldsymbol{x}^*),$$

und es ist genau dann $\varrho(\boldsymbol{T}'_\omega(\boldsymbol{x}^*)) < 1$, wenn $\varrho(\boldsymbol{H}(\omega)) < 1$. Aus Satz 1.11 können also mit Hilfe der Konvergenzkriterien für das SOR-Verfahren sofort und auf einfachste Art solche für das SOR-Newton-Verfahren gewonnen werden. Hierbei ist die Matrix $\boldsymbol{A} = \boldsymbol{D} - \boldsymbol{L} - \boldsymbol{U}$ des linearen Systems $\boldsymbol{A}\boldsymbol{x} - \boldsymbol{a} = \boldsymbol{0}$ entsprechend durch die Funktionalmatrix

$$\boldsymbol{F}'(\boldsymbol{x}^*) = \boldsymbol{D}(\boldsymbol{x}^*) - \boldsymbol{L}(\boldsymbol{x}^*) - \boldsymbol{U}(\boldsymbol{x}^*)$$

des Systems $\boldsymbol{F}(\boldsymbol{x}) = \boldsymbol{0}$ an der Stelle $\boldsymbol{x}^*$ zu ersetzen. Allerdings sind die Kriterien für das SOR-Newton-Verfahren in der Regel nur solche für lokale Konvergenz.

In Analogie zu den Sätzen 6.9, 6.10 und 6.11 gilt dann offenbar

Satz 8.2. *Die Voraussetzungen des Satzes 8.1 seien erfüllt. Dann gibt es eine Umgebung B_0 von $\boldsymbol{x}^*$, $B_0 \subset B$, so daß für alle $\boldsymbol{x}^{(0)} \in B_0$ das durch (8.7) gegebene SOR-Newton-Verfahren konvergiert, wenn*

a) $0 < \omega \leq 1$ *und* $\boldsymbol{F}'(\boldsymbol{x}^*)$ *eine strikt oder irreduzibel diagonaldominante Matrix, oder*

b) $0 < \omega < 2$ *und* $\boldsymbol{F}'(\boldsymbol{x}^*)$ *eine symmetrische und positiv definite Matrix, oder*

c) $0 < \omega \leq 1$ *und* $\boldsymbol{F}'(\boldsymbol{x}^*)$ *eine M-Matrix ist.*

□

Da $\boldsymbol{x}^*$ nicht bekannt ist, wird man im allgemeinen die Voraussetzung über $\boldsymbol{F}'(\boldsymbol{x}^*)$ nicht nachprüfen können. Ist aber etwa $\boldsymbol{F}'(\boldsymbol{x})$ für alle $\boldsymbol{x} \in B$ strikt oder irreduzibel diagonaldominant bzw. symmetrisch und positiv definit bzw. eine M-Matrix, so gilt dies insbesondere wegen $\boldsymbol{x}^* \in B$ natürlich auch für $\boldsymbol{F}'(\boldsymbol{x}^*)$. An Stelle von B kann hierbei auch ein Teilbereich $B_0 \subset B$ mit $\boldsymbol{x}^* \in B_0$ gewählt werden. In der Praxis sind die Eigenschaften von $\boldsymbol{F}'(\boldsymbol{x})$ oft leicht zu erkennen.

Unter gewissen Voraussetzungen kann man sogar die globale Konvergenz des SOR-Newton-Verfahrens nachweisen. Sei z.B. $\boldsymbol{F} : \mathsf{R}^n \to \mathsf{R}^n$ und $\boldsymbol{F}'(\boldsymbol{x})$ in R^n gleichmäßig positiv definit und symmetrisch. Dies bedeutet, daß es eine Konstante c gibt, so daß für jeden beliebigen Vektor $\boldsymbol{w} \in \mathsf{R}^n$

$$\boldsymbol{w}^T \boldsymbol{F}'(\boldsymbol{x})\boldsymbol{w} \geq c\boldsymbol{w}^T\boldsymbol{w}, \qquad \boldsymbol{x} \in \mathsf{R}^n, \quad \text{mit} \quad c > 0$$

gilt. Dann konvergiert das durch (8.7) gegebene Verfahren für jedes $\boldsymbol{x}^{(0)} \in \mathrm{R}^n$ gegen die eindeutige Lösung $\boldsymbol{x}^*$ von $\boldsymbol{F}(\boldsymbol{x}) = \boldsymbol{0}$, wenn $0 < \omega \leq \omega_0$ gilt. $\omega_0 < 2$ ist aber in der Praxis unbekannt und a priori-Schranken dafür sind zu pessimistisch (zu klein). Der Vorteil des SOR-Newton-Verfahrens ist seine sehr einfache Iterationsvorschrift, weshalb es auch leicht zu implementieren ist. Nachteilig ist, daß es für sehr große Systeme noch nicht schnell genug konvergiert. Das trifft vor allem auf die wichtigsten Anwendungen, die numerische Lösung von nichtlinearen Differentialgleichungsproblemen, zu. Die hierbei durch Anwendung von Finiten Elementen oder anderen Diskretisierungsverfahren entstehenden nichtlinearen Gleichungssysteme sind sehr groß und schwach besetzt und im allgemeinen schlecht konditioniert. Oft werden dann die im folgenden Kapitel beschriebenen cg-Verfahren oder Mehrgittermethoden angewendet, mit denen wir uns in Band 2 befassen werden.

Beispiel 8.2. *Bei der numerischen Lösung des Randwertproblems*

$$\ddot{y} = e^y, \quad y(0) = 1, \qquad y(1) = 5$$

wird man auf folgendes Gleichungssystem geführt

$$\begin{aligned} f_1(\boldsymbol{x}) &= -(x_2 - 2x_1) + h^2 e^{x_1} - 1 = 0, \\ f_i(\boldsymbol{x}) &= -(x_{i+1} - 2x_i + x_{i-1}) + h^2 e^{x_i} = 0, \qquad i = 2, \ldots, N-2, \\ f_{N-1}(\boldsymbol{x}) &= -(2x_{N-1} + x_{N-2}) + h^2 e^{x_{N-1}} - 5 = 0. \end{aligned}$$

Dabei ist x_i die gesuchte Näherung für $y(ih)$, $i = 1, 2, \ldots, N-1$, mit $h = \frac{1}{N}$, $N \geq 2$. Wählt man etwa $h = 0.01$, so wird $N = 100$, d.h. das System besteht aus 99 Gleichungen.

Wegen

$$\frac{\partial f_i}{\partial x_{i-1}} = \frac{\partial f_i}{\partial x_{i+1}} = -1, \qquad \frac{\partial f_i}{\partial x_i} = 2 + h^2 e^{x_i} > 2$$

lautet die Funktionalmatrix des Systems

$$\boldsymbol{F}'(\boldsymbol{x}) = \begin{bmatrix} 2 + h^2 e^{x_1} & -1 & 0 & \cdots & 0 \\ -1 & 2 + h^2 e^{x_2} & -1 & \ddots & \vdots \\ 0 & \ddots & \ddots & \ddots & 0 \\ \vdots & \ddots & -1 & 2 + h^2 e^{x_{N-2}} & -1 \\ 0 & \cdots & 0 & -1 & 2 + h^2 e^{x_{N-1}} \end{bmatrix}.$$

$\boldsymbol{F}'(\boldsymbol{x})$ ist eine Tridiagonalmatrix und symmetrisch. Sie ist ferner eine M-Matrix, denn sie ist wegen $h^2 e^{x_i} > 0$ strikt (und auch irreduzibel) diagonaldominant, besitzt in der Hauptdiagonalen nur positive, außerhalb der Hauptdiagonalen nur nichtpositive Elemente. So ist $\boldsymbol{F}'(\boldsymbol{x})$ für alle $\boldsymbol{x} \in \mathrm{R}^{N-1}$ eine strikt (bzw. irreduzibel) diagonaldominante L-Matrix, also auch eine M-Matrix und wegen der Symmetrie eine

Stieltjes-Matrix. Das SOR-Newton-Verfahren ist mindestens lokal konvergent für $0 < \omega < 2$.

Schließlich wollen wir noch die Verfahrensvorschrift angeben: Nach (8.7) folgt unmittelbar

$$\begin{aligned} x_1^{(k+1)} &= x_1^{(k)} + \omega \frac{x_2^{(k)} - 2x_1^{(k)} - h^2 e^{x_1^{(k)}} + 1}{2 + h^2 e^{x_1^{(k)}}}, \\ x_i^{(k+1)} &= x_i^{(k)} + \omega \frac{x_{i+1}^{(k)} - 2x_i^{(k)} + x_{i-1}^{(k+1)} - h^2 e^{x_i^{(k)}}}{2 + h^2 e^{x_i^{(k)}}}, \qquad i = 2, \dots, N-2, \\ x_{N-1}^{(k+1)} &= x_{N-1}^{(k)} + \omega \frac{x_{N-2}^{(k+1)} - 2x_{N-1}^{(k)} - h^2 e^{x_{N-1}^{(k)}} + 5}{2 + h^2 e^{x_{N-1}^{(k)}}}. \end{aligned}$$

□

Der Satz 8.2 liefert für $\omega = 1$ auch Konvergenzaussagen für das nichtlineare Gauß-Seidel- und das Gauß-Seidel-Newton-Verfahren. Man kann darüber hinaus zeigen, daß der Satz wörtlich auch für das nichtlineare SOR-Verfahren (8.2), (8.6) gilt.

Es gibt auch für die Anwendungen interessante nichtlineare Gleichungssysteme, wo (8.2) für jedes i exakt (und eindeutig) nach z_i aufgelöst werden kann. Wir betrachten etwa das System (7.3), für welches (8.2) lautet

$$-\frac{y_{i-1}^{(k+1)} - 2z_i + y_{i+1}^{(k)}}{h^2 \left[1 + \left(\frac{y_{i+1}^{(k)} - y_{i-1}^{(k+1)}}{2h}\right)^2\right]^{3/2}} - m(x_i) = 0,$$

und diese Gleichung ist eindeutig nach z_i auflösbar, man erhält

$$z_i = \tfrac{1}{2}\left(y_{i-1}^{(k+1)} + y_{i+1}^{(k)}\right) + \tfrac{h^2}{2} m(x_i) \left[1 + \left(\frac{y_{i+1}^{(k)} - y_{i-1}^{(k+1)}}{2h}\right)^2\right]^{3/2}$$

und hieraus errechnet man $y_i^{(k+1)} = (1-\omega) y_i^{(k)} + \omega z_i$.

Bei den SOR-Verfahren konnte man in bestimmten Fällen ein optimales ω_b berechnen. Eine entsprechende Rechenvorschrift für die hier betrachteten Analoga gibt es nicht. Manchmal gelingt es auf experimentellem Wege, ein ω zu bestimmen, für das der Algorithmus schneller konvergiert. Darüber hinaus finden sich in der Literatur Versuche, zumindest ein genähertes optimales ω zu bestimmen. Ihr Anwendungsbereich ist jedoch auf wenige Fälle begrenzt.

Ist etwa $F'(x^*)$ symmetrisch und positiv definit und das SOR-Newton-Verfahren für $0 < \omega < \omega_0$ global konvergent, so ist es für $0 < \omega < 2$ auch lokal konvergent. Bei der praktischen Rechnung kann man dann so vorgehen: Man berechnet, ausgehend von x_0, zunächst mit einem „kleinen" Wert von ω (globale Konvergenz!) weitere Näherungen $x^{(k)}$, $k = 1, \ldots, p$. Wenn $x^{(p)}$ hinreichend genau erscheint, was man durch Einsetzen prüft, kann man ω mit den weiteren Iterationsschritten langsam bis zu einem Wert $\bar{\omega}$, $1 < \bar{\omega} < 2$, anwachsen lassen. Da für $\omega > 1$ das Verfahren in der Regel nur lokal konvergiert, muß $x^{(p)}$ in der Tat schon eine hinreichend genaue Näherung für x^* sein. Insbesondere bei Gleichungssystemen, die aus der Diskretisierung nichtlinearer Randwertprobleme resultieren, hat sich dieses Verfahren bewährt. Streng mathematisch ist es natürlich kaum zu begründen. Überhaupt spielt die Erfahrung bei der iterativen Lösung nichtlinearer Gleichungssysteme naturgemäß eine wichtige Rolle.

Die Konvergenzordnung der SOR-Verfahren ist mindestens 1. Denn in Satz 1.10 hatten wir gesehen, daß alle Verfahren, für die T eine kontrahierende Abbildung ist, mindestens von der Ordnung 1 konvergieren. Die in den vorhergehenden Ziffern angegebenen Konvergenzkriterien sind aber gerade hinreichend dafür, daß T_ω kontrahierend ist.

8.2 Das cg-Verfahren für nichtlineare Gleichungssysteme

8.2.1 Die Verfahrensvorschrift

In den Anwendungen treten häufig große nichtlineare Gleichungssysteme

$$F(x) = 0 \tag{8.13}$$

auf, wo die Jacobi-Matrix $F'(x)$ für alle $x \in \mathrm{R}$ eine symmetrische und gleichmäßig positiv definite Matrix ist , d.h. es gibt ein $\mu > 0$, so daß für alle $y \in \mathrm{R}^n$ und alle $x \in \mathrm{R}^n$

$$y^T F'(x) y \geq \mu y^T y, \qquad F'(x) = (F'(x))^T,$$

d.h. alle Eigenwerte von F' sind stets größer oder gleich μ. In diesem Fall ist F Gradient eines Potentials f_0 und jedes solche f_0 erfüllt

$$f_0(y) \geq f_0(x) + \nabla f_0(x)^T (y - x) + (\mu/2) \|y - x\|_2^2$$

für alle y und x. Man nennt ein solches f_0 gleichmäßig konvex.

Die Gleichung (8.13) besitzt dann genau eine Lösung x^*. Diese Lösung kann man durch Minimierung des Potentials f_0 finden. Oft ist sogar von den Anwendungen her f_0 das primär Gegebene. In Abschnitt 6.8 hatten wir das cg-Verfahren als ein geeignetes Verfahren zur Minimierung einer gleichmäßig konvexen quadratischen Funktion kennengelernt. Es ist naheliegend, eine Übertragung des cg-Verfahrens auf den hier vorliegenden allgemeinen Fall zu versuchen. Dies ist auf mehrere Weisen möglich.

Ist $x^{(k)}$ eine „Näherung" für x^* (im vorliegenden Fall kann $x^{(k)} \in \mathbb{R}^n$ beliebig gewählt sein), dann lautet die Taylorentwicklung zweiter Ordnung für ein Potential f_0 zu F in $x^{(k)}$

$$t(y; x^{(k)}) = f_0(x^{(k)}) + \nabla f_0(x^{(k)})^T(y - x^{(k)}) + \tfrac{1}{2}(y - x^{(k)})^T \nabla^2 f_0(x^{(k)})(y - x^{(k)}).$$

$t(y; x^{(k)})$ ist bezüglich y eine gleichmäßig konvexe quadratische Funktion. Die Minimierung von t entspricht genau einem Newton-Schritt für (8.13) mit Näherungswert $x^{(k)}$. Eine Möglichkeit des Einsatzes des cg-Verfahrens wäre also die Lösung des Gleichungssystems

$$\nabla^2 f_0(x^{(k)})(x^{(k+1)} - x^{(k)}) = -\nabla f_0(x^{(k)}).$$

(Man beachte $F(x^{(k)}) = \nabla f_0(x^{(k)}), \quad F'(x^{(k)}) = \nabla^2 f_0(x^{(k)})$.)

Sehr viel interessanter ist jedoch der direkte Einsatz des cg-Verfahrens zur Minimierung von f_0 ohne explizite Kenntnis von $\nabla^2 f_0(x) = F'(x)$. Hierbei tritt die Auswertung von $F(x)$ an die Stelle des Residuums $Ax - a$ im linearen Fall. Eine besondere Schwierigkeit besteht darin, daß die rekursiv bestimmten Richtungen nun nicht mehr bezüglich einer festen Matrix A konjugiert sein können. Ferner ist es in der Regel nicht möglich, die optimalen Schrittweiten σ_k, charakterisiert durch

$$F(x^{(k)} - \sigma p^{(k)})^T p^{(k)} = 0, \tag{8.14}$$

exakt zu bestimmen. Durch Fehler in den Schrittweiten können die Richtungen $p^{(k)}$ sogar linear abhängig werden. Durch eine zusätzliche Orthogonalisierungstechnik (vgl. [16]) kann man dies Problem aber umgehen. Schließlich bricht das Verfahren aufgrund der Nichtlinearität von F natürlich nicht nach spätestens n Schritten mit der exakten Lösung ab. Hier hilft man sich, indem man nach jeweils n Schritten das Verfahren neu startet. Tatsächlich wird man natürlich bestrebt sein, schon mit einer wesentlich kleineren Schrittzahl als n eine ausreichend genaue Näherung zu erhalten.

Ein besonderes Problem stellt die Bestimmung der Schrittweiten σ_k dar. An eine im Rahmen der Rechengenauigkeit „exakte" eindimensionale Minimierung, d.h. an eine Lösung von (8.14), ist aus Aufwandsgründen nicht zu denken. Da die Schrittweite aber durch die Kontrolle der Abnahme von f_0 ohnehin abgesichert werden muß, um die globale Konvergenz des Verfahrens sicherzustellen, genügt es, für die Anfangsschrittweite eine Interpolationsformel zu benutzen, die mit zunehmender Annäherung an x^* die optimalen Schrittweiten immer besser approximiert. Hierzu genügt eine quadratische Interpolation der Werte $f_0(x^{(k)})$, $f_0(x^{(k)} - p^{(k)})$, $(d/d\sigma) f(x_0^{(k)} - \sigma p^{(k)})_{|\sigma=0}$.

Im ganzen ergibt sich somit folgendes Verfahren:

$x^{(0)} \in \mathbb{R}$ sei beliebig gewählt, $0 < \alpha < 1, \quad 0 < \delta < \frac{1}{2}$ (z.B. $\alpha = \frac{1}{2}, \quad \delta = 0.01$).

Für $k = 0, 1, 2, \ldots$ setze man

$$\gamma_k = \|F(x^{(k)})\|_2^2, \tag{8.15}$$

$$p^{(k)} = \begin{cases} F(x^{(k)}), & \text{falls} \quad k = 0 \bmod n, \\ (1 - F(x^{(k)})^T p^{(k-1)}/\gamma_{k-1})F(x^{(k)}) + (\gamma_k/\gamma_{k-1})p^{(k-1)} & \text{sonst}, \end{cases} \tag{8.16}$$

$$\hat{\sigma}_k = F(x^{(k)})^T p^{(k)} / (2(f_0(x^{(k)} - p^{(k)}) - f_0(x^{(k)}) + F(x^{(k)})^T p^{(k)})). \tag{8.17}$$

Man wähle σ_k als größte Zahl in der Folge

$$\hat{\sigma}_k, \alpha\hat{\sigma}_k, \alpha^2\hat{\sigma}_k, \ldots \tag{8.18}$$

mit

$$f_0(x^{(k)}) - f_0(x^{(k)} - \sigma_k p^{(k)}) \geq \delta\sigma_k F(x^{(k)})^T p^{(k)}, \tag{8.19}$$

$$x^{(k+1)} = x^{(k)} - \sigma_k p^{(k)}. \tag{8.20}$$

Hierbei ist $F(x) = \nabla f_0(x)$ und f_0 eine gleichmäßig konvexe, auf ganz R^n definierte Funktion. Wendet man obiges Verfahren auf den Fall $f_0(x) = \frac{1}{2}x^T A x - a^T x$ mit $A = A^T$ positiv definit an, dann erhält man das cg-Verfahren von Hestenes und Stiefel zurück (es ist dann immer $\sigma_k = \hat{\sigma}_k$ Lösung von (8.14)).

Es gilt folgender globaler Konvergenzsatz:

Satz 8.3. *Es sei* $F \in C^2(\mathrm{R}^n)$, $F : \mathrm{R}^n \to \mathrm{R}^n$ *und*

$$y^T F'(x) y \geq \mu y^T y \quad \text{mit} \quad \mu > 0 \quad \text{und} \quad F'(x) = (F'(x))^T$$

für alle $x \in \mathrm{R}^n$, $y \in \mathrm{R}^n$. f_0 *sei eine Stammfunktion zu* F, *es gelte also* $F(x) = \nabla f_0(x)$. *Dann existiert eine eindeutig bestimmte Minimalstelle* x^* *von* f_0, *es ist* $F(x^*) = 0$, *und für das durch (8.15) – (8.20) beschriebene cg-Verfahren gilt:*

a) *Für beliebiges* $x^{(0)} \in \mathrm{R}^n$ *ist* $\lim_{k\to\infty} x^{(k)} = x^*$.

b) *Es gibt eine Konstante* $C > 0$, *so daß*

$$\|x^{((k+1)n)} - x^*\| \leq C\|x^{(kn)} - x^*\|^2$$

(d.h. das Verfahren konvergiert n-Schritt-quadratisch).

c) *Für hinreichend großes k ist stets* $\sigma_k = \hat{\sigma}_k$.

Der Beweis dieses Satzes kann im wesentlichen aus der oben genannten Arbeit [16] übertragen werden. Es ist dann lediglich noch zu zeigen, daß für hinreichend großes k

$$|\hat{\sigma}_k - \sigma_k^*| = \mathcal{O}(\|F(x^{(k)})\|), \tag{8.21}$$

wobei σ_k^* *die eindeutig bestimmte Lösung von (8.14) ist. (8.21) folgt aber leicht aus einer Taylorentwicklung von* f_0 *an der Stelle* $x^{(k)}$ *und Einsetzen in (8.17).* □

8.2.2 Präkonditionierung

Das Verfahren (8.15) - (8.20) entspricht dem nicht-präkonditionierten cg-Verfahren im linearen Fall. Also hat man bei ungünstiger Eigenwertverteilung von $F'(x^*)$ mit Schwierigkeiten zu rechnen. Man kann aber das Verfahren auch leicht mit einer Präkonditionierung versehen. Dazu benötigt man auch keine feste Präkonditionierungsmatrix M. Es genügt vielmehr, mit einer konvergenten Folge gleichmäßig positiv definiter Präkonditionierungsmatrizen M_k mit folgenden Eigenschaften zu arbeiten:

$$\begin{aligned} M_k &= M_k^T, \qquad y^T M_k y \geq \lambda y^T y && \text{für alle } y \in \mathbb{R}^n \\ & && \text{mit } \lambda > 0 \text{ (unabhängig von } k). \\ M_k &= M^* + \mathcal{O}(\|F(x^{(k)})\|). && \qquad (8.22) \end{aligned}$$

(8.15) und (8.16) sind abzuändern in:

$$\begin{aligned} M_k \hat{p}^{(k)} &= F(x^{(k)}) \quad \text{nach } \hat{p}^{(k)} \text{ auflösen,} \qquad (8.23) \\ \gamma_k &= F(x^{(k)})^T \hat{p}^{(k)}, \\ p^{(k)} &= \begin{cases} \hat{p}^{(k)}, & \text{falls } k = 0 \bmod n, \\ (1 - F(x^{(k)})^T p^{(k-1)}/\gamma_{k-1})\hat{p}^{(k)} + (\gamma_k/\gamma_{k-1})p^{(k-1)} & \text{sonst.} \end{cases} \end{aligned}$$

Unter der Voraussetzung (8.22) gilt Satz 8.3 unverändert. Es ist nicht einmal notwendig, M_k explizit zu kennen, um $\hat{p}^{(k)}$ über (8.23) zu definieren. So kann man etwa das symmetrische Gauß-Seidel-Newton-Verfahren auf die Gleichung

$$F(x^{(k)} + p) = 0$$

mit erster Näherung $p = 0$ anwenden und iteriert einen Zyklus:

$$\begin{aligned} x^{(k,0)} &:= x^{(k)}, \\ w_i &:= -F_i(x^{(k,i-1)})/\partial_i F_i(x^{(k,i-1)}), \\ & \qquad\qquad\qquad\qquad\qquad\qquad i = 1, \ldots, n, \\ x^{(k,i)} &:= [x_1^{(k)} + w_1, \ldots, x_i^{(k)} + w_i, x_{i+1}^{(k)}, \ldots, x_n^{(k)}], \\ \tilde{x}^{(k,n+1)} &:= x^{(k,n)}, \\ \tilde{w}_i &:= w_i - F_i(\tilde{x}^{(k,i+1)})/\partial_i F_i(\tilde{x}^{(k,i+1)}), \\ & \qquad\qquad\qquad\qquad\qquad\qquad i = n, n-1, \ldots, 1, \\ \tilde{x}^{(k,i)} &:= [x_1^{(k,n)}, \ldots, x_{i-1}^{(k,n)}, x_i^{(k,n)} + \tilde{w}_i, \ldots, x_n^{(k,n)} + \tilde{w}_n], \\ \hat{p}_i^{(k)} &:= \tilde{w}_i, \qquad i = 1, \ldots, n. \end{aligned}$$

Dann erhält man hierdurch einen Wert $\hat{p}^{(k)}$, der (8.22) und (8.23) mit einer implizit definierten Matrix M_k erfüllt. An Verbesserungen des cg-Verfahrens in dieser Richtung und insbesondere auch an Verallgemeinerungen für nichtlineare Systeme mit nichtsymmetrischem $F'(x)$ wird gegenwärtig noch gearbeitet, vgl. z.B. [5].

Bemerkung 8.1. *Das oben beschriebene cg-Verfahren für nichtquadratische gleichmäßig konvexe Funktionen f_0 kann fast unverändert auch auf nichtkonvexe f_0 angewendet werden. In diesem Fall muß man lediglich die Formel für $\hat{\sigma}_k$ absichern, weil nun nicht mehr automatisch der dort auftretende Nenner positiv und hinreichend groß ist. So kann man etwa $\hat{\sigma}_k$ als angenäherte lokale Minimalstelle von $f_0(x^{(k)} - \sigma p^{(k)})$ bezüglich σ durch Einschachtelung und fortgesetzte quadratische Interpolation bestimmen. Wenn man sicherstellt, daß $\hat{\sigma}_k \geq \sigma_{\min} > 0$, dann konvergiert das Verfahren immer noch global gegen eine Gradientennullstelle von f_0 (in der Regel eine lokale Minimalstelle), solange nur der Niveaubereich von f_0 zu $x^{(0)}$ kompakt ist und nur endlich viele Gradientennullstellen enthält.* □

8.3 Das Verfahren von Schubert

In Abschnitt 7.4 haben wir das Verfahren von Broyden vorgestellt, ein Quasi-Newton-Verfahren, das erheblich effizienter sein kann als das Newton-Verfahren. In der dort beschriebenen Form ist das Verfahren aber für große nichtlineare Systeme mit schwach besetzter Jacobi-Matrix ungeeignet, weil die Quasi-Newton-Matrizen A_k in der Regel auch dann voll besetzt sind, wenn $F'(x)$ schwach besetzt ist. Durch den hohen Rechenaufwand zur Lösung großer linearer Gleichungssysteme mit voll besetzter Matrix geht dann der Vorteil der Methode verloren. („Groß" heißt in diesem Zusammenhang z.Zt. etwa $n \geq 200$). Man kann aber das Broyden-Verfahren so modifizieren, daß die Matrizen A_k die gleiche Besetzungsstruktur wie $F'(x)$ annehmen, ohne dadurch die lokale superlineare Konvergenz zu verlieren. Dieses Verfahren stammt von Schubert [24]. Es läßt sich verbal so schildern:

Man berechne zunächst die Korrektur für A_k wie beim Broyden-Verfahren. Dann setze man alle Elemente in dieser Korrektur null, die in der entsprechenden Jacobi-Matrix automatisch null sind. Daraufhin skaliere man die Korrekturmatrix zeilenweise so, daß die aufdatierte Matrix wieder die Sekantenrelation erfüllt. Formelmäßig lautet dieser Algorithmus so:

Sei

$$\sigma_{j,i} := \begin{cases} 1 & \text{falls} \quad \partial F_j(x)/\partial x_i \not\equiv 0, \\ 0 & \text{sonst.} \end{cases}$$

(Die Matrix $(\sigma_{j,i})$ beschreibt die Besetzungsstruktur von $F'(x)$.)

Ferner sei

$$S_j := \operatorname{diag}(\sigma_{j,1}, \ldots, \sigma_{j,n}).$$

Gegeben seien $x^{(0)}, A_0$; die Normen $\|x^{(0)} - x^*\|$ und $\|A_0 - F'(x^*)\|$ seien hinreichend klein. (In der Praxis kann man diese Voraussetzung natürlich nicht überprüfen).

Dann lautet das Schubert-Verfahren:

Für $\quad k = 0, 1, \ldots$

1. Löse $A_k p^{(k)} = -F(x^{(k)})$. (8.24)
2. $x^{(k+1)} = x^{(k)} + p^{(k)}$. (8.25)
3. Berechne $F(x^{(k+1)})$.
4. $A_{k,0} := A_k$. (8.26)
5. Für $j = 1, \dots, n$

$$p^{(k,j)} := S_j p^{(k)}, \tag{8.27}$$

$$A_{k,j} := \begin{cases} A_{k,j-1}, & \text{falls } p^{(k,j)} = 0, \\ A_{k,j-1} + e^{(j)} (p^{(k,j)})^T (F_j(x^{(k+1)})) / \|p^{(k,j)}\|_2^2 & \text{sonst.} \end{cases} \tag{8.28}$$

6. $A_{k+1} := A_{k,n}$. (8.29)

Satz 8.4. *Es sei $F \in C^2(B)$, B offen, $x^* \in B$ mit $F(x^*) = 0$ und $F'(x^*)$ invertierbar. Dann existieren $\varepsilon_1 > 0, \varepsilon_2 > 0$, so daß für*

$$\|x^{(0)} - x^*\| \le \varepsilon_1, \qquad \|A_0 - F'(x^*)\| \le \varepsilon_2$$

die durch die (8.24) – (8.29) bestimmten Folgen $\{x^{(k)}\}$ und $\{A_k\}$ wohldefiniert sind und folgende Eigenschaften besitzen:

1. $\lim_{k \to \infty} x^{(k)} = x^*$.
2. $\|A_k - F'(x^*)\| \le 2\varepsilon_2$.
3. $\lim_{k \to \infty} \|x^{(k+1)} - x^*\| / \|x^{(k)} - x^*\| = 0$.

Der Beweis dieses Satzes kann etwa in [17] nachgelesen werden. □

Man beachte, daß nun A_{k+1} aus A_k nicht mehr durch eine Korrektur vom Rang 1 hervorgeht, so daß eine Aufdatierung einer LR- oder QR-Zerlegung nicht in Frage kommt. Man hat hier etwa den gleichen algebraischen Berechnungsaufwand wie beim Newton-Verfahren zu leisten und erspart sich „nur" die Berechnung von F'. Dieses Verfahren macht deshalb nur dann Sinn, wenn F' sehr aufwendig zu berechnen ist und man bezüglich der Güte der Startnäherungen keine Probleme hat. Dies ist in der Regel der Fall, wenn man als übergeordnetes Verfahren einen Einbettungsalgorithmus benutzt.

Eine Globalisierung dieses Verfahrens durch eine Schrittweitenkontrolle (wie beim Newton-Verfahren) ist nicht bekannt.

8.4 Beispiel

Wir betrachten das gleiche System wie in Abschnitt 7.7, das dort mit dem Newtonschen Verfahren für Systeme gelöst wurde. Hier soll es mit dem SOR-Newton-Verfahren gelöst werden.

Das zu lösende System (7.47) lautet

$$f_i(y) = -y_{i-1} + 2y_i - y_{i+1} + (\tfrac{1}{64})^2 e^{y_i} = 0, \qquad i = 1, \ldots, 63,$$

wobei

$$y_0 = y_{64} = 10$$

und

$$y = [y_1, \ldots, y_{63}]^T$$

zu setzen ist. Die Funktionalmatrix des hierdurch definierten Systems $F(y) = 0$ ist tridiagonal und eine Stieltjes-Matrix. Sie hat die Gestalt (7.48).

Das SOR-Newton-Verfahren hat nach (8.7) die Iterationsvorschrift

$$\begin{aligned}
y_1^{(k+1)} &= y_1^{(k)} - \omega \frac{2y_1^{(k)} - y_2^{(k)} + (\frac{1}{64})^2 e^{y_1^{(k)}} - 10}{2 + (\frac{1}{64})^2 e^{y_1^{(k)}}}, \\
y_i^{(k+1)} &= y_i^{(k)} - \omega \frac{-y_{i-1}^{(k+1)} + 2y_i^{(k)} - y_{i+1}^{(k)} + (\frac{1}{64})^2 e^{y_i^{(k)}}}{2 + (\frac{1}{64})^2 e^{y_i^{(k)}}}, \qquad i = 2, \ldots, 62, \\
y_{63}^{(k+1)} &= y_{63}^{(k)} - \omega \frac{-y_{62}^{(k+1)} + 2y_{63}^{(k)} + (\frac{1}{64})^2 e^{y_{63}^{(k)}}}{2 + (\frac{1}{64})^2 e^{y_{63}^{(k)}}}, \qquad k = 0, 1, \ldots \quad .
\end{aligned}$$

Man kann zeigen, daß die Funktionalmatrix symmetrisch und gleichmäßig positiv definit ist, das Verfahren für $0 < \omega \leq \omega_0$ also global konvergiert. Um die Konvergenz zu beschleunigen, wählen wir hier aber beim k-ten Iterationsschritt den Relaxationsparameter ω als das Minimum der beiden Zahlen $1 + hk$ und 1.825, lassen ω also mit der Zahl der Iterationen variieren. Mit $h = 1/64$ ist also

$$\omega = \begin{cases} 1 + k/64, & k = 0, 1, \ldots, 52, \\ 1.825, & k > 52 \quad . \end{cases}$$

Als Ausgangsnäherung wird wieder gewählt

$$y^{(0)} = [10, 10, \ldots, 10]^T .$$

Ergebnisse: Nach 70 Iterationen sind alle Ergebnisse mit 4 gültigen Stellen hinter dem Komma berechnet.

In der folgenden Tabelle sind die Näherungen, wie bei Abschnitt 7.7, an den

Stellen $x_i = ih$, $i = 0, 4, 8, \ldots, 60, 64$, angegeben.

i	y_i	i	y_i
0	10.00000	36	2.99192
4	6.02664	40	3.10796
8	4.79445	44	3.31218
12	4.08799	48	3.62508
16	3.62504	52	4.08800
20	3.31214	56	4.79446
24	3.10792	60	6.02664
28	2.99189	64	10.00000
32	2.95421		

In diesem Fall liefert das Newton-Verfahren bessere Ergebnisse in kürzerer Rechenzeit bei dem gleichen Abbruchkriterium für die Iterationen.

8.5 Aufgaben

A 8-1 Welches Verfahren erhält man aus dem SOR-Newton-Verfahren, wenn das Gleichungssystem nur aus einer Gleichung $f(x) = 0$ in der einen Veränderlichen x besteht? Man vergleiche die Konvergenzkriterien.

A 8-2 Es sei folgendes Gleichungssystem vorgelegt:

$$\begin{aligned} f_1(x) &= 2x_1 - x_2 + h^2 e^{x_1^3} - 10 = 0 \\ f_i(x) &= -x_{i-1} + 2x_i - x_{i+1} + h^2 e^{x_i^3} = 0, \qquad i = 2, \ldots, n-1, \\ f_n(x) &= -x_{n-1} + 2x_n + h^2 e^{x_n^3} - 10 = 0. \end{aligned}$$

Dabei ist h eine reelle Zahl, $0 < h \ll 1$ und $x = [x_1, \ldots, x_n]^T$.

a) Man gebe die Iterationsvorschrift des SOR-Newton-Verfahrens an.

b) Man untersuche die Konvergenz des Verfahrens.

A 8-3 Man zeige, daß das nichtlineare SOR-Verfahren bei linearen Gleichungssystemen in das SOR-Verfahren übergeht. Entsprechendes zeige man für das SOR-Newton-Verfahren.

A 8-4 Man gebe die Iterationsvorschrift des nichtlinearen SOR-Verfahrens für das Gleichungssystem aus A 8-2 an. Dabei soll die Auflösung der i-ten Gleichung, $i = 1, 2, \ldots, n$ des Systems nach z_i mit dem Newton-Verfahren zur Lösung von Gleichungen in einer Veränderlichen erfolgen.

Teil IV

Berechnung von Eigenwerten und Eigenvektoren

9 Grundlagen, Abschätzungen, Elementare Transformationen

9.1 Eigenwerte und Eigenvektoren

Bereits in Abschnitt 1.2 hatten wir kurz definiert, was unter den Eigenwerten von Matrizen zu verstehen ist. Im Hinblick auf die zu untersuchenden numerischen Verfahren soll jetzt etwas ausführlicher auf Eigenwerte und Eigenvektoren von Matrizen und ihre Eigenschaften eingegangen werden.

9.1.1 Das charakteristische Polynom

Wir betrachten eine $n \times n$-Matrix

$$A = \begin{bmatrix} a_{11} & \dots & a_{1n} \\ \vdots & & \vdots \\ a_{n1} & \dots & a_{nn} \end{bmatrix},$$

deren Elemente komplexe Zahlen sind, d.h. $a_{ij} \in \mathbb{C}$, $i, j = 1, \dots, n$. Als Spezialfälle ergeben sich hieraus die Matrizen mit reellen Elementen.

Das Eigenwert-Eigenvektor-Problem besteht dann darin, eine Zahl $\lambda \in \mathbb{C}$ und einen Vektor $x \in \mathbb{C}^n$, $x \neq 0$, zu bestimmen, so daß die Gleichung

$$Ax = \lambda x \tag{9.1}$$

besteht. Dann heißt λ *Eigenwert* und x zu λ gehöriger *Eigenvektor* von A.

Die Gleichung (9.1) läßt sich aber auch in der Form schreiben

$$(A - \lambda I)x = 0.$$

Nach Voraussetzung soll dieses homogene Gleichungssystem eine nichttriviale Lösung $x \neq 0$ haben, so daß notwendig

$$p_A(\lambda) = \det(A - \lambda I) = 0$$

gelten muß, und dies ist die Bestimmungsgleichung für die Eigenwerte von $\boldsymbol{A}$. $p_A(\lambda)$ heißt *charakteristisches Polynom* von $\boldsymbol{A}$.

Das Polynom $p_A(\lambda)$ ist ein Polynom n-ten Grades in λ, besitzt also genau n nicht notwendig voneinander verschiedene Nullstellen $\lambda_1, \ldots, \lambda_n$, und diese sind genau die Eigenwerte von $\boldsymbol{A}$; es hat die Gestalt

$$p_A(\lambda) = (-1)^n \lambda^n + \sum_{i=1}^{n} (-1)^{n-i} \alpha_i \lambda^{n-i}. \tag{9.2}$$

Wie man ausrechnet, ist dabei α_i gleich der Summe aller i-reihigen Hauptunterdeterminanten von $\det \boldsymbol{A}$. Andererseits muß sich (9.2) auch in der Form

$$p_A(\lambda) = (\lambda_1 - \lambda)(\lambda_2 - \lambda) \cdot \ldots \cdot (\lambda_n - \lambda) = \prod_{i=1}^{n} (\lambda_i - \lambda)$$

schreiben lassen. Daher folgt insbesondere unter Zuhilfenahme des Vietaschen Wurzelsatzes

$$\begin{aligned} \alpha_1 &= \sum_{i=1}^{n} \lambda_i = \sum_{i=1}^{n} a_{ii} = \operatorname{Sp} \boldsymbol{A}, \\ \alpha_n &= \prod_{i=1}^{n} \lambda_i = \det \boldsymbol{A}, \end{aligned} \tag{9.3}$$

wobei $\operatorname{Sp} \boldsymbol{A}$ die Spur von $\boldsymbol{A}$ bezeichnet. Aus der zweiten Relation (9.3) folgt unmittelbar: Die Matrix $\boldsymbol{A}$ ist genau dann nichtsingulär, wenn ihre sämtlichen Eigenwerte von Null verschieden sind.

9.1.2 Eigenwerte spezieller Matrizenklassen

Zwei $n \times n$-Matrizen $\boldsymbol{A}, \boldsymbol{B}$ heißen *ähnlich*, wenn es eine nichtsinguläre Matrix $\boldsymbol{T}$ gibt, so daß

$$\boldsymbol{A} = \boldsymbol{T}^{-1} \boldsymbol{B} \boldsymbol{T} \tag{9.4}$$

gilt. Ist insbesondere $\boldsymbol{B}$ eine Diagonalmatrix, so nennt man $\boldsymbol{A}$ eine *diagonalähnliche* Matrix. Ähnliche Matrizen besitzen die gleichen Eigenwerte: Es ist

$$\begin{aligned} p_A(\lambda) &= \det(\boldsymbol{A} - \lambda \boldsymbol{I}) = \det(\boldsymbol{T}^{-1}\boldsymbol{B}\boldsymbol{T} - \lambda \boldsymbol{T}^{-1}\boldsymbol{I}\boldsymbol{T}) = \det \boldsymbol{T}^{-1}(\boldsymbol{B} - \lambda \boldsymbol{I})\boldsymbol{T} \\ &= \det \boldsymbol{T}^{-1} \det(\boldsymbol{B} - \lambda \boldsymbol{I}) \det \boldsymbol{T} = \det(\boldsymbol{B} - \lambda \boldsymbol{I}) = p_B(\lambda), \end{aligned}$$

somit haben $\boldsymbol{A}$ und $\boldsymbol{B}$ das gleiche charakteristische Polynom und daher die gleichen Eigenwerte.

Ist $\boldsymbol{A}$ eine diagonalähnliche Matrix, so gibt es eine nichtsinguläre Matrix $\boldsymbol{T}$, so daß

$$\boldsymbol{T}^{-1} \boldsymbol{A} \boldsymbol{T} = \boldsymbol{D}$$

mit der Diagonalmatrix $\boldsymbol{D}$ gilt. Die Spaltenvektoren $\boldsymbol{t}_i$, $i = 1, \ldots, n$, von $\boldsymbol{T}$ sind dann offenbar linear unabhängige Eigenvektoren von $\boldsymbol{A}$, denn es gilt

$$\boldsymbol{AT} = \boldsymbol{TD}, \qquad \text{also} \quad \boldsymbol{At}_i = \lambda_i \boldsymbol{t}_i, \quad i = 1, \ldots, n.$$

Da $\boldsymbol{T}$ nichtsingulär ist, sind zudem ihre Spalten $\boldsymbol{t}_i$ linear unabhängig, sie stellen ein linear unabhängiges System von Eigenvektoren der Matrix $\boldsymbol{A}$ dar. Jeder Eigenvektor $\boldsymbol{x}$ von $\boldsymbol{A}$ kann also in der Form

$$\boldsymbol{x} = \sum_{i=1}^{n} c_i \boldsymbol{t}_i, \quad c_1, \ldots, c_n \neq 0, \ldots, 0, \quad c_i \in \mathbb{C},$$

dargestellt werden.

Normale Matrizen, insbesondere die weiter unten noch näher zu betrachtenden hermiteschen und reell-symmetrischen Matrizen, sind diagonalähnliche Matrizen, oder, wie man auch sagt, diagonalisierbar.

Für die weiteren Betrachtungen erinnern wir an den Inhalt der Definition 1.2:

Definition 9.1. *Eine Matrix $\boldsymbol{A}$ heißt*

symmetrisch,	*wenn*	$\boldsymbol{A}$	$=$	$\boldsymbol{A}^T$,	
hermitesch,	*wenn*	$\boldsymbol{A}$	$=$	$\boldsymbol{A}^*$,	
schiefsymmetrisch,	*wenn*	$\boldsymbol{A}$	$=$	$-\boldsymbol{A}^T$,	
schiefhermitesch,	*wenn*	$\boldsymbol{A}$	$=$	$-\boldsymbol{A}^*$,	
orthogonal,	*wenn*	$\boldsymbol{A}^T$	$=$	$\boldsymbol{A}^{-1}$,	
unitär,	*wenn*	$\boldsymbol{A}^*$	$=$	$\boldsymbol{A}^{-1}$,	
normal,	*wenn*	$\boldsymbol{AA}^*$	$=$	$\boldsymbol{A}^*\boldsymbol{A}$	*gilt.*

Dabei ist $\boldsymbol{A} = \boldsymbol{B} + \mathrm{i}\boldsymbol{C}$, $\overline{\boldsymbol{A}} = \boldsymbol{B} - \mathrm{i}\boldsymbol{C}$, $\boldsymbol{A}^* = \overline{\boldsymbol{A}}^T = \boldsymbol{B}^T - \mathrm{i}\boldsymbol{C}^T$ mit reellen Matrizen $\boldsymbol{B}$, $\boldsymbol{C}$. Ist $\boldsymbol{A}$ reell, so gilt $\boldsymbol{C} = \boldsymbol{0}$ und daher $\boldsymbol{A}^* = \boldsymbol{A}^T$.

Satz 9.1. *Jede hermitesche bzw. reell-symmetrische Matrix $\boldsymbol{A}$ ist eine diagonalähnliche Matrix. Dabei ist die Matrix $\boldsymbol{T}$ in (9.4) sogar unitär bzw. orthogonal, mit der reellen Diagonalmatrix $\boldsymbol{D}$ gilt also*

$$\boldsymbol{D} = \boldsymbol{T}^*\boldsymbol{AT} \qquad \text{bzw.} \qquad \boldsymbol{D} = \boldsymbol{T}^T\boldsymbol{AT}. \tag{9.5}$$

Zum Beweis des Satzes vergleiche man etwa [38]. □

Da ähnliche Matrizen die gleichen Eigenwerte besitzen, enthält wegen (9.5) die Diagonale von $\boldsymbol{D}$ gerade die Eigenwerte von $\boldsymbol{A}$. Da $\boldsymbol{D}$ eine reelle Diagonalmatrix ist, sind sämtliche Eigenwerte von $\boldsymbol{A}$ reell. Hermitesche bzw. reell-symmetrische Matrizen besitzen daher nur reelle Eigenwerte.

Aus (9.5) kann weiter die interessante Tatsache abgelesen werden, daß die Spalten von $\boldsymbol{T}$ ein unitäres bzw. orthogonales System von Eigenvektoren der Matrix $\boldsymbol{A}$

bilden. Denn sei T etwa unitär mit den Spaltenvektoren t_i, $i = 1, \ldots, n$, so folgt $t_i^* t_j = \delta_{ij}$, d.h. die Spaltenvektoren sind orthonormiert. Sie sind aber auch Eigenvektoren von A. Es gilt nämlich nach (9.5)

$$TD = AT,$$

also

$$\lambda_\nu t_\nu = At_\nu, \quad \nu = 1, \ldots, n.$$

Entsprechendes gilt, wenn A reell-symmetrisch und somit T eine Orthogonalmatrix ist.

Eine hermitesche Matrix besitzt daher ein System von unitären, eine reell-symmetrische Matrix ein System von orthogonalen Eigenvektoren.

Ist A eine diagonalähnliche $n \times n$-Matrix, dann ist mit einer invertierbaren $n \times n$-Matrix T aus n linear unabhängigen Eigenvektoren

$$T^{-1}AT = D = \operatorname{diag}(\lambda_1, \ldots, \lambda_n).$$

Dies kann man auch schreiben als

$$T^{-1}A = DT^{-1}.$$

Schreibt man T^{-1} als System ihrer n Zeilen, d.h.

$$T^{-1} = \begin{pmatrix} y_1^* \\ \vdots \\ y_n^* \end{pmatrix},$$

so ergibt sich

$$y_i^* A = \lambda_i y_i^*, \quad i = 1, \ldots, n.$$

Man nennt deshalb die Zeilen von T^{-1} oder allgemeiner Vektoren $z \neq 0$ mit

$$z^* A = \lambda z^*$$

auch *Linkseigenvektoren* von A. Die Eigenvektoren $x \neq 0$ mit

$$Ax = \lambda x$$

nennt man auch deutlicher *Rechtseigenvektoren*. Für eine diagonalähnliche $n \times n$-Matrix A gilt somit: Es gibt ein vollständiges (Rechts-) Eigenvektorsystem $x_1, \ldots, x_n$ und ein zugehöriges Linkseigenvektorsystem $y_1, \ldots, y_n$, die biorthonormiert sind, d.h.

$$y_i^* x_j = \delta_{ij} = \begin{cases} 1 & i = j \\ 0 & \text{sonst.} \end{cases}$$

Von besonderem Interesse für die Bestimmung der Eigenwerte einer Matrix ist auch folgender Satz. Im folgenden ist, wo nichts anderes vermerkt ist, stets $\|\cdot\| = \|\cdot\|_2$.

Satz 9.2. *(Satz von Schur). Jede $n \times n$-Matrix A läßt sich durch eine unitäre Ähnlichkeitstransformation auf Dreiecksform transformieren:*

$$T^* A T = C.$$

Dabei ist T unitär und C eine untere oder obere Dreiecksmatrix.

Beweis: *Der Beweis wird induktiv geführt, und zwar hier für eine untere Dreiecksmatrix. Wir nehmen an, es sei bereits eine unitäre Matrix T_j gefunden mit*

$$T_j^* A T_j = \begin{pmatrix} C_j & 0 \\ F_j & B_j \end{pmatrix},$$

wobei C_j eine $j \times j$ untere Dreiecksmatrix ist (deren Diagonalelemente also Eigenwerte von A sind), F_j eine $(n-j) \times j$-Matrix und B_j eine (in der Regel vollbesetzte) $(n-j) \times (n-j)$-Matrix. y_j sei irgendein Linkseigenvektor von B_j, d.h. mit einer reellen oder komplexen Zahl λ gilt

$$y_j^* B_j = \lambda y_j^*.$$

Ferner sei P_j eine unitäre hermitesche $(n-j) \times (n-j)$-Matrix mit

$$P_j y_j = \Theta \|y_j\| \tilde{e}_1, \quad |\Theta| = 1,$$

wobei $\tilde{e}_1$ der erste Koordinateneinheitsvektor im $\mathbb{C}^{n-j}$ ist. Z.B. kann man P_j als Householder-Matrix konstruieren, vgl. Abschnitt 5.4. Sei

$$T_{j+1} = T_j \begin{pmatrix} I_j & 0 \\ 0 & P_j \end{pmatrix} \quad \text{und } I_j \text{ die } j \times j \text{ Einheitsmatrix}.$$

Dann wird

$$\begin{aligned}
e_{j+1}^* T_{j+1}^* A T_{j+1} &= (0, \tilde{e}_1^*) \begin{pmatrix} I_j & 0 \\ 0 & P_j^* \end{pmatrix} T_j^* A T_j \begin{pmatrix} I_j & 0 \\ 0 & P_j \end{pmatrix} \\
&= (0, \tilde{e}_1^* P_j^*) \begin{pmatrix} C_j & 0 \\ F_j & B_j P_j \end{pmatrix} \\
&= (\tilde{e}_1^* P_j^* F_j, \quad \tilde{e}_1^* P_j^* B_j P_j) \\
&= (\tilde{e}_1^* P_j^* F_j, \quad \overline{\Theta}^{-1} \|y_j\|^{-1} y_j^* B_j P_j) \\
&= (\tilde{e}_1^* P_j^* F_j, \quad \overline{\Theta}^{-1} \|y_j\|^{-1} \lambda y_j^* P_j) \\
&= (\tilde{e}_1^* P_j^* F_j, \quad \lambda, 0, \ldots, 0),
\end{aligned}$$

d.h. die $(j+1)$-te Zeile von $T_{j+1}^* A T_{j+1}$ hat höchstens die ersten $j+1$ Elemente ungleich 0 und das $(j+1)$-te Element ist Eigenwert von B_j und damit von A. Nach Konstruktion ist aber T_{j+1} unitär. Damit ist ein Induktionsschritt bewiesen. □

Die beiden wesentlichen Aussagen dieses Satzes sind:

1. Wenn man in der Lage ist, von einer beliebigen Matrix *einen* Eigenvektor (Links- oder Rechtseigenvektor) zu bestimmen, dann ist man in der Lage, das vollständige Eigenwert-Eigenvektorproblem einer beliebigen Matrix konstruktiv zu lösen, da das Eigenwert-Eigenvektorproblem einer Dreiecksmatrix trivial lösbar ist.

2. Das Eigenwert-Eigenvektorproblem kann mit Zuhilfenahme nur von unitären Transformationen (und Lösung homogener Gleichungssysteme mit Dreiecksmatrix) gelöst werden. Dadurch wird eine Verschlechterung der Konditionszahl des vollständigen Eigenvektorsystems einer diagonalähnlichen Matrix vermieden.

Bemerkung 9.1. *Es ist eine Illusion zu glauben, man könne das Eigenwertproblem einer nichtdiagonalähnlichen Matrix auf diesem Wege lösen. Selbst wenn man in der Lage wäre, einen Eigenvektor einer solchen Matrix effizient und mit beliebiger Genauigkeit zu finden, würden dennoch kleinste Rundungsfehler bei der beschriebenen Transformation die mehrfachen Eigenwerte einer solchen Matrix in dicht beieinanderliegende einfache Eigenwerte überführen. Dann ist schließlich die resultierende untere oder obere Dreiecksmatrix doch diagonalähnlich, aber mit einem extrem schlecht konditionierten Eigenvektorsystem versehen. Es ist praktisch unmöglich, nachträglich zu entscheiden, ob einige dicht beieinanderliegende Eigenwerte in Wahrheit Näherungen für einen mehrfachen Eigenwert mit einem nichttrivialen Jordankästchen sind. Dazu müßte man die Struktur der Jordan-Normalform und Schranken für die Konditionszahl der Transformationsmatrix auf diese Normalform a priori kennen.*

□

9.2 Beispiele für das Auftreten von Eigenwertproblemen

An zwei Beispielen wollen wir das Auftreten von Matrizen-Eigenwertproblemen bei der mathematischen Untersuchung von physikalischen und technischen Fragen erläutern.

9.2.1 Ein Schwingungsproblem

Wir betrachten zunächst eine Schwingungskette von n Massen m_i und n Federn mit den Federkonstanten c_i, $i = 1, \ldots, n$ (Abbildung 9.1)

Mit y_i bezeichnen wir die Auslenkung der Masse m_i aus der Ruhelage nach unten, bei der die Feder mit der Federkonstanten c_i um z_i verlängert wird. Es gilt

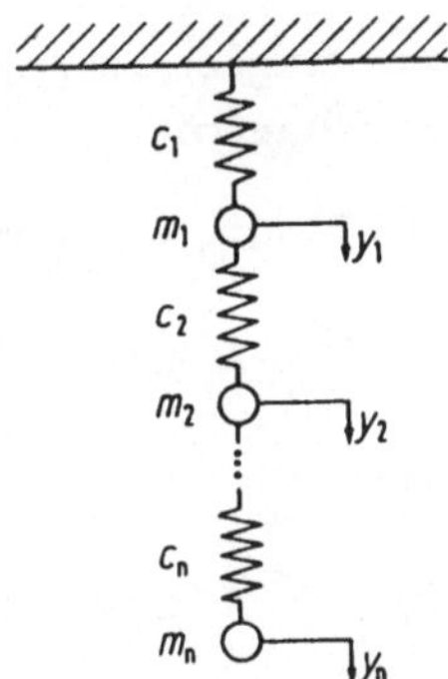

Abbildung 9.1. Schwingungskette

dann

$$\begin{aligned} z_1 &= y_1, \\ z_2 &= y_2 - y_1, \\ &\vdots \\ z_n &= y_n - y_{n-1}, \end{aligned}$$

mit

$$\boldsymbol{K} = \begin{bmatrix} 1 & 0 & \cdots & & 0 \\ -1 & 1 & & & \vdots \\ 0 & -1 & 1 & \ddots & \\ \vdots & \ddots & \ddots & \ddots & 0 \\ 0 & \cdots & 0 & -1 & 1 \end{bmatrix}, \quad \boldsymbol{z} = \begin{bmatrix} z_1 \\ \vdots \\ z_n \end{bmatrix} \quad \text{und} \quad \boldsymbol{y} = \begin{bmatrix} y_1 \\ \vdots \\ y_n \end{bmatrix},$$

also

$$\boldsymbol{z} = \boldsymbol{K}\boldsymbol{y}. \tag{9.6}$$

Zur Herleitung der Schwingungsgleichungen benutzen wir den Energieerhaltungssatz

$$U + T = \text{const},$$

wobei U die potentielle, T die kinetische Energie bedeutet. Es ist

$$\begin{aligned} U &= \tfrac{1}{2}\sum_{i=1}^{n} c_i z_i^2 = \tfrac{1}{2}\boldsymbol{z}^T \boldsymbol{C}\boldsymbol{z}, \\ T &= \tfrac{1}{2}\sum_{i=1}^{n} m_i \dot{y}_i^2 = \tfrac{1}{2}\dot{\boldsymbol{y}}^T \boldsymbol{M}\dot{\boldsymbol{y}}, \end{aligned} \tag{9.7}$$

wobei

$$\begin{aligned} \boldsymbol{C} &= \operatorname{diag}(c_1, \ldots, c_n), \\ \boldsymbol{M} &= \operatorname{diag}(m_1, \ldots, m_n) \end{aligned}$$

gesetzt wurde. Setzt man (9.6) in (9.7) ein, so ist mit $\boldsymbol{B} = \boldsymbol{K}^T \boldsymbol{C} \boldsymbol{K}$

$$U = \tfrac{1}{2} \boldsymbol{y}^T \boldsymbol{K}^T \boldsymbol{C} \boldsymbol{K} \boldsymbol{y} = \tfrac{1}{2} \boldsymbol{y}^T \boldsymbol{B} \boldsymbol{y},$$

und aus dem Energiesatz folgt weiter

$$\tfrac{1}{2}(\boldsymbol{y}^T \boldsymbol{B} \boldsymbol{y} + \dot{\boldsymbol{y}}^T \boldsymbol{M} \dot{\boldsymbol{y}}) = \text{const}\,.$$

Differenziert man diesen Ausdruck nach der Zeit, so erhält man

$$\tfrac{1}{2}(\dot{\boldsymbol{y}}^T \boldsymbol{B} \boldsymbol{y} + \boldsymbol{y}^T \boldsymbol{B} \dot{\boldsymbol{y}} + \ddot{\boldsymbol{y}}^T \boldsymbol{M} \dot{\boldsymbol{y}} + \dot{\boldsymbol{y}}^T \boldsymbol{M} \ddot{\boldsymbol{y}}) = 0,$$

oder, wegen der Symmetrie von $\boldsymbol{B}$ und $\boldsymbol{M}$,

$$\dot{\boldsymbol{y}}^T (\boldsymbol{B} \boldsymbol{y} + \boldsymbol{M} \ddot{\boldsymbol{y}}) = 0.$$

Da dies für jeden Geschwindigkeitsvektor $\dot{\boldsymbol{y}}$ gelten muß, folgt schließlich die Bewegungsgleichung

$$\boldsymbol{B} \boldsymbol{y} + \boldsymbol{M} \ddot{\boldsymbol{y}} = \boldsymbol{0}. \tag{9.8}$$

Die Lösung dieses Differentialgleichungssystems kann mit dem Ansatz

$$\boldsymbol{y} = \boldsymbol{a} \sin \omega t$$

erfolgen,wobei $\boldsymbol{a} = [a_1, \ldots, a_n]^T$ ein willkürlicher konstanter Vektor ist. Es ergibt sich

$$\ddot{\boldsymbol{y}} = -\omega^2 \boldsymbol{a} \sin \omega t = -\omega^2 \boldsymbol{y} = -\lambda \boldsymbol{y},$$

also mit (9.8) die allgemeine Eigenwertaufgabe

$$(\boldsymbol{B} - \lambda \boldsymbol{M}) \boldsymbol{y} = \boldsymbol{0}. \tag{9.9}$$

Sie kann auf ein Matrizen-Eigenwertproblem zurückgeführt werden: Wegen $m_i > 0$ existiert die reelle nichtsinguläre Diagonalmatrix

$$\boldsymbol{M}^{1/2} = \operatorname{diag}(m_1^{1/2}, \ldots, m_n^{1/2}).$$

Führen wir den Vektor

$$\boldsymbol{x} = \boldsymbol{M}^{1/2} \boldsymbol{y}$$

ein, so lautet (9.9)

$$(\boldsymbol{B} - \lambda \boldsymbol{M}^{1/2} \boldsymbol{M}^{1/2}) \boldsymbol{M}^{-1/2} \boldsymbol{x} = \boldsymbol{0},$$

oder nach Multiplikation mit $M^{-1/2}$ von links und mit $A = M^{-1/2}BM^{-1/2}$

$$(A - \lambda I)x = 0.$$

Dabei ist die Matrix A symmetrisch. Mit $M^{-1}B = R$ hätte man aus (9.9) das Eigenwertproblem

$$(R - \lambda I)y = 0$$

erhalten, wobei allerdings die Matrix R im allgemeinen nicht symmetrisch ist.

Mit Hilfe der Eigenwerte von A kann man dann die allgemeine Lösung des Differentialgleichungssystems (9.8) bestimmen.

9.2.2 Ein Sturm-Liouville-Eigenwertproblem und ein Differenzenverfahren

Als zweites Beispiel betrachten wir das spezielle Sturm-Liouville-Problem

$$\begin{aligned} y''(x) + \lambda y(x) &= 0, \\ y(a) = y(b) &= 0. \end{aligned} \tag{9.10}$$

Die freie Schwingung einer Saite kann durch eine partielle Differentialgleichung beschrieben und diese durch einen Separationsansatz auf das spezielle Sturm-Liouville-Problem zurückgeführt werden.

Es handelt sich hierbei um ein Randwertproblem einer Differentialgleichung zweiter Ordnung im Intervall $[a, b]$, das jedoch noch den Parameter λ enthält. Gesucht sind Zahlen λ, für die Lösungen $y(x) \not\equiv 0$ existieren. Man nennt auch in diesem Falle λ einen Eigenwert, $y(x)$ eine zugehörige Eigenfunktion.

Man kann in diesem einfachen Fall die Eigenwerte und Eigenfunktionen exakt bestimmen: Es gilt

$$\lambda_n = \left(\frac{n\pi}{b-a}\right)^2, \; y_n(x) = \sin\left(\frac{n\pi}{b-a}(x-a)\right), \; n = 1, 2, \ldots, \tag{9.11}$$

wie man leicht nachprüft. Mit $n = 0$ erhält man nur die triviale Lösung $y(x) \equiv 0$. Das Problem (9.10) besitzt also unendlich viele Eigenwerte und Eigenfunktionen.

Bei komplizierten Eigenwertproblemen von Differentialgleichungen kann man Eigenwerte und Eigenfunktionen im allgemeinen nicht mehr exakt angeben. Man wird dann ein numerisches Verfahren, etwa ein Differenzenverfahren, zur genäherten Bestimmung einiger Eigenwerte und zugehöriger diskreter Eigenfunktionen verwenden. Wir wollen dies an dem einfachen Problem (9.10) demonstrieren.

Dazu unterteilen wir das Intervall $[a, b]$ in $N + 1$ gleiche Teile der Länge h (Abbildung 9.2) und setzen $x_i = a + ih$, $i = 0, 1, \ldots, N + 1$.

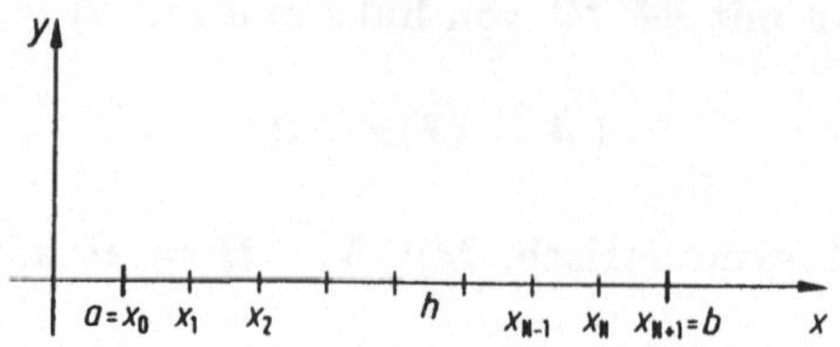

Abbildung 9.2. Unterteilung des Intervalls $[a, b]$

Das Problem (9.10) ersetzen wir dann durch das Differenzenproblem

$$\left.\begin{aligned} &\frac{\tilde{y}_{i+1} - 2\tilde{y}_i + \tilde{y}_{i-1}}{h^2} + \tilde{\lambda}\tilde{y}_i = 0, \; i = 1, \ldots, N, \\ &\tilde{y}_0 = \tilde{y}_{N+1} = 0, \end{aligned}\right\} \tag{9.12}$$

und lösen dieses, wobei wir hoffen, daß die sich hieraus ergebenden $\tilde{\lambda}$ bzw. $\tilde{y}_i$ Näherungen der exakten Eigenwerte bzw. der Eigenfunktionen im Punkte $x_i, i = 1, \ldots, N$, sind. Setzt man

$$\boldsymbol{A} = \frac{1}{h^2}\begin{bmatrix} 2 & -1 & 0 & \cdots & 0 \\ -1 & 2 & -1 & \ddots & \vdots \\ 0 & \ddots & \ddots & \ddots & 0 \\ \vdots & \ddots & -1 & 2 & -1 \\ 0 & \cdots & 0 & -1 & 2 \end{bmatrix}, \quad \tilde{\boldsymbol{y}} = \begin{bmatrix} \tilde{y}_1 \\ \vdots \\ \tilde{y}_N \end{bmatrix},$$

so lautet das System (9.12)

$$\boldsymbol{A}\tilde{\boldsymbol{y}} = \tilde{\lambda}\tilde{\boldsymbol{y}},$$

wir erhalten also ein Matrizen-Eigenwertproblem.

Da $\boldsymbol{A}$ eine einfache Tridiagonalmatrix ist, lassen sich ihre Eigenwerte leicht berechnen: Man erhält

$$\tilde{\lambda}_k = \frac{4}{h^2}\sin^2\left(\frac{\pi}{2}\frac{k}{N+1}\right), \quad k = 1, \ldots, N, \tag{9.13}$$

und als zugehörige Komponenten des Eigenvektors

$$\tilde{y}_l^{(k)} = \sin\left(\frac{lk\pi}{N+1}\right), \quad l = 1, \ldots, N.$$

Die entsprechenden exakten Werte der Eigenfunktionen sind nach (9.11)

$$y_k(x_l) = \sin\left(\frac{k\pi(a + lh - a)}{(N+1)h}\right) = \sin\left(\frac{lk\pi}{N+1}\right) = \tilde{y}_l^{(k)},$$

sie stimmen also mit der numerisch ermittelten überein. Dies ist Zufall.

Für die Eigenwerte gilt dies allerdings nicht, es ist mit einer Konstanten c

$$|\tilde{\lambda}_k - \lambda_k| \leq ch^2|\lambda_k|, \quad k = 1, \ldots, m, \quad m < N, \quad m \text{ fest },$$

so daß für $h \to 0$, die ersten m genäherten Eigenwerte in die exakten übergehen. Dabei kann für $h \to 0$ m beliebig groß (aber fest) gewählt werden.

Auf die numerische Lösung von Eigenwertproblemen bei Differentialgleichungen werden wir in Band II eingehen.

9.3 Abschätzungen von Eigenwerten. Fehleraussagen

Es sollen hier einige Abschätzungen angegeben werden, mit deren Hilfe man sich oft einen Überblick über die Größe und Lage der Eigenwerte verschaffen kann. Dabei sei $\boldsymbol{A}$ eine komplexe quadratische Matrix.

Ferner behandeln wir Fehleraussagen, d.h. den Einfluß von Fehlern in der Matrix auf die Eigenwerte und Eigenvektoren.

9.3.1 Die Lage der Eigenwerte

Bevor wir einen ersten Abschätzungssatz formulieren, definieren wir die Größen

$$r_i = \sum_{\substack{j=1 \\ j \neq i}}^{n} |a_{ij}|, \quad i = 1, \ldots, n, \; s_j = \sum_{\substack{i=1 \\ i \neq j}}^{n} |a_{ij}|, \quad j = 1, \ldots, n, \tag{9.14}$$

und in der komplexen z-Ebene die abgeschlossenen Kreise

$$\begin{aligned} R_i &= \{z : |z - a_{ii}| \leq r_i\}, \quad i = 1, \ldots, n, \\ S_j &= \{z : |z - a_{jj}| \leq s_j\}, \quad j = 1, \ldots, n. \end{aligned} \tag{9.15}$$

Die Größen r_i und s_j sind die i-te Zeilenbetragssumme bzw. die j-te Spaltenbetragssumme, jeweils vermindert um $|a_{ii}|$ bzw. $|a_{jj}|$. Die Kreise R_i und S_j haben als Mittelpunkt die komplexen Zahlen a_{ii} und a_{jj}. Schließlich bezeichnen wir noch die Gesamtheit der R_i bzw. S_j mit R bzw. S. Mengentheoretisch gesprochen ist R bzw. S die Vereinigung der R_i bzw. S_j, d.h.

$$R = \bigcup_{i=1}^{n} R_i, \quad S = \bigcup_{j=1}^{n} S_j. \tag{9.16}$$

R und S sind abgeschlossene Teilmengen von C (Bereiche), die jedoch nicht zusammenhängend zu sein brauchen, wie in Abbildung 9.3 skizziert.

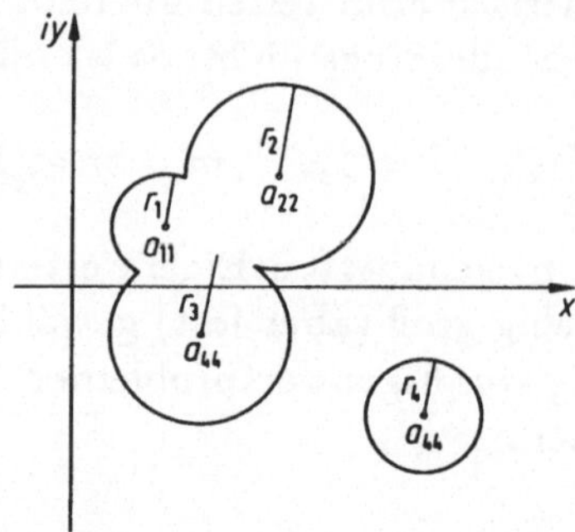

Abbildung 9.3. Der abgeschlossene Bereich R

Satz 9.3. *(Kreisesatz von Gerschgorin) Die Bereiche R und S enthalten jeweils sämtliche Eigenwerte von $\boldsymbol{A}$.*

Beweis: *Sei λ Eigenwert von $\boldsymbol{A}$ und $\boldsymbol{x}$ ein zugehöriger Eigenvektor, so gilt $\boldsymbol{A}\boldsymbol{x} = \lambda\boldsymbol{x}$ oder*

$$(\lambda - a_{ii})x_i = \sum_{\substack{j=1 \\ j\neq i}}^{n} a_{ij}x_j, \quad i = 1, \ldots, n. \tag{9.17}$$

Sei $|x_{i_0}| = \max\{|x_i|\} = \|\boldsymbol{x}\|_\infty$, so ist $x_{i_0} \neq 0$, denn sonst wäre mit $\|\boldsymbol{x}\|_\infty = 0$ auch $\boldsymbol{x} = \boldsymbol{0}$ und somit $\boldsymbol{x}$ kein Eigenvektor. Daher folgt mit (9.17)

$$(\lambda - a_{i_0 i_0}) = \sum_{\substack{j=1 \\ j\neq i_0}}^{n} a_{i_0 j}\frac{x_j}{x_{i_0}},$$

oder wegen $|x_j| \leq |x_{i_0}|$, $j = 1, \ldots, n$,

$$|\lambda - a_{i_0 i_0}| \leq \sum_{\substack{j=1 \\ j\neq i_0}}^{n} |a_{i_0 j}| = r_{i_0}. \tag{9.18}$$

Somit liegt λ in R. Da $\boldsymbol{A}$ und $\boldsymbol{A}^T$ die gleichen Eigenwerte besitzen, die Spalten von $\boldsymbol{A}$ aber die Zeilen von $\boldsymbol{A}^T$ sind, liegt λ auch in S. Da λ ein beliebiger Eigenwert war, muß jeder Eigenwert von $\boldsymbol{A}$ in R und in S liegen. Damit ist der Satz bewiesen. □

Aus (9.18) folgt noch

$$|\lambda| \leq \max_i \sum_{j=1}^{n} |a_{ij}| = \|\boldsymbol{A}\|_\infty,$$

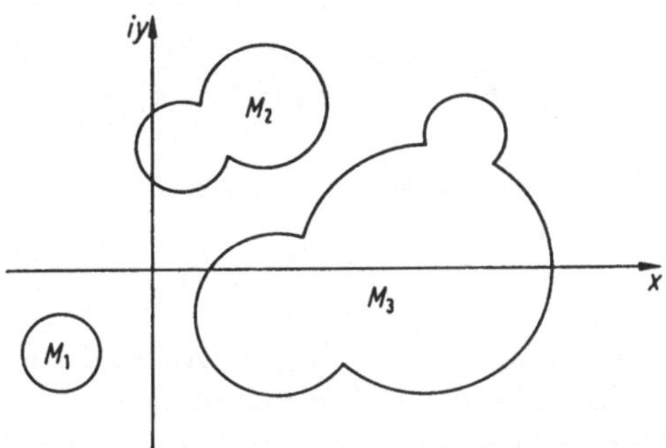

Abbildung 9.4. Bereiche M_1, M_2, M_3 im Fall $n = 6$

und, da dies für jeden Eigenwert, also auch für den betragsmäßig größten, den Spektralradius, gilt,

$$\rho(A) = \max_{i=1,\ldots,n} |\lambda_i| \leq \|A\|_\infty. \tag{9.19}$$

Diese Relation hatten wir bereits verwendet.

Natürlich gilt der Satz 9.3 auch in dem Spezialfall, daß A eine reelle Matrix ist. Dann liegen die Mittelpunkte der Kreise R_i und S_i auf der reellen Achse.

Ergänzung : Über die Behauptung des Satzes 9.3 hinaus kann man noch zeigen: R bzw. S bestehe aus $p \leq n$ zusammenhängenden Bereichen $M_1, \ldots, M_p$, wobei M_i genau m_i, $\sum_{i=1}^{p} m_i = n$, Kreise enthält und zu den M_j, $j = 1, \ldots, p$, $j \neq i$, punktfremd ist (Abbildung 9.4). Dann enhält M_i genau m_i Eigenwerte, $i = 1, \ldots, p$.

Zum Beweis vergleiche man etwa [14, Seite 143].

Im Falle $p = 1$ liegt ein zusammenhängender Bereich vor, im Falle $p = n$ gibt es genau n punktefremde Bereiche $M_1, \ldots, M_n$, die daher mit den Kreisen R_i bzw. S_i, $i = 1, \ldots, n$, identisch sind. Jeder dieser Kreise enthält dann genau einen Eigenwert.

Beispiel 9.1.

1. *Wir betrachten die symmetrische Matrix*

$$A = \begin{bmatrix} 2 & -1 & 0 \\ -1 & 2 & -1 \\ 0 & -1 & 2 \end{bmatrix}.$$

Nach (9.13) besitzt sie die reellen Eigenwerte $(h = 1)$

$$\begin{aligned} \lambda_1 &= 4\sin^2 \tfrac{\pi}{8} \approx 0.58579, \\ \lambda_2 &= 4\sin^2 \tfrac{\pi}{4} = 2.00000, \\ \lambda_3 &= 4\sin^2 \tfrac{3\pi}{8} \approx 3.41421. \end{aligned}$$

Es ist nach (9.14)

$$r_1 = r_3 = s_1 = s_3 = 1, \quad r_2 = s_2 = 2,$$

und nach (9.15), (9.16) liegen alle 3 Eigenwerte $\lambda_1, \lambda_2, \lambda_3$ *im Kreis*

$$|z-2| \leq 2,$$

denn dieser enthält den Kreis $|z-2| \leq 1$. *Außerdem liegen die* λ_i, $i = 1, 2, 3$, *auf der reellen Achse, da* $\boldsymbol{A}$ *reell symmetrisch ist, In der Tat genügen die Eigenwerte der Ungleichung* $|\lambda_i - 2| \leq 2$, $i = 1, 2, 3$.

2. *Wir betrachten jetzt die komplexe Matrix*

$$\boldsymbol{A} = \begin{bmatrix} 1+2\mathrm{i} & 2+4\mathrm{i} \\ 2+4\mathrm{i} & 4+8\mathrm{i} \end{bmatrix}$$

mit den Eigenwerten $\lambda_1 = 0$, $\lambda_2 = 5 + 10\mathrm{i}$. *Nach Satz 9.3 liegen sie in der Vereinigungsmenge der beiden Kreise*

$$|z - (1+2\mathrm{i})| \leq \sqrt{20}, \quad |z - (4+8\mathrm{i})| \leq \sqrt{20}.$$

Dies ist in der Tat der Fall, denn wegen

$$|0 - (1+2\mathrm{i})| = \sqrt{5} < \sqrt{20}$$

liegt λ_1 *im ersten, wegen*

$$|5 + 10\mathrm{i} - (4+8\mathrm{i})| = \sqrt{5} < \sqrt{20}$$

λ_2 *im zweiten dieser Kreise. Nach (9.19) folgt außerdem*

$$\rho(\boldsymbol{A}) \leq \|\boldsymbol{A}\|_\infty = |2+4\mathrm{i}| + |4+8\mathrm{i}| = \sqrt{20} + \sqrt{80} \approx 13.42\,.$$

Nun ist $\rho(\boldsymbol{A}) = |5+10\mathrm{i}| = \sqrt{125} \approx 11.18$, *d.h. die Abschätzung ist recht genau. Bei größeren Matrizen ist eine entsprechende Schärfe der Abschätzung im allgemeinen nicht zu erreichen.* □

Falls $\boldsymbol{A}$ hermitesch ist, kann man weitere, oft günstige Abschätzungen für die Eigenwerte mittels des *Rayleighquotienten*

$$R(\boldsymbol{x}; \boldsymbol{A}) = \frac{\boldsymbol{x}^* \boldsymbol{A} \boldsymbol{x}}{\boldsymbol{x}^* \boldsymbol{x}} \qquad \text{für } \boldsymbol{x} \neq \boldsymbol{0}$$

gewinnen. Es gilt nämlich

Satz 9.4. *Ist $A^* = A$, dann gilt*

$$\lambda_{\min}(A) = \min_{x \neq 0} R(x; A) \leq R(x; A) \leq \max_{x \neq 0} R(x; A) = \lambda_{\max}(A)$$

für alle $x \neq 0$, insbesondere also

$$\lambda_{\min}(A) \leq \min_i a_{ii} \leq \max_i a_{ii} \leq \lambda_{\max}(A).$$

Dabei bezeichnet $\lambda_{\min}$ den kleinsten und $\lambda_{\max}$ den größten Eigenwert.

Zum Beweis vergleiche man [38]. □

Man kann auch andere als die extremalen Eigenwerte durch den Rayleighquotienten charakterisieren, z.B. ist mit

$$\lambda_n \leq \ldots \leq \lambda_2 \leq \lambda_1,$$

λ_i Eigenwert von A mit Eigenvektor u_i

$$\lambda_2 = \max_{x \neq 0, x^* u_1 = 0} R(x; A).$$

9.3.2 Eine a-posteriori-Fehlerabschätzung bei hermiteschen Matrizen

Eine Fehlerabschätzung für bereits näherungsweise berechnete Eigenwerte einer hermiteschen Matrix, und zwar eine sogenannte a-posteriori-Fehlerabschätzung, liefert der folgende

Satz 9.5. *Es sei A eine hermitesche Matrix mit den (reellen!) Eigenwerten λ_i, $i = 1, \ldots, n$. Setzt man für eine beliebige reelle Zahl λ und einen beliebigen Vektor $x \in \mathbb{C}^n$, $x \neq 0$,*

$$d = Ax - \lambda x,$$

so gilt

$$\min_{1 \leq i \leq n} |\lambda - \lambda_i| \leq \frac{\|d\|_2}{\|x\|_2}.$$

Beweis: *Wie wir in Abschn. 9.1 gesehen haben, besitzt A als hermitesche Matrix ein System u_i, $i = 1, \ldots, n$, von orthonormierten, also linear unabhängigen, Eigenvektoren; es gilt*

$$Au_i = \lambda_i u_i, \qquad i = 1, \ldots, n.$$

Der Vektor $x \in \mathbb{C}^n$ läßt sich ferner als Linearkombination der linear unabhängigen Eigenvektoren darstellen:

$$x = \sum_{i=1}^{n} c_i u_i.$$

Hieraus erhält man

$$x^*x = \sum_{i,j=1}^{n} \bar{c}_i c_j u_i^* u_j = \sum_{i,j=1}^{n} \bar{c}_i c_j \delta_{ij} = \sum_{i=1}^{n} |c_j|^2$$

und

$$u_j^* x = \sum_{i=1}^{n} c_i u_j^* u_i = \sum_{i=1}^{n} c_i \delta_{ij} = c_j.$$

Dann ist

$$d = Ax - \lambda x = \sum_{i=1}^{n} c_i (Au_i - \lambda u_i) = \sum_{i=1}^{n} c_i (\lambda_i - \lambda) u_i,$$

und somit

$$d^* d = \sum_{i,j=1}^{n} \bar{c}_i c_j (\lambda_i - \lambda)(\lambda_j - \lambda) u_i^* u_j = \sum_{i=1}^{n} |c_i|^2 (\lambda_i - \lambda)^2. \tag{9.20}$$

Mit

$$q_i = \frac{|c_i|^2}{x^* x} = \frac{|c_i|^2}{\sum_{j=1}^{n} |c_j|^2}, \qquad \sum_{i=1}^{n} q_i = 1$$

folgt dann aus (9.20)

$$\frac{\|d\|_2^2}{\|x\|_2^2} = \frac{d^* d}{x^* x} = \sum_{i=1}^{n} q_i (\lambda_i - \lambda)^2 \geq \min_{1 \leq i \leq n} (\lambda_i - \lambda)^2,$$

und hieraus die Behauptung des Satzes. □

Natürlich gilt der Satz entsprechend, wenn A eine reell-symmetrische Matrix ist. Bei gegebenem x wird $\|d\|_2$ in Satz 9.5 minimal für $\lambda = R(x; A)$.

Beispiel 9.2. *Die Matrix*

$$A = \begin{bmatrix} 8.41 & -6.09 & 3.19 \\ -6.09 & 4.41 & -2.31 \\ 3.19 & -2.31 & 1.21 \end{bmatrix}$$

hat die drei Eigenwerte 14.03, 0, 0. *Ein genäherter Eigenvektor zu* $\lambda_{\max} = 14.03$ *ist* $(3, -2, 1)^T$. *Wir setzen*

$$\begin{aligned} \lambda := R(x; A) &= (3, -2, 1) \cdot (40.6, -29.4, 15.4)^T / (9 + 4 + 1) \\ &= 14 \end{aligned}$$

und erhalten

$$d = Ax - \lambda x = \begin{pmatrix} -1.4 \\ -1.4 \\ 1.4 \end{pmatrix},$$

$$\min_{1 \leq i \leq 3} |14 - \lambda_i| \leq \|d\|_2 / \|x\|_2 = 1.4\sqrt{3}/\sqrt{14} = 0.64807\ldots .$$

□

Bemerkung 9.2. *Ist $Ax \neq 0$ in Satz 9.5, so kann man auch für den relativen Fehler eine Abschätzung erhalten:*

$$\min_{1\le i\le n} \frac{|\lambda - \lambda_i|}{|\lambda_i|} \le \frac{\|d\|_2}{\|Ax\|_2}.$$

Dies liefert in Beispiel 9.2

$$\min_{1\le i\le 3} \frac{|14 - \lambda_i|}{|\lambda_i|} \le \frac{1.4\sqrt{3}}{52.44} = 0.0463\ldots .$$

□

Man erkennt, daß hier die Fehlerabschätzungen nicht besonders scharf sind. Dies liegt daran , daß $R(x;A)$ eine besonders gute Eigenwertschätzung ist, wenn A hermitesch und x ein genäherter Eigenvektor ist.

Es gilt nämlich

Satz 9.6. *Ist $A = A^*$ und $Ax^{(j)} = \lambda_j x^{(j)}$ mit $x^{(j)} \neq 0$, dann gilt für beliebiges $x \neq 0$*

$$|R(x;A) - \lambda_j| \le 2\|A\|_2 \|\frac{x}{\|x\|_2} - \frac{x^{(j)}}{\|x^{(j)}\|_2}\|_2^2, \quad j = 1,\ldots,n,$$

d.h. ist x Näherung für einen Eigenvektor von A, dann ist der Fehler in $R(x;A)$ bezüglich λ_j quadratisch klein in den Fehlern der (normierten) Eigenvektornäherung.

Beweis: *Ohne Einschränkung der Allgemeinheit sei $\|x\|_2 = \|x^{(j)}\|_2 = 1$. Ferner sei*

$$x = \sum_{k=1}^{n} \xi_k x^{(k)}, \qquad \sum_{k=1}^{n} |\xi_k|^2 = 1$$

und $(x^{(1)},\ldots,x^{(n)})$ ein vollständiges orthonormiertes Eigenvektorsystem von A. Dann gilt

$$R(x;A) = \sum_{k=1}^{n} |\xi_k|^2 \lambda_k,$$

und deshalb

$$\begin{aligned}
|R(x;A) - \lambda_j| &\le \sum_{\substack{k=1\\k\neq j}}^{n} |\xi_k|^2 |\lambda_k| + \big|\,|\xi_j|^2 - 1\big|\,|\lambda_j| \\
&\le 2\|A\|_2 \sum_{k\neq j} |\xi_k|^2 \\
&\le 2\|A\|_2 \Big(\sum_{k\neq j} |\xi_k|^2 + |1 - \xi_j|^2\Big) \\
&= 2\|A\|_2 \|x - x^{(j)}\|_2^2.
\end{aligned}$$

□

In Beispiel 9.2 ist

$$\begin{aligned} x/\|x\|_2 &= (3,-2,1)^T/\sqrt{14}, \\ x^{(j)}/\|x^{(j)}\|_2 &= (2.9,-2.1,1.1)^T/\sqrt{14.03}, \end{aligned}$$

d.h.

$$2\|A\|_2\|x/\|x\|_2 - x^{(j)}/\|x^{(j)}\|_2\|_2^2 = 0.06004\,.$$

Bei einer hermiteschen Matrix genügt also eine recht grobe Genauigkeit in einer Eigenvektornäherung, um eine sehr gute Eigenwertnäherung zu erhalten.

Wir wenden uns nun kurz der Frage zu, wie sich Fehler in den Koeffizienten der Matrix A auf ihre Eigenwerte und Eigenvektoren auswirken. Diese Fehler können aus Datenfehlern, aus Berechnungsfehlern in den Matrixkoeffizienten oder auch aus den Rundungsfehlern bei der Anwendung von Eigenwertbestimmungsverfahren stammen.

Hier gibt es zwei Arten von Sätzen: Sätze, bei denen eine globale Schranke für die Fehler in allen Eigenwerten angegeben werden, und Sätze, bei denen für individuelle Eigenwerte und Eigenvektoren eine Aussage für „hinreichend kleine" Störungen gemacht wird.

Wir geben zunächst einige Sätze der ersten Art an.

Die stärksten Aussagen erhält man für hermitesche Matrizen. Hier ergibt sich, daß die Fehler in den Eigenwerten betragsmäßig nicht größer werden als die Norm der Fehlermatrix:

Satz 9.7. *Seien $A = A^*$, $B = B^*$ und $\lambda_n \leq \cdots \leq \lambda_1$ bzw. $\mu_n \leq \cdots \leq \mu_1$ die Eigenwerte von A bzw. B. Dann gilt*

$$|\mu_i - \lambda_i| \leq \varrho(B - A) \leq \|A - B\|, \quad i = 1, \ldots, n \tag{9.21}$$

(für jede einer Vektornorm zugeordnete Matrixnorm).

Beweis siehe z.B. in [11] □

Der Vorteil der Schranke (9.21) besteht darin, daß sie ohne weitere Information direkt auswertbar ist.

Beispiel 9.3. *Es sollen die Eigenwerte einer „großen" symmetrischen Matrix bestimmt werden. Die Matrix habe folgende Struktur*

$$A = \begin{bmatrix} A_{11} & A_{12}^* \\ A_{12} & A_{22} \end{bmatrix},$$

wobei alle Elemente von A_{12} betragsmäßig kleiner oder gleich ε, $\varepsilon \ll 1$, seien. Dann kann man sich darauf beschränken, die Eigenwerte der Untermatrizen A_{11} und A_{22}

zu bestimmen, d.h. zwei kleinere Eigenwertprobleme zu lösen. Denn wegen (9.21) unterscheiden sich die Eigenwerte von $\boldsymbol{A}$ von denen von

$$\boldsymbol{B} = \begin{bmatrix} \boldsymbol{A}_{11} & \boldsymbol{0} \\ \boldsymbol{0} & \boldsymbol{A}_{22} \end{bmatrix}$$

(wegen $\det(\boldsymbol{B} - \lambda I) = \det(\boldsymbol{A}_{11} - \lambda I)\det(\boldsymbol{A}_{22} - \lambda I)$*) also von den Eigenwerten von* $\boldsymbol{A}_{11}$ *und* $\boldsymbol{A}_{22}$ *) höchstens um* $n|\varepsilon|$. □

Ist eine der Matrizen nicht mehr hermitesch, aber wenigstens noch diagonalähnlich, dann kann man beweisen, daß der Fehler in den Eigenwerten noch linear mit dem Fehler in dem Matrixkoeffizienten gegen Null geht:

Satz 9.8. *Sei $\boldsymbol{A}$ eine diagonalähnliche, komplexe $n \times n$-Matrix mit dem vollständigen Eigenvektorsystem $\boldsymbol{T}$ und $\boldsymbol{B}$ eine beliebige komplexe $n \times n$-Matrix. Dann gibt es zu den Eigenwerten $\lambda_1, \ldots, \lambda_n$ von $\boldsymbol{A}$ eine Numerierung $\mu_{j_1}, \ldots, \mu_{j_n}$ der Eigenwerte von $\boldsymbol{B}$, so daß*

$$|\lambda_i - \mu_{j_i}| \le k_2(\boldsymbol{T})\|\boldsymbol{B} - \boldsymbol{A}\|_2 \qquad i = 1, \ldots, n.$$

Zum Beweis siehe [11]. □

Die Aussage von Satz 9.8 ist in der Regel nicht mehr quantitativ auswertbar, weil man die Matrix $\boldsymbol{T}$ bzw. eine Schranke für $k_2(\boldsymbol{T})$ nicht kennt.

Beispiel 9.4. *Die obere Hessenbergmatrix*

$$\boldsymbol{A} = \begin{bmatrix} 12 & 11 & 10 & & & 1 \\ 11 & 11 & 10 & & & \\ & 10 & 10 & & & \vdots \\ & & 9 & & & \\ & & & \ddots & 2 & 1 \\ & & & & 1 & 1 \end{bmatrix}$$

besitzt ein vollständiges Eigenvektorsystem $\boldsymbol{T}$ mit $k_2(\boldsymbol{T})$ in der Größenordnung 10^7. Fehler in der Größenordnung von 10^{-7} in allen Matrixelementen verändern also gemäß Satz 9.8 die Eigenwerte in der Gößenordnung von 1. Es ist aber $\lambda_{\max} = 32.22889\ldots$, $\lambda_{\min} = 0.031028\ldots$ *. Die Information über die kleineren Eigenwerte würde also völlig verlorengehen. Numerische Experimente zeigen, daß die Rundungsfehlerempfindlichkeit der Eigenwerte dieser Matrix tatsächlich so groß ist.* □

Wenn die Matrix A nicht mehr diagonalähnlich ist, kann man keine Aussage analog zu Satz 9.8 mehr erwarten:

Beispiel 9.5.

$$A = \begin{bmatrix} 1 & 1 \\ 0 & 1 \end{bmatrix}, \quad \text{Eigenwerte} \quad \lambda_1 = \lambda_2 = 1,$$
$$B = \begin{bmatrix} 1 & 1 \\ \varepsilon & 1 \end{bmatrix}, \quad \text{Eigenwerte} \quad \lambda_1 = 1 + \sqrt{\varepsilon}, \quad \lambda_2 = 1 - \sqrt{\varepsilon},$$

d.h. der Fehler im Eigenwert hat nun die Größenordnung $\varepsilon^{1/p}$, wenn ε die Größenordnung des Fehlers in den Matrixkoeffizienten und p die größte Ordnung eines zugehörigen Jordankästchens ist. (Die Aussage gilt allgemein in dieser Form.)

□

Die Sätze 9.7 und 9.8 stellen globale Fehlerabschätzungen für die Eigenwerte einer gestörten Matrix $B = A + F$, bezogen auf die Eigenwerte von A, dar. Zu feineren Aussagen gelangt man, wenn man den Einfluß einer Störmatrix F auf ein individuelles Eigenwert-Eigenvektorpaar untersucht. Ein solcher Satz sei hier mitgeteilt:

Satz 9.9. *Es sei A eine diagonalähnliche $n \times n$-Matrix mit dem vollständigen Eigenvektorsystem $X = (x_1, \ldots, x_n)$. $Y = X^{-1}$ besitze die Zeilen $y_1^*, \ldots, y_n^*$. Ist dann λ_k ein einfacher Eigenwert von A, $Ax_k = \lambda_k x_k$, dann gibt es für genügend kleines $\|F\|$ einen einfachen Eigenwert μ_k von $A + F$ mit*

$$\mu_k = \lambda_k + y_k^* F x_k + 0(\|F\|^2) \tag{9.22}$$

und zu μ_k einen Eigenvektor z_k von $A + F$, für den bei der Normierung

$$y_k^* z_k = 1$$

gilt

$$z_k = x_k + \sum_{\substack{j=1 \\ j \neq k}}^{n} (y_j^* F x_k) \frac{1}{\lambda_k - \lambda_j} x_j + 0(\|F\|^2). \tag{9.23}$$

Beweis siehe z.B. bei [27]. □

Erläuterung : Normiert man die x_j alle auf $\|x_j\|_2 = 1$, dann liegt $\|y_k\|_2$ für mindestens eine Zeile y_k^* in der Größenordnung $k_2(T)$. Wir haben also dann

$$1 \le \|T\|_2 \le \sqrt{n},$$
$$\|y_j\|_2 \le \|T^{-1}\|_2 \le \sqrt{n} \cdot \max\{\|y_j\|_2 \mid j = 1, \ldots, n\}.$$

Normabschätzung in (9.22) ergibt also wieder im wesentlichen die Aussage von Satz 9.8, aber dies ist natürlich eine Vergröberung:

$$\begin{aligned} |\mu_k - \lambda_k| &\leq \|y_k\|_2 \|x_k\|_2 \|F\|_2 + 0(\|F\|^2) \\ &\leq k_2(T)\|F\|_2 + 0(\|F\|^2). \end{aligned}$$

Für spezielles F kann natürlich $|y_k^* F x_k|$ auch wesentlich kleiner als $\|y_k\|_2 \|x_k\|_2 \|F\|_2$ sein.

Für die Eigenvektoren erhalten wir aus (9.23) wiederum durch Normabschätzung

$$\|z_k - x_k\|_2 \leq k_2(T)\|F\|_2 (n-1) \frac{1}{\min\limits_{j \neq k} |\lambda_j - \lambda_k|} + 0(\|F\|^2), \tag{9.24}$$

Sind also die Eigenwerte von A gering separiert, d.h.

$$0 < \min_{j \neq k} |\lambda_j - \lambda_k| \ll 1,$$

dann können die Eigenvektoren auch im Falle $k_2(T) = 1$ ($A = A^*$) sehr empfindlich auf kleine Störungen in den Matrixelementen reagieren. Derartige Probleme treten z.B. bei der Balkenbiegung auf, wo die Eigenvektoren dann die diskretisierten Amplitudenfunktionen der Schwingungsmoden darstellen.

Es gibt aber auch Fälle, in denen der Übergang von (9.23) auf (9.24) eine extreme Vergröberung darstellt. Wenn F konkret gegeben ist, etwa in Form der Abweichung eines Systemparameters α von einem Sollwert α_0, d.h.

$$F = A(\alpha) - A(\alpha_0), \qquad A = A(\alpha_0),$$

dann kann man Eigenwerte und Eigenvektoren von $A(\alpha)$ als Funktionen von α in einer Umgebung von α_0 durch Auswertung (9.22) und (9.23) diskutieren. Wegen der 0-Terme ist die Gültigkeit der Aussage auf kleine Abweichungen beschränkt.

9.4 Ähnlickeitstransformation auf einfache Gestalt

Alle praktisch bedeutsamen Eigenwert- oder Eigenvektorbestimmungsverfahren weisen als iterativ zu wiederholende Teilschritte die Lösung von Gleichungssystemen mit der Matrix $A - \mu I$ bzw. Determinantenberechnungen für diese Matrix auf (mit geeignetem μ).

Wenn nicht A von vorneherein schon eine Bandmatrix geringer Bandbreite ist, wird man sich bemühen, durch eine vorgeschaltete Ähnlichkeitstransformation

$$B = U^{-1} A U$$

mit einer im Sinne der Gleichungslösung möglichst einfachen Matrix $\boldsymbol{B}$ und Lösung des Eigenwertproblems für $\boldsymbol{B}$ den Berechnungsaufwand zu verringern. Hat $\boldsymbol{A}$ das vollständige Eigenvektorsystem $\boldsymbol{T}$, d.h.

$$\boldsymbol{A} = \boldsymbol{T\Lambda T}^{-1}, \qquad \Lambda = \operatorname{diag}(\lambda_1, \dots, \lambda_n),$$

dann hat $\boldsymbol{B}$ das vollständige Eigenvektorsystem $\boldsymbol{U}^{-1}\boldsymbol{T}$.

Wie wir in Abschn. 9.3 erörtert haben, spielt die Konditionszahl dieses Eigenvektorsystems eine entscheidende Rolle für die Fehlerempfindlichkeit der Eigenwerte und Eigenvektoren z.B. gegenüber Rundungsfehlern bei der Berechnung. Eine wesentliche Bedingung wird also sein, $k(\boldsymbol{U}^{-1}\boldsymbol{T})$ möglichst klein zu halten. Da man ja $\boldsymbol{T}$ noch gar nicht kennt, kann man allenfalls dafür sorgen, daß zumindest

$$k(\boldsymbol{U}^{-1}\boldsymbol{T}) \le k(\boldsymbol{T}),$$

und für die euklidische Vektornorm ist dies erreichbar durch Verwendung einer unitären Transformationsmatrix $\boldsymbol{U}$. Die einfachste Form, die man bei beliebigem $\boldsymbol{A}$ dadurch für $\boldsymbol{B}$ erzielen kann, ist die obere oder untere Hessenbergform.

Als obere Hessenbergmatrix bezeichnet man eine Matrix $\boldsymbol{A}$ mit $a_{ij} = 0$ für $j \le i - 2$ und als untere Hessenbergmatrix eine Matrix mit $a_{ij} = 0$ für $j \ge i + 2$.

Von rechentechnischen Varianten abgesehen, gibt es hierzu zwei Verfahren, und zwar die Anwendung von Householder-Matrizen und die Anwendung von elementaren 2×2 Drehspiegelungen (sogenannte Givensrotationen).

Wir beschreiben zunächst die unitäre Ähnlichkeitstransformation auf untere Hessenberggestalt mittels Householdermatrizen und beginnen mit

Beispiel 9.6. *Wir betrachten*

$$\boldsymbol{A} = \begin{bmatrix} 1 & 2 & 0 & 1 \\ 2 & -1 & 0 & 2 \\ -1 & -1 & 1 & 2 \\ 1 & 0 & -1 & 3 \end{bmatrix}$$

und schreiben

$$\boldsymbol{A}_1 = \boldsymbol{A} = \left[\begin{array}{c|c} \tilde{\boldsymbol{A}}_1 & \boldsymbol{x}_1 \\ \hline \boldsymbol{y}_1^T & 3 \end{array}\right], \qquad \boldsymbol{x}_1 = \begin{bmatrix} 1 \\ 2 \\ 2 \end{bmatrix}, \quad \boldsymbol{y}_1 = \begin{bmatrix} 1 \\ 0 \\ -1 \end{bmatrix}.$$

Nun wird eine Householdermatrix $\boldsymbol{P}_1$ konstruiert mit

$$\begin{aligned} \boldsymbol{P}_1 &= I - \beta_1 \boldsymbol{u}_1 \boldsymbol{u}_1^T, \quad \beta_1 = 2/\boldsymbol{u}_1^T \boldsymbol{u}_1, \\ \boldsymbol{P}_1 \boldsymbol{x}_1 &= \begin{bmatrix} 0 \\ 0 \\ -3 \end{bmatrix}. \end{aligned}$$

Dazu ist $u_1 = (1,2,5)^T$, $\beta_1 = 1/15$. *Es gilt* $P_1 = P_1^{-1}$. *Daher ist*

$$A_2 = \left[\begin{array}{c|c} P_1 & 0 \\ \hline 0 & 1 \end{array}\right] \left[\begin{array}{c|c} \tilde{A}_1 & x_1 \\ \hline y_1^T & 3 \end{array}\right] \left[\begin{array}{c|c} P_1 & 0 \\ \hline 0 & 1 \end{array}\right]$$

eine unitäre Ähnlichkeitstransformation. A_2 *errechnet sich als*

$$A_2 = \left[\begin{array}{c|c} P_1\tilde{A}_1P_1 & P_1x_1 \\ \hline y_1^TP_1 & 3 \end{array}\right].$$

Es ist aber

$$P_1x_1 = \begin{bmatrix} 0 \\ 0 \\ -3 \end{bmatrix} \quad \textit{nach Konstruktion von} \quad P_1,$$

$$\begin{aligned} y_1^TP_1 &= y_1^T - \beta_1(y_1^Tu_1)u_1^T \\ &= (1,0,-1) - \tfrac{1}{15}(-4)(1,2,5) \\ &= (19/15, 8/15, 5/15), \\ P_1\tilde{A}_1P_1 &= (\tilde{A}_1 - \beta_1u_1(u_1^T\tilde{A}_1))(I - \beta_1u_1u_1^T) \\ &= \tilde{A}_1 - \beta_1u_1(u_1^T\tilde{A}_1) - \beta_1(\tilde{A}_1u_1)u_1^T + \beta_1^2(u_1^T\tilde{A}_1u_1)u_1u_1^T. \end{aligned}$$

Mit

$$\tilde{A}_1u_1 = \begin{bmatrix} 5 \\ 0 \\ 2 \end{bmatrix}, \quad u_1^T\tilde{A}_1 = (0,-5,5), \quad u_1^T\tilde{A}_1u_1 = 15$$

ergibt sich

$$P_1\tilde{A}_1P_1 = \tfrac{1}{15}\begin{bmatrix} 11 & 27 & -25 \\ 32 & -1 & 0 \\ -12 & 16 & 5 \end{bmatrix}.$$

Also ist

$$A_2 = \tfrac{1}{15}\left[\begin{array}{cc|c|c} \multicolumn{2}{c|}{\tilde{A}_2} & x_2 & \begin{array}{c} 0 \\ 0 \end{array} \\ \hline \multicolumn{2}{c|}{y_2^T} & 5 & -45 \\ \hline 19 & 8 & 5 & 45 \end{array}\right], \quad x_2 = \begin{bmatrix} -25 \\ 0 \end{bmatrix}, \quad y_2 = (-12, 16).$$

Nun wird eine Householdermatrix P_2 *konstruiert mit*

$$P_2x_2 = \begin{bmatrix} 0 \\ 25 \end{bmatrix},$$

$$\text{also } \boldsymbol{P}_2 = I - \beta_2 \boldsymbol{u}_2 \boldsymbol{u}_2^T, \quad \beta_2 = 2/\boldsymbol{u}_2^T \boldsymbol{u}_2, \quad \boldsymbol{u}_2 = \begin{bmatrix} -25 \\ 25 \end{bmatrix}.$$

Es ergibt sich

$$\boldsymbol{P}_2 = \begin{bmatrix} 0 & -1 \\ -1 & 0 \end{bmatrix},$$

und mit $\boldsymbol{I}_2$ *als* 2×2 *Einheitsmatrix und*

$$\begin{aligned} \boldsymbol{A}_3 &= \left[\begin{array}{c|c} \boldsymbol{P}_2 & 0 \\ \hline 0 & \boldsymbol{I}_2 \end{array}\right] \boldsymbol{A}_2 \left[\begin{array}{c|c} \boldsymbol{P}_2 & 0 \\ \hline 0 & \boldsymbol{I}_2 \end{array}\right] \\ &= \frac{1}{15}\begin{bmatrix} -1 & 32 & 0 & 0 \\ 27 & 11 & 25 & 0 \\ -16 & 12 & 5 & 45 \\ -8 & -19 & 5 & 45 \end{bmatrix} \end{aligned}$$

erhält man die endgültige untere Hessenbergform. □

Anhand obigen Beispiels dürfte der allgemeine Schritt des Algorithmus klar sein. Im j-ten Schritt hat man die Matrix $\boldsymbol{A}_j$ vorliegen, mit $\boldsymbol{A}_1 = \boldsymbol{A}$. $\boldsymbol{A}_j$ hat die Form

$$\boldsymbol{A}_j = \left[\begin{array}{c|c|c} \tilde{\boldsymbol{A}}_j & \boldsymbol{x}_j & 0 \\ \hline \boldsymbol{B}_j & \multicolumn{2}{c}{\tilde{\boldsymbol{H}}_j} \end{array}\right], \quad j = 1, \ldots, n-2.$$

Hierin ist

$\tilde{\boldsymbol{A}}_j$ eine $(n-j) \times (n-j)$-Matrix,
$\boldsymbol{x}_j$ ein $(n-j)$-komponentiger Spaltenvektor,
0 eine $(n-j) \times (j-1)$-Nullmatrix (für $j = 1$ nicht vorhanden),
$\tilde{\boldsymbol{H}}_j$ eine $j \times j$ untere Hessenbergmatrix,
$\boldsymbol{B}_j$ eine $j \times (n-j)$-Matrix, (für $j = 1$ also eine Zeile).

Nun wird eine Householdermatrix $\boldsymbol{P}_j$ konstruiert,

$$\boldsymbol{P}_j = I - \beta_j \boldsymbol{u}_j \boldsymbol{u}_j^*, \quad \beta_j = 2/\boldsymbol{u}_j^* \boldsymbol{u}_j,$$

so daß

$$\boldsymbol{P}_j \boldsymbol{x}_j = \begin{bmatrix} 0 \\ \vdots \\ 0 \\ \sigma_j \|\boldsymbol{x}_j\|_2 \end{bmatrix} \quad \text{mit } |\sigma_j| = 1.$$

Dann wird

$$\boldsymbol{A}_{j+1} = \left[\begin{array}{c|c|c} \boldsymbol{P}_j \tilde{\boldsymbol{A}}_j \boldsymbol{P}_j & \begin{matrix} 0 \\ \vdots \\ 0 \\ \sigma_j \|\boldsymbol{x}_j\|_2 \end{matrix} & 0 \\ \hline \boldsymbol{B}_j \boldsymbol{P}_j & \tilde{\boldsymbol{H}}_j & \end{array}\right] = \begin{bmatrix} \boldsymbol{P}_j & 0 \\ 0 & \boldsymbol{I}_j \end{bmatrix} \boldsymbol{A}_j \begin{bmatrix} \boldsymbol{P}_j & 0 \\ 0 & \boldsymbol{I}_j \end{bmatrix}$$

gebildet. Nach $n - 2$ solchen unitären Ähnlichkeitstransformationen hat man die endgültige untere Hessenbergform erreicht.

Die Anwendung von $\boldsymbol{P}_j$ erfolgt dabei gemäß den Beziehungen

$$\begin{aligned} \boldsymbol{B}_j\boldsymbol{P}_j &= \boldsymbol{B}_j - \beta_j(\boldsymbol{B}_j\boldsymbol{u}_j)\boldsymbol{u}_j^*, \\ \boldsymbol{P}_j\tilde{\boldsymbol{A}}_j\boldsymbol{P}_j &= \tilde{\boldsymbol{A}}_j - \beta_j(\tilde{\boldsymbol{A}}_j\boldsymbol{u}_j)\boldsymbol{u}_j^* - \beta_j\boldsymbol{u}_j(\boldsymbol{u}_j^*\tilde{\boldsymbol{A}}_j) + \beta_j^2(\boldsymbol{u}_j^*\tilde{\boldsymbol{A}}_j\boldsymbol{u}_j)\boldsymbol{u}_j\boldsymbol{u}_j^*. \end{aligned}$$

Eine obere Hessenbergmatrix erhält man entsprechend, wenn man Spalte 1 bis $n-2$ (in dieser Reihenfolge) jeweils unterhalb der Subdiagonalen in Null überführt.

Wegen $\boldsymbol{P}_j = \boldsymbol{P}_j^* = \boldsymbol{P}_j^{-1}$ ist die erhaltene Hessenbergmatrix tatsächlich eine Ähnlichkeitstransformierte der Ausgangsmatrix $\boldsymbol{A}$. Ist $\boldsymbol{A}$ hermitesch, dann wird

$$\boldsymbol{H} = \begin{bmatrix} \boldsymbol{P}_{n-2} & 0 \\ 0 & \boldsymbol{I}_{n-2} \end{bmatrix} \cdots \begin{bmatrix} \boldsymbol{P}_1 & 0 \\ 0 & 1 \end{bmatrix} \boldsymbol{A} \begin{bmatrix} \boldsymbol{P}_1 & 0 \\ 0 & 1 \end{bmatrix} \cdots \begin{bmatrix} \boldsymbol{P}_{n-2} & 0 \\ 0 & \boldsymbol{I}_{n-2} \end{bmatrix}$$

ebenfalls hermitesch:

$$\boldsymbol{H} = \boldsymbol{H}^*,$$

d.h. $\boldsymbol{H}$ wird automatisch tridiagonal. Es ist also möglich, ohne jede Vorinformation das Eigenwertproblem jeder beliebigen hermiteschen Matrix auf das einer hermiteschen Dreibandmatrix zurückzuführen. Wenn $\boldsymbol{A}$ eine Bandmatrix sehr großer Dimension n ist, muß man für die Reduktion auf Bandbreite drei spezielle Algorithmen anwenden, vgl. [25]. Die hier beschriebene Transformation würde nämlich die Bandstruktur der Ausgangsmatrix nicht erhalten, sondern in den Zwischenschritten eine nahezu vollbesetzte Matrix erzeugen.

Bemerkung 9.3. *Anstelle der Householdermatrizen kann man für die beschriebene Transformation auch sogenannte Givensmatrizen verwenden. Dies sind spezielle Drehspiegelungsmatrizen der Form*

$$\boldsymbol{\Omega}_i = \begin{bmatrix} 1 & & & & & & 0 \\ & \ddots & & & & & \\ & & 1 & & & & \\ & & & c_i & b_i & & \\ & & & \bar{b}_i & -\bar{c}_i & & \\ & & & & & 1 & \\ & & & & & & \ddots \\ 0 & & & & & & & 1 \end{bmatrix} \begin{matrix} \\ \\ \\ \leftarrow\ i \\ \leftarrow\ i+1 \\ \\ \\ \\ \end{matrix},$$

die sich nur in den Positionen $(i,i), (i,i+1), (i+1,i), (i+1,i+1)$ von der Einheitsmatrix unterscheiden. Auf diesen Stellen steht eine unitre 2×2 Matrix, die *geometrisch eine Drehspiegelung erzeugt. c_i und b_i werden je nach Wunsch so konstruiert, daß die Komponente i oder $i+1$ eines Vektors (entsprechend einer Spalte der zu transformierenden Matrizen) zu null wird: Mit*

$$\boldsymbol{x} = (x_1, \dots, x_n)^T$$

wird

$$\boldsymbol{\Omega}_i \boldsymbol{x} = (x_i, \dots, x_{i-1}, c_i x_i + b_i x_{i+1}, \bar{b}_i x_i - \bar{c}_i x_{i+1}, x_{i+2}, \dots, x_n)^T.$$

Soll also die $(i+1)$-te Komponente zu null gemacht werden, dann hat man zu setzen:

$$\begin{aligned} \bar{c}_i &= x_i(|x_i|^2 + |x_{i+1}|^2)^{-1/2}, \\ \bar{b}_i &= x_{i+1}(|x_i|^2 + |x_{i+1}|^2)^{-1/2}. \end{aligned}$$

Im Fall eines reellen Vektors $\boldsymbol{x}$ wird $\boldsymbol{\Omega}_i$ sogar symmetrisch. Im Falle $x_i = x_{i+1} = 0$ ist kein Transformationsschritt erforderlich. □

Beispiel 9.7. *Der Vektor $\boldsymbol{x} = (8, \sqrt{11}, 4, 3)^T$ soll in den Vektor $(+10, 0, 0, 0)^T$ durch Transformation mit Givensmatrizen überführt werden. Zunächst wird*

$$\begin{aligned} c_3 &= 4/5, \qquad b_3 = 3/5 \\ \boldsymbol{\Omega}_3 \boldsymbol{x} &= (8, \sqrt{11}, 5, 0)^T \end{aligned}$$

$$\begin{aligned} c_2 &= \sqrt{11}/6, \qquad b_2 = 5/6 \\ \boldsymbol{\Omega}_2 \boldsymbol{\Omega}_3 \boldsymbol{x} &= (8, 6, 0, 0)^T \end{aligned}$$

$$\begin{aligned} c_1 &= 8/10 \qquad b_1 = 6/10 \\ \boldsymbol{\Omega}_1 \boldsymbol{\Omega}_2 \boldsymbol{\Omega}_3 \boldsymbol{x} &= (10, 0, 0, 0)^T. \end{aligned}$$

□

Bei vollbesetzten Vektoren bzw. Matrizen ist die Anwendung der Givenstransformationen aufwendiger als die der Householdertransformationen. Sie hat jedoch Vorteile bei dünnbesetzten Matrizen.

10 Verfahren zur Bestimmung von Eigenwerten und Eigenvektoren

10.1 Unterraummethoden

Bei den Unterraummethoden versucht man zunächst, einen oder mehrere Eigenvektoren der Matrix $\boldsymbol{A}$ zu approximieren. Hierzu benutzt man einen oder mehrere linear unabhängige Vektoren, deren Linearkombination also einen Unterraum gegebener Dimension aufspannen, und die iterativ verbessert werden (daher der Verfahrensname). Die zugehörigen Eigenwerte erhält man dann als Nebenprodukt, z.B. aus dem Rayleighquotienten.

10.1.1 Die Verfahren von v. Mises und Wielandt

Das Verfahren von v. Mises ist das einfachste Verfahren unter den Unterraummethoden. Da es in der Regel nur sehr langsam konvergiert, wird es in seiner ursprünglichen Form in der Praxis fast nie angewendet. Sein Verständnis ist aber grundlegend für das vieler anderer Verfahren. Deshalb wollen wir hier etwas ausführlicher darauf eingehen.

Wir nehmen an, $\boldsymbol{A}$ sei diagonalähnlich. Dann gibt es eine invertierbare Matrix $\boldsymbol{T}$ und eine Diagonalmatrix $\boldsymbol{D}$, so daß

$$\boldsymbol{A} = \boldsymbol{T}\boldsymbol{D}\boldsymbol{T}^{-1}.$$

Für jede natürliche Zahl k ist dann weiterhin

$$\boldsymbol{A}^k = \boldsymbol{T}\boldsymbol{D}\boldsymbol{T}^{-1}\boldsymbol{T}\boldsymbol{D}\boldsymbol{T}^{-1}\cdots\boldsymbol{T}\boldsymbol{D}\boldsymbol{T}^{-1} = \boldsymbol{T}\boldsymbol{D}^k\boldsymbol{T}^{-1}.$$

Ist

$$\boldsymbol{D} = \operatorname{diag}(\lambda_1,\cdots,\lambda_n),$$

dann gilt

$$\boldsymbol{D}^k = \operatorname{diag}(\lambda_1^k,\cdots,\lambda_n^k).$$

Schreiben wir T als System von n Spalten $u_1, \cdots, u_n$ und T^{-1} als System von n Zeilen $v_1^*, \cdots, v_n^*$ dann ergibt sich

$$A^k = \sum_{j=1}^{n} \lambda_j^k u_j v_j^*.$$

Wir setzen voraus, daß A genau einen Eigenwert maximalen Betrages besitzt, der zudem einfach ist. Ohne Einschränkung nehmen wir an, dies sei λ_1, d.h.

$$|\lambda_1| > |\lambda_2| \geq \cdots \geq |\lambda_n|.$$

Dann ist

$$|\lambda_j|/|\lambda_1| \leq q = |\lambda_2|/|\lambda_1| < 1, \qquad j = 2, \cdots, n,$$

so daß wir erhalten

$$A^k = \lambda_1^k (u_1 v_1^* + \sum_{j=2}^{n} (\lambda_j/\lambda_1)^k u_j v_j^*), \tag{10.1}$$

oder

$$\frac{1}{\lambda_1^k} A^k - u_1 v_1^* \to 0 \qquad \text{für} \quad k \to \infty.$$

Dies bedeutet, daß sich die Matrizenpotenzen A^k immer mehr einer Matrix vom Rang 1 annähern, wenn man sie geeignet normiert. Ist A exakt vom Rang 1, d.h. mit zwei Vektoren $u_1 \neq 0, v_1 \neq 0$ gilt

$$A = u_1 v_1^*,$$

so kann man die Eigenwerte von A besonders einfach bestimmen. Eine solche Matrix hat in jedem Fall 0 als $(n-1)$-fachen Eigenwert. Die zugehörigen Eigenvektoren können als Orthonormalbasis in der Hyperebene mit Normalenvektor v_1 gewählt werden. Den verbleibenden Eigenvektor erhält man aus dem Ansatz

$$u_1 v_1^* x = \lambda x \qquad x \neq 0.$$

Ist also $v_1^* x \neq 0$, dann ist notwendig x ein Vielfaches von u_1, d.h. mit $x := u_1$ ergibt sich

$$\lambda = v_1^* u_1 \neq 0$$

als betragsdominanter Eigenwert. Ist dagegen $v_1^* u_1 = 0$, dann ist

$$v_1^* u_1 v_1^* = 0 \cdot v_1^*,$$

also ist v_1^* Linkseigenvektor zum Eigenwert 0 und orthogonal zu den $n-1$ Rechtseigenvektoren zum Eigenwert 0. In diesem Fall wäre A nicht diagonalähnlich. Dies ist z.B. der Fall bei

$$A = \begin{bmatrix} 0 & 1 \\ 0 & 0 \end{bmatrix} = \begin{bmatrix} 1 \\ 0 \end{bmatrix} \begin{bmatrix} 0 & 1 \end{bmatrix}.$$

Wir bleiben bei unserer Annahme, A sei diagonalähnlich, und wählen uns irgendeinen Vektor

$$x^{(0)} = \xi_1 u_1 + \sum_{i=2}^{n} \xi_i u_i, \qquad \xi_1 \neq 0, \tag{10.2}$$

wobei $u_2, \ldots, u_n$ die zum Eigenwert 0 gehörenden Eigenvektoren seien (d.h. $v_1^* u_j = 0, \; j = 2, \ldots, n$). Dann wird

$$Ax^{(0)} = u_1 v_1^* x^{(0)} = \xi_1 (v_1^* u_1) u_1 \neq 0.$$

Also ist

$$x^{(1)} = Ax^{(0)}$$

Vielfaches von u_1 und damit bereits Eigenvektor von A und den Eigenwert $\lambda = v_1^* u_1$ kann man z.B. mit dem Rayleighquotienten zu $x^{(1)}$ ermitteln. Die wesentliche Voraussetzung hierbei ist lediglich $\xi_1 \neq 0$ in (10.2). Entsprechend kann man erwarten, daß im Fall einer diagonalähnlichen Matrix mit einem einfachen betragsdominanten Eigenwert wegen (10.1) $A^k x^{(0)}$ mit wachsendem k eine immer bessere Eigenvektornäherung wird:

Mit (10.2) errechnet man wegen der Annahme über u_j, v_j^*, nämlich $u_i^* v_j = \delta_{ij}$

$$\begin{aligned} A^k x^{(0)} &= \lambda_1^k \Big(u_1 v_1^* + \sum_{j=2}^{n} (\lambda_j/\lambda_1)^k u_j v_j^*\Big)\Big(\xi_1 u_1 + \sum_{i=2}^{n} \xi_i u_i\Big) \\ &= \lambda_1^k \Big(\xi_1 u_1 + \sum_{j=2}^{n} (\lambda_j/\lambda_1)^k \xi_j u_j\Big). \end{aligned}$$

Also gilt

$$\frac{1}{\lambda_1^k} A^k x^{(0)} \to \xi_1 u_1 \qquad \text{mit} \quad k \to \infty.$$

Die Konvergenz ist umso schneller, je kleiner der Quotient $|\lambda_2/\lambda_1|$ ist. (Man beachte die Annahme $|\lambda_1| > |\lambda_2| \geq \cdots \geq |\lambda_n|$).

Beispiel 10.1. *Es soll der betragsgrößte Eigenwert der Matrix*

$$A = \begin{bmatrix} -2 & 2 \\ 2 & -5 \end{bmatrix}$$

bestimmt werden. Wir wählen $x^{(0)} = [1, -1]^T$ *und berechnen*

$$x^{(k)} = A^k x^{(0)}$$

nach der Rekursion

$$x^{(k)} = Ax^{(k-1)}, \qquad k = 1, 2, 3, \ldots$$

Es ergibt sich

$$x^{(1)} = \begin{bmatrix} -4 \\ 7 \end{bmatrix} \quad x^{(2)} = \begin{bmatrix} 22 \\ -43 \end{bmatrix} \quad x^{(3)} = \begin{bmatrix} -130 \\ 259 \end{bmatrix} \quad x^{(4)} = \begin{bmatrix} 778 \\ -1555 \end{bmatrix}$$

Für die Rayleighquotienten berechnet man

$$\begin{aligned} R(x^{(1)}, A) &= x^{(2)*}x^{(1)}/x^{(1)*}x^{(1)} = -5.984615, \\ R(x^{(2)}, A) &= x^{(3)*}x^{(2)}/x^{(2)*}x^{(2)} = -5.999571, \\ R(x^{(3)}, A) &= x^{(4)*}x^{(3)}/x^{(3)*}x^{(3)} = -5.999989. \end{aligned}$$

Offensichtlich ist $\lambda_1 = -6$ *und* $u_1 = [1, -2]^T$, $\lambda_2 = -1$. *Deshalb erhält man hier schnelle Konvegenz.* □

An den Ergebnissen in Beispiel 10.1 erkennt man, daß es nicht sinnvoll sein wird, die Folge $A^k x^{(0)}$ selbst zu berechnen, weil dann sehr schnell sehr große bzw. sehr kleine Zahlen auftreten, die den Zahlbereich der Rechner überschreiten. Man wird also $x^{(k)}$ jedesmal wieder geeignet normieren, da es bei einem Eigenvektor ohnehin nicht auf einen Normierungsfaktor ankommt. Dies ergibt folgende Rechenvorschrift: Gegeben sei $x^{(0)}$ mit $\|x^{(0)}\|_2 = 1$.
Für $k = 1, 2, \ldots$ berechne man

$$\begin{aligned} y^{(k)} &= Ax^{(k-1)}, \\ \varrho_k &= (x^{(k-1)})^* y^{(k)}, \\ x^{(k)} &= y^{(k)}/\|y^{(k)}\|_2. \end{aligned} \tag{10.3}$$

Es gilt dazu

Satz 10.1. *Es sei* A *eine beliebige diagonalähnliche* $n \times n$ *Matrix mit einem einfachen, betragsmäßig dominanten Eigenwert* λ_1*:*

$$|\lambda_1| > |\lambda_2| \geq \ldots \geq |\lambda_n|.$$

$u_1, \ldots, u_n$ *seien die zugehörigen Eigenvektoren mit der Normierung*

$$\|u_i\|_2 = 1,$$

v_j *seien die zugehörigen Linkseigenvektoren mit der Normierung*

$$v_j^* u_i = \delta_{ij},$$

$x^{(0)}$ *sei beliebig bis auf die Normierung* $\|x^{(0)}\|_2 = 1$ *und*

$$v_1^* x^{(0)} \neq 0.$$

Dann gilt für die durch (10.3) definierte Folge $x^{(k)}$:
Es gibt eine Konstante C, eine Folge ω_k mit $|\omega_k| = 1$ (für eine reelle Matrix $\omega_k \in \{+1, -1\}$) und eine Folge von Vektoren $r^{(k)}$, so daß

$$x^{(k)} = \omega_k(u_1 + r^{(k)}), \qquad \|r^{(k)}\|_2 \leq C|\lambda_2/\lambda_1|^k.$$

Ist $A = A^*$, dann gilt genauer

$$x^{(k)} = \cos \Theta_k u_1 + \sin \Theta_k v^{(k)}, \qquad \|v^{(k)}\|_2 = 1$$

mit einer Folge von Vektoren $v^{(k)}$ und Winkeln Θ_k, für die gilt

$$|\tan \Theta_k| \leq |\tan \Theta_{k-1}||\lambda_2/\lambda_1|.$$

□

Man kann sogar zeigen, daß das Verfahren auch dann noch konvergiert, wenn die algebraische Vielfachheit von λ_1 größer als 1 ist, sogar, wenn A nicht diagonalähnlich ist. Im letzten Fall ist die Konvergenz allerdings extrem langsam, und zwar wie $\frac{1}{k} \to 0$ mit $k \to \infty$.

Liegen jedoch veschiedene betragsgleiche dominante Eigenwerte vor (z.B. ein betragsdominanter komplexer Eigenwert einer reellen Matrix, der ja immer zusammen mit dem konjugiert komplexen auftritt), dann konvergiert das Verfahren nicht mehr.

In den technischen Anwendungen sind in der Regel die betragskleinsten Eigenwerte gesucht. Der betragskleinste Eigenwert von A ist der inverse betragsgrößte Eigenwert von A^{-1}. Die Anwendung des obigen Verfahrens (10.3) auf A^{-1} liefert also die Möglichkeit, den betragskleinsten Eigenwert von A zu bestimmen. Dabei braucht man nicht einmal A^{-1} explizit zu bilden. Vielmehr genügt es, die Bildung von $y^{(k)}$ zu ersetzen durch:

$$Ay^{(k)} = x^{(k-1)} \qquad \text{(Gleichungssystem lösen).}$$

Wenn man einmal eine Dreieckszerlegung von A bzw. einer vertauschten Matrix PAQ berechnet hat, ist dieser Schritt rechnerisch kaum aufwendiger als das Matrix-Vektorprodukt $Ax^{(k-1)}$. Dies ist die sogenannte inverse oder gebrochene Iteration nach Wielandt.

Mit Hilfe einer zusätzlichen Nullpunkt-Verschiebung kann man dasVerfahren sogar zur Bestimmung jedes beliebigen Eigenwerts anwendbar machen.

Liege etwa μ näher bei λ_i als bei allen anderen λ_j:

$$|\mu - \lambda_i| < |\mu - \lambda_j| \qquad \text{für alle } j \neq i,$$

dann hat $(\boldsymbol{A} - \mu \boldsymbol{I})^{-1}$ die Eigenwerte $\dfrac{1}{(\lambda_k - \mu)}$ mit

$$\frac{1}{|\mu - \lambda_i|} > \frac{1}{|\mu - \lambda_j|}, \qquad j \neq i,$$

und die gleichen Eigenvektoren wie $\boldsymbol{A}$, d.h. das Verfahren

$$\begin{aligned}(\boldsymbol{A} - \mu \boldsymbol{I})\boldsymbol{y}^{(k)} &= \boldsymbol{x}^{(k-1)}, \\ \varrho_k &= (\boldsymbol{x}^{(k-1)})^* \boldsymbol{y}^{(k)}, \\ \boldsymbol{x}^{(k)} &= \boldsymbol{y}^{(k)} / \|\boldsymbol{y}^{(k)}\|_2,\end{aligned}$$

liefert nun mit $\|\boldsymbol{x}^{(0)}\|_2 = 1$ und $\boldsymbol{v}_i^* \boldsymbol{x}^{(0)} \neq 0$

$$\varrho_k \to \frac{1}{\lambda_i - \mu}, \qquad \boldsymbol{x}^{(k)} = \omega_k \boldsymbol{u}_i + \boldsymbol{r}^{(k)}$$

mit $|\omega_k| = 1$ und

$$\|\boldsymbol{r}^{(k)}\|_2 \leq C \left(\frac{|\lambda_i - \mu|}{\min_{j \neq i} |\lambda_j - \mu|} \right)^k .$$

Die Konvergenz ist also umso schneller, je besser die Näherung μ für λ_i gewählt ist.

Offensichtlich kann man auch mit variablen μ_k arbeiten. Dann wird allerdings das Verfahren aufwendiger, weil man nicht mehr mit einer festen Matrixzerlegung von $\boldsymbol{A} - \mu \boldsymbol{I}$ zur Gleichungsauflösung auskommt. Rechnet man etwa

$$\begin{aligned}(\boldsymbol{A} - \mu_{k-1} \boldsymbol{I})\boldsymbol{y}^{(k)} &= \boldsymbol{x}^{(k-1)} \quad (\text{definiert } \boldsymbol{y}^{(k)}), \\ \boldsymbol{x}^{(k)} &= \boldsymbol{y}^{(k)} / \|\boldsymbol{y}^{(k)}\|_2,\end{aligned}$$

und gilt

$$|\mu_k - \lambda_i| < |\mu_k - \lambda_j| \qquad \text{für } j \in \{1, \ldots, n\}, \quad j \neq i, \quad \text{und alle } k,$$

dann wird

$$\begin{aligned}\boldsymbol{x}^{(k)} &= \omega_k \boldsymbol{u}_i + \boldsymbol{r}^{(k)}, \\ \|\boldsymbol{r}^{(k)}\|_2 &\leq C \prod_{j=0}^{k-1} |\mu_j - \lambda_i| \left(\min_{j \neq i} |\lambda_j - \mu_0| * \cdots * \min_{j \neq i} |\lambda_j - \mu_{k-1}| \right)^{-1}\end{aligned}$$

mit einer geeigneten Konstanten C.

Wenn es also gelingt, μ_k so zu konstruieren, daß

$$\lim_{k \to \infty} \mu_k = \lambda_i,$$

dann würde sich bei diesem Verfahren mit variablen Shifts die Konvergenz sehr stark beschleunigen lassen. Darauf werden wir in Abschnit 10.2.2 wieder zurückkommen.

Es bleibt noch zu klären, wie die Voraussetzung an $x^{(0)}$, nämlich $\xi_1 = v_1^* x^{(0)} \neq 0$, im Zusammenhang mit der gebrochenen Iteration zur Bestimmung von u_i bzw. λ_i mit $\mu \approx \lambda_i$, $\xi_i = v_i^* x^{(0)} \neq 0$ erfüllt werden kann. Da man ja die Linkseigenvektoren nicht kennt, kann man diese Voraussetzung nicht überprüfen. In manchen technischen Anwendungen stellen die Eigenvektoren die nach dem Ort diskretisierten Amplituden einer Schwingungsform dar (so etwa im Beispiel von Abschnitt 9.2.2) und man wird dann $x^{(0)}$ gemäß der zu erwartenden Schwingungsform schätzen, z.B. bei der schwingenden Saite:

Grundschwingung, gehört zum kleinsten Eigenwert, alle Komponenten von $x^{(0)}$ mit einheitlichem Vorzeichen

3. Oberschwingung:
Vorzeichenverteilung in $x^{(0)}$ z.B.:
$++\cdots+----+\cdots+$

Bei mehrdimensionalen Problemen und etwas komplizierterer Geometrie kann dies natürlich schon recht schwierig sein, und im Extremfall könnte es durchaus geschehen, daß die Voraussetzung verletzt ist, d.h. $\xi_1 = 0$ oder ξ_1 sehr klein ist. Auch wenn $\xi_1 = 0$ ist, führen die unvermeidlichen Rundungsfehler bei der Rechnung zu Vektoren $x^{(k)}$ mit sehr kleinem $\xi_1 = v_1^* x^{(k)}$, d.h. letztlich würde die Voraussetzung $\xi_1 \neq 0$ immer erfüllt sein. Das hilft für die Praxis allerdings nicht, weil dann die Folge $x^{(k)}$ sich zunächst einem unerwünschten Eigenvektor annähert und man aufgrund der guten Übereinstimmung der aufeinanderfolgenden Rayleighquotienten die Iteration dann abbrechen wird (d.h. man findet einen Eigenvektor / Eigenwert, aber nicht den gewünschten). Nur durch zusätzliche nachträgliche Tests kann man feststellen, ob ein solches „Versagen" des Verfahrens vorliegt, vgl. Abschnitt 10.3.

In einem wichtigen Spezialfall kann man allerdings eine geeignete Näherung $x^{(0)}$ stets angeben.

Sei A eine nichtzerfallende untere Hessenbergmatrix (also etwa eine Dreibandmatrix), d.h.

$$a_{i,i+1} \neq 0, \qquad i = 1, \ldots n-1.$$

Dann kann kein Linkseigenvektor v_j eine verschwindende n-te Komponente haben. Denn es ist

$$a_{i,i+1}\bar{v}_{j,i} + (a_{i+1,i+1} - \lambda)\bar{v}_{j,i+1} + \sum_{k=i+2}^{n} a_{k,i+1}\bar{v}_{j,k} = 0$$

für $i = n-1, n-2, \ldots, 1$, und die Annahme

$$v_{j,n} = 0$$

ergibt

$$v_{j,n-1} = 0, \ldots, v_{j,1} = 0,$$

d.h. $\boldsymbol{v}_j = \mathbf{0}$ im Widerspruch zur Annahme. Also ist für eine solche Matrix

$$\boldsymbol{x}^{(0)} = \boldsymbol{e}_n = [0, \ldots, 0, 1]^T$$

immer ein geeigneter Startvektor für das v. Mises- bzw. Wielandt-Vefahren, gleichgültig, welcher Eigenwert bestimmt werden soll. (Entsprechendes gilt für die Bestimmung eines Linkseigenvektors mit $(\boldsymbol{y}^{(0)})^* = \boldsymbol{e}_1^T$.) Eine solche Matrix hat, wenn sie diagonalähnlich ist, also z.B. immer im Falle einer hermiteschen Tridiagonalmatrix, nur einfache Eigenwerte, weil die Untermatrix aus den ersten $n-1$ Zeilen und den letzten $n-1$ Spalten von $\boldsymbol{A} - \lambda \boldsymbol{I}$ für jeden Wert von λ die Determinante $\prod_{j=1}^{n-1} a_{j,j+1} \neq 0$ hat. Durch einen geeigneten evtl. komplexen Shift μ erhält man dann stets eine Matrix mit nur einem einfachen betragskleinsten Eigenwert. D.h. für diesen Fall kann man das Verfahren der gebrochenen Iteration stets so ausgestalten, daß es immer konvergiert. In Kapitel 9 haben wir gesehen, daß man jede Matrix durch eine einfache Ähnlichkeitstransformation auf diese Gestalt bringen kann.

10.1.2 Die simultane Vektoriteration

Beim Verfahren von v. Mises bzw. Wielandt wird stets ein einzelner Eigenvektor bzw. Eigenwert bestimmt. In den Anwendungen tritt das Problem der Eigenwertbestimmung aber in der Regel in der Form auf, daß die p kleinsten Eigenwerte (typisch $1 \leq p \leq 30$) mit den Eigenvektoren zu bestimmen sind. Im Prinzip könnte man nun das Wielandt-Verfahren p-mal mit p verschiedenen geeigneten Shifts μ anwenden. Zusätzlich zu dem damit verbundenen Aufwand kommt aber erschwerend hinzu, daß häufig, insbesondere bei Problemen wie der Balken- oder Plattenbiegung, extrem dicht beieinanderliegende Eigenwerte auftreten, so daß man nicht sicher sein kann, ohne aufwendige Zusatzmaßnahmen p linear unabhängige Eigenvektoren zu finden. Es ist deshalb besser, p Eigenvektoren simultan anzunähern und deren Unabhängigkeit algorithmisch zu erzwingen. Im folgenden beschränken wir uns auf den für die Praxis wichtigsten Fall eines allgemeinen Eigenwertproblems

$$\boldsymbol{A}\boldsymbol{x} = \lambda \boldsymbol{B}\boldsymbol{x}$$

mit den reell-symmetrischen und positiv definiten Matrizen $\boldsymbol{A}, \boldsymbol{B}$. Mit Hilfe der Cholesky-Zerlegung von $\boldsymbol{B}$:

$$\boldsymbol{B} = \boldsymbol{L}\boldsymbol{L}^T$$

könnte man dieses Problem im Prinzip auf ein gewöhnliches Eigenwertproblem transformieren:

$$L^{-1}A(L^T)^{-1}L^Tx = \lambda L^Tx$$

oder

$$Cy = \lambda y$$

mit

$$\begin{aligned} C &= L^{-1}A(L^T)^{-1}, \\ y &= L^Tx. \end{aligned}$$

Wegen $(L^T)^{-1} = (L^{-1})^T$ ist dabei C wieder reell, symmetrisch und positiv definit. Also ist C reell-orthogonal diagonalisierbar und die Eigenvektoren y_k können paarweise orthogonal gewählt werden:

$$y_k^T y_i = 0 \qquad \text{für } k \neq i.$$

Die Eigenvektoren $x_k = (L^T)^{-1}y_k$ des Ausgangsproblems sind deshalb orthogonal bezüglich des Skalarprodukts $< u, v >= u^TBv$ wegen

$$\begin{aligned} x_k^T B x_i &= y_k^T((L^T)^{-1})^T LL^T(L^T)^{-1}y_i \\ &= y_k^T L^{-1}LL^T(L^T)^{-1}y_i = y_k^T y_i. \end{aligned}$$

Bei der Berechnung der y_j stellt man aber C nicht explizit auf, außer wenn n recht klein ist, sondern benutzt die Darstellung von C nur implizit.

Es sollen nun die zu den p kleinsten Eigenwerten von C gehörenden Eigenvektoren $y_1, \ldots, y_p$ angenähert werden. Dazu wird im Prinzip die inverse Iteration nach Wielandt angewandt, ausgehend von p normierten paarweise orthogonalen Vektoren $y_1^{(0)}, \ldots, y_p^{(0)}$:

$$C(\hat{y}_1^{(1)}, \ldots, \hat{y}_p^{(1)}) = (y_1^{(0)}, \ldots, y_p^{(0)}).$$

Die „Eigenvektornäherung" $\hat{y}_j^{(1)}$ erhält man durch die Rechenschritte

$$\begin{aligned} \hat{x}_j^{(1)} &= Ly_j^{(1)}, \\ A\hat{z}_j^{(1)} &= \hat{x}_j^{(1)}, \qquad \text{(Gleichungssystem lösen)}, \\ \hat{y}_j^{(1)} &= L^T\hat{z}_j^{(1)}. \end{aligned}$$

Die $\hat{y}_j^{(1)}$ sind nicht mehr paarweise orthogonal. Aus diesen p Vektoren soll nun eine Orthonormalbasis $y_1^{(1)}, \ldots, y_p^{(1)}$ konstruiert werden. Ist $Q_1 \in \mathrm{R}^{n \times p}$ eine spezielle Orthonormalbasis des von $\hat{y}_1^{(1)}, \ldots, \hat{y}_p^{(1)}$ aufgespannten Raumes, dann gilt für jede andere Orthonormalbasis die Darstellung Q_1V_1 mit einer orthonormalen $p \times p$-Matrix V_1. Sei also

$$\hat{Y}^{(1)} = (\hat{y}_1^{(1)}, \ldots, \hat{y}_p^{(1)}) = Q_1R_1$$

eine QR-Zerlegung mit

$$Q_1^T Q_1 = I_p, \qquad R_1 = p \times p \text{ obere Dreiecksmatrix.}$$

Q_1 kann z.B. aus den ersten p Zeilen bei der Householder-Orthogonalisierung von $\hat{Y}^{(1)}$ entstehenden Matrix Q gebildet werden. Dann machen wir den Ansatz

$$Y^{(1)} = (y_1^{(1)}, \ldots, y_p^{(1)}) = Q_1 V_1$$

mit einer noch zu bestimmenden Matrix V_1.

V_1 soll nun so bestimmt werden, daß der Einsetzfehler

$$C^{-1} Y^{(1)} - Y^{(1)} \Lambda$$

für eine geeignet gewählte Diagonalmatrix Λ eine minimale euklidische Norm erhält. Wir ergänzen die $n \times p$-Matrix Q_1 durch eine $n \times (n-p)$-Matrix $\tilde{Q}_1$ zu einer orthonormalen $n \times n$-Matrix und errechnen

$$\begin{aligned}
\|C^{-1}Y^{(1)} - Y^{(1)}\Lambda\|_2 &= \left\|\begin{pmatrix} Q_1^T \\ \tilde{Q}_1^T \end{pmatrix}(C^{-1}Y^{(1)} - Y^{(1)}\Lambda)\right\|_2 \\
&= \left\|\begin{pmatrix} Q_1^T C^{-1} Q_1 V_1 - V_1 \Lambda \\ \tilde{Q}_1^T C^{-1} Q_1 V_1 \end{pmatrix}\right\|_2 \\
&= \lambda_{\max}^{1/2}(\Omega_1^T \Omega_1 + \Omega_2^T \Omega_2)
\end{aligned}$$

mit

$$\begin{aligned}
\Omega_1 &= Q_1^T C^{-1} Q_1 V_1 - V_1 \Lambda, \\
\Omega_2 &= \tilde{Q}_1^T C^{-1} Q_1 V_1.
\end{aligned}$$

Dann ist aber

$$\lambda_{\max}^{1/2}(\Omega_1^T \Omega_1 + \Omega_2^T \Omega_2) \geq \lambda_{\max}^{1/2}(\Omega_2^T \Omega_2)$$

mit Gleichheit für $\Omega_1 = 0$, d.h.

$$\begin{aligned}
\Lambda &= \text{Diagonalmatrix der Eigenwerte von } Q_1^T C^{-1} Q_1, \\
V_1 &= \text{zugehöriger Eigenvektormatrix.}
\end{aligned}$$

Wegen

$$\begin{aligned}
\Omega_2^T \Omega_2 &= V_1^T Q_1^T C^{-1} \tilde{Q}_1 \tilde{Q}_1^T C^{-1} Q_1 V_1, \\
\Omega_2 \Omega_2^T &= \tilde{Q}_1^T C^{-1} Q_1 Q_1^T C^{-1} \tilde{Q}_1
\end{aligned}$$

und (von $n-p$ Eigenwerten 0 abgesehen)

$$\lambda(\boldsymbol{\Omega}_2^T \boldsymbol{\Omega}_2) = \lambda(\boldsymbol{\Omega}_2 \boldsymbol{\Omega}_2^T)$$

ist $\lambda_{\max}^{1/2}(\boldsymbol{\Omega}_2^T \boldsymbol{\Omega}_2)$ von der speziellen Wahl von $\boldsymbol{V}_1, \tilde{\boldsymbol{Q}}_1$ unabhängig, d.h. die im Sinne einer minimalen euklidischen Norm bei der Einsetzprobe optimale Konstruktion von $\boldsymbol{Y}^{(1)}$ ist

$$\boldsymbol{Y}^{(1)} = \boldsymbol{Q}_1 \boldsymbol{V}_1, \qquad \boldsymbol{V}_1 = \text{ orthonormierte Eigenvektormatrix von } \boldsymbol{Q}_1^T \boldsymbol{C}^{-1} \boldsymbol{Q}_1.$$

Hiermit könnte man nun die Vorgehensweise wiederholen. Bei großem n wäre aber die Eigenvektorbestimmung von $\boldsymbol{Q}_1^T \boldsymbol{C}^{-1} \boldsymbol{Q}_1$ ganz unpraktikabel, weil man dazu $\boldsymbol{C}^{-1}$ benötigte. Wir stellen uns nun vor, das Verfahren sei schon für eine große Zahl k von Schritten durchgeführt worden, gemäß

$$\begin{aligned}
\boldsymbol{C}\hat{\boldsymbol{Y}}^{(k+1)} &= \boldsymbol{Y}^{(k)}, \\
\hat{\boldsymbol{Y}}^{(k+1)} &= \boldsymbol{Q}_{k+1}\boldsymbol{R}_{k+1}, \\
\boldsymbol{Q}_{k+1}^T \boldsymbol{C}^{-1} \boldsymbol{Q}_{k+1} &= \boldsymbol{V}_{k+1} \boldsymbol{\Lambda}_{k+1}^{-1} \boldsymbol{V}_{k+1}^T, \\
& \quad \text{(Eigenwertproblem lösen)}, \\
\boldsymbol{Y}^{(k+1)} &= \boldsymbol{Q}_{k+1} \boldsymbol{V}_{k+1}.
\end{aligned}$$

Dann gilt

$$\begin{aligned}
\boldsymbol{R}_{k+1}\boldsymbol{R}_{k+1}^T &= \boldsymbol{Q}_{k+1}^T \hat{\boldsymbol{Y}}^{(k+1)} \hat{\boldsymbol{Y}}^{(k+1)T} \boldsymbol{Q}_{k+1} \\
&= \boldsymbol{Q}_{k+1}^T \boldsymbol{C}^{-1} \boldsymbol{Y}^{(k)} \boldsymbol{Y}^{(k)T} \boldsymbol{C}^{-1} \boldsymbol{Q}_{k+1} \\
&= \boldsymbol{Q}_{k+1}^T \boldsymbol{C}^{-1} \boldsymbol{Q}_k \boldsymbol{V}_k \boldsymbol{V}_k^T \boldsymbol{Q}_k^T \boldsymbol{C}^{-1} \boldsymbol{Q}_{k+1} \\
&= \boldsymbol{Q}_{k+1}^T \boldsymbol{C}^{-1} \boldsymbol{Q}_k \boldsymbol{Q}_k^T \boldsymbol{C}^{-1} \boldsymbol{Q}_{k+1},
\end{aligned}$$

und bei geeigneter Normierung kann dann angenommen werden, daß

$$\boldsymbol{Q}_k \boldsymbol{Q}_k^T \approx \boldsymbol{Q}_{k+1} \boldsymbol{Q}_{k+1}^T,$$

also

$$\boldsymbol{R}_{k+1}\boldsymbol{R}_{k+1}^T \approx (\boldsymbol{Q}_{k+1}^T \boldsymbol{C}^{-1} \boldsymbol{Q}_{k+1})^2.$$

$(\boldsymbol{Q}_{k+1}^T \boldsymbol{C}^{-1} \boldsymbol{Q}_{k+1})^2$ hat die gleichen Eigenvektoren wie $\boldsymbol{Q}_{k+1}^T \boldsymbol{C}^{-1} \boldsymbol{Q}_{k+1}$. Also wird man anstelle der unzugänglichen Eigenvektormatrix $\boldsymbol{V}_{k+1}$ die Eigenvektormatrix von $\boldsymbol{R}_{k+1}\boldsymbol{R}_{k+1}^T$ zur Konstruktion von $\boldsymbol{Y}^{(k+1)}$ benutzen.

Dies führt auf folgenden Gesamtalgorithmus (RITZIT von Rutishauser):
Gegeben sei die $n \times p$-Matrix $Y^{(0)}$ mit $(Y^{(0)})^T Y^{(0)} = I$.
Für $k = 0, 1, 2, \ldots$ lauten die Rechenvorschriften

$$\begin{array}{rcll} \hat{X}^{(k+1)} & = & LY^{(k)} & \text{Matrix-Multiplikation} \\ A\hat{Z}^{(k+1)} & = & \hat{X}^{(k+1)} & \text{Gleichungssystem lösen} \\ \hat{Y}^{(k+1)} & = & L^T \hat{Z}^{(k+1)} & \text{Matrix-Multiplikation} \\ \hat{Y}^{(k+1)} & = & Q_{k+1} R_{k+1} & \text{QR-Zerlegung} \\ R_{k+1} R_{k+1}^T & = & V_{k+1} \Lambda_{k+1}^{-2} V_{k+1}^T & \text{vollständiges Eigenwertproblem lösen} \\ Y^{(k+1)} & = & Q_{k+1} V_{k+1} & \text{Matrix-Multiplikation.} \end{array}$$

Wir haben hier die Bezeichnung Λ^{-2} gewählt, weil die Eigenwerte von $R_{k+1} R_{k+1}^T$ für die Quadrate der Reziprokwerte der kleinsten Eigenwerte sind.

Da $R_{k+1} R_{k+1}^T$ eine symmetrische $p \times p$-Matrix und p nie sehr groß ist, ist die Bestimmung aller Eigenwerte und Eigenvektoren dieser Matrix unproblematisch, wie wir noch sehen werden. Wenn die Bandbreiten von A und B nicht allzu groß sind, ist die Berechnung der Cholesky-Zerlegung von B und die Gleichungsauflösung mit der Matrix A, etwa ebenfalls mit der Cholesky-Zerlegung von A, noch vertretbar.

Für das hergeleitete Verfahren, die simultane Vektoriteration nach Rutishauser, gilt der folgende Konvergenzsatz

Satz 10.2. *Seien*

$$0 < \lambda_1 \leq \cdots \leq \lambda_p < \lambda_{p+1} < \ldots \leq \lambda_n$$

die Eigenwerte des allgemeinen Eigenwertproblems

$$Ax = \lambda Bx, \qquad A = A^T, \quad B = B^T \quad \textit{pos. def.}, \qquad B = LL^T,$$

mit den zugehörigen Eigenvektoren x_i. Ferner gelte: $Y^{(0)T} L^T (x_1, \ldots, x_p)$ ist regulär. Dann gibt es Konstanten γ_i, so daß

$$|\sin \sphericalangle(y_i^{(k)}, L^T x_i)| \leq \gamma_i (\lambda_i / \lambda_{p+1})^k.$$

Dabei ist $y_i^{(k)}$ die i-te Spalte von $Y^{(k)}$. Zum Beweis vgl. [11]. □

Die hier nicht diskutierte wesentliche zusätzliche Aussage von Satz 10.2 ist, daß die Konvergenzgeschwindigkeit für die niedrigen Eigenwerte besser ist als etwa für λ_p. In der Praxis wird man p deshalb etwas größer wählen als die Anzahl der eigentlich gewünschten Eigenwerte bzw. Eigenvektoren. Die Voraussetzung „$(Y^{(0)})^T L^T (x_1, \ldots, x_p)$ regulär" entspricht der Voraussetzung „$\xi_1 \neq 0$" beim v. Mises Verfahren.

Wenn $Y^{(0)}$ nicht gut gewählt ist, können Eigenwerte „übersprungen" werden, d.h. man findet statt der gewünschten $\lambda_1, \ldots, \lambda_5$ etwa $\lambda_1, \lambda_4, \lambda_5, \lambda_6, \lambda_7$! Sicherheit hierüber kann man sich nur durch einen zusätzlichen Test an der Matrix $A - \mu B$

verschaffen, mit μ gleich der letzten Näherung für λ_p, vgl. Abschnitt 10.3. Liegen mehrfache Eigenwerte vor und wird p falsch gewählt, etwa

$$\lambda_1 < \lambda_2 = \lambda_3 = \lambda_4 < \lambda_5 < \cdots, \qquad p = 3,$$

dann tritt keine Konvergenz mehr ein. Gute Programme für dieses Verfahren (z.B. RITZIT in [35]) steuern deshalb den Parameter p in Abhängigkeit vom beobachteten Konvergenzverhalten selbst. Das gleiche gilt für die Wahl von $\boldsymbol{Y}^{(0)}$.

10.1.3 Das Lanczos-Verfahren

Beim v. Mises-Verfahren, dem Wielandt-Verfahren und bei der simultanen Vektoriteration wird der k-te Iterationsschritt nur mit Hilfe der Information aus dem $(k-1)$-ten Iterationsschritt ausgeführt.

Die Grundidee des Lanczos-Verfahrens ist es, die mit der Folge $\boldsymbol{x}^{(0)}, \boldsymbol{x}^{(1)}, \ldots, \boldsymbol{x}^{(k)}$ im v. Mises-Verfahren bzw. Wielandt-Verfahren gewonnene Information möglichst gut auszunutzen. Wir betrachten wieder den Fall eines symmetrischen Eigenwertproblems

$$\boldsymbol{A}\boldsymbol{x} = \lambda \boldsymbol{x}, \qquad \boldsymbol{A} = \boldsymbol{A}^T \in \mathbb{R}^{n\times n}.$$

Wie bei der simultanen Vektoriteration sollen die Eigenwerte von $\boldsymbol{Q}_j^T\boldsymbol{A}\boldsymbol{Q}_j$ als Näherungen für die Eigenwerte von $\boldsymbol{A}$ dienen. Dabei ist $\boldsymbol{Q}_j$ eine Orthonormalbasis des von $\boldsymbol{x}^{(0)}, \boldsymbol{A}\boldsymbol{x}^{(0)}, \ldots, \boldsymbol{A}^{(j-1)}\boldsymbol{x}^{(0)}$ aufgespannten Raumes. Die erste Spalte von $\boldsymbol{Q}_j$ wird gleich $\boldsymbol{x}^{(0)}/\|\boldsymbol{x}^{(0)}\|_2$ gesetzt und allgemein gilt mit $\boldsymbol{X}_j = (\boldsymbol{x}^{(0)}, \ldots, \boldsymbol{x}^{(j-1)})$:

$$\boldsymbol{X}_j \;=\; \boldsymbol{Q}_j\boldsymbol{R}_j \quad \text{mit einer oberen Dreiecksmatrix } \boldsymbol{R}_j.$$

Die hohe Effizienz des Lanczos-Verfahrens ist dadurch bedingt, daß zum einen die größten bzw. kleinsten Eigenwerte von $\boldsymbol{Q}_j^T\boldsymbol{A}\boldsymbol{Q}_j$ sehr schnell gegen die größten bzw. kleinsten Eigenwerte von $\boldsymbol{A}$ konvergieren (falls $\boldsymbol{x}^{(0)}$ geeignet gewählt ist), zum anderen die Spalten von $\boldsymbol{Q}_j$ sukzessiv durch eine dreigliedrige Rekursion berechnet werden können und $\boldsymbol{Q}_j^T\boldsymbol{A}\boldsymbol{Q}_j = \boldsymbol{T}_j$ Tridiagonalgestalt erhält. Dies bedeutet, daß das Eigenwertproblem für $\boldsymbol{T}_j$ sehr effizient gelöst werden kann.

Es gilt nämlich

Satz 10.3. *Sei $\boldsymbol{A}$ eine reelle symmetrische $n\times n$-Matrix, $\boldsymbol{x}^{(0)} \neq 0 \in \mathbb{R}^n$ beliebig und $\boldsymbol{x}^{(i)} = \boldsymbol{A}^i\boldsymbol{x}^{(0)}$, $\boldsymbol{X}_j = (\boldsymbol{x}^{(0)}, \ldots, \boldsymbol{x}^{(j-1)})$, $\boldsymbol{Q}_j = (\boldsymbol{q}^{(1)}, \ldots, \boldsymbol{q}^{(j)})$, sowie für $i = 1, 2, \ldots$*

$$\boldsymbol{r}^{(i+1)} = \boldsymbol{A}\boldsymbol{q}^{(i)} - \alpha_i\boldsymbol{q}^{(i)} - \beta_{i-1}\boldsymbol{q}^{(i-1)}$$

mit

$$\begin{aligned} \alpha_i &= (\boldsymbol{q}^{(i)})^T\boldsymbol{A}\boldsymbol{q}^{(i)}, \\ \beta_i &= \|\boldsymbol{r}^{(i+1)}\|_2, \end{aligned}$$

wo $q^{(1)} = x^{(0)}/\|x^{(0)}\|_2, \quad q^{(0)} = 0, \quad \beta_0 = 1,$

$q^{(i+1)} = r^{(i+1)}/\beta_i \quad \text{für } \beta_i \neq 0.$

Dann gilt: Der Algorithmus ist durchführbar, solange $\beta_i \neq 0$. *In diesem Falle ist*

$$Q_i^T A Q_i = \begin{bmatrix} \alpha_1 & \beta_1 & & & 0 \\ \beta_1 & \alpha_2 & \beta_2 & & \\ & \ddots & \ddots & \ddots & \\ & & \ddots & \ddots & \beta_{i-1} \\ 0 & & & \beta_{i-1} & \alpha_i \end{bmatrix} = T_i,$$

$Q_i^T Q_i = I, \qquad X_i = Q_i R_i,$ $\quad R_i$ *obere Dreiecksmatrix,*
d.h. die $q^{(j)}$ *bilden eine Orthonormalbasis des von den* $x^{(j)}$ *aufgespannten Raumes.*

□

Spätestens für $i = n$ bricht das Verfahren (theoretisch) ab mit $r^{(n+1)} = 0$, d.h. $\beta_n = 0$. In diesem Fall wäre A durch eine orthonormale Ähnlichkeitstransformation auf Tridiagonalgestalt transformiert. Zu diesem Zweck ist das Verfahren aber ganz ungeeignet, weil aufgrund der Rundungsfehlereinflüsse in der Praxis die Matrix Q_j sehr schnell ihre Orthonormalität verliert. Dennoch bleibt die Tatsache gültig, daß für maßvoll kleines j die größten bzw. kleinsten Eigenwerte der tatsächlich berechneten Tridiagonalmatrix $\hat{T}_i = \text{tridiag}\,(\hat{\beta}_{i-1}, \hat{\alpha}_i, \hat{\beta}_i)$, wo $\hat{\alpha}_i, \hat{\beta}_i$ die berechneten Größen bezeichnen, die größten bzw. kleinsten Eigenwerte von A sehr gut approximieren, wenn $x^{(0)}$ geeignet gewählt ist. Selbstverständlich kann auch bei exakter Rechnung der Algorithmus in Abhängigkeit von $x^{(0)}$ vorzeitig abbrechen, z.B. wenn $x^{(0)}$ ein Eigenvektor von A ist, schon im ersten Schritt. Durch eine geeignete Umspeicherung während der Berechnung kann man den Algorithmus mit nur zwei Hilfsvektoren der Länge n durchführen, d.h. er ist auch nur sehr wenig speicheraufwendig.

Algorithmus:

$v := \dfrac{x^{(0)}}{\|x^{(0)}\|} = q^{(1)},$
$u := 0,$
$\beta_0 := 1,$
$j := 0.$

Solange $\beta_j \neq 0$:
Für $i = 1, \ldots, n$: $\quad \gamma := u_i; \quad u_i := v_i/\beta_j; \quad v_i := -\gamma\beta_j.$
$v := Au + v,$
$j := j + 1,$
$\alpha_j := u^T v,$
$v := v - \alpha_j u,$
$\beta_j := \|v\|_2.$

Die Matrix A wird dabei niemals geändert. Man benötigt lediglich eine Routine für die Ausführung der Matrix-Vektormultiplikation $\boldsymbol{Ax}$, wobei man die Besetzungsstruktur von $\boldsymbol{A}$ voll ausnutzen kann. Im Zusammenhang mit der Methode der Finiten Elemente genügt es z.B., die einzelnen Elementsteifigkeitsmatrizen vorliegen zu haben, anstelle der um Größenordnungen aufwendiger zu speichernden Gesamtsteifigkeitsmatrix, um diese Operation auszuführen.

Wenn man die Operation $\boldsymbol{Au}$ ersetzt durch die Gleichungslösung $\boldsymbol{Aw} = \boldsymbol{u}$, hat man das Lanczos-Verfahren in Verbindung mit der inversen Iteration.

Wie bereits erwähnt, dienen die Eigenwerte der aus den berechneten Werten α_i, β_i gebildeten Tridiagonalmatrix

$$\boldsymbol{T}_j = \begin{bmatrix} \alpha_1 & \beta_1 & & & 0 \\ \beta_1 & \alpha_2 & \beta_2 & & \\ & \ddots & \ddots & \ddots & \\ & & \ddots & \ddots & \beta_{j-1} \\ 0 & & & \beta_{j-1} & \alpha_j \end{bmatrix}$$

für jeden Wert von j (d.h. für jeden weiteren Lanczos-Schritt) als Näherungen für einige Eigenwerte von $\boldsymbol{A}$.

Für das Verfahren ist wesentlich, daß man Schätzungen für die Genauigkeit dieser Näherungen aus dem Eigenwertproblem von $\boldsymbol{T}_j$ selbst erhält, samt Näherungen für die dazugehörigen Eigenvektoren von $\boldsymbol{A}$. Dies ist der Inhalt des folgenden Satzes.

Satz 10.4. *Sei $\boldsymbol{V}_j$ eine orthonormierte Eigenvektor-Matrix von $\boldsymbol{T}_j$:*

$$\boldsymbol{V}_j^T \boldsymbol{T}_j \boldsymbol{V}_j = \mathrm{diag}[\Theta_1, \ldots, \Theta_j],$$

und $\boldsymbol{Y}_j$ sei definiert durch

$$\boldsymbol{Y}_j = \boldsymbol{Q}_j \boldsymbol{V}_j = [\boldsymbol{y}_1, \ldots, \boldsymbol{y}_j].$$

Dann gilt

$$\|\boldsymbol{A}\boldsymbol{y}_i - \Theta_i \boldsymbol{y}_i\|_2 = |\beta_j||v_{ji}|.$$

□

Ist also $v_{ji}\beta_j$ „klein", dann bedeutet dies, daß Θ_i eine gute Eigenwertschätzung für $\boldsymbol{A}$ ist mit zugehöriger Eigenvektorschätzung $\boldsymbol{y}_i$. Dies ist natürlich insbesondere dann der Fall, wenn β_j selbst sehr klein ist. Letzteres tritt allerdings in der Praxis selten auf. Dagegen wird $|v_{ji}|$ oft sehr schnell klein. Einen Hinweis auf die Konvergenzgeschwindigkeit der Eigenwertschätzungen liefert

Satz 10.5. *Die reell-symmetrische Matrix $\boldsymbol{A}$ besitzt die Eigenwerte $\lambda_1 \geq \cdots \geq \lambda_n$ mit den zugehörigen orthonormierten Eigenvektoren $z_1, \ldots, z_n$. $\Theta_1 \geq \cdots \geq \Theta_j$ seien die Eigenwerte von $\boldsymbol{T}_j$. Ferner seien φ_1, ϱ_1 sowie φ_n, ϱ_n definiert durch*

$$\begin{aligned} |\cos\varphi_1| &= |(q^{(1)})^T z_1|, & \varrho_1 &= (\lambda_1 - \lambda_2)/(\lambda_2 - \lambda_n), \\ |\cos\varphi_n| &= |(q^{(1)})^T z_n|, & \varrho_n &= (\lambda_{n-1} - \lambda_n)/(\lambda_1 - \lambda_{n-1}). \end{aligned}$$

Dann gilt

$$\begin{aligned} \lambda_1 &\geq \Theta_1 \geq \lambda_1 - (\lambda_1 - \lambda_n)(\tan\varphi_1/p_{j-1}(1+2\varrho_1))^2, \\ \lambda_n &\leq \Theta_j \leq \lambda_n + (\lambda_1 - \lambda_n)(\tan\varphi_n/p_{j-1}(1+2\varrho_n))^2. \end{aligned}$$

Dabei ist p_j das Tschebyscheffpolynom erster Art von genauem Grad j mit $p_j(1) = 1$. □

Man erkennt, daß im Fall gut separierter Eigenwerte und $|\tan\varphi_1|, |\tan\varphi_n|$ „klein" (d.h. $x^{(0)}$ hat einen genügend großen Anteil in der Richtung von z_1 bzw. z_n), die Fehlerschranken sehr schnell klein werden, weil die Tschebyscheffpolynome außerhalb des Intervalls $[-1, 1]$ sehr schnell anwachsen.

Auswertungen dieser Schranken zeigen, daß das Lanczos-Verfahren bezüglich seiner Näherungsgüte der direkten Vektoriteration hoch überlegen ist.

Leider werden die theoretisch so günstigen Eigenschaften des Lanczos-Verfahrens durch die extreme Rundungsfehlerempfindlichkeit des Verfahrens stark nivelliert. Diese Rundungsfehlerempfindlichkeit zeigt sich darin, daß die tatsächlich berechneten Vektoren $r^{(i)}$ sehr schnell ihre Orthogonalität verlieren. Die Orthogonalität ist aber für alle Aussagen über das Verfahren entscheidend.

Beispiel 10.2. *Es sollen die kleinsten Eigenwerte der 50×50 5-Bandmatrix*

$$\boldsymbol{A} = \begin{bmatrix} 1 & -2 & 1 & \cdots & \cdots & \cdots & 0 \\ -2 & 5 & -4 & 1 & & & \vdots \\ 1 & -4 & 6 & -4 & 1 & & \vdots \\ \vdots & \ddots & \ddots & \ddots & \ddots & \ddots & \vdots \\ \vdots & & 1 & -4 & 6 & -4 & 1 \\ \vdots & & & 1 & -4 & 5 & -2 \\ 0 & \cdots & \cdots & \cdots & 1 & -2 & 1 \end{bmatrix}$$

berechnet werden. Dieses Problem entsteht aus der Diskretisierung des Differentialgleichungseigenwertproblems

$$\begin{gathered} y^{(4)} = \lambda y, \\ y''(0) = y'''(0) = y''(1) = y'''(1) = 0. \end{gathered}$$

(Balkenbiegung eines beidseitig elastisch gelagerten Balkens).
Die 10 kleinsten Eigenwerte von A *sind*

$$\begin{aligned}
\lambda_{50} &= 1.43894475 \cdot 10^{-5},\\
\lambda_{49} &= 2.29794694 \cdot 10^{-4},\\
\lambda_{48} &= 1.15966134 \cdot 10^{-3},\\
\lambda_{47} &= 3.6489003 \cdot 10^{-3},\\
\lambda_{46} &= 8.85782128 \cdot 10^{-3},\\
\lambda_{45} &= 0.0182399992,\\
\lambda_{44} &= 0.0335144259,\\
\lambda_{43} &= 0.0566323917,\\
\lambda_{42} &= 0.0897396256,\\
\lambda_{41} &= 0.1351343.
\end{aligned}$$

Es wurde das Lanczos-Verfahren in Verbindung mit der inversen Iteration verwendet. Als Startvektor diente dabei $x^{(0)} = [1, 2, 3, \ldots]^T$. *Schon im dritten Lanczosschritt ergeben sich die Näherungen*

$$\begin{aligned}
\Theta_3 &= \underline{1.43899}796 \cdot 10^{-5} && \text{für } \lambda_{50},\\
\Theta_2 &= \underline{2.}40714104 \cdot 10^{-4} && \text{für } \lambda_{49},\\
\Theta_1 &= \underline{0.01}54333215 && (\text{für } \lambda_{45}).
\end{aligned}$$

Die korrekten Stellen sind unterstrichen.

Ferner ist

$$\|I - \hat{Q}_3^T \hat{Q}_3\|_E = 1.75 \cdot 10^{-8},^1$$

d.h. die ersten drei $\hat{q}^{(i)}$ *erfüllen die Forderung der Orthonormalität im Rahmen der Rechengenauigkeit von 10 Stellen recht gut* ($\hat{q}^{(i)}$ *bezeichnet die tatsächlich berechneten Werte).*

Im 5. Lanczos-Schritt haben wir

$$\begin{aligned}
\Theta_5 &= \underline{1.43899}751 \cdot 10^{-5} && \text{für } \lambda_{50},\\
\Theta_4 &= \underline{2.2979}5209 \cdot 10^{-4} && \text{für } \lambda_{49},\\
\Theta_3 &= \underline{1.1}6123194 \cdot 10^{-3} && \text{für } \lambda_{48},\\
\Theta_2 &= 4.51726268 \cdot 10^{-3},\\
\Theta_1 &= 0.125580791,\\
\|I - \hat{Q}_5^T \hat{Q}_5\|_E &= 3.75 \cdot 10^{-4}.
\end{aligned}$$

[1]Ist A eine beliebige Matrix, so ist $\|A\|_E := (\mathrm{Sp}(AA^*))^{1/2}$

Im 7. Lanczos-Schritt schließlich wird

$$\begin{aligned}
\Theta_7 &= \underline{1.43899}751 \cdot 10^{-5} && \text{für } \lambda_{50}, \\
\Theta_6 &= \underline{1.43}901098 \cdot 10^{-5} && \text{für } \lambda_{50} \quad (!), \\
\Theta_5 &= \underline{2.29795}195 \cdot 10^{-4} && \text{für } \lambda_{49}, \\
\Theta_4 &= \underline{1.15966}716 \cdot 10^{-3} && \text{für } \lambda_{48}, \\
\Theta_3 &= \underline{3.6}8169396 \cdot 10^{-3} && \text{für } \lambda_{47}, \\
\Theta_2 &= \underline{0.01}16532546 && \text{für } \lambda_{45}, \\
\Theta_1 &= 0.257072226, \\
\|I - \hat{Q}_7^T \hat{Q}_7\|_E &= 1.414 \quad (!),
\end{aligned}$$

d.h. die Matrix $\hat{Q}_7$ ist nun auch nicht annäherungsweise orthonormal. Gleichzeitig tritt eine Näherung für λ_{50} als Doublette auf, obwohl λ_{50} ein einfacher, gut separierter Eigenwert von A ist.

Dies ist typisch für das Lanczos-Verfahren unter Rundungsfehlereinfluß. Das Erkennen solcher falschen Doubletten stellt eine besondere Schwierigkeit für die Anwendung des Verfahrens dar. Man erkennt auch, daß die Eigenwerte nicht alle systematisch angenähert werden, z.B. fehlt eine Näherung für λ_{46}, während eine für λ_{45} vorliegt. Dies liegt am Startvektor. □

Den Verlust der Orthogonalität bei den $\hat{q}^{(i)}$ könnte man dadurch ausgleichen, daß man jedes berechnete $\hat{q}^{(i)}$ sofort bezüglich aller zuvor berechneten Vektoren $\hat{q}^{(1)}, \ldots, \hat{q}^{(i-1)}$ orthogonalisiert. Dies würde aber den Rechen- und auch den Speicherzugriffsaufwand für das Verfahren (die $\hat{q}^{(i)}$ wird man bei großem n gewöhnlich auf einem Hintergrundspeicher halten) enorm erhöhen. Um das Entstehen falscher Doubletten zu vermeiden genügt es, $\hat{q}^{(i)}$ bzgl. der bereits mit hinreichender Genauigkeit gefundenen Eigenvektoren von A zu orthogonalisieren (sogenannte selektive Orthogonalisierung). Als „hinreichend" genau definiert man dabei einen Defekt in der Einsetzprobe von der Größenordnung der halben Rechengenauigkeit, d.h.

$$\|Ay_i - \Theta_i y_i\|_2 \le \sqrt{\varepsilon}\, \|A\|_E,$$

wobei nur die y_i getestet werden, für die

$$|\beta_j||v_{ji}| \le \sqrt{\varepsilon}\, \|A\|_E$$

im j-ten Lanczos-Schritt gilt. Natürlich muß man dazu in jedem Schritt das vollständige Eigenwert / Eigenvektor-Problem der Matrizen T_j lösen, was aber nur wenig aufwendig ist.

Beispiel 10.3. *Wir betrachten die Aufgabenstellung von Beispiel 10.2, jetzt mit selektiver Orthogonalisierungs-Testgröße*

$$\|Ay_i - \Theta_i y_i\| \le 16 \cdot 10^{-5}.$$

Im 10-ten Lanczos-Schritt ist

$$\begin{aligned}
\|I - \hat{Q}_{10}^T \hat{Q}_{10}\|_E &= 4.631 \cdot 10^{-4}, \\
\Theta_{10} &= \underline{1.43899}752 \cdot 10^{-5}, \\
\Theta_9 &= \underline{2.29795}196 \cdot 10^{-4}, \\
\Theta_8 &= \underline{1.15966}203 \cdot 10^{-3}, \\
\Theta_7 &= \underline{3.648900}97 \cdot 10^{-3}, \\
\Theta_6 &= \underline{8.85782}268 \cdot 10^{-3}, \\
\Theta_5 &= \underline{0.0182}40746, \\
\Theta_4 &= \underline{0.033}7289387, \\
\Theta_3 &= 0.0651717673, \\
\Theta_2 &= 0.185803438, \\
\Theta_1 &= 1.74281859.
\end{aligned}$$

Mit einem Aufwand, der 10 Schritten der einfachen inversen Iteration im wesentlichen entspricht, sind bereits die sieben kleinsten Eigenwerte von A *mit guter Genauigkeit gefunden.* □

10.2 Transformationsmethoden

Während bei den Unterraummethoden ein Ausschnitt der Gesamtheit der Eigenwerte bzw. Eigenvektoren bestimmt wird (etwa die p kleinsten Eigenwerte mit Eigenvektoren), wird bei den Transformationsmethoden, ausgehend von der Matrix

$$A^{(0)} = A$$

eine Folge von durch Ähnlichkeitstransformationen verknüpften Matrizen

$$A^{(k+1)} = (T^{(k)})^{-1} A^{(k)} T^{(k)} \qquad k = 0, 1, 2, \ldots$$

konstruiert mit dem Ziel, im Grenzwert eine Diagonalmatrix oder zumindest eine obere Dreiecksmatrix zu erhalten.

Wegen des Satzes von Schur ist letzteres für jede quadratische Matrix sogar mit unitären Transformationen zu erreichen ($(T^{(k)})^{-1} = (T^{(k)})^*$).

Es wird dann

$$\lim_{k\to\infty} a_{i,i}^{(k)} = \lambda_{\pi_i}, \qquad (\pi_1, \ldots, \pi_n) \text{ Permutation von } (1, \ldots, n).$$

Falls der Grenzwert

$$\lim_{k\to\infty} T^{(0)} T^{(1)} \cdots T^{(k)} = V$$

existiert und die Grenzmatrix A_∞ diagonal ist, ist V Eigenvektormatrix von $A^{(0)}$. Es sind dann alle Eigenwerte und Eigenvektoren von A gefunden.

Die Transformationsmethoden werden deshalb stets dann angewendet, wenn alle Eigenwerte und Eigenvektoren von $A = A^{(0)}$ zu bestimmen sind. Dies ist z.B. bei der simultanen Vektoriteration der Fall, wo in jedem Iterationsschritt alle Eigenwerte und Eigenvektoren von $R^{(k)}(R^{(k)})^T$ zu bestimmen sind. Ebenso tritt diese Aufgabe im Zusammenhang mit dem Lanczos-Verfahren auf. Von den vielen möglichen Methoden sollen hier nur die zwei bewährtesten beschrieben werden, die sich auf die Verwendung unitärer Ähnlichkeitstransformationen stützen, und zwar das Jacobi-Verfahren für reell-symmetrische Matrizen und das universell einsetzbare QL-Verfahren.

10.2.1 Das Jacobi-Verfahren

Das folgende klassische Verfahren beschreiben wir für reell-symmetrische Matrizen A. Diese sind diagonalisierbar, wie wir in Abschnitt 9.1 gesehen haben, es gibt sogar gemäß (9.5) eine orthogonale Matrix T, so daß

$$D = T^T A T$$

mit der Diagonalmatrix D gilt. Kennt man T, so können die Eigenwerte von A als Elemente von D sofort abgelesen werden.

Der Algorithmus:

Beim Jacobi-Verfahren wird die Diagonalmatrix D iterativ bestimmt. Ausgehend von $A^{(0)} = A$ berechnet man die Matrizen

$$A^{(k+1)} = (T^{(k+1)})^T A^{(k)} T^{(k+1)}, \qquad k = 0, 1, \ldots,$$

wobei $\lim\limits_{k\to\infty} A^{(k)} = D$ gilt. Das eigentliche Verfahren besteht im wesentlichen darin, die Folge der orthogonalen Matrizen $T^{(k)}$, $k = 1, 2, \ldots$ zu konstruieren.

Bevor wir den Algorithmus allgemein formulieren, soll zunächst die Berechnung von $A^{(1)}$ vorgeführt werden. Dazu wählen wir unter den Nichtdiagonalelementen a_{ij} von A ein betragsmäßig maximales aus, etwa a_{rs}, so daß

$$|a_{rs}| \geq |a_{ij}|, \qquad i, j = 1, \ldots, n \quad i \neq j,$$

gilt. Sei etwa $r < s$, so bilden wir die orthogonale Matrix[2]

$$T^{(1)} = \begin{bmatrix} 1 & & & & & & & & 0 \\ & \ddots & & & & & & & \\ & & 1 & & & & & & \\ & & & t_{rr}^{(1)} & \dots & \dots & \dots & t_{rs}^{(1)} & \\ & & & \vdots & 1 & & & \vdots & \\ & & & \vdots & & \ddots & & \vdots & \\ & & & \vdots & & & 1 & \vdots & \\ & & & t_{sr}^{(1)} & \dots & \dots & \dots & t_{ss}^{(1)} & \\ & & & & & & & & 1 \\ & & & & & & & & & \ddots \\ 0 & & & & & & & & & & 1 \end{bmatrix}$$

mit

$$\begin{aligned} t_{rr}^{(1)} &= t_{ss}^{(1)} = \cos\varphi_1, \quad t_{rs}^{(1)} = -t_{sr}^{(1)} = \sin\varphi_1, \\ \varphi_1 &= \begin{cases} \frac{1}{2}\arctan\left(\dfrac{2a_{rs}}{a_{ss} - a_{rr}}\right), & -\frac{\pi}{4} \le \varphi_1 \le \frac{\pi}{4}, \qquad a_{ss} \ne a_{rr}, \\ \operatorname{sign}(a_{rs}) \cdot \frac{\pi}{4}, & \qquad\qquad\qquad\qquad a_{ss} = a_{rr}. \end{cases} \end{aligned}$$

Dann ist

$$A^{(1)} = (T^{(1)})^T A T^{(1)},$$

und diese Matrix ist für nicht zu großes n leicht zu berechnen (siehe (10.4)(10.5)).

Wir wollen jetzt das Jacobi-Verfahren allgemein beschreiben. Dazu setzen wir $A^{(0)} = A$ und

$$A^{(k)} = \left[a_{ij}^{(k)}\right], \qquad i,j = 1,\dots,n.$$

Ist $A^{(k)}$ für irgendein $k \ge 0$ bekannt, so lautet der Algorithmus zur Berechnung von $A^{(k+1)}$ wie folgt:

1. Man wähle unter den Nichtdiagonalelementen $a_{ij}^{(k)}$ von $A^{(k)}$ ein betragsmäßig maximales aus, etwa $a_{rs}^{(k)}$, so daß also

$$|a_{rs}^{(k)}| \ge |a_{ij}^{(k)}|, \quad i,j = 1,\dots,n \quad i \ne j,$$

gilt.

[2] Die nicht aufgeführten Elemente außerhalb der Diagonalen sind sämtlich 0.

2. Ist $r < s$, so bilde man die orthogonale Matrix

$$T^{(k+1)} = \begin{bmatrix} 1 & & & & & & & & 0 \\ & \ddots & & & & & & & \\ & & 1 & & & & & & \\ & & & t_{rr}^{(k+1)} & \dots & \dots & \dots & t_{rs}^{(k+1)} & \\ & & & \vdots & 1 & & & \vdots & \\ & & & \vdots & & \ddots & & \vdots & \\ & & & \vdots & & & 1 & \vdots & \\ & & & t_{sr}^{(k+1)} & \dots & \dots & \dots & t_{ss}^{(k+1)} & \\ & & & & & & & & 1 \\ & & & & & & & & & \ddots \\ 0 & & & & & & & & & & 1 \end{bmatrix}$$

mit

$$t_{rr}^{(k+1)} = t_{ss}^{(k+1)} = \cos\varphi_{k+1}, \quad t_{rs}^{(k+1)} = -t_{sr}^{(k+1)} = \sin\varphi_{k+1},$$

$$\varphi_{k+1} = \begin{cases} \frac{1}{2}\arctan\left(\dfrac{2a_{rs}^{(k)}}{a_{ss}^{(k)} - a_{rr}^{(k)}}\right), & -\frac{\pi}{4} \le \varphi_{k+1} \le \frac{\pi}{4}, \quad a_{ss}^{(k)} \ne a_{rr}^{(k)}, \\ \operatorname{sgn}(a_{rs}^{(k)}) \cdot \frac{\pi}{4}, & a_{ss}^{(k)} = a_{rr}^{(k)}. \end{cases}$$

Für $r > s$ sind die Indizes r und s zu vertauschen.

3. Man setze

$$A^{(k+1)} = (T^{(k+1)})^T A^{(k)} T^{(k+1)} = (A^{(k+1)})^T.$$

Beim Übergang von $A^{(k)}$ zu $A^{(k+1)}$ brauchen nur die Elemente in der r-ten und s-ten Zeile und Spalte von $A^{(k+1)}$ neu berechnet zu werden, für die übrigen gilt

$$a_{\mu\nu}^{(k+1)} = a_{\mu\nu}^{(k)}, \qquad \mu \ne r, s; \quad \nu \ne r, s. \tag{10.4}$$

Die neu zu berechnenden Elemente von $A^{(k+1)}$ dagegen sind

$$\begin{aligned} a_{\nu r}^{(k+1)} &= a_{r\nu}^{(k+1)} = a_{\nu r}^{(k)}\cos\varphi_{k+1} - a_{\nu s}^{(k)}\sin\varphi_{k+1}, \qquad \nu = 1,\dots,n; \quad \nu \ne r, s, \\ a_{\nu s}^{(k+1)} &= a_{s\nu}^{(k+1)} = a_{\nu r}^{(k)}\sin\varphi_{k+1} + a_{\nu s}^{(k)}\cos\varphi_{k+1}, \qquad \nu = 1,\dots,n; \quad \nu \ne r, s, \\ a_{rr}^{(k+1)} &= a_{rr}^{(k)}\cos^2\varphi_{k+1} - a_{rs}^{(k)}\sin(2\varphi_{k+1}) + a_{ss}^{(k)}\sin^2\varphi_{k+1}, \\ a_{ss}^{(k+1)} &= a_{rr}^{(k)}\sin^2\varphi_{k+1} + a_{rs}^{(k)}\sin(2\varphi_{k+1}) + a_{ss}^{(k)}\cos^2\varphi_{k+1}, \\ a_{rs}^{(k+1)} &= a_{sr}^{(k+1)} = 0. \end{aligned} \tag{10.5}$$

Über die Konvergenz des Jacobi-Verfahrens gilt der

Satz 10.6. *Ist A eine reell-symmetrische Matrix, so gilt*

$$\lim_{k\to\infty} A^{(k)} = D.$$[3]

Beweis: *Aus (10.5) folgt zunächst*

$$\left(a_{rr}^{(k)}\right)^2 + \left(a_{ss}^{(k)}\right)^2 + 2\left(a_{rs}^{(k)}\right)^2 = \left(a_{rr}^{(k+1)}\right)^2 + \left(a_{ss}^{(k+1)}\right)^2. \tag{10.6}$$

Es verschwinden ferner die Außerdiagonalelemente $a_{rs}^{(k+1)}$ und $a_{sr}^{(k+1)}$ von $A^{(k+1)}$. Hieraus folgt weiter

$$\sum_{i=1}^{n}\left(a_{ii}^{(k+1)}\right)^2 = \sum_{i=1}^{n}\left(a_{ii}^{(k)}\right)^2 + 2\left(a_{rs}^{(k)}\right)^2. \tag{10.7}$$

Die Größe

$$\operatorname{Sp} B = \sum_{i=1}^{n} b_{ii}$$

wird als Spur von B bezeichnet. Ist T eine orthogonale $n \times n$-Matrix und B reell, so gilt

$$\operatorname{Sp}(B^T B) = \operatorname{Sp}(T^T B^T B T). \tag{10.8}$$

Denn es ist nach dem Vietàschen Wurzelsatz, wenn λ_i^2 die Eigenwerte der symmetrischen Matrix $B^T B$ sind,

$$\operatorname{Sp}(B^T B) = \sum_{i=1}^{n} \lambda_i^2.$$

Andererseits besitzen $B^T B$ und $T^T B^T B T$ wegen $T^T = T^{-1}$ und $\det(T^T B^T B T - \lambda I) = \det T^T (B^T B - \lambda I) T = \det(B^T B - \lambda I)$ die gleichen Eigenwerte, und es folgt (10.8). Es gilt dann

$$\begin{aligned}\operatorname{Sp}((A^{(k+1)})^T A^{(k+1)}) &= \operatorname{Sp}((T^{(k+1)})^T (A^{(k)})^T T^{(k+1)} (T^{(k+1)})^T A^{(k)} T^{(k+1)}) \\ &= \operatorname{Sp}((T^{(k+1)})^T (A^{(k)})^T A^{(k)} T^{(k+1)}) = \operatorname{Sp}((A^{(k)})^T A^{(k)}), \\ &\qquad k = 0, 1, \ldots \quad .\end{aligned}$$

Wegen

$$\operatorname{Sp}(B^T B) = \sum_{i,j=1}^{n} b_{ij}^2,$$

folgt hieraus

$$\sum_{i,j=1}^{n}\left(a_{ij}^{(k+1)}\right)^2 = \sum_{i,j=1}^{n}\left(a_{ij}^{(k)}\right)^2. \tag{10.9}$$

---

[3] Die Konvergenz ist hierbei, wie auch im Laufe des Beweises noch klar wird, elementeweise zu verstehen.

Setzen wir für $l = 0, 1, \ldots$

$$p_l = \sum_{\substack{i,j=1\\ i\neq j}}^{n} \left(a_{ij}^{(l)}\right)^2,$$

so gilt mit (10.7), (10.9) für $k = 0, 1, \ldots$

$$\begin{aligned} p_{k+1} &= \sum_{i,j=1}^{n} \left(a_{ij}^{(k+1)}\right)^2 - \sum_{i=1}^{n}\left(a_{ii}^{(k+1)}\right)^2 = \sum_{i,j=1}^{n} \left(a_{ij}^{(k)}\right)^2 - \sum_{i=1}^{n}\left(a_{ii}^{(k)}\right)^2 - 2\left(a_{rs}^{(k)}\right)^2 \\ &= p_k - 2\left(a_{rs}^{(k)}\right)^2. \end{aligned} \tag{10.10}$$

Da $a_{rs}^{(k)}$ betragsmäßig maximales Element außerhalb der Hauptdiagonalen ist und es genau $n^2 - n$ Nichtdiagonalelemente gibt, folgt ferner

$$p_k \leq (n^2 - n)\left(a_{rs}^{(k)}\right)^2, \tag{10.11}$$

d.h.

$$-2\left(a_{rs}^{(k)}\right)^2 \leq -\frac{2p_k}{n^2 - n}.$$

(Man beachte, daß hier selbstverständlich $n \geq 2$ gilt). Daher hat man mit (10.10)

$$p_{k+1} \leq p_k - \frac{2}{n^2 - 2} p_k = \frac{n^2 - n - 2}{n^2 - n} p_k = \alpha(n) p_k$$

mit $\alpha(n) < 1$. Hieraus folgt schließlich

$$p_{k+1} \leq [\alpha(n)]^{k+1} p_0$$

oder ausführlich

$$\sum_{\substack{i,j=1\\ i\neq j}}^{n} \left(a_{ij}^{(k+1)}\right)^2 \leq [\alpha(n)]^{k+1} \sum_{\substack{i,j=1\\ i\neq j}}^{n} a_{ij}^2$$

und somit

$$\lim_{k\to\infty} \sum_{\substack{i,j=1\\ i\neq j}}^{n} \left(a_{ij}^{(k+1)}\right)^2 = 0.$$

Daher konvergiert die Folge $\{\boldsymbol{A}^{(k)}\}$ gegen eine Diagonalmatrix, welche, wie man aufgrund der Konstruktionsvorschrift sieht, in der Hauptdiagonalen genau die Eigenwerte von $\boldsymbol{A}$ enthält, d.h. mit der Matrix $\boldsymbol{D}$ übereinstimmt. Damit ist der Satz bewiesen. □

Nach (10.5) gilt $a_{rs}^{(k+1)} = a_{sr}^{(k+1)} = 0$. Dies bedeutet im allgemeinen jedoch nicht, daß auch

$$a_{rs}^{(l)} = a_{sr}^{(l)} = 0, \qquad l > k + 1$$

gilt, denn sonst würde in endlich vielen Schritten die Diagonalisierung durchgeführt sein. Die Folge der Zahlen p_k, deren Größe ja ein Maß für die Abweichung der Matrix $A^{(k)}$ von der Diagonalform ist, nimmt jedoch stets monoton ab, und zwar in der Regel um so langsamer, je größer $\alpha(n)$, d.h. je größer n ist. Zumindest bei großen Matrizen A ist das Verfahren daher oft recht aufwendig. Infolge der sehr groben Abschätzung (10.11) ist die Konvergenzgeschwindigkeit in der Praxis jedoch höher als nach diesen theoretischen Überlegungen erwartet werden kann.

Beispiel 10.4.

a) *Wir erläutern das Jacobi-Verfahren zunächst am Beispiel der Matrix*

$$A^{(0)} = A = \begin{bmatrix} 2 & -1 \\ -1 & 2 \end{bmatrix}$$

mit den Eigenwerten 1 und 3. Trivialerweise liefert hier der Algorithmus uns schon nach einem Schritt die Diagonalmatrix.
Wir wählen $a_{rs} = a_{21} = -1$, *d.h.* $r > s$, *und erhalten wegen* $a_{ss} = a_{rr} = 2$

$$\varphi_1 = \text{sign}(a_{rs})\tfrac{\pi}{4} = \text{sign}(-1)\tfrac{\pi}{4} = -\tfrac{\pi}{4}$$

und -es sind ja die Indizes r *und* s *zu vertauschen-*

$$\begin{aligned} t_{22}^{(1)} &= t_{11}^{(1)} = \cos\varphi_1 = \cos(-\tfrac{\pi}{4}) = \cos\tfrac{\pi}{4}, \\ t_{21}^{(1)} &= -t_{12}^{(1)} = \sin\varphi_1 = \sin(-\tfrac{\pi}{4}) = -\sin\tfrac{\pi}{4}, \end{aligned}$$

somit

$$T^{(1)} = \begin{bmatrix} \cos\frac{\pi}{4} & \sin\frac{\pi}{4} \\ -\sin\frac{\pi}{4} & \cos\frac{\pi}{4} \end{bmatrix}.$$

Dann ist

$$A^{(1)} = \begin{bmatrix} \cos\frac{\pi}{4} & -\sin\frac{\pi}{4} \\ \sin\frac{\pi}{4} & \cos\frac{\pi}{4} \end{bmatrix} \begin{bmatrix} 2 & -1 \\ -1 & 2 \end{bmatrix} \begin{bmatrix} \cos\frac{\pi}{4} & \sin\frac{\pi}{4} \\ -\sin\frac{\pi}{4} & \cos\frac{\pi}{4} \end{bmatrix} = \begin{bmatrix} 3 & 0 \\ 0 & 1 \end{bmatrix},$$

d.h. $A^{(1)}$ *hat Diagonalform und* A *die Eigenwerte 1 und 3.*

b) *Wir betrachten die Matrix*

$$A^{(0)} = A = \begin{bmatrix} 2 & -1 & 0 \\ -1 & 2 & -1 \\ 0 & -1 & 2 \end{bmatrix}$$

mit den Eigenwerten 2, $2-\sqrt{2}$, $2+\sqrt{2}$. *Wir wollen die erste Iterierte* $A^{(1)}$ *berechnen und wählen etwa* $a_{rs} = a_{12} = -1$. *Dann ist*

$$\varphi_1 = \text{sign}(a_{12})\tfrac{\pi}{4} = \text{sign}(-1)\tfrac{\pi}{4} = -\tfrac{\pi}{4}$$

und

$$\begin{aligned} t_{11}^{(1)} &= t_{22}^{(1)} = \cos(-\tfrac{\pi}{4}) = \cos\tfrac{\pi}{4}, \\ t_{12}^{(1)} &= -t_{21}^{(1)} = \sin(-\tfrac{\pi}{4}) = -\sin\tfrac{\pi}{4}, \end{aligned}$$

so daß

$$T^{(1)} = \begin{bmatrix} \cos\frac{\pi}{4} & -\sin\frac{\pi}{4} & 0 \\ \sin\frac{\pi}{4} & \cos\frac{\pi}{4} & 0 \\ 0 & 0 & 1 \end{bmatrix}$$

und

$$A^{(1)} = (T^{(1)})^T A^{(0)} T^{(1)} = \begin{bmatrix} 1 & 0 & -\sin\frac{\pi}{4} \\ 0 & 3 & -\cos\frac{\pi}{4} \\ -\sin\frac{\pi}{4} & -\cos\frac{\pi}{4} & 2 \end{bmatrix}$$

gilt. Um $A^{(2)}$ zu berechnen, kann man etwa

$$a_{rs}^{(1)} = a_{13}^{(1)} = -\sin\tfrac{\pi}{4}$$

wählen. □

Abschließend sei über das Jacobi-Verfahren noch bemerkt:

a) Es läßt sich auf hermitesche Matrizen direkt übertragen. Man vgl. hierzu etwa [29, S.30 ff.].

b) Für nichtsymmetrische (bzw. nichthermitesche) Matrizen gibt es ein ähnliches Verfahren. Man vgl. hierzu etwa [35].

Bei den hier betrachteten reell symmetrischen Matrizen kann natürlich stets $r < s$ gewählt werden. Wendet man das Jacobi-Verfahren aber auf nichtsymmetrische Matrizen an, so muß das Vorzeichen von $s - r$ berücksichtigt werden. Man vgl. z.B. [35].

10.2.2 Das QL-Verfahren

In Abschnitt 10.1.1 haben wir festgestellt, daß das Wielandt-Verfahren zu schneller Konvergenz gegen einen Eigenvektor führt, wenn der Shiftparameter μ geeignet gewählt ist. Ferner haben wir festgestellt, daß für eine untere Hessenbergmatrix $(y^{(0)})^* = e_1^T$ immer ein geeigneter Startvektor für die Wielandtiteration eines Linkseigenvektors ist. Im Zusammenhang mit dem Beweis von Satz 9.2 haben wir gesehen, daß man mit Hilfe eines (exakten) Linkseigenvektors von A eine unitäre Ähnlichkeitstransformation von A definieren kann, so daß

$$P^*AP = \left[\begin{array}{c|ccc} \lambda & 0 & \cdots & 0 \\ \hline * & & & \\ \vdots & & \tilde{A} & \\ * & & & \end{array}\right],$$

d.h. das Eigenwertproblem ist auf das der (kleineren) Matrix $\tilde{A}$ reduziert. Diese drei Beobachtungen wollen wir nun zu einem Eigenwertverfahren kombinieren. Wir gehen dabei davon aus, daß die Ausgangsmatrix A als untere Hessenbergmatrix mit nichtverschwindenden Superdiagonalelementen vorliegt. In Kapitel 9 haben wir gesehen, daß jede beliebige $n \times n$ Matrix durch eine vorgeschaltete unitäre Ähnlichkeitstransformation auf diese Gestalt gebracht werden kann. Wenn einige Superdiagonalelemente zu null werden, dann zerfällt das Eigenwertproblem in mehrere kleinere, was wegen des dadurch verringerten Rechenaufwandes nur erwünscht ist.

Wir nehmen nun an, μ_0 sei eine „gute“ Eigenwertnäherung für A, d.h. $A - \mu_0 I$ ist „nahezu singulär“.

In der QL-Zerlegung von A

$$(A - \mu_0 I) = Q_0 L_0, \qquad Q_0^* Q_0 = I, \quad L_0 = \text{untere Dreiecksmatrix},$$

ist dann notwendig das erste Diagonalelement von L_0 klein, weil für die übrigen Diagonalelemente von L_0 aufgrund ihrer Konstruktion gilt

$$|l_{jj}^{(0)}| \geq |a_{j-1,j}|, \qquad j = 2, \ldots, n.$$

Rechnerisch erhält man die Zerlegung, indem man durch $n-1$ Givens-Rotationen von links nacheinander die Elemente $(n-1,n), (n-2,n-1), \ldots, (1,2)$ in null überführt:

$$\Omega_1 \Omega_2 \ldots \Omega_{n-1}(A - \mu_0 I) = L_0,$$

d.h.

$$Q_0 = \Omega_{n-1}^* \cdots \Omega_1^*.$$

Also ist

$$e_1^T Q_0^*(A - \mu_0 I) Q_0 = e_1^T L_0 Q_0 = l_{11}^{(0)} e_1^T Q_0 \approx 0,$$

d.h.

$$y_0 = Q_0 e_1$$

ist approximativer Linkseigenvektor von $A - \mu_0 I$ und damit auch von A. Weiter ist

$$Q_0^* y_0 = e_1,$$

und damit nach der Konstruktion in Satz 9.2

$$Q_0^*(A - \mu_0 I) Q_0 \approx \left[\begin{array}{c|ccc} \lambda - \mu_0 & 0 & \cdots & 0 \\ \hline * & & & \\ \vdots & & \tilde{A} & \\ * & & & \end{array}\right]. \tag{10.12}$$

Man errechnet aber

$$\begin{aligned} \boldsymbol{Q}_0^*(\boldsymbol{A}-\mu_0\boldsymbol{I})\boldsymbol{Q}_0 &= \boldsymbol{Q}_0^*\boldsymbol{A}\boldsymbol{Q}_0-\mu_0\boldsymbol{I}=\boldsymbol{L}_0\boldsymbol{Q}_0 \\ &= \boldsymbol{L}_0\boldsymbol{\Omega}_{n-1}^*\dots\boldsymbol{\Omega}_1^*, \end{aligned}$$

und aufgrund der Bauweise der $\boldsymbol{\Omega}_i$ ist dies wieder eine nichtzerfallende untere Hessenbergmatrix.

$$\boldsymbol{A}_1=\boldsymbol{Q}_0^*\boldsymbol{A}\boldsymbol{Q}_0 \tag{10.13}$$

ist eine Ähnlichkeitstransformierte von $\boldsymbol{A}$. $\boldsymbol{A}_1$ berechnet man aus

$$\boldsymbol{A}_1=\boldsymbol{Q}_0^*\boldsymbol{A}\boldsymbol{Q}_0=\boldsymbol{L}_0\boldsymbol{Q}_0+\mu_0\boldsymbol{I}.$$

Der Gesamtaufwand zur Berechnung von $\boldsymbol{A}_1$ beträgt etwa $3n^2$ Rechenoperationen, wenn man die spezielle Struktur der $\boldsymbol{\Omega}_i$ ausnutzt. Wegen (10.12) und (10.13) kann man erwarten, daß

$$\mu_1=a_{11}^{(1)}=\boldsymbol{e}_1^T\boldsymbol{A}_1\boldsymbol{e}_1=\boldsymbol{y}_0^*\boldsymbol{A}\boldsymbol{y}_0=R(\boldsymbol{y}_0;\boldsymbol{A})$$

eine noch bessere Eigenwertnäherung für $\boldsymbol{A}$ darstellt. Naheliegend ist es, den Vorgang für $\boldsymbol{A}_1$ zu wiederholen:

$$\begin{aligned} \boldsymbol{A}_1-\mu_1\boldsymbol{I} &= \boldsymbol{Q}_1\boldsymbol{L}_1, \\ \boldsymbol{A}_2 &= \boldsymbol{L}_1\boldsymbol{Q}_1+\mu_1\boldsymbol{I}. \end{aligned}$$

Dann ist

$$\boldsymbol{A}_2=\boldsymbol{Q}_1^*\boldsymbol{Q}_0^*\boldsymbol{A}\boldsymbol{Q}_0\boldsymbol{Q}_1$$

und

$$\begin{aligned} \boldsymbol{e}_1^T\boldsymbol{Q}_1^*(\boldsymbol{A}_1-\mu_1\boldsymbol{I}) &= \boldsymbol{e}_1^T\boldsymbol{Q}_1^*(\boldsymbol{Q}_0^*\boldsymbol{A}\boldsymbol{Q}_0-\mu_1\boldsymbol{Q}_0^*\boldsymbol{Q}_0) \\ &= \boldsymbol{e}_1^T\boldsymbol{Q}_1^*\boldsymbol{Q}_0^*(\boldsymbol{A}-\mu_1\boldsymbol{I})\boldsymbol{Q}_0 \\ &= l_{11}^{(1)}\boldsymbol{e}_1^T=l_{11}^{(1)}\boldsymbol{y}^{(0)*}\boldsymbol{Q}_0. \end{aligned}$$

Also ist mit $\boldsymbol{y}^{(1)}=\boldsymbol{Q}_0\boldsymbol{Q}_1\boldsymbol{e}_1$:

$$(\boldsymbol{y}^{(1)})^*(\boldsymbol{A}-\mu_1\boldsymbol{I}) = l_{11}^{(1)}(\boldsymbol{y}^{(0)})^*,$$

d.h. $\boldsymbol{y}^{(1)}$ eine mit dem Wielandtverfahren für Linkseigenvektoren jetzt mit dem Shift μ_1 errechnete weitere Linkseigenvektornäherung für $\boldsymbol{A}$ und so fort.

Wir definieren die Grundversion des QL-Algorithmus durch:
Man setze $\boldsymbol{A}_0=\boldsymbol{A}$.
Für $k=0,1,2,\dots$

1. man wähle μ_k,

2. man zerlege $A_k - \mu_k I = Q_k L_k$,

3. $A_{k+1} = L_k Q_k + \mu_k I$.

Damit besteht folgender Zusammenhang zwischen A_k, Q_k, L_k:

Satz 10.7. *Seien die Folgen $\{A_k\}, \{Q_k\}, \{L_k\}$ durch obigen Algorithmus definiert. Man setze*

$$\hat{Q}_k = Q_0 \cdots Q_k, \qquad \hat{L}_k = L_k \cdots L_0.$$

Dann gilt

$$\begin{aligned} A_{k+1} &= \hat{Q}_k^* A \hat{Q}_k, \\ (A - \mu_k I) \cdots (A - \mu_0 I) &= \hat{Q}_k \hat{L}_k, \\ e_1^T \hat{Q}_k^* &= e_1^T (A - \mu_0 I)^{-1} \cdots (A - \mu_k I)^{-1} / \tau_k, \\ &\quad \tau_k = \textit{Normierungsfaktor}, \\ a_{11}^{(k+1)} &= R(\hat{Q}_k e_1; A). \end{aligned}$$

□

Es ist also $\hat{Q}_k e_1$ das Resultat des Wielandtverfahrens für Linkseigenvektoren von A mit den Shifts $\mu_0, \ldots, \mu_k$ und $a_{11}^{(k+1)}$ der zugehörige Rayleighquotient. Der Startvektor e_1 ist immer geeignet, da A als untere nichtzerfallende Hessenbergmatrix vorausgesetzt war. Somit gilt

Satz 10.8. *Es sei A eine nichtzerfallende untere Hessenbergmatrix mit nur einem Eigenwert kleinsten Betrages. Dann gilt für die Wahl $\mu_k = 0$*

$$a_{12}^{(k)} \to 0, \quad k \to \infty, \quad \textit{d.h. } a_{11}^{(k)} \to \lambda \ (\textit{Eigenwert von } A\ ).$$

□

Wenn (bei einer unteren Hessenbergmatrix) $a_{12}^{(k)}$ „hinreichend klein" geworden ist, dazu dient in der Praxis der Test

$$|a_{12}^{(k)}| \le \varepsilon \left(|a_{11}^{(k)}| + |a_{22}^{(k)}| \right), \quad \varepsilon = \text{Rechengenauigkeit},$$

so wird man $a_{11}^{(k)}$ als Eigenwert akzeptieren und die Bestimmung der restlichen Eigenwerte an der rechten unteren $(n-1) \times (n-1)$ Untermatrix von A_k fortsetzen. Für die Effizienz des Verfahrens ist wesentlich, daß auch die übrigen Elemente $a_{i,i+1}^{(k)}$ dann in der Regel schon „klein" sind. Es gilt sogar allgemeiner folgender

Satz 10.9. *Es sei A eine beliebige diagonalähnliche $n \times n$ Matrix und alle n Eigenwerte seien betragsmäßig verschieden:*

$$|\lambda_n| < |\lambda_{n-1}| < \cdots < |\lambda_1|.$$

Dann gilt für $\mu_k \equiv 0$

$$a_{ij}^{(k)} \to 0 \quad \textit{mit } k \to \infty \quad \textit{für } j > i,$$

d.h. für $i = 1, \ldots, n : a_{ii}^{(k)} \to \lambda_{\pi_i}$, $\quad (\pi_1, \ldots, \pi_n)$ Permutation von $(1, \ldots, n)$.

Liegen betragsgleiche Eigenwerte höchstens in Paaren vor, d.h.

$$|\lambda_n| \le |\lambda_{n-1}| < |\lambda_{n-2}| \le |\lambda_{n-3}| < \cdots,$$

dann gilt

$$a_{ij}^{(k)} \to 0 \quad \textit{mit } k \to \infty \quad \begin{array}{ll} \textit{für } j \ge i+2, & i = 1, 3, \ldots, 2[\frac{n}{2}] - 1 \\ \textit{und } j \ge i+1, & i = 2, 4, \ldots, 2[\frac{n}{2}], \end{array}$$

d.h. A_k nimmt die Gestalt einer unteren Blockdreiecksmatrix an mit 2×2 oder 1×1 Blöcken längs der Diagonalen, aus denen die Eigenwerte abgelesen werden können. □

Die beiden vorstehenden Sätze geben zwar Bedingungen für die globale Konvergenz desVerfahrens an, aber eine genauere Untersuchung zeigt, daß mit der Wahl $\mu_k \equiv 0$ die Konvergenz nicht schnell sein wird, im wesentlichen wie q^k mit $q = |\lambda_n|/|\lambda_{n-1}|$ bzw. $q = \max\{|\lambda_i|/|\lambda_{i-1}| : \quad 2 \le i \le n\}$, während uns die obige Herleitung zeigt, daß für geeignet gewählte Shifts μ_k die Konvergenz ganz außerordentlich schnell ist.

Aufgrund der obigen Konvergenzaussage ist es naheliegend, bei einer unteren Hessenbergmatrix die Eigenwerte der 2×2 Untermatrix

$$\begin{bmatrix} a_{11}^{(k)} & a_{12}^{(k)} \\ a_{21}^{(k)} & a_{22}^{(k)} \end{bmatrix} \tag{10.14}$$

zur Konstruktion von μ_k heranzuziehen (weil auch $a_{23}^{(k)} \to 0$). Dies geschieht in der nach Wilkinson benannten Shiftstrategie. Wenn A nicht hermitesch ist, dann können die Eigenwerte dieser Untermatrix auch komplex sein (für reelles A natürlich konjugiert komplex). Man wählt dann beide Eigenwerte der Untermatrix als zwei aufeinanderfolgende Shifts. Für reelles A kann man dann beide Schritte so kombinieren, daß die Rechnung ganz im Reellen bleibt. Auf diese Details wollen wir hier nicht eingehen und verweisen dazu auf [4, Seite 235ff.]. Wenn A hermitesch, also eine hermitesche Dreibandmatrix ist, dann hat die Untermatrix (10.14) 2 reelle Eigenwerte. Nach Wilkinson nimmt man als μ_k denjenigen dieser beiden Eigenwerte, der näher an $a_{11}^{(k)}$ liegt, bzw. den kleineren, falls beide gleich weit von $a_{11}^{(k)}$ weg liegen. Für diese Strategie kennt man eine sehr starke Konvergenzaussage:

Satz 10.10. *Sei $A_0 = A$ eine nichtzerfallende hermitesche Tridiagonalmatrix. A_k werde mit dem QL-Algorithmus berechnet, wobei μ_k für alle k nach der Wilkinsonschen Shiftstrategie gewählt sei. Dann gilt: A_k ist tridiagonal für alle k,*

$$A_k = \begin{bmatrix} \alpha_1^{(k)} & \beta_1^{(k)} & & & 0 \\ \bar{\beta}_1^{(k)} & \alpha_2^{(k)} & \beta_2^{(k)} & & \\ & \ddots & \ddots & \ddots & \\ & & \ddots & \ddots & \beta_{n-1}^{(k)} \\ 0 & & & \bar{\beta}_{n-1}^{(k)} & \alpha_n^{(k)} \end{bmatrix},$$

und $\beta_1^{(k)} \to 0$, d.h. es tritt immer Konvergenz von $\alpha_1^{(k)}$ gegen einen der Eigenwerte von A ein. Von Ausnahmefällen abgesehen gilt sogar

$$|\beta_1^{(k+1)}| \le c_k |\beta_1^{(k)}|^3 \quad \text{mit } c_k \to 0,$$

d.h. die Konvergenz ist schneller als kubisch. □

Da auch die übrigen $\beta_j^{(k)}$ schon in der ersten Phase des Verfahrens in der Regel gegen null gehen, liefert die Fortsetzung auf die jeweils rechts unten verbleibenden Untermatrizen alle Eigenwerte außerordentlich schnell. Als Erfahrungswert gilt $2n$ QL-Schritte für alle n Eigenwerte.

Die Akkumulation aller angewandten Givensrotationen einschließlich der Transformationen auf die Hessenberg- (bzw. Dreiband-) Form in einer $n \times n$ Matrix liefert dann das orthonormierte Eigenvektorsystem von A mit.

Bezüglich der rechentechnischen Details für dieses Verfahren und Programme sei auf die Spezialliteratur verwiesen [35], [9], [10]. Gleiches gilt für die Beweise obiger Sätze, man vergleiche [21], [11], [4].

Beispiel 10.5. *Wir betrachten die reelle symmetrische Tridiagonalmatrix mit*

$$\begin{aligned}
\alpha_1 &= 1000.02175, & \beta_1 &= -0.659991421,\\
\alpha_2 &= 1020.02725, & \beta_2 &= -1.09601852 \cdot 10^{-3},\\
\alpha_3 &= 1000.96632, & \beta_3 &= 137.980983,\\
\alpha_4 &= 19.1169966, & \beta_4 &= 0.723019386,\\
\alpha_5 &= 1001.26133, & \beta_5 &= -27.7195922,\\
\alpha_6 &= -10.5897813, & \beta_6 &= 326.929338,\\
\alpha_7 &= -89.8038623, & \beta_7 &= 960.447292,\\
\alpha_8 &= 99
\end{aligned}$$

mit den Eigenwerten (achtstellig)

$-1020.049,\quad 2\cdot 10^{-6},\quad 0.09805114,\quad 1000,\quad 1000,\quad 1019.902,\quad 1020,\quad 1020.049.$

Wir erhalten mit dem QL-Verfahren

$$
\begin{array}{llllll}
\beta_1^{(1)} & = 2.38\cdot 10^{-9}, & \beta_2^{(1)} & = 5.29\ldots, & & \text{(Eigenwert Nr.1 akzeptieren)}\\
\beta_2^{(2)} & = -1.49\cdot 10^{-9}, & \beta_3^{(2)} & = -1.09\cdot 10^{-3}, & & \text{(Eigenwert Nr.2 akzeptieren)}\\
\beta_3^{(3)} & = 1.032\cdot 10^{-7}, & \beta_4^{(3)} & = 1.15\cdot 10^{-2}, & & \text{(Eigenwert Nr.3 akzeptieren)}\\
\beta_4^{(4)} & = -1.025\cdot 10^{-4}, & \beta_5^{(4)} & = 1.2\cdot 10^{-3}, & & \\
\beta_4^{(5)} & = 1.62\cdot 10^{-18}, & \beta_5^{(5)} & = 1.14\cdot 10^{-7}, & & \\
 & & \beta_6^{(5)} & = 1.88\cdot 10^{-2}, & & \text{(2 Eigenwerte Nr.4,5 akzeptieren)}\\
\beta_6^{(6)} & = -5.49\cdot 10^{-4}, & \beta_7^{(6)} & = 1.45\cdot 10^{-3}, & & \\
\beta_6^{(7)} & = 3.68\cdot 10^{-16}, & \beta_7^{(7)} & = 1.39\cdot 10^{-7}, & & \text{(Eigenwert Nr.6 akzeptieren)}
\end{array}
$$

Die beiden verbleibenden Eigenwerte der rechten unteren 2×2-Matrix erhält man aus einer quadratischen Gleichung, d.h. hier wurden nur 7 QL-Schritte zur Bestimmung aller Eigenwerte einer Dreibandmatrix der Dimension 8 benötigt. □

10.3 Verfahren zur Bestimmung individueller Eigenwerte

Bei den bisher besprochenen Verfahren wurden die Eigenwerte nur indirekt bestimmt, bei den Unterraummethoden als Nebenprodukt der Eigenvektorbestimmung, bei den Transformationsmethoden als Grenzwerte der Diagonalelemente der transformierten Matrix. Es ist natürlich auch möglich, die Eigenwerte direkt zu bestimmen.

Für eine beliebige Matrix $\boldsymbol{A}$ bietet sich zunächst der Einsatz von Verfahren zur Bestimmung von Polynomnullstellen für $p(\lambda) = \det(\boldsymbol{A} - \lambda \boldsymbol{I})$ an. Wir haben jedoch bereits erwähnt, daß die koeffizientenmäßige Berechnung dieses Polynoms in der Form

$$p(\lambda) = (-1)^n \lambda^n + a_{n-1}\lambda^{n-1} + \cdots + a_0$$

zwar im Prinzip leicht möglich, aber nicht sinnvoll ist, weil die Nullstellen von p gegen die in den Koeffizienten a_i unvermeidlich enthaltenen Rundungsfehler sehr empfindlich reagieren können. Es gibt zwar andere Darstellungen des Polynoms $p(\lambda)$ (z.B. als Interpolationspolynom nach Lagrange), die nicht in diesem Maße empfindlich sind, aber deren Berechnung ist in der Regel sehr aufwendig.

Wesentlich anders ist die Situation, wenn man $p(\lambda)$ nur in Form von einzelnen Funktions- und eventuell Ableitungswerten berechnet, d.h. bei der Berechnung von $\det(\boldsymbol{A} - \lambda \boldsymbol{I})$ und $(d/d\lambda) \det(\boldsymbol{A} - \lambda \boldsymbol{I})$ wird λ als Zahlenwert eingesetzt. Dies ist leicht und effizient zu bewerkstelligen, wenn $\boldsymbol{A}$ eine obere oder untere Hessenbergmatrix ist. Sei etwa $\boldsymbol{A}$ eine untere Hessenbergmatrix mit nicht verschwindenden

Superdiagonalelementen. Dann betrachten wir das Gleichungssystem

$$\begin{array}{llllll}
(a_{11}-\lambda)x_1 & +a_{12}x_2 & & & & =0 \\
a_{21}x_1 & +(a_{22}-\lambda)x_2 & +a_{23}x_3 & & & =0 \\
a_{31}x_1 & +a_{32}x_2 & +(a_{33}-\lambda)x_3 & +a_{34}x_4 & & =0 \\
\vdots & \vdots & \vdots & \vdots & & \vdots \\
a_{n1}x_1 & +\cdots & +\cdots & +\cdots & +(a_{n,n}-\lambda)x_n & =q
\end{array}$$

mit $x_1 = 1$ als System für die Bestimmung von $x_2, \dots, x_n, q$. Offenbar kann man dieses System sukzessive auflösen (wegen $a_{i,i+1} \neq 0$). Man erhält also eine Rekursionsformel zur Berechnung von q. Nach der Cramerschen Regel besteht aber für q die Beziehung

$$1 = x_1 = (-1)^{n+1} a_{12} a_{32} \cdots a_{n-1,n} q / \det(\boldsymbol{A} - \lambda \boldsymbol{I}),$$

also

$$q = p(\lambda)/\text{const}.$$

Diese Berechnungsmethode wird nach Hyman benannt.

Durch Differentiation der Rekursionsformel für q bezüglich λ erhält man eine Rekursionsformel für $(d/d\lambda)\det(\boldsymbol{A} - \lambda\boldsymbol{I})$, in die λ wieder (als Zahl) eingesetzt wird, und so fort. Mit diesen Daten kann man dann ein Nullstellenverfahren, z.B. das Verfahren von Newton-Maehly oder Laguerre, versorgen. Die Nullstellenbestimmung an einem Polynom ist aber (vom Fall eines Polynomes mit nur reellen einfachen Nullstellen abgesehen) immer problematisch.

Im Falle eines hermiteschen Eigenwertproblems

$$\boldsymbol{A}\boldsymbol{x} = \lambda\boldsymbol{x}, \qquad \boldsymbol{x} \neq \boldsymbol{0}, \qquad \boldsymbol{A} = \boldsymbol{A}^*$$

oder eines allgemeinen hermiteschen Eigenwertproblems

$$\boldsymbol{A}\boldsymbol{x} = \lambda\boldsymbol{B}\boldsymbol{x}, \qquad \boldsymbol{A} = \boldsymbol{A}^*, \qquad \boldsymbol{B} = \boldsymbol{B}^* \quad \text{positiv definit},$$

bietet sich jedoch ein sehr eleganter und numerisch unproblematischer Weg zur direkten Eigenwertbestimmung.

Die theoretische Grundlage hierzu liegt in

Satz 10.11. *(Satz von Sylvester) $\boldsymbol{A}, \boldsymbol{B}$ seien hermitesch, $\boldsymbol{B}$ darüberhinaus positiv definit. $\boldsymbol{T}$ sei eine invertierbare Matrix. Dann besitzen die beiden Eigenwertprobleme*

$$\boldsymbol{A}\boldsymbol{x} = \lambda\boldsymbol{B}\boldsymbol{x} \quad \text{und} \quad \boldsymbol{T}^*\boldsymbol{A}\boldsymbol{T}\boldsymbol{y} = \lambda_T\boldsymbol{B}\boldsymbol{y}$$

gleichviele Eigenwerte λ und λ_T, die größer 0, gleich 0, sind, d.h. kleiner 0 sind, d.h. die Probleme

$$(\boldsymbol{A} - \mu\boldsymbol{B})\boldsymbol{x} = (\lambda - \mu)\boldsymbol{B}\boldsymbol{x} \quad \text{und} \quad \boldsymbol{T}^*(\boldsymbol{A} - \mu\boldsymbol{B})\boldsymbol{T}\boldsymbol{y} = (\lambda_T - \mu)\boldsymbol{B}\boldsymbol{y}$$

haben gleichviele Eigenwerte λ bzw. λ_T, die größer μ, gleich μ, kleiner μ sind.
(Zum Beweis siehe z.B. [39].) □

Die Ausnutzung dieses Satzes besteht darin, eine einfach konstruierbare Matrix $\boldsymbol{T}$ zu finden, so daß

$$\boldsymbol{C} := \boldsymbol{T}^*(\boldsymbol{A} - \mu \boldsymbol{B})\boldsymbol{T}$$

diagonal bzw. blockdiagonal mit 2×2-Diagonalblöcken ist. Die Eigenwerte von $\boldsymbol{C}$ und damit die Vorzeichenverteilung der Eigenwerte des Problems (σ entspricht $\lambda_T - \mu$)

$$\boldsymbol{C}\boldsymbol{y} = \sigma \boldsymbol{B}\boldsymbol{y}$$

sind dann unmittelbar ablesbar.

Wir wollen zunächst auf den besonders einfachen Fall

$$\boldsymbol{A}^* = \boldsymbol{A} \quad \text{tridiagonal nichtzerfallend}, \qquad \boldsymbol{B} = \boldsymbol{I},$$

näher eingehen, wo keinerlei praktische Schwierigkeiten auftauchen. Rein formal ist in diesem Fall die Dreieckszerlegung von $\boldsymbol{A} - \mu\boldsymbol{I}$ bis auf $n(n-1)/2$ Ausnahmewerte, die Nullstellen der Hauptminoren von $\boldsymbol{A} - \mu\boldsymbol{I}$, ohne Zeilenvertauschungen durchführbar. Wir haben dann

$$\boldsymbol{A} - \mu\boldsymbol{I} = \boldsymbol{L}\boldsymbol{\Delta}\boldsymbol{L}^*, \tag{10.15}$$

wobei $\boldsymbol{\Delta}$ die Diagonalmatrix aus den Pivotelementen ist. Die untere Dreiecksmatrix $\boldsymbol{L}$ hat dabei Bidiagonalgestalt, d.h. neben den Diagonalelementen $l_{ii} = 1$, $i = 1, \ldots, n$, sind höchstens die Elemente $l_{i-1,i} \neq 0$, $i = 2, \ldots, n$.

Aus dem Ansatz (10.15) erhält man folgende Rekursionsformel für die Diagonalelemente δ_i von $\boldsymbol{\Delta}$ und die Elemente $l_{i-1,i}$:

$$\begin{aligned} \delta_1 &= \alpha_1 - \mu, \\ \delta_k &= \alpha_k - \mu - \delta_{k-1}|l_{k,k-1}|^2, \quad \delta_{k-1}\bar{l}_{k,k-1} = \beta_{k-1}, \quad k = 2, \ldots, n. \end{aligned}$$

Dabei wurde $\boldsymbol{A} = \text{tridiag}\,(\bar{\beta}_{k-1}, \alpha_k, \beta_k)$ gesetzt.

Von den Ausnahmewerten für μ abgesehen wird kein δ_k, $k = 1, \ldots, n-1$, null, und man kann die $l_{i-1,i}$ aus der Rekursion eliminieren:

$$\delta_k = \alpha_k - \mu - |\beta_{k-1}|^2/\delta_{k-1}, \qquad k = 1, \ldots, n, \tag{10.16}$$

wobei zur formalen Vereinfachung $\delta_0 := 1$, $\beta_0 := 0$ eingeführt ist. Dic Anzahl der negativen δ-Werte gibt die Anzahl der Eigenwerte von $\boldsymbol{A}$ an, die kleiner als μ sind.

Wird nun ein δ_k-Wert null für $k < n$, dann kann die Rekursion nicht zu Ende geführt werden. Man setzt dann einfach

$$\delta_k = \varepsilon, \qquad \varepsilon \ll 1,$$

und rechnet normal weiter. Wegen (10.16) ist dies gleichwertig mit der Ersetzung

$$\alpha_k \longmapsto \alpha_k + \varepsilon,$$

und dies verändert wegen Satz 9.7 die Eigenwerte höchstens um ε. Man kann zeigen, daß auch bei gerundetem Rechnen die Eigenwerte durch diese Modifikation nicht wesentlich beeinflußt werden, obwohl natürlich dann δ_{k+1} die Größenordnung $1/\varepsilon$ bekommt.

Beispiel 10.6. *Gegeben sei die Tridiagonalmatrix*

$$A = \begin{bmatrix} 11 & 13 & & \\ 13 & 625 & -125 & \\ & -125 & 25 & 0 \\ & & 0 & 0 \end{bmatrix}.$$

Es sollen Konstanten $a_0, a_1, a_2, \ldots, a_4$ bestimmt werden, so daß für die vier Eigenwerte $\lambda_1, \ldots, \lambda_4$ von A gilt

$$a_0 < \lambda_1 < a_1 < \lambda_2 < a_2 < \lambda_3 < a_3 < \lambda_4 < a_4.$$

a_0 und a_4 erhält man aus Satz 9.3:

$$a_0 = -100, \qquad a_4 = 763.$$

Der Gerschgorinkreis um 625 ist von den übrigen getrennt, d.h. als a_3 kann jede Zahl zwischen 150 und 487 dienen, etwa willkürlich

$$a_3 = 400.$$

Es verbleibt die Bestimmung von a_1 und a_2. 0 ist offenbar ein Eigenwert von A, und es soll zunächst geprüft werden, ob A einen negativen Eigenwert hat. Dazu setzen wir $\mu = 0$ in (10.16) ein und erhalten

$$\begin{aligned} \delta_1 &= 11, \\ \delta_2 &= 625 - 13^2/11 = 609.63\ldots, \\ \delta_3 &= 25 - 125^2/609.63\ldots = -0.630\ldots, \\ (\delta_4 &= 0), \end{aligned}$$

d.h. es liegt genau ein negativer Eigenwert vor, der nun näher eingeschachtelt werden soll. Weil δ_3 betragsmäßig klein ist, ist zu vermuten, daß dieser Eigenwert nahe bei null liegt.
$\mu = -1$ ergibt

$$\begin{aligned} \delta_1 &= 12, \\ \delta_2 &= 626 - 13^2/12 = 611.9166\ldots, \\ \delta_3 &= 26 - 125^2/611.91666\ldots = 0.47\ldots, \end{aligned}$$

d.h. $\lambda_1 > -1$, *somit kann* a_0 *verbessert werden zu*

$$a_0 = -1.$$

$\mu = -0.1$ *ergibt*

$$\begin{aligned}\delta_1 &= 11.1,\\ \delta_2 &= 625.1 - 15.225 = 609.874\ldots,\\ \delta_3 &= 25.1 - 125^2/609.874\ldots = -0.52\ldots,\end{aligned}$$

d.h. wir können

$$a_1 = -0.1$$

wählen. Somit haben wir

$$\begin{aligned}\lambda_1 &\in [-1, -0.1],\\ \lambda_2 &= 0,\\ \lambda_3 &\in [0, 150],\\ \lambda_4 &\in [487, 763],\end{aligned}$$

und es verbleibt eine genauere Einschachtelung von λ_3.
$\mu = 11$ *ergibt mit* $\epsilon = 10^{-6}$

$$\begin{aligned}\delta_1 &= 0 \quad \textit{ersetzt durch } \delta_1 = 10^{-6},\\ \delta_2 &= 614 - 13^2 \cdot 10^6 \approx -169 \cdot 10^6,\\ \delta_3 &= 14 - 125^2/169 \cdot 10^6 \approx 14,\\ (\delta_4 &= -11),\end{aligned}$$

d.h.

$$a_2 = 11.$$

Durch weitere Anwendung des Verfahrens kann nun jede Eigenwerteinschachtelung beliebig genau verfeinert werden. □

Wie in Beispiel 10.6 bereits angedeutet, kann der durch (10.16) gegebene Algorithmus in Verbindung mit dem Intervallhalbierungsverfahren leicht zu einem effektiven Verfahren zur beliebig genauen Einschachtelung jedes beliebigen Eigenwerts von A benutzt werden:

Es seien

$$\lambda_1 \le \lambda_2 \le \cdots \le \lambda_n$$

die Eigenwerte von A und gesucht sei λ_m mit $m \in \{1, \ldots, n\}$ beliebig. Es sei

$$\lambda_m \in [a_0, b_0]$$

(z.B. ganz grob $-a_0 = b_0 = \|A\|_\infty$).
Für $k = 0, 1, \ldots$ berechne man

$$\begin{aligned}
\mu &= (a_k + b_k)/2 \\
l &= \sharp\{\delta_k : \quad \delta_k < 0\} \\
& \quad \delta_k \quad \text{gegeben durch (10.16)} \\
& \quad \text{mit der Ersetzung } \delta_k = \varepsilon \quad \text{falls } \delta_k = 0, \\
a_{k+1} &= \begin{cases} a_k & \text{falls } l < m \\ \mu & \text{falls } l \geq m, \end{cases} \\
b_{k+1} &= \begin{cases} b_k & \text{falls } l \geq m \\ \mu & \text{falls } l < m. \end{cases}
\end{aligned}$$

Dann gilt

$$\lim_{k\to\infty} a_k = \lim_{k\to\infty} b_k = \tilde{\lambda} \quad \text{und } |\tilde{\lambda} - \lambda_m| \leq \varepsilon.$$

Die Zerlegung (10.15) existiert, von $(n(n-1)/2)$ Ausnahmewerten abgesehen, natürlich für beliebige hermitesche Matrizen A und B, und man könnte versucht sein, sie auch im allgemeinen Fall zur Eigenwerteinschachtelung zu benutzen. Es tritt dann aber die Schwierigkeit auf, daß die Elemente von L nicht aus der Rekursion für die δ_k eliminiert werden können und die Zerlegung numerisch instabil wird, wenn kleine δ-Werte auftreten. Hier muß man dann mit Verschiebung von μ arbeiten, etwa um einen „kleinen" Betrag $\Delta\mu$, wenn eines der Elemente von L bei der Berechnung eine vorgegebene Schranke K $(\gg 1)$ überschreitet. Wenn man K algorithmisch vorgibt, läßt man damit eine Unsicherheit der Größenordnung εK^2 in den Eigenwerten zu, wobei ε die Rechengenauigkeit bezeichnet. $\Delta\mu$ wird man dann in der Größenordnung $\gg \varepsilon K^2$ wählen.

Wenn die Eigenwerte nur mit geringer Genauigkeit gesucht sind, mag dies ein gangbarer Weg sein, etwa mit $K = 10^4$, $\Delta\mu = 10^{-4}$ bei dem häufig gegebenen Wert $\varepsilon \approx 10^{-16}$, entsprechend 16 Dezimalstellen Rechengenauigkeit. Numerisch stabil kann man dagegen stets die Bunch-Parlett-Zerlegung von $A - \mu B$ durchführen, wobei dann in

$$P^T(A - \mu B)P = LDL^*, \qquad D = \operatorname{diag}(D_1, \ldots, D_l)$$

die D_i 1×1 oder 2×2 Blöcke werden. Wegen der anzuwendenden symmetrischen Zeilen- und Spaltenvertauschungen P geht allerdings dann eine bei A und B vorhandene Bandstruktur verloren, was sehr nachteilig ist.

Immerhin bietet aber diese Zerlegung (oder eine mit entsprechenden Vorsichtsmaßnahmen durchgeführte Zerlegung (10.15)) die Möglichkeit, auf zuverlässige Art die Anzahl der Eigenwerte kleiner als μ des Eigenwertproblems zu prüfen und damit eine nachträgliche Testmöglichkeit für die mit der simultanen Vektoriteration bzw. mit dem Lanczos-Verfahren errechneten Eigenwerte.

10.4 Allgemeine Eigenwertprobleme

Bereits in Abschnitt 10.1 und 10.3 wurde auch das allgemeine Eigenwertproblem

$$Ax = \lambda Bx, \qquad x \neq 0, \tag{10.17}$$

angesprochen, allerdings nur für $A = A^*$, $B = B^*$, B positiv definit. In den Anwendungen treten auch noch allgemeinere Aufgaben auf, etwa

$$(K + \lambda C - \lambda^2 M)x = 0, \qquad x \neq 0, \tag{10.18}$$

oder sogar

$$(A - M(\lambda))x = 0, \qquad x \neq 0,$$

mit einer von λ abhängenden Matrix $M(\lambda)$.

Wir wollen zunächst (10.17) im Falle allgemeiner komplexer $n \times n$ Matrizen A, B betrachten. Solange B invertierbar bleibt, kann (10.17)unmittelbar auf das spezielle Eigenwertproblem zurückgeführt werden:

$$Ax = \lambda Bx \quad \Leftrightarrow \quad B^{-1}Ax = \lambda x.$$

Die explizite Durchführung dieser Transformation ist nur dann zu empfehlen, wenn die Dimension des Problems nicht groß und B nicht zu schlecht konditioniert ist. Wenn A und B hermitesch sind und B positiv definit, wird man die Transformation mit Hilfe der Cholesky-Zerlegung von B bevorzugen, die die hermitesche Struktur des Problems erhält:

$$\begin{aligned} Ax &= \lambda Bx, \quad B = LL^* \quad \Leftrightarrow \quad L^{-1}A(L^{-1})^*L^*x = \lambda L^*x \\ \Leftrightarrow \quad Cy &= \lambda y \quad \text{mit} \quad y = L^*x, \quad C = C^* = L^{-1}A(L^{-1})^*. \end{aligned}$$

Zunächst wollen wir uns kurz mit dem allgemeinen Problem (10.17) befassen. Eine hinreichende und notwendige Bedingung zur Existenz von $x \neq 0$ in (10.17) ist ersichtlich

$$\det(A - \lambda B) = 0, \tag{10.19}$$

und dies ist wiederum ein Polynom vom Höchstgrad n in λ. Somit ist jede komplexe Zahl λ Lösung von (10.19) oder es gibt höchstens n solcher Werte. Der erste Fall kann durchaus eintreten, wie das Beispiel

$$A = \begin{bmatrix} 2 & 4 \\ 0 & 0 \end{bmatrix}, \qquad B = \begin{bmatrix} 2 & 1 \\ 0 & 0 \end{bmatrix}$$

zeigt.

Wie beim speziellen Eigenwertproblem ist die Lösungsstruktur von (10.17) unmittelbar überschaubar, wenn $\boldsymbol{A}$ und $\boldsymbol{B}$ obere (oder untere) Dreiecksmatrizen sind. Gilt nämlich

$$a_{ij} = 0, \quad j < i \quad \text{und} \quad b_{ij} = 0, \quad j < i,$$

dann ist ersichtlich

$$\begin{aligned} &\lambda \in \mathrm{C}, \quad \lambda \text{ beliebig, Lösung von (10.19), wenn } a_{ii} = b_{ii} = 0 \text{ für ein } i, \\ &\lambda \in \{a_{ii}/b_{ii} : \quad b_{ii} \neq 0\} \quad \text{sonst.} \end{aligned}$$

Nun ist mit unitärem $\boldsymbol{Q}$ und $\boldsymbol{Z}$

$$\det(\boldsymbol{A} - \lambda \boldsymbol{B}) = 0 \quad \Leftrightarrow \quad \det(\boldsymbol{Q}^* \boldsymbol{A} \boldsymbol{Z} - \lambda \boldsymbol{Q}^* \boldsymbol{B} \boldsymbol{Z}) = 0.$$

Ferner gilt folgende Verallgemeinerung von Satz 9.2:

Satz 10.12. *Zu beliebigen $\boldsymbol{A}, \boldsymbol{B} \in \mathrm{C}^{n \times n}$ existieren unitäre Matrizen $\boldsymbol{Q}$ und $\boldsymbol{Z}$, so daß*

$$\boldsymbol{T} = \boldsymbol{Q}^* \boldsymbol{A} \boldsymbol{Z} \quad \text{und} \quad \boldsymbol{S} = \boldsymbol{Q}^* \boldsymbol{B} \boldsymbol{Z} \tag{10.20}$$

obere Dreiecksgestalt besitzen.

(Zum Beweis vergleiche etwa [11].) □

Der aus dem QR-Algorithmus hergeleitete *QZ-Algorithmus von Stewart und Moler* bestimmt iterativ eine Folge von unitären Transformationen, die die Transformation (10.20) annähern.

Im folgenden beschränken wir uns auf den Fall reeller Matrizen $\boldsymbol{A}, \boldsymbol{B}$. Der QZ-Algorithmus beginnt mit einer vorbereitenden Transformation

$$\boldsymbol{A} \mapsto \tilde{\boldsymbol{A}} = \boldsymbol{Q}^T \boldsymbol{A} \boldsymbol{Z}, \qquad \boldsymbol{B} \mapsto \tilde{\boldsymbol{B}} = \boldsymbol{Q}^T \boldsymbol{B} \boldsymbol{Z},$$

so daß $\tilde{\boldsymbol{A}}$ eine obere Hessenbergmatrix und $\tilde{\boldsymbol{B}}$ eine obere Dreiecksmatrix wird. Diese vorbereitende Transformation besteht aus zwei Teilen: Zuerst wird $\boldsymbol{B}$ auf obere Dreiecksgestalt gebracht, etwa durch Householder-Transformationen, und die gleiche Transformation wird auf $\boldsymbol{A}$ angewendet. Dann werden in der Reihenfolge

$$(n,1), (n-1,1), \ldots, (3,1), (n,2), \ldots, (4,2), \ldots, (n, n-2)$$

jeweils durch eine Givenstransformation von links ein Element in $\boldsymbol{A}$ in null überführt und durch weitere Givenstransformationen von rechts ein dadurch in der Subdiagonale von $\boldsymbol{B}$ eingeführtes Element ungleich Null annulliert, ohne die Nullstruktur in $\boldsymbol{A}$ wieder zu zerstören, z.B.

$$\boldsymbol{A} = \begin{bmatrix} 1 & -1 & 10 & -10 \\ 2 & 1 & 20 & 30 \\ 0 & 3 & 5 & 5 \\ 0 & 4 & -5 & 5 \end{bmatrix}, \quad \boldsymbol{B} = \begin{bmatrix} 1 & 2 & 2 & -3 \\ 0 & 1 & 4 & 1 \\ 0 & 0 & 10 & -\frac{15}{4} \\ 0 & 0 & 0 & 5 \end{bmatrix},$$

$$\boldsymbol{\Omega}_1 = \left[\begin{array}{cc|cc} 1 & 0 & 0 & \\ 0 & 1 & & \\ \hline & & 3/5 & 4/5 \\ 0 & & 4/5 & -3/5 \end{array}\right],$$

$$\boldsymbol{\Omega}_1\boldsymbol{A} = \begin{bmatrix} 1 & -1 & 10 & -10 \\ 2 & 1 & 20 & 30 \\ 0 & 5 & -1 & 7 \\ 0 & 0 & 7 & 1 \end{bmatrix}, \qquad \boldsymbol{\Omega}_1\boldsymbol{B} = \begin{bmatrix} 1 & 2 & 2 & -3 \\ 0 & 1 & 4 & 1 \\ 0 & 0 & 6 & \frac{7}{4} \\ 0 & 0 & 8 & -6 \end{bmatrix},$$

$$\boldsymbol{\Omega}_2 = \left[\begin{array}{cc|cc} 1 & 0 & 0 & \\ 0 & 1 & & \\ \hline & & 0.6 & 0.8 \\ 0 & & 0.8 & -0.6 \end{array}\right],$$

$$\boldsymbol{\Omega}_1\boldsymbol{A}\boldsymbol{\Omega}_2 = \begin{bmatrix} 1 & -1 & -2 & 14 \\ 2 & 1 & 36 & -2 \\ 0 & 5 & 5 & -5 \\ 0 & 0 & 5 & 5 \end{bmatrix}, \qquad \boldsymbol{\Omega}_1\boldsymbol{B}\boldsymbol{\Omega}_2 = \begin{bmatrix} 1 & 2 & -1.2 & 3.4 \\ 0 & 1 & 3.2 & 2.6 \\ 0 & 0 & 5 & 3.75 \\ 0 & 0 & 0 & 10 \end{bmatrix}.$$

Der weitere Algorithmus geht von der Normalform

$\boldsymbol{A}$ nichtzerfallende obere Hessenbergmatrix,
$\boldsymbol{B}$ invertierbare Dreiecksmatrix

aus. Ist eines der Subdiagonalelemente von $\boldsymbol{A}$ null, zerfällt das allgemeine Eigenwertproblem in zwei solche kleinerer Dimension. Ist ein Diagonalelement von $\boldsymbol{B}$ null, kann man das Problem durch weitere Äquivalenztransformationen in eines mit einer zerfallenden Hessenbergmatrix $\boldsymbol{A}$ überführen. Der weitere Algorithmus ist im Prinzip der QR-Algorithmus für die Matrix $\boldsymbol{A}\boldsymbol{B}^{-1}$, d.h. für eine obere nichtzerfallende Hessenbergmatrix, da $\boldsymbol{A}$ obere nichtzerfallende Hessenbergmatrix und $\boldsymbol{B}^{-1}$ eine obere Dreiecksmatrix ist. Die Matrix $\boldsymbol{A}\boldsymbol{B}^{-1}$ wird jedoch dabei nicht explizit gebildet, vielmehr arbeitet man stets mit orthonormalen Transformationen an $\boldsymbol{A}$ und $\boldsymbol{B}$. Details siehe z.B. [11].

Da der Algorithmus nur orthonormale Transformationen benutzt, ist er sehr rundungsfehlerstabil. Weil er in Verbindung mit der Doppelshifttechnik benutzt werden kann, ist er auch vergleichsweise effizient. Numerische Erfahrungen zeigen, daß man etwa $30n^3$ Operationen braucht, um alle Eigenwerte sowie die angenäherten Matrizen $\boldsymbol{Q}$ und $\boldsymbol{Z}$ aus (10.20) zu bestimmen.

Für ein hermitesches allgemeines Eigenwertproblem ist der QZ-Algorithmus nicht zu empfehlen, da er diese wichtige Eigenschaft des Ausgangsproblems zerstört. Ist die Dimension des Problems n klein, $\boldsymbol{B}$ positiv definit und nicht zu schlecht konditioniert, kann man die Transformation auf ein spezielles hermitesches Problem mittels der Cholesky-Zerlegung von $\boldsymbol{B}$ anwenden. Bei Problemen hoher Dimension mit schwach besetzten Matrizen $\boldsymbol{A}$ und $\boldsymbol{B}$ bietet sich die simultane Vektoriteration oder eine angepaßte Variante des Lanczos-Verfahrens an.

Für allgemeinere nichtlineare Eigenwertprobleme, etwa (10.18), benutzt man gerne folgende Verallgemeinerung der Wielandtiteration mit variablem Shift: Gegeben sei ein nichtlineares Eigenwertproblem

$$(\boldsymbol{A}-\boldsymbol{M}(\lambda))\boldsymbol{x}=\boldsymbol{0}, \qquad \boldsymbol{x}\neq\boldsymbol{0}, \tag{10.21}$$

mit $\boldsymbol{A}=\boldsymbol{A}^*$, $\boldsymbol{M}(\lambda)=\boldsymbol{M}^*(\lambda)$, $\frac{d}{d\lambda}\boldsymbol{M}(\lambda)=\boldsymbol{M}'(\lambda)$ positiv definit in einer Umgebung eines Eigenwertes λ_1 von (10.21). (λ_1 heißt Eigenwert der Aufgabe (10.21), falls $\det(\boldsymbol{A}-\boldsymbol{M}(\lambda_1))=0$ gilt).

In (10.17) etwa ist

$$\boldsymbol{M}(\lambda)=\lambda\boldsymbol{B}, \qquad \boldsymbol{M}'(\lambda)=\boldsymbol{B},$$

in (10.18)

$$\boldsymbol{M}(\lambda)=-\lambda\boldsymbol{C}+\lambda^2\boldsymbol{K}, \qquad \boldsymbol{M}'(\lambda)=-\boldsymbol{C}+2\lambda\boldsymbol{K},$$

d.h. die Voraussetzungen an $\boldsymbol{M}(\lambda)$ bedeuten hier

$$\begin{aligned}\boldsymbol{B} &= \boldsymbol{B}^* \quad \text{positiv definit, } \lambda \text{ beliebig,}\\ \boldsymbol{C} &= \boldsymbol{C}^* \quad -\boldsymbol{C} \text{ positiv semidefinit,}\\ \boldsymbol{K} &= \boldsymbol{K}^* \quad \text{positiv definit, } \lambda>0.\end{aligned}$$

Mit $\lambda^{(0)}\neq\lambda_1$ und $\boldsymbol{u}^{(0)}$ mit $(\boldsymbol{u}^{(0)})^*\boldsymbol{M}'(\lambda_1)\boldsymbol{u}_1\neq 0$, worin $\boldsymbol{u}_1$ ein zu λ_1 gehörender Eigenvektor von (10.21) ist, iteriere man dann gemäß

$$\begin{aligned}(\boldsymbol{A}-\boldsymbol{M}(\lambda^{(\nu)}))\boldsymbol{w}^{(\nu)} &= \boldsymbol{M}'(\lambda^{(\nu)})\boldsymbol{u}^{(\nu)}\\ &\quad \text{(Gleichungssystem für } \boldsymbol{w}^{(\nu)})\\ \lambda^{(\nu+1)} &= \lambda^{(\nu)}+\frac{(\boldsymbol{u}^{(\nu)})^*\boldsymbol{M}'(\lambda^{(\nu)})\boldsymbol{w}^{(\nu)}}{(\boldsymbol{u}^{(\nu)})^*\boldsymbol{M}'(\lambda^{(\nu)})\boldsymbol{u}^{(\nu)}}\\ \boldsymbol{u}^{(\nu+1)} &= \boldsymbol{w}^{(\nu)}/\|\boldsymbol{w}^{(\nu)}\|\end{aligned}$$

für $\nu=0,1,2,\ldots$.

Angewandt auf ein spezielles hermitesches Eigenwertproblem ($\boldsymbol{M}'(\lambda)=\boldsymbol{I}$) ist dies gerade das Wielandtverfahren mit dem Rayleighquotienten als Shift. Man kann zeigen, daß dieses Verfahren lokal von zweiter Ordnung konvergiert, wenn λ_1 ein einfacher isolierter Eigenwert von (10.21) ist, $\boldsymbol{M}(\lambda)$ in einer Umgebung von λ_1 dreimal stetig differenzierbar ist und $\lambda^{(0)}, \boldsymbol{u}^{(0)}$ hinreichend gute Näherungen für λ_1 und $\boldsymbol{u}_1$ sind (siehe [12]).

Das Kernproblem bei diesem Algorithmus ist die Auflösung des Systems für $\boldsymbol{w}^{(\nu)}$ mit der in der Regel indefiniten und sehr großen schwach besetzten Matrix $\boldsymbol{A} - \boldsymbol{M}(\lambda^{(\nu)})$. Wegen der Indefinitheit versagen hier die Standardmethoden zur iterativen Lösung dieses Systems.

10.5 Die Singulärwertzerlegung (svd)

Im Zusammenhang mit linearen Ausgleichsproblemen in Abschnitt 5.4 haben wir bereits von der sogenannten Singulärwertzerlegung einer allgemeinen rechteckigen Matrix Gebrauch gemacht:

$$\boldsymbol{A} = \boldsymbol{U}\begin{pmatrix}\boldsymbol{\Sigma}\\ \boldsymbol{0}\end{pmatrix}\boldsymbol{V}^* \tag{10.22}$$

mit $\boldsymbol{A}$ als komplexer $m \times n$-Matrix $m \geq n$, $\boldsymbol{U}$ als unitärer $m \times m$-Matrix, $\boldsymbol{V}$ als unitärer $n \times n$-Matrix, $\boldsymbol{\Sigma}$ als Diagonalmatrix mit nichtnegativen Diagonalelementen. $\boldsymbol{0}$ ist eine $(m-n) \times n$-Nullmatrix. Diese Zerlegung ist in vielen Zusammenhängen von großem Nutzen. Anschaulich läßt sie die folgende Deutung zu:

Die durch die Matrix $\boldsymbol{A}$ beschriebene lineare Transformation des $\mathbb{C}^n$ in den $\mathbb{C}^m$ entsteht durch die Hintereinanderschaltung einer Drehspiegelung in $\mathbb{C}^n$ $(\boldsymbol{V}^*)$, einer Achsenmaßstabsänderung $(\boldsymbol{\Sigma})$, der kanonischen Einbettung in den größeren Raum $\mathbb{C}^m$ (Anhängen von $m-n$ Nullen) und einer weiteren Drehspiegelung $(\boldsymbol{U})$ im $\mathbb{C}^m$.

Wir wollen nun zuerst die Existenz der Zerlegung (10.22) zeigen und auf ihre praktische Bedeutung kurz eingehen, ehe wir uns mit einigen ihrer Anwendungen beschäftigen.

Wir betrachten dazu zunächst die $m \times m$-Matrix

$$\boldsymbol{B} = \boldsymbol{A}\boldsymbol{A}^*.$$

Weil $\boldsymbol{A}$ den Höchstrang $r \leq n$ hat, hat auch $\boldsymbol{B}$ den Höchstrang r. Andererseits ist $\boldsymbol{B}$ hermitesch und positiv semidefinit. $\boldsymbol{B}$ hat also nur reelle nichtnegative Eigenwerte $\lambda_i = \sigma_i^2 \geq 0$. Da $\boldsymbol{B}$ den Rang r hat, sind genau r der Eigenwerte $\sigma_i^2 > 0$. Ohne Einschränkung können wir also annehmen, daß

$$\sigma_1^2 \geq \cdots \geq \sigma_r^2 > 0 = \sigma_{r+1}^2 = \cdots = \sigma_m^2.$$

Mit den entsprechend numerierten Eigenvektoren $\boldsymbol{u}_i$, die paarweise unitär gewählt werden können, gilt dann

$$\boldsymbol{U}^*\boldsymbol{B}\boldsymbol{U} = \operatorname{diag}\,[\sigma_1^2, \ldots, \sigma_r^2, 0, \ldots, 0],$$
$$\boldsymbol{U} = [\boldsymbol{u}_1, \ldots, \boldsymbol{u}_m], \qquad \boldsymbol{U}^*\boldsymbol{U} = \boldsymbol{U}\boldsymbol{U}^* = \boldsymbol{I}_m.$$

Also ist

$$U^*AA^*U = \text{diag}\,[\sigma_1^2, \ldots, \sigma_r^2, 0, \ldots, 0].$$

Die Spalten von A^*U stehen also paarweise aufeinander senkrecht oder sind gleich 0, weil das i-te Diagonalelement von diag $[\sigma_1^2, \ldots, \sigma_r^2, 0, \ldots, 0]$ das Quadrat der euklidischen Länge der i-ten Spalte von A^*U ist. Setzen wir also

$$C = A^*U,$$

dann wird

$$C = [c_1, \ldots, c_r, 0, \ldots, 0]$$

mit

$$\begin{aligned} c_i^* c_j &= 0 \quad \text{für } i \neq j, \\ c_i^* c_i &= \sigma_i^2 \quad \text{für } i = 1, \ldots, m. \end{aligned}$$

Somit

$$c_i = v_i \sigma_i, \qquad i = 1, \ldots, r,$$

wobei die Vektoren $v_1, \ldots, v_r$

$$v_i^* v_j = \delta_{ij}, \qquad 1 \leq i, j \leq r,$$

erfüllen. Durch weitere Vektoren $v_{r+1}, \ldots, v_n$ kann man ein vollständiges unitäres System im C^n aus ihnen aufbauen und hat dann

$$C = (V\Sigma, 0), \qquad V = (v_1, \ldots, v_n),$$

mit

$$\Sigma = \text{diag}\,[\sigma_1, \ldots, \sigma_r], \qquad VV^* = V^*V = I_n$$

(Man beachte $\sigma_{r+1} = \cdots = \sigma_n = 0$). D.h.

$$\begin{aligned} A^* &= CU^* \\ A &= UC^* = U \begin{pmatrix} \Sigma V^* \\ 0 \end{pmatrix} \\ &= U \begin{pmatrix} \Sigma \\ 0 \end{pmatrix} V^*, \end{aligned}$$

womit die Existenz der Zerlegung (10.22) gezeigt ist. Weiter folgt mit (10.22) noch

$$A^*A = V\Sigma^2V^*.$$

Man könnte also die Matrix V und die Matrix der Singulärwerte σ_i auch durch die Lösung des vollständigen Eigenwert- Eigenvektorproblems von A^*A bestimmen.

Beispiel 10.7. *Für*

$$A = \frac{1}{\sqrt{15}} \begin{bmatrix} 1 & 3 \\ 5 & 0 \\ 1 & 3 \end{bmatrix}$$

errechnet man

$$AA^* = \frac{1}{3} \begin{bmatrix} 2 & 1 & 2 \\ 1 & 5 & 1 \\ 2 & 1 & 2 \end{bmatrix}$$

mit den Eigenwerten

$$\lambda_1 = \sigma_1^2 = 2, \quad \lambda_2 = \sigma_2^2 = 1, \quad \lambda_3 = \sigma_3^2 = 0.$$

Die zugehörigen orthonormierten Eigenvektoren sind der Reihe nach

$$u_1 = \frac{1}{\sqrt{6}} \begin{bmatrix} 1 \\ 2 \\ 1 \end{bmatrix}, \quad u_2 = \frac{1}{\sqrt{3}} \begin{bmatrix} 1 \\ -1 \\ 1 \end{bmatrix}, \quad u_3 = \frac{1}{\sqrt{2}} \begin{bmatrix} 1 \\ 0 \\ -1 \end{bmatrix}.$$

Es ergibt sich weiter

$$\begin{aligned} A^*U &= \frac{1}{\sqrt{10}} \begin{bmatrix} 4 & -\sqrt{2} & 0 \\ 2 & 2\sqrt{2} & 0 \end{bmatrix} \\ &= (V\Sigma, \binom{0}{0}) \end{aligned}$$

mit

$$\Sigma = \begin{bmatrix} \sqrt{2} & 0 \\ 0 & 1 \end{bmatrix}, \quad V = \frac{1}{\sqrt{5}} \begin{bmatrix} 2 & -1 \\ 1 & 2 \end{bmatrix}.$$

□

Bei der praktischen Durchführung der Zerlegung (10.22) ist es jedoch nicht sinnvoll, den Weg über das Eigenwertproblem von A^*A oder AA^* zu gehen, weil bei der Aufstellung dieser Matrizen durch eingeschleppte Rundungsfehler Information über die kleinsten Singulärwerte verloren geht. Man berechnet vielmehr die Zerlegung (10.22) auf iterativem Weg.

Zuerst wird durch geeignete Householder-Transformationen A auf untere Bidiagonalgestalt gebracht:

$$J = UAW$$

mit

$$J = \underbrace{\left[\begin{array}{cccc} * & & & 0 \\ * & \ddots & & \\ & \ddots & \ddots & \\ 0 & & * & * \\ \hline & & 0 & \end{array}\right]}_{n} \begin{array}{l} \left.\vphantom{\begin{array}{c}*\\*\\ \ddots\\0\end{array}}\right\} n+1 \\ \}m-(n+1) \end{array}$$

U und W entstehen dabei durch n bzw. $n-1$ Householder-Transformationen, und zwar wird zuerst die erste Zeile von A durch eine Transformation von rechts in ein Vielfaches des ersten Koordinateneinheitsvektors überführt, danach die Elemente (3,1) bis (n,1) der ersten Spalte in null durch eine Householder-Transformation von links, die die erste Zeile nicht ändert. Daraufhin werden die Elemente der zweiten Zeile rechts des Diagonalelements in null überführt, und so fort gemäß dem Beispiel mit $m = 5, n = 3$:

$$A = \begin{bmatrix} * & * & * \\ * & * & * \\ * & * & * \\ * & * & * \\ * & * & * \end{bmatrix} \longrightarrow AP_1 = \begin{bmatrix} * & 0 & 0 \\ * & * & * \\ * & * & * \\ * & * & * \\ * & * & * \end{bmatrix} \longrightarrow \tilde{P}_1 A P_1 = \begin{bmatrix} * & 0 & 0 \\ * & * & * \\ 0 & * & * \\ 0 & * & * \\ 0 & * & * \end{bmatrix} \longrightarrow$$

$$\tilde{P}_1 A P_1 P_2 = \begin{bmatrix} * & 0 & 0 \\ * & * & 0 \\ 0 & * & * \\ 0 & * & * \\ 0 & * & * \end{bmatrix} \longrightarrow \tilde{P}_2 \tilde{P}_1 A P_1 P_2 = \begin{bmatrix} * & 0 & 0 \\ * & * & 0 \\ 0 & * & * \\ 0 & 0 & * \\ 0 & 0 & * \end{bmatrix}$$

$$\longrightarrow \tilde{P}_3 \tilde{P}_2 \tilde{P}_1 A P_1 P_2 = \begin{bmatrix} * & 0 & 0 \\ * & * & 0 \\ 0 & * & * \\ 0 & 0 & * \\ 0 & 0 & 0 \end{bmatrix}.$$

U und W haben also die Form

$$\begin{aligned} U &= \tilde{P}_n \cdots \tilde{P}_1, \\ W &= P_1 \cdots P_{n-1}. \end{aligned}$$

Die Matrix J^*J ist eine Tridiagonalmatrix und der QL-Algorithmus mit Wilkinson-Shift ist global konvergent. Die Ähnlichkeitstransformation, die dieser Algorithmus an J^*J ausübt, kann man berechnen, ohne J^*J explizit zu bilden. Dieser Ähnlichkeitstransformation (mit $\hat{Q}_j = Q_0 \cdots Q_j$)

$$\hat{Q}_k^* J^* J \hat{Q}_k \longmapsto \hat{Q}_{k+1}^* J^* J \hat{Q}_{k+1} \quad \text{tridiagonal,} \tag{10.23}$$

entspricht eine Transformation

$$J\hat{Q}_k \longmapsto J\hat{Q}_{k+1}$$

an $J\hat{Q}_k$ direkt. Durch diese Transformation allein würde natürlich die Bidiagonalgestalt von J zerstört werden. Bekanntlich ist Q_{k+1} ein Produkt von $n-1$ Givenstransformationen:

$$Q_{k+1} = \Omega_{n-1} \ldots \Omega_1,$$

und es ist

$$Q_{k+1}e_n = \Omega_{n-1}e_n. \tag{10.24}$$

Durch die Relationen (10.23) und (10.24) ist Q_{k+1} bis auf eine unitäre Diagonalmatrix eindeutig festgelegt. Dies führt zu der Idee von Golub und Kahan, nur Ω_{n-1} (die erste Givensrotation aus dem QL-Algorithmus für $\hat{Q}_k^* J^* J\hat{Q}_k$) direkt auf $J\hat{Q}_k$ anzuwenden, und dann durch weitere Givenstransformationen von rechts und von links die Bidiagonalgestalt wiederherzustellen gemäß dem Beispiel mit $m = n = 4$: (Hier steht wieder J für $J\hat{Q}_k$)

$$J\Omega_3 = \begin{bmatrix} * & 0 & 0 & 0 \\ * & * & 0 & 0 \\ 0 & * & * & + \\ 0 & 0 & * & * \end{bmatrix} \longrightarrow$$

$$\tilde{\Omega}_3 J\Omega_3 = \begin{bmatrix} * & 0 & 0 & 0 \\ * & * & 0 & 0 \\ 0 & * & * & 0 \\ 0 & + & * & * \end{bmatrix} \longrightarrow$$

$$\tilde{\Omega}_3 J\Omega_3\Omega_2 = \begin{bmatrix} * & 0 & 0 & 0 \\ * & * & + & 0 \\ 0 & * & * & 0 \\ 0 & 0 & * & * \end{bmatrix} \longrightarrow$$

$$\tilde{\Omega}_2\tilde{\Omega}_3 J\Omega_3\Omega_2 = \begin{bmatrix} * & 0 & 0 & 0 \\ * & * & 0 & 0 \\ + & * & * & 0 \\ 0 & 0 & * & * \end{bmatrix} \longrightarrow$$

$$\tilde{\Omega}_2\tilde{\Omega}_3 J\Omega_3\Omega_2\Omega_1 = \begin{bmatrix} * & + & 0 & 0 \\ * & * & 0 & 0 \\ 0 & * & * & 0 \\ 0 & 0 & * & * \end{bmatrix} \longrightarrow$$

$$\tilde{\Omega}_1\tilde{\Omega}_2\tilde{\Omega}_3 J\Omega_3\Omega_2\Omega_1 = \begin{bmatrix} * & 0 & 0 & 0 \\ * & * & 0 & 0 \\ 0 & * & * & 0 \\ 0 & 0 & * & * \end{bmatrix}.$$

In diesem Schema bedeutet „*" Elemente der Bidiagonalstruktur und „+" Elemente ungleich 0, die diese Struktur stören und durch die zusätzlichen Givenstransformationen wieder in null überführt werden. Wegen $\tilde{\Omega}_i^* \tilde{\Omega}_i = I$ ist die so implizit erhaltene Transformation von J^*J (bzw. $\hat{Q}_k^* J^* J \hat{Q}_k$) äquivalent mit der Transformation, die ein Schritt des QL-Algorithmus an dieser Tridiagonalmatrix bewirken würde. Der Konvergenzsatz 10.10 überträgt sich entsprechend, d.h. im Grenzwert nähert dann J die Matrix $\begin{pmatrix} \Sigma \\ 0 \end{pmatrix}$ aus (10.22) an. Die Akkumulation aller Givens- bzw. Householder-Transformationen von links bzw. rechts entspricht dann der Matrix U bzw. V^*.

Als Konvergenzbedingung erhalten wir lediglich, daß die Bidiagonalmatrix nicht zerfällt, d.h. kein Subdiagonalelement ist null. Ist dies aber der Fall, kann man das Problem wieder in mehrere kleinere Probleme zerlegen.

Eine der wichtigsten Anwendungen der Singulärwertzerlegung liegt in der Lösung singulärer bzw. sehr schlecht konditionierter Ausgleichsaufgaben.

Ist die Zerlegung (10.22) gegeben und Σ invertierbar, dann lautet die Lösung der Aufgabe

$$\begin{aligned} \|A\tilde{x} - b\|_2 &= \min_x \|Ax - b\|_2, \\ \tilde{x} &= V(\Sigma^{-1}, 0)U^*b. \end{aligned} \tag{10.25}$$

Ist jedoch Σ nicht invertierbar, d.h. hat A den Rang $r < n$, dann ist die Lösung von (10.25) nicht eindeutig bestimmt. Erst durch geeignete Zusatzbedingungen an x wird die Lösung der Minimumaufgabe wieder eindeutig. Üblich ist in diesem Zusammenhang die Forderung minimaler Länge auch für x, d.h.

$$\|\tilde{x}\|_2 = \min\{ \|y\|_2 : \quad \|Ay - b\|_2 \le \|Ax - b\|_2 \quad \text{für alle} \quad x\}.$$

Die Lösung lautet dann

$$\tilde{x} = V(\Sigma^+, 0)U^*b$$

mit

$$\Sigma^+ = \operatorname{diag}(\sigma_i^+) \qquad \text{und} \qquad \sigma_i^+ = \begin{cases} 1/\sigma_i & \text{falls} \quad \sigma_i \neq 0 \\ 0 & \text{sonst.} \end{cases}$$

Bemerkung 10.1. *Die Matrix*

$$A^I = V(\Sigma^+, 0)U^*$$

heißt die Moore-Penrose-Pseudoinverse *von A und stellt eine Verallgemeinerung des Begriffs „inverse Matrix" auf nichtinvertierbare und nichtquadratische Matrizen dar. Man kann zeigen, daß A^I folgende vier Bedingungen erfüllt, durch die sie auch eindeutig bestimmt ist:*

$$(A^I A) = (A^I A)^*,$$

$$\begin{aligned}(AA^I) &= (AA^I)^*,\\ A^IAA^I &= A^I,\\ AA^IA &= A.\end{aligned}$$

□

10.6 Das Nullstellenverfahren von Jenkins und Traub

Der naive Weg, Eigenwerte von Matrizen als Nullstellen das charakteristischen Polynoms durch koeffizientenmäßige Berechnung dieses Polynoms und anschließende Anwendung eines Polynomnullstellenverfahrens zu bestimmen, ist außer in trivialen Fällen nicht sinnvoll gangbar.

Umgekehrt führt aber die Anwendung der Methoden zur Eigenwert-Eigenvektorberechnung, angewendet auf die sogenannte Frobeniusbegleitmatrix eines Polynoms, zu einem sehr effizienten und zuverlässigen Algorithmus zur Bestimmung von Polynomnullstellen.

Von diesem Algorithmus soll hier nur die Grundidee geschildert werden. Für Details vergleiche die Originalarbeit von [15].

Wir beginnen unsere Überlegung mit einer Betrachtung des v. Misesschen Iterationsverfahrens für die Frobenius-Begleitmatrix

$$F = \begin{bmatrix} 0 & \cdots & 0 & -a_n \\ 1 & \ddots & \vdots & \vdots \\ & \ddots & 0 & \vdots \\ 0 & & 1 & -a_1 \end{bmatrix}$$

des Polynoms

$$p(\xi; a) = (\xi^n + a_1\xi^{n-1} + \cdots + a_n)(-1)^n,$$

(d.h. es ist $\det(F - \xi I) = p(\xi; a)$).

Hat p genau eine reelle Nullstelle maximalen Betrages, dann hat F genau einen reellen Eigenwert maximalen Betrages, und für einen geeigneten reellen Startvektor $x^{(0)}$ liefert das v. Misessche Iterationsverfahren eine Vektorfolge $\{x^{(k)}\}$, für die gilt

$$R(x^{(k)}; F) \to \lambda_1.$$

λ_1 ist Eigenwert von F, d.h. Nullstelle von p. Hat p nur einfache Nullstellen, dann hat F nur einfache Eigenwerte und ist deshalb diagonalähnlich. Mit dem System der Eigenvektoren $x_1, \ldots, x_n$ und Linkseigenvektoren $y_1, \ldots, y_n$ kann man dann schreiben

$$F = \sum_{i=1}^{n} \lambda_i x_i y_i^*, \tag{10.26}$$

wobei die y_i normiert sind gemäß

$$y_i^* x_j = \delta_{ij}. \tag{10.27}$$

Die Linkseigenvektoren einer Frobeniusmatrix haben nun eine außerordentlich einfache Struktur:

Satz 10.13. *Es sei λ ein Eigenwert von F. Dann ist y mit*

$$y^* = [1, \lambda, \ldots, \lambda^{n-1}]$$

zugehöriger Linkseigenvektor. Die Dimension des Eigenraumes ist stets 1.
Beweis:

$$\begin{aligned} y^* F &= (\lambda, \lambda^2, \ldots, \lambda^{n-1}, \underbrace{-a_n - \lambda a_{n-1} - \cdots - a_1 \lambda^{n-1}}_{=\lambda^n}) \\ &= \lambda y^*. \end{aligned}$$

Rang $(F - \mu I) = n - 1$ *für alle* μ. □

Hat man also eine Näherung $\tilde{x}$ für einen Eigenvektor x_i von F mit

$$\|\tilde{x} - x_i\| = \varepsilon,$$

dann ist

$$R(\tilde{x}; F) = \lambda_i + \mathcal{O}(\varepsilon),$$

und mit

$$\mu = R(\tilde{x}; F)$$

der durch

$$\tilde{y}^* = (1, \mu, \ldots, \mu^{n-1})$$

definierte Vektor $\tilde{y}$ eine Linkseigenvektornäherung zu λ_i mit

$$\|\tilde{y} - y_i\| = \mathcal{O}(\varepsilon).$$

Wir wollen $\tilde{y}$ so normieren, daß $\bar{\alpha}\tilde{y}^*\tilde{x} = 1$. Dann können wir schreiben

$$\begin{aligned} \tilde{x} &= x_i + \sum_{j=1}^{n} \varepsilon_j x_j, & |\varepsilon_j| &= \mathcal{O}(\varepsilon), \\ \alpha\tilde{y} &= y_i + \sum_{j=1}^{n} \eta_j y_j, & |\eta_j| &= \mathcal{O}(\varepsilon), \\ \bar{\alpha}\tilde{y}^*\tilde{x} &= 1. \end{aligned} \tag{10.28}$$

Nun betrachten wir den sogenannten verallgemeinerten Rayleighquotienten

$$\hat{R} = \frac{\tilde{y}^* F \tilde{x}}{\tilde{y}^* \tilde{x}}.$$

Mit (10.26) und (10.27) errechnen wir

$$\begin{aligned}
\hat{R} &= \frac{\bar{\alpha}\tilde{y}^* F \tilde{x}}{\bar{\alpha}\tilde{y}^* \tilde{x}} \\
&= (y_i^* + \sum_{j=1}^{n} \bar{\eta}_j y_j^*)(\sum_{k=1}^{n} \lambda_k x_k y_k^*)(x_i + \sum_{j=1}^{n} \varepsilon_j x_j) \\
&= \sum_{k=1}^{n} \lambda_k (\delta_{ki} + \sum_{j=1}^{n} \bar{\eta}_j \delta_{kj})(\delta_{ki} + \sum_{j=1}^{n} \varepsilon_j \delta_{kj}) \\
&= \lambda_i (1 + \bar{\eta}_i)(1 + \varepsilon_i) + \sum_{\substack{k=1 \\ k \neq i}}^{n} \lambda_k \bar{\eta}_k \varepsilon_k \\
&= \lambda_i + \sum_{\substack{k=1 \\ k \neq i}}^{n} (\lambda_k - \lambda_i) \bar{\eta}_k \varepsilon_k = \lambda_i + \mathcal{O}(\varepsilon^2)
\end{aligned}$$

(wegen (10.28)). Man hat also auch hier die Möglichkeit, eine Eigenwertnäherung zu konstruieren, deren Fehler quadratisch klein ist im Fehler der Eigenvektornäherung. Dies wird man sich im Zusammenhang mit dem Wielandtverfahren mit variablem Shift, angewandt auf die Matrix F, zunutze machen, um quadratische Konvergenz zu erzielen. Für die effiziente Realisierung dieser Ideen ist es wesentlich, daß man sowohl das v. Mises-Verfahren als auch das Wielandt-Verfahren an F als Operation auf Polynomkoeffizienten eines Polynoms vom Grad $\leq n-1$ beschreiben kann.

Satz 10.14. *Bildet man den linearen Raum* $\mathbb{C}^n$ *eineindeutig umkehrbar ab auf den linearen Raum der Polynome vom Höchstgrad* $n-1$ (Π_{n-1}) *gemäß*

$$x \in \mathbb{C}^n, \qquad x = \begin{bmatrix} x_1 \\ \vdots \\ x_n \end{bmatrix} \Leftrightarrow h(\xi; x) = \sum_{i=1}^{n} x_i \xi^{i-1},$$

so entspricht der Multiplikation von x *mit* F *(in* $\mathbb{C}^n$*) die Multiplikation von* $h(\xi; x)$ *mit* ξ *und Reduktion modulo* $p(\xi; a)$ *in* Π_{n-1}*:*

$$Fx \Leftrightarrow h(\xi; Fx) \equiv \xi h(\xi; x) \bmod p(\xi; a).$$ [4]

Beweis:

$$Fx = (-a_n x_n, x_1 - a_{n-1} x_n, \ldots, x_{n-1} - a_1 x_n)^T \Leftrightarrow$$

[4] D.h. man führt die Polynomdivision $\xi h(\xi; x) = (-1)^n x_n p(\xi; a) +$ Rest aus und nimmt den Rest als Resultat.

$$\begin{aligned} h(\xi; \boldsymbol{F}\boldsymbol{x}) &= 0 + x_1\xi + \cdots + x_{n-1}\xi^{n-1} - (a_n + a_{n-1}\xi + \cdots + a_1\xi^{n-1})x_n \\ &= x_1\xi + \cdots + x_{n-1}\xi^{n-1} + x_n\xi^n - (a_n + a_{n-1}\xi + \cdots + a_1\xi^{n-1} + \xi^n)x_n \\ &= \xi h(\xi; \boldsymbol{x}) + (-1)^{n+1}x_n p(\xi; \boldsymbol{a}). \end{aligned}$$

□

Beispiel 10.8. $\boldsymbol{a} = [1, 2, 3]^T$.

$$\boldsymbol{F} = \begin{bmatrix} 0 & 0 & -3 \\ 1 & 0 & -2 \\ 0 & 1 & -1 \end{bmatrix}, \qquad p(\xi; \boldsymbol{a}) = -(\xi^3 + \xi^2 + 2\xi + 3),$$

$$\begin{aligned} \boldsymbol{x} &= [4, -2, 3]^T, & h(\xi; \boldsymbol{x}) &= 4 - 2\xi + 3\xi^2, \\ \boldsymbol{F}\boldsymbol{x} &= [-9, -2, -5]^T, & h(\xi; \boldsymbol{F}\boldsymbol{x}) &= -9 - 2\xi - 5\xi^2, \\ & & \xi h(\xi; \boldsymbol{x}) &= 4\xi - 2\xi^2 + 3\xi^3, \end{aligned}$$

$$\begin{array}{rrrrl} (3\xi^3 & -2\xi^2 & +4\xi) & & : (-\xi^3 - \xi^2 - 2\xi - 3) = -3, \\ +3\xi^3 & +3\xi^2 & +6\xi & +9 & \\ \hline & -5\xi^2 & -2\xi & -9 & = \text{Rest} \equiv h(\xi; \boldsymbol{F}\boldsymbol{x}). \end{array}$$

□

Der Abbildung

$$\boldsymbol{x} \longmapsto (\boldsymbol{F} - \mu \boldsymbol{I})\boldsymbol{x}$$

im $\mathbf{C}^n$ entspricht natürlich die Abbildung

$$h(\xi; \boldsymbol{x}) \longmapsto (\xi - \mu) h(\xi; \boldsymbol{x}) \bmod p(\xi; \boldsymbol{a})$$

in Π_{n-1}. Die Umkehrabbildung hierzu entspricht gerade der Operation im Wielandt-Verfahren. Ihre Darstellung im Raum Π_{n-1} beschreibt

Satz 10.15. *Die Abbildung des Raumes der Polynome vom Höchstgrad $n-1$, beschrieben durch*

$$h(\xi; \boldsymbol{x}) \mapsto h(\xi; (\boldsymbol{F} - \mu \boldsymbol{I})\boldsymbol{x}) \equiv (\xi - \mu) h(\xi; \boldsymbol{x}) \bmod p(\xi; \boldsymbol{a}),$$

ist genau dann umkehrbar, wenn $p(\mu; \boldsymbol{a}) \neq 0$ (d.h. μ ist kein Eigenwert von $\boldsymbol{F}$). Die Umkehrabbildung lautet dann

$$h(\xi; \boldsymbol{x}) \mapsto h(\xi; (\boldsymbol{F} - \mu \boldsymbol{I})^{-1}\boldsymbol{x}) \equiv \frac{1}{\xi - \mu}\Big(h(\xi; \boldsymbol{x}) - \frac{h(\mu; \boldsymbol{x})}{p(\mu; \boldsymbol{a})} p(\xi; \boldsymbol{a})\Big).$$

Beweis: *Sei* $p(\mu; a) = 0$. *Dann ist*

$$H(\xi) = p(\xi; a)/(\xi - \mu) \in \Pi_{n-1}$$

und

$$(\xi - \mu)H(\xi) = p(\xi; a) \equiv 0 \bmod p(\xi; a),$$

d.h. αH *wird auf 0 abgebildet für beliebiges* α, *die Abbildung ist daher nicht umkehrbar.*

Sei $p(\mu; a) \neq 0$. *Dann hat das Polynom*

$$h(\xi; x) - \frac{h(\mu; x)}{p(\mu; a)} p(\xi; a) \quad \in \Pi_n$$

die Nullstelle μ, *d.h.*

$$\hat{h}(\xi) = \frac{1}{\xi - \mu}\Big(h(\xi; x) - \frac{h(\mu; x)}{p(\mu; a)} p(\xi; a)\Big) \quad \in \Pi_{n-1}$$

ist wohldefiniert. Ferner gilt

$$(\xi - \mu)\hat{h}(\xi) \equiv h(\xi; x) \bmod p(\xi; a),$$

d.h. die Hintereinanderausführung beider Abbildungen ist die Identität, also hat die Umkehrabbildung die angegebene Form. □

Das Wielandt-Verfahren mit variablem Shift μ_k, angewendet auf F, lautet also, zurückübersetzt in Π_{n-1}:
Man wähle $h_0(\xi) \in \Pi_{n-1}$ geeignet, $\mu_0 := 0$ $(h_0(\xi) = p'(\xi; a)$ vgl. unten).
Für $k = 0, 1, 2, \ldots$ berechne man

1. $h_{k+1}(\xi) = (h_k(\xi) - h_k(\mu_k)/p(\mu_k; a))/(\xi - \mu_k)$,
2. $\mu_{k+1} = \mu_k + h_k(\mu_k)/h_{k+1}(\mu_k)$.

Bemerkung 10.2. *Mit* $(y^{(k)})^* := (1, \mu_k, \ldots, \mu_k^{n-1})$ *und* $x^{(k)}$ *als Koeffizienten von* $h_k(\xi)$ *lautet der verallgemeinerte Rayleighquotient für* $(F - \mu_k I)^{-1}$

$$\frac{(y^{(k)})^*(F - \mu_k I)^{-1} x^{(k)}}{(y^{(k)})^* x^{(k)}} = \frac{(y^{(k)})^* x^{(k+1)}}{(y^{(k)})^* x^{(k)}} = \frac{h_{k+1}(\mu_k)}{h_k(\mu_k)} \approx \frac{1}{\lambda - \mu_k},$$

wobei λ *der durch* μ_k *angenäherte Eigenwert von* F *ist, also*

$$\lambda \approx \mu_k + h_k(\mu_k)/h_{k+1}(\mu_k).$$

Dies erklärt Schritt 2 im obigen Algorithmus.

Im Anfang der Iteration wird man aber μ_k *konstant wählen, zuerst* $\mu_k \equiv 0$, *dann* $\mu_k = \mu$ *const., (vgl. die Bemerkungen beim QL-Verfahren für nichthermitesche Matrizen). Die Berechnung der Koeffizienten von* h_{k+1} *im Schritt 1 wird zweckmäßig mit dem Hornerschema durchgeführt.* □

Zur Bestimmung einer geeigneten Startnäherung h_0 für obigen Algorithmus benötigen wir noch die Entsprechung zu den Eigenvektoren von $\boldsymbol{F}$ in Π_{n-1}:

Satz 10.16. *Die Abbildung*

$$h(\xi) \mapsto \xi h(\xi) \bmod p(\xi; \boldsymbol{a})$$

hat zum Eigenwert λ_i *von* $\boldsymbol{F}$ *(d.h.* $p(\lambda_i; \boldsymbol{a}) = 0$*) den Eigenvektor* $p_i \in \Pi_{n-1}$ *mit*

$$p_i(\xi) = p(\xi; \boldsymbol{a})/(\xi - \lambda_i).$$

Die Dimension des Eigenraumes ist 1.
Beweis:

$$(\xi - \lambda_i)p_i(\xi) = p(\xi; \boldsymbol{a}) \equiv 0 \bmod p(\xi; \boldsymbol{a}),$$

d.h.

$$\xi p_i(\xi) \equiv \lambda_i p_i(\xi) \bmod p(\xi; \boldsymbol{a})$$

und n *-Rang* $(\boldsymbol{F} - \lambda_i \boldsymbol{I}) = 1$. □

Falls

$$(-1)^n p(\xi; \boldsymbol{a}) = \prod_{i=1}^{l} (\xi - \lambda_i)^{m_i} \quad \text{mit } \lambda_i \neq \lambda_j \quad \text{für } i \neq j, \quad \sum_{k=1}^{l} m_k = n,$$

dann ist

$$p'(\xi; \boldsymbol{a}) = (-1)^n \sum_{i=1}^{l} m_i \frac{p(\xi; \boldsymbol{a})}{\xi - \lambda_i} = (-1)^n \sum_{i=1}^{l} m_i p_i(\xi).$$

Nehmen wir als Startwert also

$$h_0(\xi) = p'(\xi; \boldsymbol{a}),$$

so haben wir in h_0 einen Entwicklungsanteil an *jedem* Eigenvektor, aber an keinem Hauptvektor von $\boldsymbol{F}$. h_0 ist also eine sehr gute Startnäherung im Sinne der Theorie des v. Mises- bzw. Wielandt-Verfahrens. Im Falle konjugiert komplexer Nullstellen bei reellen Polynomen kann man das Verfahren in Verbindung mit konjugiert komplexen Doppelshifts anwenden und die Rechnung ganz im Reellen durchführen. Bei komplexen Polynomen wird man natürlich auch die Shifts komplex wählen und die Rechnung komplex durchführen. In Verbindung mit der Nullstellenabspaltung erhält man dann einen global und lokal quadratisch konvergenten Algorithmus zur Bestimmung aller Nullstellen eines beliebigen reellen oder komplexen Polynoms, der sich in der Praxis sehr gut bewährt hat.

Literaturverzeichnis

1 Alefeld, G., Herzberger, J.: *Einführung in die Intervallrechnung.* Mannheim: B.I. Reihe Informatik /12 1974.

2 Björck, A., Dahlquist, G.: *Numerische Methoden.* München: Oldenbourg 1972.

3 Bunch, J., Parlett, B.: Direct methods for solving symmetric indefinite systems of linear equations. *SIAM J. Numer. Anal.* **8**, 639–721 (1971).

4 Bunse, W., Bunse- Gerstner, A.: *Numerische Lineare Algebra. Teubner Studienbücher Mathematik.* Stuttgart: Teubner 1985.

5 Chan, T. F., Jackson, K. R.: Nonlineary preconditioned Krylow subspace methods for discrete Newton algorithms. *SIAM J. Sci. Stat. Comp.* **5**, 533–542 (1984).

6 Collatz, L.: *Funktionalanalysis und Numerische Mathematik.* Berlin, Heidelberg, New York: Springer 1968.

7 Deuflhard, P.: A modified Newton method for the solution of illconditioned systems of nonlinear equations with application to multiple shooting. *Num. Math.* **22**, 289–316 (1974).

8 Forsythe, G., Malcolm, M., Moler, C.: *Computer methods for mathematical computations.* Englewood Cliffs: Prentice Hall 1977.

9 Garbow, J. M. e. a.: *Matrix Eigensystems Routines: EISPACK Guide. Lecture Notes in Computer Science 6.* Berlin, Heidelberg, New York: Springer 1976.

10 Garbow, J. M. e. a.: *Matrix Eigensystems Routines: EISPACK Guide extensions. Lecture Notes in Computer Science 51.* Berlin, Heidelberg, New York: Springer 1977.

11 Golub, G. H., van Loan, C.: *Matrix Computations,.* Baltimore, Maryland: The Johns Hopkins University Press 1983.

12 Höhn, W.: Finite elements for the eigenvalue problem of differential operators in unbounded intervals. *Math. Meth. Appl. Sci.* **7**, 1–39 (1985).

13 Irons, B. M.: A frontal solution program. *Int. J. Num. Meth. Eng.* **2**, 5–32 (1970).

14 Isaacson, E., Keller, H. B.: *Analyse numerischer Verfahren.* Zürich und Frankfurt/M.: Harri Deutsch 1973.

15 Jenkins, M., Traub, J.: A three stage variable shift iteration for polynomial zeros and its relation to generalized Raleigh iteration. *Num. Math.* **14**, 252–263 (1970).

16 Lippold, G.: Zur Konvergenzrate von Verfahren mit konjugierten Gradienten ohne exakte Strahlminimierung. *ZAMM* **58**, 29–35 (1978).

17 Marwil, L.: Convergence results for Schuberts method for solving sparse nonlinear equations. *SIAM J. Numer. Anal.* **16**, 588–604 (1979).

18 Moore, R., Jones, S.: Safe starting regions for iterative methods. *SIAM J. Numer. Anal.* **14**, 1051–1065 (1977).

19 Murota, K.: Global convergence of a modified Newton iteration for algebraic equations. *SIAM J. Numer. Anal.* **19**, 793–799 (1982).

20 Ortega, J. M., Rheinboldt, W. C.: *Iterative solution of nonlinear equations in several variables.* New York, London: Academic Press 1970.

21 Parlett, B. N.: *The Symmetric Eigenvalue Problem.* Englewood Cliffs: Prentice Hall 1980.

22 Saad, Y.: Practical use of some Krylow subspace methods for solving indefinite and nonsymmetric linear systems. *SIAM J. Sci. Stat. Comput.* **5**, 203–228 (1984).

23 Saad, Y., Schultz, M. H.: GMRES: A generalized minimal residual algorithm for solving nonsymmetric linear systems. *SIAM J. Sci. Stat. Comput.* **7**, 856–869 (1986).

24 Schubert, L.: Modification of a quasi-Newton-method for nonlinear equations with a sparse Jacobian. *Math. Comp.* **24**, 27–30 (1970).

25 Schwarz, H. R.: Tridiagonalization of a symmetric band matrix. In: *Handbook for automatic computation II, Linear Algebra* (J. H. Wilkinson, C. Reinsch, eds.), pp. 273–284. Berlin, Heidelberg, New York: Springer 1971.

26 Schwetlick, H.: *Numerische Lösung nichtlinearer Gleichungen.* München, Wien: Oldenbourg 1979.

27 Stewart, G. W.: *Matrix Computation.* New York, London: Academic Press 1973.

28 Stoer, J.: *Einführung in die Numerische Mathematik.* Vol. I. Berlin, Heidelberg, New York: Springer, 4 ed. 1983.

29 Stoer, J., Bulirsch, R.: *Einführung in die Numerische Mathematik.* Vol. II. Berlin, Heidelberg, New York: Springer 1973.

30 Stummel, F., Hainer, K.: *Praktische Mathematik.* Stuttgart: Teubner 1982.

31 Varga, S.: *Matrix iterative analysis.* Englewood Cliffs: Prentice Hall 1962.

32 Wendroff, B.: *Theoretical numerical analysis.* New York, London: Academic Press 1966.

33 Werner, H.: *Praktische Mathematik.* Vol. I. Berlin, Heidelberg, New York: Springer 1969.

34 Wilkinson, J. H.: *Rundungsfehler.* Berlin, Heidelberg, New York: Springer 1969.

35 Wilkinson, J. H., Reinsch, C.: *Handbook for Automatic Computation.* Vol. II of *Numerical Linear Algebra.* Berlin, Heidelberg, New York: Springer 1971.

36 Young, D., Gregory, R. T.: *A survey of numerical mathematics.* Vol. 1. Reading, London: Addison-Wesley 1972.

37 Young, D. M.: *Iterative solution of Large Linear Systems.* New York, London: Academic Press 1971.

38 Zurmühl, R.: *Matrizen.* Berlin, Göttingen, Heidelberg: Springer, 4 ed. 1964.

39 Zurmühl, R., Falk, S.: *Matrizen.* Berlin, Göttingen, Heidelberg: Springer, 5 ed. 1986.

Index

H

I

J

K

L

M

N

O

P

R. Zurmühl, S. Falk

Matrizen und ihre Anwendungen

für Angewandte Mathematiker, Physiker und Ingenieure

5., überarbeitete und erweiterte Auflage

Teil 1

Grundlagen

1984. 53 Abbildungen. XIV, 342 Seiten. Gebunden DM 92,–. ISBN 3-540-12848-4

Inhaltsübersicht: Der Matrizenkalkül. – Lineare Gleichungen. – Quadratische Formen nebst Anwendungen. – Die Eigenwertaufgabe. – Struktur der Matrix. – Blockmatrizen. – Schlußbemerkung. – Weiterführende Literatur. – Namen- und Sachverzeichnis.

Teil 2

Numerische Methoden

1986. 103 Abbildungen. XV, 476 Seiten. Gebunden DM 128,–. ISBN 3-540-15474-4

Inhaltsübersicht: Grundzüge der Matrizennumerik. – Theorie und Praxis der Transformationen. – Lineare Gleichungen und Kehrmatrix. – Die lineare Eigenwertaufgabe. – Die nichtlineare Eigenwertaufgabe. – Matrizen in der Angewandten Mathematik und Mechanik. – Literatur zu Teil 1 und Teil 2. – Namen- und Sachverzeichnis.

Dieses Standardwerk ist geschätzt wegen seiner praxisnahen, klaren Sprache bei gleichzeitig präziser Darstellung. Es wurde aktualisiert, ohne die bisher geschätzten Vorzüge aufzugeben; wegen der damit verbundenen inhaltlichen Erweiterung wurde eine Zweiteilung vorgenommen.

Springer-Verlag
Berlin Heidelberg New York
London Paris Tokyo